数据恢复原理与实践

李晓中　乔晗　马鑫　常涛　编著

国防工业出版社

·北京·

内 容 简 介

本书主要对常见的 WINDOWS 文件系统进行了详细的分析和介绍，在此基础上对当前的一些常用数据恢复技术进行了详细的介绍。内容包括：数据恢复技术综述；硬盘基础知识；WINDOWS 文件系统；数据恢复技术基础；文档的数据恢复；密码修复；系统的修复；数据安全与数据备份等。

本书适合于计算机用户、各种文件系统应用人员、数据恢复技术人员、操作系统开发人员、数据恢复编程人员、电子取证工作者、数据安全研究人员、系统管理员及数据安全存储与灾难恢复爱好者、学生阅读和使用，也可作为高等院校相关专业的教材或教学参考书。

图书在版编目(CIP)数据

数据恢复原理与实践／李晓中等编著．—北京：国防工业出版社，2016.1 重印
ISBN 978-7-118-07314-0

Ⅰ.①数… Ⅱ.①李… Ⅲ.①数据管理－安全技术
Ⅳ.①TP309.3

中国版本图书馆 CIP 数据核字(2011)第 056111 号

※

国防工業出版社出版发行
（北京市海淀区紫竹院南路 23 号　邮政编码 100048）
北京京华虎彩印刷有限公司印刷
新华书店经售

*

开本 787×1092　1/16　**印张** 20½　**字数** 474 千字
2016 年 1 月第 1 版第 3 次印刷　**印数** 6001—7000 册　**定价** 46.00 元

（本书如有印装错误，我社负责调换）

国防书店：(010)88540777　发行邮购：(010)88540776
发行传真：(010)88540755　发行业务：(010)88540717

前　言

随着计算机应用的不断普及,系统崩溃、病毒破坏、木马入侵以及误操作等因素造成的数据丢失频繁发生,越来越多计算机用户亟需掌握实用的数据恢复技术。但是,数据恢复技术是一项专业化程度很高的技术领域,一直被视为专业技术人员的专属领地。普通用户很难找到一本完善的数据恢复书籍,既从基本概念和基础知识出发讲解数据恢复原理,又基于常用数据恢复软件介绍实用化的数据恢复方法。本文作者长期从事数据恢复的教学和实践工作,结合多年来积累的数据恢复经验编写了本书。

数据恢复技术是随着信息化技术的飞速发展,计算机在我们的工作和生活中占据的地位越来越重要而应运而生的。随着越来越多的企业、商家、政府机关和个人通过计算机来获取和处理信息,每个人都将自己最重要的信息以数据文件的形式或多或少地保存在各种计算机硬盘和其他各种存储介质中。这些重要数据一旦丢失,就会给大家造成重大的损失。因此,在数据丢失后,能否很好地恢复丢失的数据就尤为重要。于是,数据恢复技术成了电脑应用者需要掌握的又一项技能。

数据恢复技术,就是将由于硬件或软件操作及其他原因导致的数据丢失或不可正常访问的数据进行抢救和恢复的技术。现实中很多人认为删除、格式化以后数据就不存在了。事实上,许多操作后数据仍然存在于硬盘中,懂得了数据恢复原理知识后,你也可以亲自做一回魔术师。

本书共分 10 章,从 WINDOWS 文件系统原理、数据恢复技术基础具体介绍到各种文档、文件详细的数据恢复操作过程。其中第 1 章数据恢复技术综述、第 4 章数据恢复技术基础、第 7 章数据的恢复、第 8 章文档修复由乔晗编写。第 2 章硬盘技术基础、第 3 章 WINDOWS 文件系统、第 5 章数据恢复必备的相关软件由常涛编写。第 6 章系统分区的修复、第 9 章密码修复、第 10 章数据安全与数据备份由李晓中、马鑫编写。

在本书编写过程中,张景生对本书的编写提出了很多宝贵的意见,为本书的出版给予了全力支持和鼓励。范兴隆、麻信洛副教授对本书组织结构给出了很多技术指导。牟书贞、马祥杰、王艳、葛长涛、顾树威、张志军、胡洁为本书提供了大量的技术资料并承担文字校对工作。在此,编者向所有为本书做出贡献的同志表示衷心感谢。

此外,书中若有错误或不妥之处,还望广大读者批评指正。

编者

2011 年 3 月于北京

目　　录

第1章　数据恢复技术综述……1
1.1　数据存储技术……1
1.1.1　数据的定义……1
1.1.2　数据的存储介质……1
1.2　数据存储安全……11
1.2.1　影响数据存储安全的因素……11
1.2.2　数据保护方式介绍……12
1.3　数据恢复技术……15
1.3.1　什么是数据恢复……15
1.3.2　数据的可恢复性……16
1.3.3　数据恢复的范围……17
1.3.4　数据恢复技术展望……18
第2章　硬盘基础知识……19
2.1　硬盘的物理结构与组成……20
2.2　硬盘逻辑结构……26
2.2.1　磁道……26
2.2.2　柱面……26
2.2.3　扇区……26
2.3　常用的硬盘接口标准……27
2.3.1　IDE……27
2.3.2　SCSI……28
2.3.3　Serial ATA……28
2.3.4　USB……30
2.3.5　Fibre Channel……31
2.4　硬盘的主要技术指标……32
2.4.1　容量……32
2.4.2　转速……32
2.4.3　缓存……33
2.4.4　平均寻道时间……33
2.4.5　传输速率……34
2.5　硬盘的工作原理……35
2.6　硬盘的主要技术……35
2.7　硬盘的品牌……42
2.8　硬盘缺陷与故障……43
2.8.1　硬盘缺陷的分类……43
2.8.2　厂家处理硬盘缺陷的方式……45

2.8.3 硬盘缺陷的处理…… 46
2.8.4 坏扇区的修复原理…… 46
第3章 Windows 文件系统 …… 48
3.1 文件系统概述 …… 48
3.2 FAT 文件系统 …… 48
3.2.1 硬盘组织结构…… 48
3.2.2 FAT 文件系统结构…… 48
3.2.3 主引导扇区 …… 48
3.2.4 分区引导扇区 …… 51
3.2.5 FAT 类型识别…… 53
3.2.6 FAT 表结构…… 54
3.2.7 目录结构…… 55
3.2.8 长文件名…… 59
3.3 NTFS 文件系统…… 61
3.3.1 NTFS 文件系统基础 …… 61
3.3.2 NTFS 的 DBR …… 63
3.3.3 NTFS 文件空间分配 …… 64
3.3.4 NTFS 元文件 …… 64
3.3.5 常驻属性与非常驻属性…… 68
3.3.6 MFT 文件记录结构分析 …… 71
3.3.7 $Boot 元文件介绍 …… 79
3.3.8 NTFS 索引与目录 …… 79
第4章 数据恢复技术基础 …… 82
4.1 数据恢复的定义 …… 82
4.2 数据恢复的原理 …… 82
4.2.1 分区…… 82
4.2.2 Format 的使用…… 83
4.2.3 文件分配表…… 83
4.2.4 Fdisk 的使用 …… 83
4.2.5 文件的读取与写入…… 83
4.2.6 格式化与删除…… 84
4.2.7 覆盖…… 84
4.2.8 硬件故障数据恢复…… 84
4.2.9 磁盘阵列 RAID 数据恢复 …… 85
4.3 数据恢复的基本方法 …… 85
4.3.1 故障表现…… 85
4.3.2 数据丢失后的注意事项…… 86
4.3.3 数据恢复需要的技能…… 87
4.3.4 数据恢复的一般原则 …… 87
4.3.5 自己恢复——数据恢复原理方法…… 88
4.4 硬盘一般性故障的检测 …… 88
4.4.1 MHDD 的使用…… 88

4.4.2 效率源检测磁盘 …… 118
4.4.3 用 MHDD 清除主引导扇区“55AA”标志 …… 124
4.4.4 用 PC－3000 检测磁盘 …… 125
第5章 数据恢复必备的相关软件 …… 128
5.1 系统启动盘的制作 …… 128
5.1.1 安装 Easyboot 和安装的注意事项 …… 128
5.1.2 制作启动界面的 LOGO、背景图像 …… 130
5.1.3 制作中文启动菜单、快捷按键和功能键 …… 130
5.1.4 制作启动盘的子菜单 …… 133
5.1.5 将所有文件打包成 ISO 镜像 …… 133
5.1.6 将 ISO 文件刻录到光盘 …… 134
5.2 Fdisk 的应用 …… 135
5.2.1 创建分区 …… 135
5.2.2 激活主分区 …… 141
5.2.3 删除分区 …… 142
5.2.4 显示分区信息 …… 144
5.3 分区魔术师 PQ-Magic 的使用 …… 145
5.3.1 调整分区容量 …… 145
5.3.2 格式化分区 …… 147
5.3.3 创建系统分区 …… 147
5.4 磁盘管理工具 Acronis Disk Director Suite 10 的使用 …… 151
5.4.1 Acronis Disk Director Suite 10 的特点 …… 151
5.4.2 Acronis Disk Director Suite 10 的使用 …… 152
5.5 常用 DOS 命令 …… 162
5.5.1 常用的内部命令 …… 162
5.5.2 常用的外部命令 …… 164
第6章 系统分区的修复 …… 165
6.1 主引导记录的恢复 …… 165
6.1.1 使用 Fdisk 恢复主引导记录 …… 165
6.1.2 使用 Fixmbr 恢复主引导记录 …… 165
6.2 分区的恢复 …… 166
6.2.1 手动重建分区表 …… 166
6.2.2 使用工具软件自动重建分区表 …… 167
6.3 DBR 的恢复 …… 167
6.3.1 使用 Format 恢复 DBR …… 167
6.3.2 使用 WinHex 恢复 DBR …… 167
6.3.3 使用 DiskEdit 恢复 DBR …… 167
6.4 FAT 表的恢复 …… 169
6.4.1 使用 WinHex 恢复 FAT …… 169
6.4.2 使用 DiskEdit 恢复 FAT …… 172
第7章 数据的恢复 …… 177
7.1 删除数据 …… 177

7.1.1 FAT32 文件系统下的恢复 …… 177
7.1.2 NTFS 文件系统下的恢复 …… 181
7.1.3 恢复 DELETE 及清空回收站删除的数据 …… 185
7.2 使用数据恢复软件 …… 187
7.2.1 数据恢复软件 FinalData …… 187
7.3 使用数据恢复套装 R-Studio. complete. v5.0 …… 190
7.3.1 R-Studio 软件功能简介 …… 190
7.3.2 使用 R-Studio 查找并回复本地硬盘数据 …… 191
7.3.3 使用 R-Studio 通过网络恢复远程计算机数据 …… 195
7.3.4 R-Studio 的其他功能使用 …… 199
7.3.5 R-Studio 的分区恢复 …… 207
7.3.6 R-Studio 的格式化恢复 …… 212
7.4 使用 EasyRecovery Professional 恢复数据 …… 215
7.4.1 EasyRecovery 简介 …… 215
7.4.2 EasyRecovery 恢复原理 …… 216
7.4.3 使用 EasyRecovery 进行数据恢复 …… 216
第8章 文档修复 …… 221
8.1 Word 文档修复 …… 221
8.1.1 恢复丢失的文档 …… 221
8.1.2 使用工具软件修复文档 …… 224
8.2 Execl 文档修复 …… 227
8.2.1 恢复丢失的文档 …… 227
8.2.2 使用工具软件修复 Excel 文档 …… 229
8.3 Access 文档修复 …… 231
8.3.1 简单的修复 …… 231
8.3.2 使用软件修复 …… 232
8.4 Out look 文档修复 …… 236
8.4.1 简单的修复 …… 236
8.4.2 使用软件修复 …… 236
8.5 Office 综合文档修复工具集 …… 237
8.5.1 简单的修复 …… 237
8.5.2 使用软件修复 …… 237
8.6 MP3 文件修复 …… 238
8.6.1 使用 MP3 Repair Tool 修复 MP3 文件 …… 238
8.6.2 使用 Noncook 修复 MP3 文件 …… 239
8.6.3 使用 mp3Trim 截取 MP3 文件 …… 240
8.7 影音文件修复 …… 241
8.7.1 使用 RM 电影文件修复专家修复 …… 241
8.7.2 使用 Real 文件修复器修复 …… 242
8.7.3 使用 Divx Avi Asf Wmv Wma Rm Rmvb 修复器修复 …… 243
8.7.4 使用 ASF – AVI – RM – WMV Repair 修复 …… 243
8.8 压缩文件修复 …… 245

8.8.1 使用 WinRAR 自带的修复功能进行修复 …… 246
8.8.2 使用 Advanced RAR Repair 修复 RAR 文档 …… 246
8.8.3 使用 Advanced Zip Repair …… 248
8.8.4 Advanced TAR Repair …… 250
8.9 PDF 文档修复 …… 252
8.9.1 宏宇 PDF 恢复向导 …… 252
8.9.2 Advanced PDF Repair …… 255
8.10 Exchange 文档修复 …… 262
8.11 SQL Server 数据库修复 …… 263
8.11.1 SQL Server 数据库修复分析 …… 263
8.11.2 MS SQL Server 数据库修复工具 …… 265
第 9 章 密码修复 …… 266
9.1 Office 密码恢复 …… 266
9.2 去除 PDF 密码与取消 PDF 文件限制 …… 269
9.3 破解压缩文件密码 …… 272
9.4 清除 Windows 操作系统管理员密码 …… 275
第 10 章 数据安全与数据备份 …… 279
10.1 Windows 文件保护机制 …… 279
10.1.1 通过文件检查器修改文件保护机制 …… 279
10.1.2 通过注册表修改文件保护机制 …… 280
10.1.3 通过组策略修改文件保护机制 …… 282
10.2 禁止访问与禁止查看 …… 284
10.2.1 禁止访问 …… 284
10.2.2 禁止查看重要数据分区 …… 285
10.3 设置用户权限 …… 286
10.4 使用第三方工具软件进行文档加密 …… 287
10.5 数据删除安全 …… 295
10.5.1 使用彻底删除文件 …… 296
10.5.2 使用 WinHex 彻底删除文件或填充区域 …… 296
10.5.3 使用 Absolute Security 擦除数据文件 …… 298
10.5.4 使用 Paragon Disk Wiper 彻底擦除磁盘 …… 301
10.6 使用 Symantec Ghost 备份分区 …… 307
10.6.1 准备工作 …… 307
10.6.2 用 Ghost 分区的备份分区 …… 307
10.6.2 用 Ghost 恢复分区备份 …… 314
10.7 其他数据备份方法 …… 318
10.7.1 快照/影像备份 …… 318
10.7.2 在线备份技术 …… 318
参考文献 …… 319

第1章　数据恢复技术综述

数据恢复技术是保证计算机数据安全的重要技术。在当今电脑日益普及而数据安全越发重要的情况下,数据恢复技术也已成为电脑爱好者,或电脑使用者需要必备的能力了。本章主要通过对数据存储结构的分析,对当前数据恢复的基本技术进行探讨,并结合实际讨论了数据的恢复方法及其实现。

1.1　数据存储技术

信息时代的核心当然是信息技术,相比提升计算机硬件的效率,我们现在更应关心的是信息的存储。当今越来越多的信息已经变成了电子信息,从个人的 BLOG、微博,到网上银行、网上购物,一本(笔记本电脑)在手就可以足不出户地完成所有的事情。所有的公司、办公室已经用数据存储代替了纸张,提高了生产效率。这些在提醒我们,信息的存储安全是何等的重要。

1.1.1　数据的定义

在计算机科学中,数据的定义是指所有能输入到计算机并被计算机程序处理的符号的介质的总称,是用于输入电子计算机进行处理,具有一定意义的数字、字母、符号和模拟量等的通称。

1.1.2　数据的存储介质

在计算机的存储中,主要采用二进制代码“0”和“1”来记录信息,而一个具有两种不同的稳定状态且能相互转换的器件都可以用来表示一位二进制数。这样凡是可以方便地检测出两种稳定物理状态的物质或元器件,都可以作为计算机的存储介质。存储介质不同,其存储原理也不同。

根据存储原理的不同,可以把常用的存储技术分为:磁存储技术,使用的介质主要有磁盘和磁带等;光存储技术,使用的主要介质有各种光盘;电存储技术,主要产品有内存、闪存等。

1. 磁存储技术

磁存储技术在当今信息时代的应用越来越广泛,利用它可以对各种图像、声音、数码等信息进行转换、记录、存储和处理。磁存储技术的工作原理是通过改变磁粒子的极性来在磁性介质上记录数据。简单地说如果在一张白纸上点一个黑点,电脑记录这个信息的方式是设定白点为1,黑点为0。当记录这张纸的时候,就是众多的1的排列中,有一个0。根据这样的道理,磁存储技术通过改变电流来实现1和0的设定。当给一个磁体通上正电流，磁体的磁力方向指向左边，用来记录白点，通入负电流的时候，磁体的磁力方向指向右边，用来记录黑点。

磁表面存储器 MSM（Magnetic Surface Memory）是用非磁性金属或塑料做基体，在其表面涂敷、电镀、沉积或溅射一层很薄的高导磁率、硬矩磁材料的磁面，用磁层的两种剩磁状态记录信息"0"和"1"。基体和磁层合成为磁记录介质。MSM 是机械运动方式，通过磁记录介质作高速旋转或平移，借助于软磁材料制作的磁头实现读写，其存储单位是磁层上非常小的磁化区域，可以小至 20μm 的平方，所以存储容量可以很大，且每位价格低，因此被广泛应用作辅存。计算机中目前广泛使用的 MSM 是磁盘和磁带存储器。

硬盘是大家最熟悉的磁盘存储器，作为主要外存储器，是个人用户最重要的存储设备。硬盘通过磁头改变盘片上磁性物质的状态来存储与读取信息。在读取和写数据时，磁头将存储介质上的磁粒子极性转换成相应的电脉冲信号，并转换成计算机可以识别的数据形式。在硬盘的盘片上有很多由无数的任意排列的小磁铁组成的磁道，当这些小磁铁受到来自磁头的磁力影响时，其排列的方向会随之改变。利用磁头的磁力控制指定的一些小磁铁方向，使每个小磁铁都可以用来存储信息。硬盘的存储能力则与这些小磁铁的密度和信息传输的速度有关。硬盘的结构图如图 1－1 所示，图中 GMR（Giant Magheto Resistive）为巨磁阻之意。

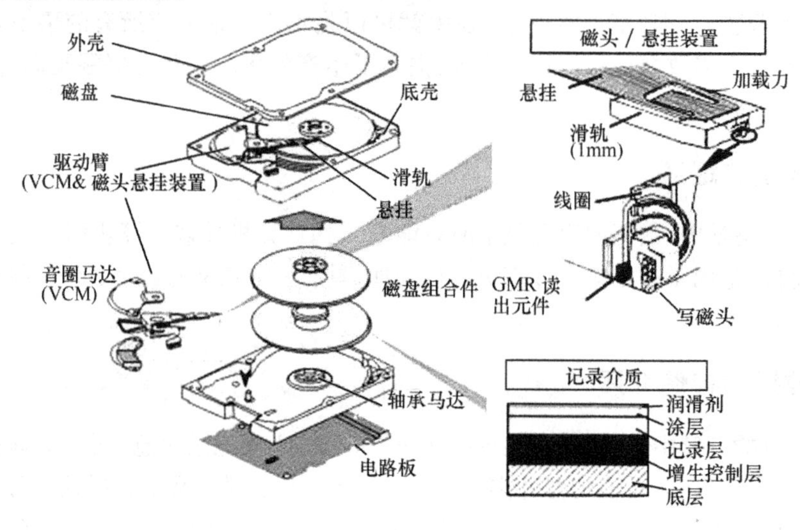

图 1－1　硬盘的结构

世界上出现的第一个硬盘是由 IBM 公司研制开发的 RAMAC，它仅仅是一个庞大的磁盘储存系统。由此硬盘开始了发展之路。1968 年，IBM 提出了温彻斯特（Winchester）技术的可行性，并于 1973 年推出了使用温彻斯特技术的第一块硬盘。温彻斯特技术的精髓在于提出了硬盘所发展的方向：密封、固定并高速旋转的镀磁盘片，磁头沿盘片径向移动，磁头悬浮在高速转动的盘片上方，而不与盘片直接接触。

1979 年，IBM 发明了薄膜磁头，为进一步减小硬盘体积、增大容量、提高读写速度提供了可能。同期 IBM 的两位员工 Alan Shugart 和 Finis Conner 离开 IBM 后成立了希捷公司（Shugart Technology 公司，也就是后来的 Seagate 希捷公司），之后便推出了像 5.25 英寸大小的硬盘驱动器。

20 世纪 80 年代末期 IBM 推出了 MRHEAD(Magneto Resistive Head)，这种磁头在读取数据时对信号变化相当敏感，使得盘片的存储密度能够比以往每英寸 20MB 的容量提高了数十倍，其工作方式在于将读写两个磁头分开，不再受限于磁场切割的速度，可以针对读写的不同特性来适应以达到最佳状态，大幅度地提升了磁盘的密度。读取数据的准确性也得到提高。并且由于读取的信号幅度与磁道宽窄无关，所以磁道可以做得很窄，从而提高了盘片密度，达到 200MB/平方英寸。

90 年代后期，巨磁阻(GMR)磁头技术问世了。它使用磁阻效应更好的材料和多层薄膜结构，增强了读取的敏感度，相同的磁场变化能引起更大的电阻值变化，从而可以实现更高的存储密度，现有的 MR 磁头能够达到的盘片密度为 $3Gbit/in^2$ ~ $5Gbit/in^2$(千兆位每平方英寸)，而 GMR 磁头可以达到 $10Gbit/in^2$ ~ $40Gbit/in^2$。

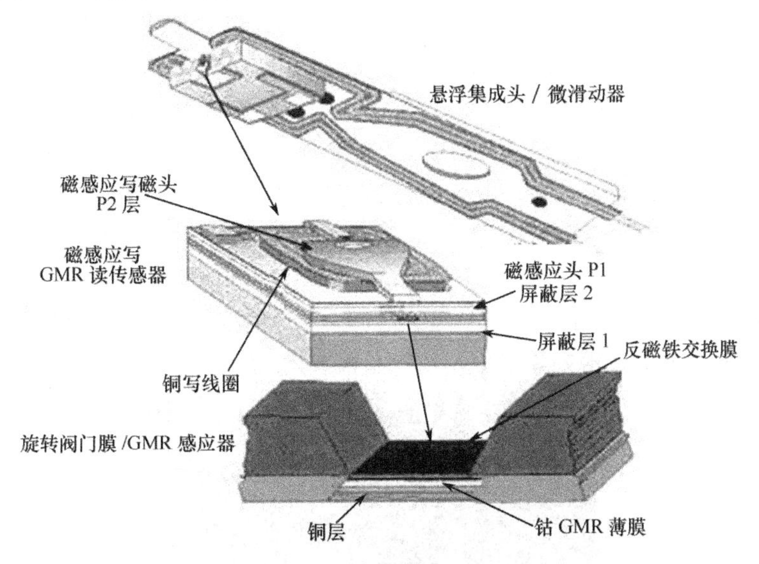

图 1-2　巨磁阻磁头结构

2000 年以后，电脑的民用硬盘进入了一个暂时的顶峰状态。在经历价格波动、接口波动、电机转速等的不断变革之后，硬盘主要技术的发展主要集中在速度、容量及可靠性三方面。Ultra-ATA/66 接口、GMR 巨磁阻技术和 SMART 自我监测分析和报告技术等各项技术已普遍，这使得硬盘在传输率、单片存储容量和监测预告技术上较以往有了很大提高。

1）磁带存储器

从 1952 年第一台 13mm(0.5 英寸)磁带机在 IBM 公司问世以来，磁带机已经走过了 50 多年的历史，积累了大量的使用经验和可靠性数据。磁带存储是一种安全、可靠、易用、效率高的数据备份方法。

目前常用的磁带介质有普通金属磁带 Metal Particle (MP)、高级金属蒸发带 Advanced Metal Evaporated (AME)、具有自动清洗功能的高级金属蒸发带 AME with Smart Clean TM Technology 等类型。

2）磁带机的性能参数

磁带记录密度:主要反映在单位面积磁带上记录数据多寡的能力,单位通常是 bpi(bit per inch 位/英寸)。这个数值取决于磁带介质和磁头能力。通常,采用 AME(高级金属蒸发带 Advanced Metal Evaporated)介质的要高于 MP(普通金属磁带 Metal Particle)介质的磁带,达到 100000bpi 以上,但价格上也要贵些。

磁带机读带速度:磁头从磁带中将写入的数据读出到磁盘中的频率大小,单位通常是 ips(inch per second 英寸/秒)。这个数值主要取决于磁带机的机械能力。

磁带机倒带速度:磁带处于 READY(准备好)状态时,把磁带从头倒到尾的平均速度称之为倒带速度,单位通常是 ips。这个数值主要取决于磁带机的机械能力。

磁带存储记录格式:磁带机根据采用的备份技术不同,其磁带的存储记录格式也不同。当前磁带机支持的备份技术主要有 DAT、8mm、DLT、LTO、AIT 及 VXA 等。

接下来介绍一下磁带机的备份技术及相应磁带。

(1) DAT(Digital Audio Tape,数码音频磁带技术),也称 4mm 磁带机技术,DAT 使用影像磁带式技术——旋转磁头和按对角方式穿越 4mm 磁带宽度的螺旋式扫描磁道来达到快速访问数据的目的,即使是很小的磁带盒也可达到很高的容量。这种技术后来也使用 8mm 磁带盒。最初是由惠普公司(HP)与索尼公司(SONY)共同开发出来的。这种技术以螺旋扫描记录(Helical Scan Recording)为基础,将数据转化为数字后再存储下来,早期的 DAT 技术主要应用于声音的记录,后来随着这种技术的不断完善,又被应用在数据存储领域里。4mm 的 DAT 经历了 DDS-1、DDS-2、DDS-3、DDS-4 几种技术阶段,容量跨度在 1GB~12GB。目前一盒 DAT 磁带(图 1-3)的存储量可以达到 12GB,压缩后则可以达到 24GB。DAT 技术主要应用于用户系统或局域网。

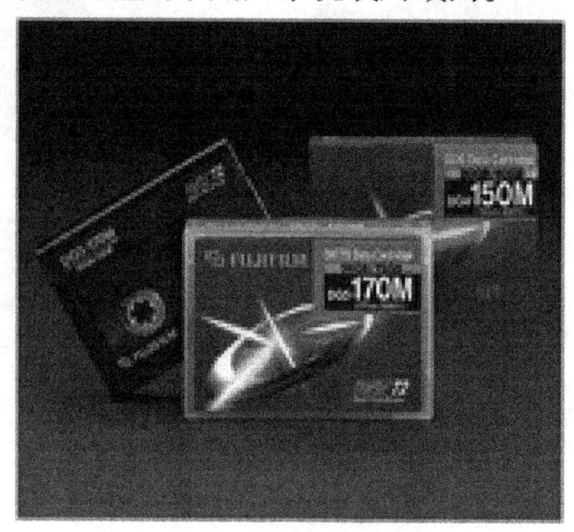

图 1-3 DAT 磁带

(2) 8mm 技术由 Exabyte(安百特)公司在 1987 年开发,采用螺旋扫描技术,其特点是磁带(图 1-4)容量大,传输速率高,它在较高的价位上提供了相对较高容量的存储解决方案。8mm 磁带机的发展经历了 8200、8500、8500c 和 8900(mammoth)的数据格式,容量从最初的 2GB 发展到现在的 40GB,传输速率最快可达 6MB/s。新一代的 Mammoth-2 技术又进一步提升,存储容量达到 170GB(非压缩 60GB)传输速率 30MB/s(非压缩 12MB/s),在技术上有广阔的发展空间。主要制造商是 Exabyte 公司。

(3) DLT(Digital Linear Tape,数字线性磁带)技术源于 1/2 英寸磁带机。1/2 英寸磁

带机技术出现很早,主要用于数据的实时采集,如程控交换机上话务信息的记录,地震设备的震动信号记录,等等。DLT 磁带(图 1-5)由 DEC 和昆腾(Quantum)公司联合开发。由于磁带体积庞大,DLT 磁带机全部是 5.25 英寸全高格式。DLT 产品由于高容量,主要定位于中、高级的服务器市场与磁带库系统。目前 DLT 驱动器的容量从 10GB 到 80GB 不等,数据传输速率相应由 1.25MB/s ~ 10MB/s。另外,一种基于 DLT 的 Super DLT(SDLT)是昆腾公司 2001 年推出的格式,它在 DLT 技术基础上结合新型磁带记录技术,使用激光导引磁记录(LGMR)技术,通过增加磁带表面的记录磁道数使记录容量增加。目前 SDLT 的容量为 160GB,近 3 倍于 DLT 磁带系列产品,传输速率为 11MB/s,是 DLT 的 2 倍。

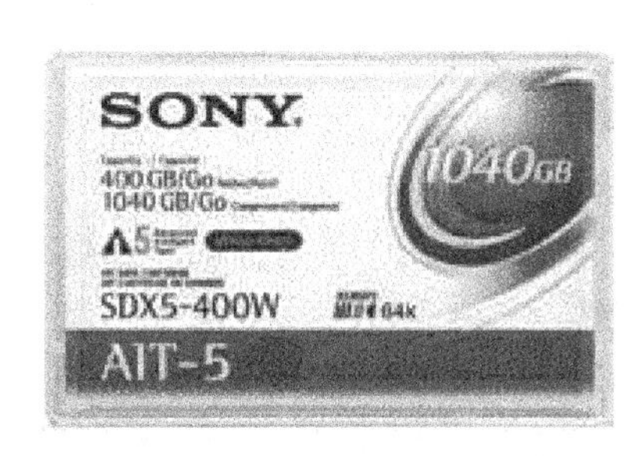

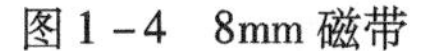
图 1-4　8mm 磁带

图 1-5　DLT 磁带

(4) LTO(Linear Tape Open,线性磁带开放协议)技术。是由 HP、IBM、Seagate 这三家厂商在 1997 年 11 月联合制定的,其结合了线性多通道、双向磁带格式的优点,基于服务系统、硬件数据压缩、优化的磁道面和高效率纠错技术,来提高磁带的能力和性能。LTO 是一种开放格式技术,用户可拥有多项产品和多规格存储介质,还可提高产品的兼容性和延续性。

LTO 技术有两种存储格式,即高速开放磁带格式 Ultrium 和快速访问开放磁带格式 Accelis,它们可分别满足不同用户对 LTO 存储系统的要求,Ultrium 采用单轴 1/2 英寸磁带,非压缩存储容量 100GB、传输速率最大 20MB/s、压缩后容量可达 200GB,而且具有增长的空间。非常适合备份、存储和归档应用。Accelis 磁带格式则侧重于快速数据存储,Accelis 磁带格式能够很好地适用于自动操作环境,可处理广泛的在线数据和恢复应用。

(5) AIT(Advanced Intelligent Tape,先进智能磁带),具有螺旋扫描、金属蒸发带等先进技术,AIT 的数据保护性能比较突出,AIT 已经发展到应用 AME(先进的金属汽化附着)技术的 AIT-5,目前开发 AIT 技术的索尼公司和专注在 AIT 技术上开发产品的 Spectra Logic 公司都在大力推广采用 AIT 的产品。现已成为磁带机工业标准。AIT 使用一种磁带盒上含有存储芯片的磁带,通过在微芯片上记录磁带上文件的位置,大大地减少了存取时间。

AIT 采用的是螺旋扫描方式进行记录,与家用录像机的工作原理一样,整个磁带机中,只有磁鼓是高速旋转,其他部件,如磁带、伺服机构都是低速运动的。这样的结构紧凑合理、易于设计和维护。而 LTO、DLT、SDLT(Super Digital linear Tape)都是线性记录,像录音机一样,磁头是固定不动的,磁带直线运动通过磁头。与录音机不同的是,磁带机要保证记录速度,就要让磁带高速通过磁头,为此,就需要复杂机构控制磁带抖动、冷却高速运动的各种部件和轴承。在相同材料下,采用螺旋扫描的方式能使材料寿命延长。

从应用方面讲,对于企业级用户来说,AIT 磁带库可用于数据备份。与其他同容量、同传输速率的产品相比,AIT 机架式的磁带库具有体积小、能耗低、容量大、价格便宜的优点。对于中端用户,AIT 自动加载机是较好的选择。考虑到数据容量和自动备份等问题,可选用能容纳 4 盘磁带的自动加载机。

(6) VXA 技术是由 Exabyte 公司开发的磁带备份技术,VXA 技术不依赖于精确的磁头和磁道位置来保证读写的可靠性,它不像流式磁带设备为定位磁道而需要昂贵的高精度的部件和精确的机械零件。不同于传统的磁带驱动器,VXA 通过自动调节磁带移动易和主机的传输速率相匹配而完全消除磁带“回扯”问题,能够显著提高介质和驱动器的可靠性,进而优化了备份和存储。

VXA 包格式磁带驱动器应用非连续包格式的新技术,以小的包在磁带上写数据,同时每个包都有自动唯一的地址。每个包被四个磁头而不是一个磁头读入缓冲区内,在那里包依它们的地址按原有的顺序排放。这种无空隙扫描技术,显著地减少了读错误。目前,VXA 技术在保持高可靠性的基础上,提高了速度和容量,单盒磁带容量达到 160GB(非压缩为 80GB),速度为 12MB/s(非压缩为 6MB/s)。

3) 磁存储的缺点

硬盘由于采用机械装置,虽然目前的传输速度很快,但它的速度已经难以再有较大幅度的提高。在硬盘大小不变的情况下,硬盘容量的大幅提升较为困难。现在已经出现的 8T 容量的硬盘,其重量和大小就相当于一个普通西瓜的大小。

此外,磁介质存储设备目前面临的比较大的问题就是不稳定,经常会发生软盘损坏、硬盘磁道出错等故障。这是因为磁存储技术是采用磁介质作为存储媒介,这些媒介会随着使用次数的不断增加而出现磁粉脱落、划伤等现象,导致数据存储的失败。同时,磁介质存储器的安全性还有另一个先天不足,就是非常怕振动。对于外部环境的变化,磁介质存储器也表现得比较敏感。

2. 光存储技术

光存储技术是通过光学的方法写入和读出数据的存储技术,又称为激光存储技术,它利用光盘上的凹坑或变性来保存数据,用带激光头的光驱来读写数据。光盘用带金属反射层的塑料聚合物制成,既轻便又结实,而且防磁、防水和防摔。为了充分利用盘面空间,光盘采用了螺旋线光道和恒定线速度电机,这与采用同心环磁道和恒定角速度电机的普通磁盘有着很大的不同。为了能正确并有效地读取光盘中的数据,在光盘的数据存储上,采用了位调制型通道编码和错误检测与校正技术。

只读型光盘采用母盘压制的方法来进行批量生产;一次性刻录盘(±R)和可反复擦写盘(±RW)则采用激光加热相变的方法,来改变介质的光反射率,达到擦写数据的目的。

CD、DVD 和 BD 与 HD DVD 等光盘,都采用了同样的光存储原理,只是它们所用的激光波长不同,在具体的参数和技术细节上也有所差别。

(只读)光盘主要由保护层、反射激光的(铝、银、金等)金属反射层、刻槽层和(聚碳酸脂)塑料基衬垫组成,如图 1-6 所示。

光盘的外径一般为 120mm(4.75 英寸)(也有外径 80 mm 即 3.15 英寸的小型盘片)、

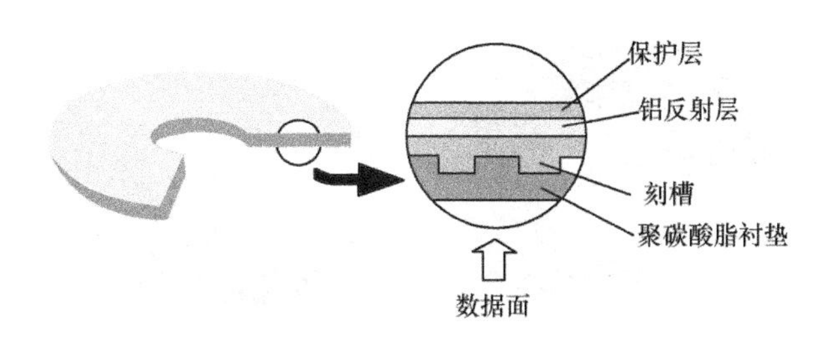

图 1－6　光盘片的结构

内径 15mm、厚 1.2mm，重量为 14g～18g。CD－DA（激光唱盘）分 3 个区：导入区、导出区和声音数据记录区，如图 1－7 所示。

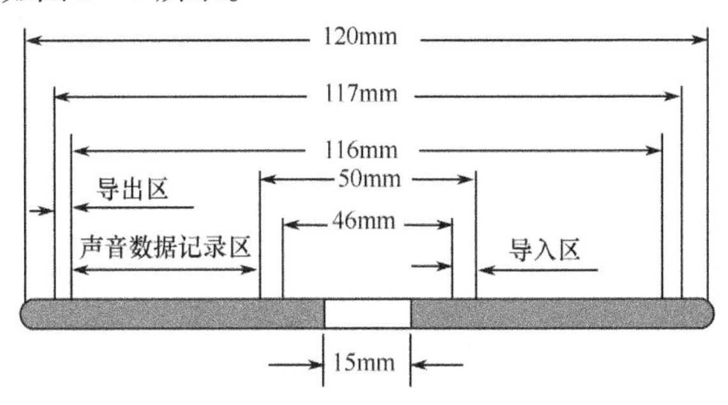

图 1－7　CD 盘的尺寸和结构

光盘在驱动马达（电动机）的带动下高速旋转，光头发射的激光束经透明的塑料基后被金属反射层反射，反射的光经棱镜分光后被光头所接收。存储的数据用光盘刻槽层上的凹坑（pit）和岸台（land）表示，光驱利用坑台交界处反射光强的突变来读取数据，如图 1－8所示。

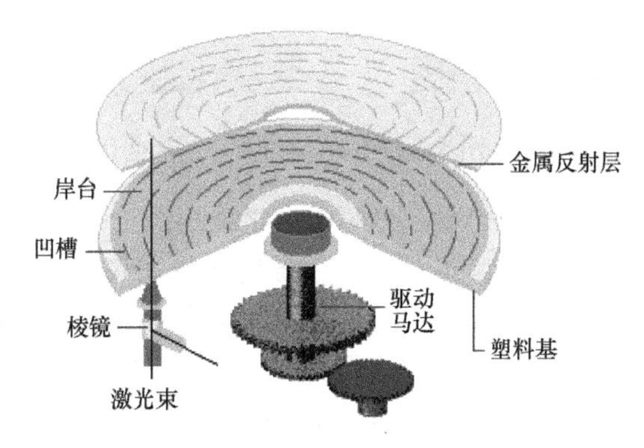

图 1－8　光盘的结构与数据的读取

光盘光道的结构与磁盘磁道的结构不同：磁盘存放数据的磁道是多个同心环，而光盘的光道则是一条螺旋线（CD 盘的光道长度大约为 5km），如图 1－9 所示。

磁盘片转动的角速度是恒定的，通常用 CAV（Constant Angular Velocity，恒定角速度）表示。但在不同的磁道上，磁头相对于磁道的速度（称为线速度）是不同的。采用同心环磁道的好处之一是控制简单，便于随机存取。但由于内外磁道的记录密度（比特数/英寸）不相同，外磁道的记录密度低，内磁道的记录密度高，外磁道的存储空间就没有得到

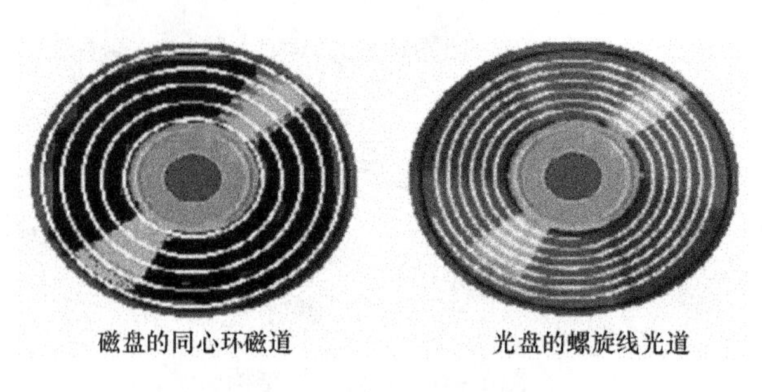

图 1-9　磁道(左)与光道(右)

充分利用,因而存储器没有达到应有的存储容量。

光盘转动的角速度在光盘的内外区是不同的,而它的线速度是恒定的,就是光头相对于盘片运动的线速度是恒定的,通常用 CLV(Constant Linear Velocity,恒定线速度)表示。由于采用了恒定线速度,所以内外光道的记录密度(比特数/英寸)可以做到一样,这样盘片就得到充分利用,可以达到它应有的数据存储容量。但随机存储特性变得较差,控制也比较复杂。

光盘数据的表示和读写:光盘是利用在盘上压制凹坑的机械办法,利用凹坑的边缘来记录“1”、而用凹坑和岸台的平坦部分记录“0”,使用激光来读出(图 1-10)。

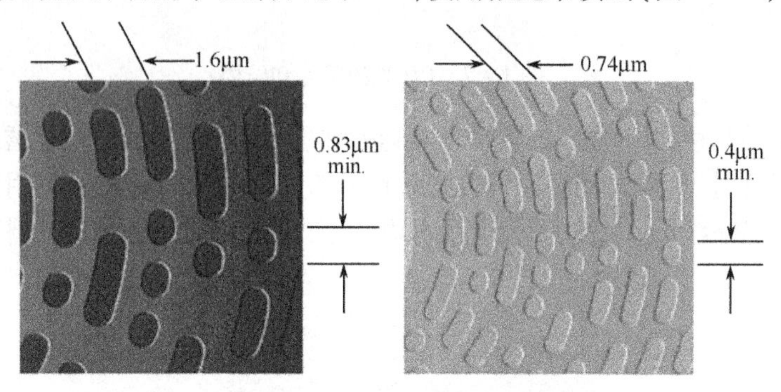

图 1-10　CD(左)与 DVD(右)盘片上的凹坑和岸台

CD 光盘的数据读出要使用光驱。光驱由光学读出头、光学读出头驱动机构、光盘驱动机构、控制线路以及处理光学读出头读出信号的电子线路等组成。图 1-11 为 CD 光盘的原理简化图。光盘上压制了许多凹坑,激光束在跨越凹坑的边缘时,反射的光的强度有突变,光盘就是利用这个简单的原理来区分“1”和“0”的。凹坑的边缘代表“1”,凹坑和岸台的平坦部分代表“0”,一定长度的凹坑和岸台都代表着若干个“0”。

光存储的优点是:存储容量大;非接触方式读/写信息;能长期保存信息;信息的载噪比高;价格低廉;多媒体信息存储。随着光学技术、激光技术、微电子技术、材料科学、细微加工技术、计算机与自动控制技术的发展,光存储技术在记录密度、容量、数据传输率、寻址时间等关键技术上将有巨大的发展潜力。在未来,光盘存储将在功能多样化,操作智能化等方面都会有显著的进展。随着光量子数据存储技术、三维立体存储技术、近场光学技术、光学集成技术的发展,光存储技术必将成为未来信息产业中的支柱技术之一。

3. 电存储技术

电存储技术主要是指半导体存储器(Semi-Conductor Memory,SCM),它是一种以半导

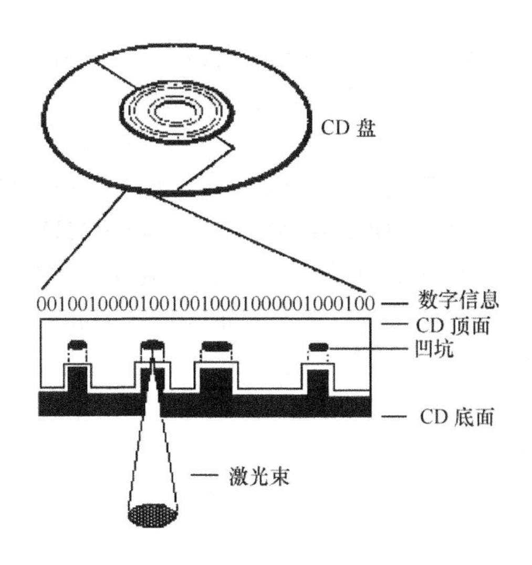

图 1-11 CD 光盘的原理简化图

体电路作为存储媒体的存储器。主要用作高速缓冲存储器、主存储器、只读存储器、堆栈存储器等，最常见的就是内存，以及现在常用的闪存。半导体存储器的优点是：体积小、存储速度快、存储密度高、与逻辑电路接口容易。

衡量半导体存储器的技术指标主要有：

存储容量：存储单元个数 $M \times$ 每单元位数 N。

存取时间：从启动读（写）操作到操作完成的时间。

存取周期：两次独立的存储器操作所需间隔的最小时间。

平均故障间隔时间 MTBF（可靠性）。

功耗：动态功耗、静态功耗。

半导体存储器主要由能够表示二进制数“0”和“1”的、具有记忆功能的一些半导体器件组成。如触发器、MOS 管的栅极电容等。能存放一位二进制数的器件称为一个存储元。若干存储元构成一个存储单元。从最早的晶体管到现在的超大规模集成电路，电存储技术主要在制作工艺上实现了突破。按功能的不同半导体存储器可分为：随机存取存储器（简称 RAM）和只读存储器（简称 ROM）。

随机存取存储器又可根据存储原理不同，分为静态存储器（Static RAM，SRAM）和动态存储器（Dynamic RAM，DRAM）。ROM 在系统停止供电的时候仍然可以保持数据，而 RAM 通常都是在掉电之后就丢失数据，典型的 RAM 就是计算机的内存。

RAM 有两大类，一种是静态 SRAM（Static RAM/SRAM），速度快（<5ns），不需刷新，外围电路比较简单，但集成度低（存储容量小，约 1Mbit/片），功耗大。在 PC 机中，SRAM 被广泛地用作高速缓冲存储器 Cache，是目前读写最快的存储设备，但是它也非常昂贵，所以只在要求很苛刻的地方使用，譬如 CPU 的一级缓冲，二级缓冲。另一种是动态 DRAM（Dynamic RAM/DRAM），它是靠 MOS 电路中的栅极电容来存储信息的，由于电容上的电荷会逐渐泄漏，需要定时充电以维持存储内容不丢失（称为动态刷新），所以动态 RAM 需要设置刷新电路，相应外围电路就较为复杂。刷新定时间隔一般为几微秒～几毫秒，DRAM 的特点是集成度高（存储容量大，可达 1Gbit/片以上），功耗低，但速度慢（10ns 左右）。

DRAM 在微机中应用非常广泛,如微机中的内存条(主存)、显卡上的显示存储器几乎都是用 DRAM 制造的。DRAM 保留数据的时间很短,速度也比 SRAM 慢,不过它还是比任何 ROM 都快,但从价格上来说 DRAM 要比 SRAM 便宜很多。

DRAM 分为很多种,常见的主要有 FPRAM/FastPage、EDORAM、SDRAM、DDR RAM、RDRAM、SGRAM 以及 WRAM 等,DDR RAM(Date - Rate RAM)也称为 DDR SDRAM,这种改进型的 RAM 和 SDRAM 是基本一样的,不同之处在于它可以在一个时钟读写两次数据,这样就使得数据传输速度加倍了。它是目前电脑中用得最多的内存,已经发展到了 DDR3。而且它有着成本优势,事实上击败了 Intel 的另外一种内存标准——Rambus DRAM。在很多高端的显卡上,也配备了高速 DDR RAM 来提高带宽,这可以大幅度提高 3D 加速卡的像素渲染能力。

只读存储器 ROM 根据存储原理不同分为:掩模 ROM、一次性可写 ROM、EPROM、EEPROM、Flash Memory。

掩模 ROM(MaskROM):主要用于厂家出厂时设定好,不可更改内容的只读存储器。

PROM(Programmable ROM):指用户可以一次性写一次的只读存储器。

EPROM(Erasable PROM):指用户必须用紫外线进行擦除,并在专用设备上写入信息的只读存储器。

EEPROM(Electricable Erasble PROM):指用户可以通过程序控制进行读写的只读存储器,也就是现在所谓的闪存。

Flash Memory 快速电擦写存储器:是结构与 E^2PROM 相同的一种新型存储器。其特点是可以整体电擦除(时间为 1s)和按字节重新高速编程,是完全非易失性的,能进行高速编程的只读存储器。如 28F256 芯片。其每个字节的编程只需 100μs,整个芯片只需 0.5s,最少可以擦写一万次,通常可达到 10 万次,CMOS 低功耗,最大工作电流 30mA。与 E^2PROM 进行比较,Flash Memory 具有容量大、价格低、可靠性高等明显优势。

4. 几种存储新技术介绍

PRAM:一种非易失性存储技术,基于硫族材料的电致相变,以前在批量生产时总是难以获得稳定性。相变材料可呈现晶态和非晶态两种状态,分别代表了 0 和 1,只要施加很小的复位电流就可以实现这两种状态的切换。

MRAM:一种非挥发性的磁性随机存储器,所谓"非挥发性"是指关掉电源后,仍可以保持记忆完整,功能与 Flash 雷同;而"随机存取"是指中央处理器读取资料时,不一定要从头开始,随时可用相同的速率,从内存的任何部位读写信息。MRAM 运作的基本原理与硬盘驱动器相同。和在硬盘上存储数据一样,数据以磁性的方向为依据,存储为 0 或 1。它存储的数据具有永久性,直到被外界的磁场影响之后,才会改变这个磁性数据。它拥有静态随机存储器 SRAM 的高速读取写入能力以及动态随机存储器 DRAM 的高集成度,而且基本上可以无限次地重复写入。

FRAM:一种非易失性存储技术。FRAM 的核心技术是铁电晶体材料。这一特殊材料使得铁电存储产品同时拥有随机存取存储器(RAM)和非易失性存储产品的特性。铁电晶体材料的工作原理是,当把电场加到铁电晶体材料上,晶阵中的中心原子会沿着电场方向运动,到达稳定状态。晶阵中的每个自由浮动的中心原子只有两个稳定状态。一个用来记忆逻辑中的 0,另一个记忆 1。中心原子能在常温、没有电场的情况下停留在此状态达一百年以上。铁电存储器不需要定时刷新,能在断电情况下保存数据。由于在整个物理过程中没有任何原子碰撞,FRAM 拥有高速读写、超低功耗和无限次写入等超级特性。

1.2 数据存储安全

数据的存储安全有两方面的含义,一个是指逻辑上的安全,例如防止病毒的侵入与破坏、防止黑客的入侵等;另一个是指物理上的安全,比如人为的操作错误或不可预见的灾难。逻辑上的安全需要系统的安全防护,而物理上的安全需要数据存储备份和容灾的保护。

1.2.1 影响数据存储安全的因素

影响数据存储安全的因素大体上可以分为以下情况:

1. 网络安全与网络架构安全

该指标主要是指各种企业在建设其网络时要考虑到的一些因素。主要包括:网络入侵检测与分析、VPN、无线安全等。

2. 应用安全

主要是指在计算机产品的应用中会遇到的几种不同类型的欺骗攻击,攻击者可能会利用伪造的 IP 数据包源、电子邮件或者网站等来欺骗受害者接收恶意数据。从历史上看,这种欺骗攻击开始流行于 20 世纪 90 年代。主要包括:Email 安全、Web 安全、SOA 与 Web 服务安全、数据库安全、IM 安全、软件开发的安全。

3. 信息安全

信息安全包括的范围很大,这里主要指在网络环境下应用计算机时的信息安全。包括计算机安全操作系统、各种安全协议、安全机制(数字签名、信息认证、数据加密等),其中任何一个安全的漏洞便可以威胁全局安全。现在流行的信息安全技术包括:防网络钓鱼(Phishing)技术、防病毒/蠕虫/恶意软件、木马/间谍软件、Rootkit 、身份窃取/数据泄露、Web 威胁、反垃圾邮件、黑客攻防、新兴信息安全威胁、系统平台安全技术。

4. 操作系统安全

操作系统是控制其他程序运行,管理系统资源并为用户提供操作界面的系统软件的集合。操作系统的主要功能是资源管理、程序控制和人机交互等。计算机系统的资源可分为设备资源和信息资源两大类。设备资源指的是组成计算机的硬件设备,如中央处理器、主存储器、磁盘存储器、打印机、磁带存储器、显示器、键盘输入设备和鼠标等。信息资源指的是存放于计算机内的各种数据,如文件、程序库、知识库、系统软件和应用软件等。任何一个操作系统都存在着一些安全漏洞,这也是我们不断安装补丁的原因。在这里操作系统的安全主要指信息资源,包括数据存储安全、漏洞管理、虚拟化安全管理。

5. 身份识别管理安全

身份识别主要指我们在计算机应用中,机器、网络的各种对用户或个人的识别管理。身份识别技术采用密码技术(尤其是公钥密码技术)设计出安全性高的协议。我们最熟悉的口令是应用最广的一种身份识别方式,一般是长度为 5 ~ 8 的字符串,由数字、字母、特殊字符、控制字符等组成。还有一种是标记方式,标记是一种个人持有物如电子 U 盘,它的作用类似于钥匙,用于启动电子设备,标记上记录着用于机器识别的个人信息。身份识别管理安全包括:身份认证和身份管理的安全。

6. 其他存储安全的因素

影响存储安全的因素还包括:企业的安全管理、开源安全工具、金融安全等,这里就不介绍了。

1.2.2 数据保护方式介绍

由于数据重要性,无论是用户或厂商都具有一定的认识,就算出了问题没有重要的数据要恢复,但重构系统也是一个费时费力的事情,因此,出现了各种各样的数据保护方式,具体有如下几种。

1. 操作系统提供的系统还原功能

系统还原功能是 Windows 系列操作系统的一个重要特色,当 Windows 运行出现问题后,使用其可还原操作系统。微软公司从 Win Me 开始就有该功能,但不太完善。后来在 Win XP 中又强化了该功能,由于是免费,又是系统随带的,兼容性相当好,使用比较方便,可是只能恢复系统的数据,而系统本身不能崩溃,对用户的数据的恢复有一定的损失。

Windows XP 的"系统还原"虽然对经常出错的人有用,但是它会让硬盘处于高度繁忙的状态,占不少内存,因为 Windows XP 要记录操作,以便日后还原。Windows7 的系统备份还原功能,还可以如同 Ghost 一样地通过制作镜像文件来还原系统,全名叫做 System Image Recovery,使用这个功能不需要安装额外的软件,属于系统自带功能,启动时按 F8 键即可进入操作界面,同样可以制作成启动 U 盘来进行还原操作。

2. 系统恢复光盘

只有品牌机才提供该光盘,且往往只能对整盘恢复。由于不断完善,现在有的厂商提供的光盘可以只恢复系统,不覆盖用户的数据,其优点与操作系统的还原功能相似,但它可以恢复崩溃的操作系统,缺点是各厂家相互差别很大,可以说是参差不齐,如果使用不当,可能会覆盖系统分区下的用户数据,造成彻底无法恢复。同时,不同的厂商产品差别甚大,不能相互使用,否则会造成严重的后果。

3. Ghost

Ghost(幽灵)软件是美国赛门铁克公司推出的一款出色的硬盘备份还原工具。可以实现 FAT16、FAT32、NTFS、OS2 等多种硬盘分区格式的分区及硬盘的备份还原。是现在最为流行的磁盘数据镜像备份方式,其主要特点为:

(1) 备份还原是以硬盘的扇区为单位进行的。也就是可以将一个硬盘上的物理信息完整复制,而不仅仅是数据的简单复制。

(2) Ghost 只支持 DOS 的运行环境。通常需要把 Ghost 文件复制到启动软盘(U 盘)或刻录进启动光盘,用启动盘进入 DOS 环境后,在提示符下输入 Ghost 回车即可运行。

(3) Ghost 不但有硬盘到硬盘的克隆功能,还附带有硬盘分区、硬盘备份、系统安装、网络安装、升级系统等功能。

(4) 可以在各种不同的存储系统间进行,并支持 FAT16/32、NTFS、OS/2 等多种分区,Win9X、NT、UNIX、Novell 等多种系统下的硬盘备份。只是一种静态备份,对用户数据不能及时备份,不过它最新版本已经完善了,可以实时备份数据。

4. 杀毒软件提供的系统备份

一些杀毒软件的厂商会在其软件包中提供有系统备份功能，可以备份重要数据，如360 安全卫士、瑞星、江民等。例如，瑞星的硬盘数据备份并不是全盘备份，它主要是备份了许多关键数据。要知道硬盘数据的存储结构中，硬盘数据存储有四个区域：引导区，文件分配表，目录区，文件数据区。引导区在最外层，它决定着硬盘是否可以启动，其他分区是否可以显示。

瑞星硬盘数据备份工具的备份原理是将以上提到的引导区、文件分配表、目录区等三个区域的数据备份出来，以压缩的形式放在硬盘的尾部，需要时只要将备份的硬盘的这三部分数据按照原来的位置拷贝回去，就把原来的数据恢复出来了。因此，在绝大多数时候能够恢复出被损坏的硬盘数据。不用多说，这种备份的局限性也是很明显的。

5. 硬盘保护卡

硬盘还原卡也称硬盘保护卡（图 1－12），在教育、科研、设计、网吧等单位使用较多。它主要的功能就是还原硬盘上的数据。还原卡的主体是一种硬件芯片，插在主板上与硬盘的 MBR（主引导扇区）协同工作。大部分还原卡的原理都差不多，其加载驱动的方式十分类似 DOS 下的引导型病毒：接管 BIOS 的 INT13 中断，将 FAT、引导区、CMOS 信息、中断向量表等信息都保存到卡内的临时存储单元中或是在硬盘的隐藏扇区中，用自带的中断向量表来替换原始的中断向量表；再另外将 FAT 信息保存到临时存储单元中，用来应付对硬盘内数据的修改；最后是在硬盘中找到一部分连续的空磁盘空间，然后将修改的数据保存到其中。如以前比较常用的还原卡、再生卡等就是此种方式。除了最基本的硬盘保护功能，很多还原卡还拥有其他功能，如 BIOS 数据保护，自带硬盘对拷和网络对拷功能，网络维护，多重引导分区，软件升级等，更为用户提供了方便。

图 1－12　硬盘保护卡

使用与购买还原卡时，应注意的是：

（1）大多数厂商标榜自己的还原卡不占用硬盘空间，但硬盘可用空间非常少时，硬盘还原卡就会工作不正常了。因为硬盘剩余空间太少，当硬盘写操作较多时，还原卡因为没有足够的动态缓冲区而强制系统停机。所以建议使用保护卡时不要将硬盘空间占满，至少剩余几百兆可用空间给硬盘还原卡存储临时数据。

（2）由于操作系统、主板类型的不同，还有安装的各种软件，不可能保证还原卡百分之百地与主机兼容。市场上还原卡种类很多，选购时一定要注意是否全面支持 DOS、Win32、Win95/97/98/2000/NT、Linux 等常见操作系统，并让系统在真正的 32 位系统下工作，而不是 MS－DOS 兼容方式；是否完全不占系统 IRQ 及 I/O 资源，有无硬件及软件相冲突的问题;最大支持硬盘的数量。

6. 主板内置的系统保护

在有些主板的BIOS中内置有系统保护软件,如联想的"宙斯盾"(Recoveryeasy)和捷波的"恢复精灵"(RecoveryGenius)等都是这类工具。实际上它们都是系统还原卡的另外一种形式,相当于将这个备份恢复程序移植到主板上了。联想的"宙斯盾"可以为用户提供硬盘数据备份与恢复、CMOS设置备份与恢复以及多重引导等功能,整个程序内置于BIOS中,它采用固定镜像方式进行备份,在硬盘中选择一块区域存放备份的资料,所选区对操作系统而言不可见,在操作系统下也不能够访问,甚至包括病毒。缺点是对硬盘分区数量有限制,还要占用一定的硬盘空间,兼容性也不够。

捷波的"恢复精灵"由于其强大的功能和易移植性,早已成为DIY备份硬盘数据的新宠,将它压制到各种主板BIOS中。"恢复精灵"采用动态备份方式,在硬盘中划分一个很小的数据进行还原(WindowsXP系统还原功能只还原程序,不还原数据,而"恢复精灵"则会将硬盘上所有东西全部还原)甚至可以恢复进行过Fdisk数据:在系统崩溃、误操作、意外掉电后迅速(不到5秒钟)恢复到备份之前的状态,而且是在进入操作系统之间(不必重新启动就可直接进入Windows)根本不用担心系统受到破坏而无法恢复。类似的工具还有奔驰主板的"数据保险柜"等,不再介绍。很显然,这种备份方式也是远远不够的,总是要丢失部分的数据。

7. 虚拟还原工具

它提供了永久还原点和动态还原点两种方式。

"虚拟还原"的动作原理与硬盘保护卡比较类似,可备份整个硬盘内的资料。"虚拟还原"设有永久还原点和动态还原点两种备份方式,简单地说,永久还原点就是将整个硬盘的内部都备份起来,动态还原点就是将当前硬盘内容与最新永久还原点之间的差导备份起来,所以,在建立动态还原点之前必须先建立永久还原点。

还原精灵(图1-13)就是一款提供"虚拟还原"的工具软件,号称是软件做的"硬盘保护卡"其原理也和硬盘保护卡的原理相似。

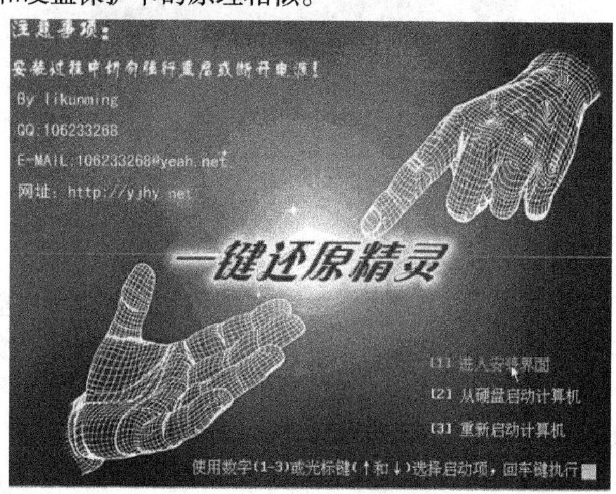

图1-13 还原精灵

硬盘保护产品还有很多,也不断地有新品出现,但不管是采用哪种方式,或者是静态备份,或者是动态备份,都脱不了备份这个本质,即使是动态备份,也不可能是实时备份,即使将来技术进步了,做到实时备份,它也只是一种建立在存储系统基础之上的备份手段,永远不可能代替数据恢复技术,另外这种保护也不是绝对的,现在已经有很多种方法可以避过这些保护方式,而且,多了一些操作,就不可避免会增加误操作的概率,如误还原,就会造成还原点之后所有的工作全部丢失。

下面再介绍一下硬盘数据保护知识。

硬盘是用来存储数据的装置,所以硬盘数据是电脑里最重要的资料。当硬盘发生故障时,如何抢救硬盘数据,以及如何做好日常的硬盘数据保护应具备以下硬盘数据保护知识。

(1) 硬盘读取数据时千万不要断电。

(2) 电脑开机状态下不要搬动机箱。

(3) 定期备份重要数据是硬盘数据保护最重要的一点,并且备份数据后要确认备份的数据是否完整。

(4) 硬盘数据保护需要考虑电脑的放置。电脑必须放置在以下条件的地方:温、湿度合适的地方;清洁的地方;没有振动的地方。

(5) 当电脑出现故障时应请专业人士来维修,以免发生不必要的损坏情况。

(6) 硬盘数据保护慎重使用 Fdisk、NDD 等磁盘操作软件。

(7) 要经常使用杀毒软件,并且确保定期升级(一般每周升级一次,遇到恶性病毒随时升级)。

(8) 当丢失数据时,千万不要随意使用硬盘数据恢复等软件,以免恶化损伤程度。

(9) 硬盘数据保护,建议使用 UPS 等确保供电的设备,防止电脑突然断电引起对硬盘的损伤。

(10) 硬盘出现嘎嘎响声时尽量不要开机,要立即向专业硬盘数据恢复人士请教。一般情况下不要打开机箱外壳,除非电脑故障或升级硬件。

1.3 数据恢复技术

存储设备本身的损坏为物理性损坏,而对于非存储设备问题称之为逻辑性损坏。在现实情况下遇到的大多数问题都属于逻辑性损坏之列。实际遇到的绝大多数数据问题都是逻辑性损坏,所以可以根据情况,对相对要求较低的数据恢复任务,使用数据恢复软件进行低成本的数据恢复工作。

1.3.1 什么是数据恢复

据有关数据统计,每年有 30% 以上的用户在使用 U 盘(也称优盘)、移动硬盘等存储设备时因为误删、病毒破坏、物理损坏、硬件故障等问题遭遇过数据丢失灾难,诸多事件说明在享受数据信息带来便利的同时,也不得不面对数据丢失带来的巨大损失。

相对于有价的存储介质(硬盘、U 盘、CF 卡、Flash 存储),无价的数据更显得弥足珍贵,于是找回丢失的数据、尽可能降低损失程度成为了一件迫在眉睫的事情。面对巨大的信息安全漏洞,数据恢复技术同时也应运而生。电子数据恢复是指通过技术手段,将保存在台式机硬盘、笔记本硬盘、服务器硬盘、存储磁带库、移动硬盘、U 盘、数码存储卡、Mp3 等设备上丢失的电子数据进行抢救和恢复的技术。

数据恢复过程主要是将保存在存储介质上的资料重新拼接整理,即使资料被误删或者硬盘驱动器出现故障,只要在存储介质的存储区域没有严重受损的情况下,还是可以通过数据恢复技术将资料完好无损地恢复出来。

当存储介质(包括硬盘、移动硬盘、U 盘、软盘、闪存、磁带等)由于软件问题(如误删除、病毒、系统故障等)或硬件原因(如震荡、撞击、电路板或磁头损坏、机械故障等)导致数据丢失时,便可通过数据恢复技术把资料全部或者部分还原。因此,数据恢复技术分为:软件问题数据恢复技术和硬件问题数据恢复技术。

其中,软件问题,如由格式化误删或者病毒引起的资料损失的情况下,大部分数据通过数据恢复软件(如 Easyrecovery、FinalData、Recovery my file 等),加上一些使用技巧和经验,仍能够恢复,除非数据已被完全覆盖。因为损失的只有资料的连接环节,重新恢复连接资料区连接环节的话,便可以重新将资料恢复。

若因为硬盘本身问题而无法读取资料时,需要通过专业的数据恢复工程师,在无尘环境下维修和更换发生故障的零件便有机会令资料恢复,但因存储介质款式繁多,而且每个品牌或者型号会使用不同的零件,所以专业数据恢复公司会建立完善的零件库,存储大部分介质的零件,以配合专业的数据恢复技术服务。

数据恢复技术是信息技术中一项新兴的高新技术,由于存储介质的高速发展,因此这项技术也是在不断发展中。固态硬盘作为一种革新性产品,代表未来存储技术发展的方向,虽然有些厂商在设计的时候已经设计 ECC 校验,或许通过更换内部部件、软件等维修方式,相对这种技术还是有很大的局限性,因此,目前来看针对固态硬盘发生故障,还没有一套完整的数据恢复解决方案。

1.3.2 数据的可恢复性

要使用硬盘等介质上的数据文件,通常需要依靠操作系统所提供的文件系统功能,文件系统维护着存储介质上所有文件的索引。因为效率等诸多方面的考虑,在利用操作系统提供的指令删除数据文件的时候,磁介质上的磁粒子极性并不会被清除。操作系统只是对文件系统的索引部分进行了修改,将删除文件的相应段落标识进行了删除标记。目前主流操作系统对存储介质进行格式化操作时,也不会抹除介质上的实际数据信号。正是操作系统在处理存储时的这种设定,为进行数据恢复提供了可能。值得注意的是,这种恢复通常只能在数据文件删除之后相应存储位置没有写入新数据的情况下进行。因为一旦新的数据写入,磁粒子极性将无可挽回地被改变从而使得旧有的数据真正意义上被清除。

有很多种原因可能造成数据问题。最常见的原因当数人为的误操作,比如错误地删除文件,用错误的文件覆盖了有用数据等。而存储器本身的损坏也占据了相当大的比重,高温、振动、电流波动、静电甚至灰尘,都是存储设备的潜在杀手。另外,很多应用程序特别是备份程序的异常中止,也可能造成数据损坏。在所有的原因当中,由于删除和格式化等原因造成的数据丢失是比较容易处理的,因为在这些情况下数据并没有从存储设备上真正擦除,利用数据恢复软件通常能够较好地将数据恢复出来。如果存储设备本身受到了破坏(例如硬盘盘片坏道、设备芯片烧毁等),会在很大程度上增加恢复工作的难度,并需要一些必备的硬件设施才能执行恢复,如果存储数据的介质本身(例如硬盘盘片、Flash Memeory)没有损坏的话,数据恢复的可能性仍然很大。通常存储设备本身的损坏为物理性损坏,而对于非存储设备问题的是逻辑性损坏。在现实情况下遇到的大多数问题都属于逻辑性损坏之列。

1.3.3 数据恢复的范围

首先,让我们了解一下硬盘数据丢失的原因

1. 软件故障

主要是人为(本人或黑客)的操作造成的。如受病毒感染;误格式化或误分区;误克隆;误删除或覆盖;黑客软件人为破坏;零磁道损坏;硬盘逻辑锁;操作时断电;意外电磁干扰造成数据丢失或破坏;系统错误或瘫痪造成文件丢失或破坏。

软件故障的现象主要表现为操作系统丢失,没有办法正常启动系统,磁盘读写错误,找不到所需要的文件、文件打不开、文件打开后乱码,文件损坏:如 Office 系列 Word、Excel、Access、PowerPoint 文件、Microsoft SQL 数据库、Oracle 数据库文件、Foxbase/Foxpro 的 dbf 数据库的损坏;损坏的邮件 Outlook Express dbx 文件,Outlook pst 文件;损坏的 MPEG、asf、RM 等媒体文件,硬盘没有分区、提示某个硬盘分区没有格式化等。

2. 硬件故障的类型

主要是机械性的损伤,即物理性的硬件问题。如磁盘划伤;磁头变形;磁臂断裂;磁头放大器损坏;芯片组或其他元器件损坏等。可以分为:

(1) 控制电路损坏:是指硬盘的电路板中的某一部分线路断路或短路,或者某些电气元件或 IC 芯片损坏等,导致硬盘在通电后盘片不能正常起转,或者起转后磁头不能正确寻道等。

(2) 磁头组件损坏:主要指硬盘中磁头组件的某部分被损坏,造成部分或全部磁头无法正常读写的情况。磁头组件损坏的方式和可能性非常多,主要包括磁头磨损、磁头悬臂变形、磁线圈受损、移位等。

(3) 综合性损坏:主要是指因为一些微小的变化使硬盘产生的种种问题。有些是硬盘在使用过程中因为发热或者其他关系导致部分芯片老化;有些是硬盘在受到振动后,外壳或盘面或马达主轴产生了微小的变化或位移;有些是硬盘本身在设计方面就在散热、摩擦或结构上存在缺陷。种种的原因导致硬盘不稳定,经常丢数据或者出现逻辑错误,工作噪声大,读写速度慢,有时能正常工作但有时又不能正常工作等。

(4) 扇区物理性损坏:是指因为碰撞、磁头摩擦或其他原因导致磁盘盘面出现的物理性损坏,譬如划伤盘片、掉磁等。

硬件故障主要的表现有系统不认硬盘,常有一种“咔嚓咔嚓”的磁组撞击声或电机不转、通电后无任何声音、磁头定位不准造成读写错误等现象。一些具体的表现如下:

(1) 开机时,系统没有找到硬盘,同时也没有任何错误提示。注意有的主板在硬盘出现故障时会给出相应的提示信息和提示代码。在排除硬盘的供电正常,电源线连接无误,数据线安装正确,数据线没有质量问题时,也就可以确定是硬盘坏了。

(2) 启动系统时间特别长,或读取某个文件,运行某个软件时经常出错,或者要经过很长时间才能操作成功，其间硬盘不断读盘并发出刺耳的杂音，这种现象意味着硬盘的盘面或硬盘的定位机构出现问题。

(3) 经常出现系统瘫痪或者死机蓝屏，但是硬盘重新格式化后，再次安装系统一切正常。这种情况是因为硬盘的磁头放大器和数据纠错电路性能不稳定，造成数据经常丢失。

(4) 开机时系统不能通过硬盘引导，软盘启动后可以转到硬盘盘符，但无法进入，用 SYS 命令传导系统也不能成功。这种情况比较严重，因为很有可能是硬盘的引导扇区出了问题。或者是无法重新分区，也可能是重新分区后的信息无法写入主引导扇区。

(5) 一直能够正常使用，但是突然有一天，硬盘在正常使用过程中出现异响，接着找不到硬盘。但是在停机一段时间以后，再次开机时还能找到硬盘，并且能够正常启动系统。当出现这种情况时，如果硬盘上有重要数据时，一定要在最短的时间内把数据备份出来，防止硬盘彻底报废时丢失重要数据。

上述的各种原因都可能导致硬盘或软盘上的数据损坏或丢失，使部分(或全部)数据无法读出和使用。使用相关的数据恢复技术可以进行数据恢复。

1.3.4 数据恢复技术展望

数据恢复对于普通用户而言总是保持着一份神秘感。在数据恢复领域，除了软件修复，对于物理故障的硬件恢复也非常重要。通常的电路板修复以及固件操作并没有多大的神秘之处，最有技术含量的还是开盘操作。开盘操作的核心思想是在极度洁净的环境中进行更换/调整磁头或者其他组件，从而能够读取盘片上的数据。目前国内的硬件开盘技术在国际上并不算十分落后，只是对付盘片划伤的问题还把握不大。

从前面的介绍可以了解到，存储在硬盘中的文件在简单执行删除操作之后并不会立即丢失，使用特殊的方法即可恢复成功。然而一旦删除文件之后又重新写入数据，那么修复成功率将会大幅度降低。如果多次被重复写入，那么几乎就让人感到绝望——恢复文件的希望十分渺茫。在这方面国内处于领先地位的数据恢复服务商与国外相比还存在一定的差距。

数据恢复是一项利国利民的事业，在涉及国家机密与信息安全等方面尤为重要，必须不断地吸取国内外先进技术与经验，不断学习，在数据恢复领域写下自己光辉的一页。

第2章 硬盘基础知识

从1956年9月，IBM的一个工程小组向世界展示了第一台磁盘存储系统IBM 350 RAMAC(Random Access Method of Accounting and Control)至今，磁盘存储系统已经历了近半个世纪的发展，磁盘的变化可以说是非常巨大，最早的那台RAMAC容量只有5MB，然而却需要使用50个直径为24英寸的磁盘。但现在单碟容量就可以高达250GB。

当然，IBM 350 RAMAC与现在的硬盘有很大的差距，它只能算是硬盘的开山鼻祖。现代硬盘的真正原形，可以追溯到1973年，那时IBM公司推出的温彻斯特硬盘，其特点是："工作时，磁头悬浮在高速转动的盘片上方，而不与盘片直接接触。使用时，磁头沿高速旋转的盘片上作径向移动"，这便是现在所有硬盘的雏形。今天的硬盘容量虽然高达上百GB，甚至几TB，但它却仍然没有脱离温彻斯特的动作模式。

图2-1示出两张IBM公司于1980年使用在IBM-XT上的一块10MB的硬盘图，可以看出，除了外型略大，无论外观还是内部结构和现在最先进的硬盘并无大的差别。

图2-1 IBM 10MB硬盘的内部结构图

图2-2所示为IBM 10MB硬盘的外观图。

技术的进步，总是将计算机系统朝人们喜欢的方面发展，而体积更小、速度更快、容量更大、使用更安全就是广大用户对硬盘的最大期望。出于这样的目的，硬盘工程师们为其做出了许多努力，例如研究读写更灵敏的磁头、更先进的接口类型、存储密度更高的磁盘盘片及更有效的数据保持技术等。这些技术上的突破使得硬盘不仅越来越先进，而且也更加稳定。

图 2-2　IBM 10MB 硬盘的外观图

2.1　硬盘的物理结构与组成

总的来说，硬盘主要包括：盘片、磁头、盘片主轴、控制电机、磁头控制器、数据转换器、接口、缓存等几个部分。所有的盘片都固定在一个旋转轴上，这个轴即盘片主轴。而所有盘片之间是绝对平行的，在每个盘片的存储面上都有一个磁头，磁头与盘片之间的距离比头发丝的直径还小。所有的磁头连在一个磁头控制器上，由磁头控制器负责各个磁头的运动。磁头可沿盘片的半径方向动作，而盘片以每分钟数千转的速度在高速旋转，这样磁头就能对盘片上的指定位置进行数据的读写操作。硬盘是精密设备，尘埃是其大敌，所以必须完全密封。

下面就以西部数据（Western Digital）（简称西数）公司的一块硬盘为例进行深入解剖及说明。如图 2-3、图 2-4 所示，产品型号为 WD200BB，它是一款容量为 20GB 的 7200RPM 高速硬盘，产品序列号为 WMA9L1203351，产地为马来西亚。

1. 外部结构

图 2-3 所示的 WD200BB 硬盘是 3.5 英寸的普通 IDE 硬盘，它是属于比较常见的产品，也是用户最经常接触的。除此，硬盘还有许多种类，例如老式的普通 IDE 硬盘是 5.25 英寸，高度有半高型和全高型。除此，还有体积小巧玲珑的笔记本电脑硬盘，块头巨大的高端 SCSI 硬盘及非常特殊的微型硬盘。

在硬盘的正面都贴有硬盘的标签，标签上一般都标注着与硬盘相关的信息，例如产品型号、产地、出厂日期、产品序列号等，图 2-4 所示的就是 WD200BB 的产品标签。在硬盘的一端有电源接口插座、主从设置跳线器和数据线接口插座，而硬盘的背面则是控制电路板。从图 2-5 中可以清楚地看出各部件的位置。总的来说，硬盘外部结构可以分成如下几个部分：硬盘接口、控制电路板及固定面板。

（1）接口。接口包括电源接口插座和数据接口插座两部分，其中电源插座就是与主机电源相连接，为硬盘正常工作提供电力保证。数据接口插座则是硬盘数据与主板控制

图 2-3　待拆的西数硬盘

图 2-4　硬盘的具体产品信息

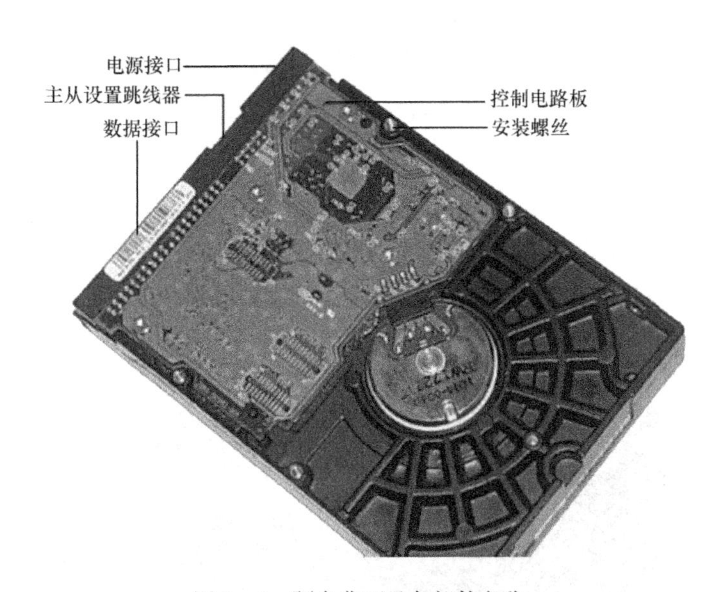

图 2-5　硬盘背面及各部件名称

芯片之间进行数据传输交换的通道，使用时是用一根数据电缆将其与主板 IDE 接口或与其他控制适配器的接口相连接，经常听说的 40 针、80 芯的接口电缆也就是指数据电缆，数据接口可以分成 IDE 接口、SATA 接口和 SCSI 接口。

（2）控制电路板。大多数的控制电路板都采用贴片式焊接，它包括主轴调速电路、磁头驱动与伺服定位电路、读写电路、控制与接口电路等。在电路板上还有一块 ROM 芯片，里面固化的程序可以进行硬盘的初始化，执行加电和启动主轴电机，加电初始寻道、定位以及故障检测等。在电路板上还安装有容量不等的高速数据缓存芯片，在此块硬盘内结合有 2MB 的高速缓存。

（3）固定面板。就是硬盘正面的面板，它与底板结合成一个密封的整体，保证了硬盘盘片和机构的稳定运行。在面板上最显眼的莫过于产品标签，上面印着产品型号、产品序列号、产品、生产日期等信息，这在上面已提到了。除此，还有一个透气孔，它的作用就是使硬盘内部气压与大气气压保持一致。

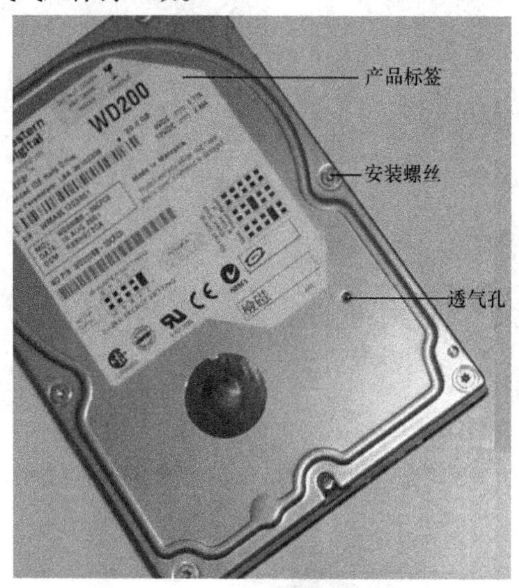

图2－6　硬盘面板介绍

2. 内部结构

硬盘内部结构由固定面板、控制电路、磁头、盘片、主轴、电机、接口及其他附件组成，其中磁头盘片组件是构成硬盘的核心，它封装在硬盘的净化腔体内，包括有浮动磁头组件、磁头驱动机构、盘片、主轴驱动装置及前置读写控制电路几部分。

将硬盘面板揭开后，内部结构即可一目了然(图2－7、图2－8)。

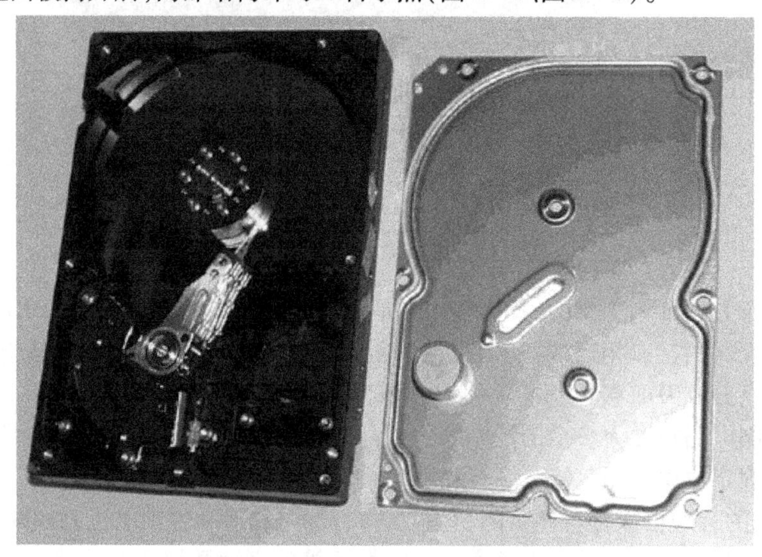

图2－7　硬盘面板

(1) 磁头组件。磁头组件是硬盘中最精密的部位之一，它由读写磁头、传动手臂、传动轴三部份组成。磁头是硬盘技术中最重要和关键的一环，实际上是集成工艺制成的多

图2-8　细看西数硬盘内部结构

个磁头的组合，它采用了非接触式头、盘结构，加后电在高速旋转的磁盘表面移动，与盘片之间的间隙只有0.1μm～0.3μm，这样可以获得很好的数据传输率。现在转速为7200r/min的硬盘飞高一般都低于0.3μm，以利于读取较大的高信噪比信号，提供数据传输率的可靠性。

至于硬盘的工作原理，它是利用特定的磁粒子的极性来记录数据。磁头在读取数据时，将磁粒子的不同极性转换成不同的电脉冲信号，再利用数据转换器将这些原始信号变成电脑可以使用的数据，写的操作正好与此相反。从图2-9中我们也可以看出，西数WD200BB硬盘采用单碟双磁头设计，但该磁头组件却能支持四个磁头，注意其中有两个磁头传动手臂没有安装磁头。

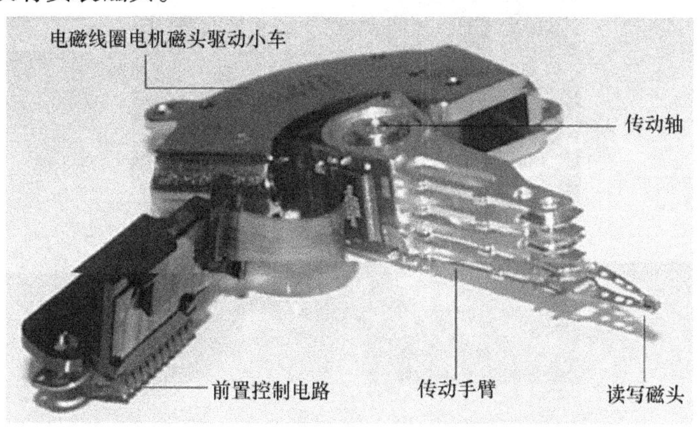

图2-9　西数硬盘磁头及附属组件

(2) 磁头驱动机构。硬盘的寻道是靠移动磁头，而移动磁头则需要该机构驱动才能实现。磁头驱动机构由电磁线圈电机、磁头驱动小车、防震动装置构成，高精度的轻型磁头驱动机构能够对磁头进行正确的驱动和定位，并能在很短的时间内精确定位系统指令指定的磁道。其中电磁线圈电机包含着一块永久磁铁，这是磁头驱动机构对传动手臂起作用的关键，如图2-10所示，磁铁的吸引力足起吸住并吊起拆硬盘使用的螺丝刀。防震动装置在老硬盘中没有，它的作用是当硬盘受强烈震动时，对磁头及盘片起到一定的保护使用，以避免磁头将盘片刮伤等情况的发生。这也是为什么旧硬盘的防震能力比现在新硬盘差很多的缘故。

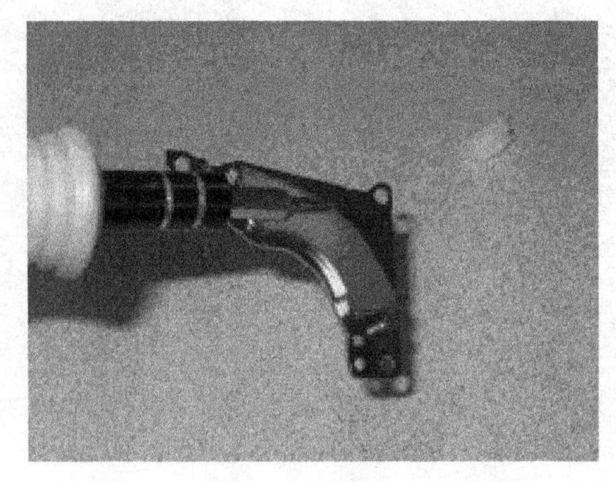

图2-10 永久磁铁足以吸住并吊起螺丝刀

（3）磁盘片。盘片是硬盘存储数据的载体，现在硬盘盘片大多采用金属薄膜材料，这种金属薄膜较软盘的不连续颗粒载体具有更高的存储密度、高剩磁及高矫顽力等优点。另外，IBM还有一种被称为"玻璃盘片"的材料作为盘片基质，玻璃盘片比普通盘片在运行时具有更好的稳定性。从图2-11可以看出，硬盘盘片是完全平整的，简直可以当镜子使用。

图2-11 磁盘片

（4）主轴组件。主轴组件包括主轴部件如轴承和驱动电机等。随着硬盘容量的扩大和速度的提高，主轴电机的速度也在不断提升，有厂商开始采用精密机械工业的液态轴承电机技术。例如希捷公司的酷鱼 ATA IV 就是采用此电机技术，这样有利于降低硬盘工作噪声。

（5）前置控制电路。前置电路控制磁头感应的信号、主轴电机调速、磁头驱动和伺服定位等，由于磁头读取的信号微弱，将放大电路密封在腔体内可减少外来信号的干扰，提高操作指令的准确性。

图 2－12　西数硬盘主轴组件

3. 控制电路

硬盘的控制电路位于硬盘背面，将背面电路板的安装螺丝拧下，翻开控制电路板即可见到控制电路。具体如图 2－13、图 2－14 所示。

图 2－13　拆下硬盘控制电路后

硬盘控制电路总的来说可以分为如下几个部分：主控制芯片、数据传输芯片、高速数据缓存芯片等，其中主控制芯片负责硬盘数据读写指令等工作，如图 2－14 可知，WD200BB 的主控制芯片为 WD70C23－GP，这是一块中国台湾产的芯片。数据传输芯片则是将硬盘磁头前置控制电路读取出数据经过校正及变换后，经过数据接口传输到主机系统，至于高速数据缓存芯片是为了协调硬盘与主机在数据处理速度上的差异而设的，该款西数 WD200BB 的缓存容量大小为 2MB。缓存对磁盘性能所带来的作用是无须置疑的，在读取零碎文件数据时，大缓存能带来非常大的优势，这也是为什么在高端 SCSI 硬盘中早就有结合 16MB 甚至 32MB 缓存的产品。

图 2－14　西数硬盘控制电路近照

2.2　硬盘逻辑结构

2.2.1　磁道

当磁盘旋转时，磁头若保持在一个位置上，则每个磁头都会在磁盘表面划出一个圆形轨迹，这些圆形轨迹就叫做磁道。这些磁道用肉眼是根本看不到的，因为它们仅是盘面上以特殊方式磁化了的一些磁化区，磁盘上的信息便是沿着这样的轨道存放的。相邻磁道之间并不是紧挨着的，这是因为磁化单元相隔太近时磁性会相互产生影响，同时也为磁头的读写带来困难。一张 1.44MB 的 3.5 英寸软盘，一面有 80 个磁道，而硬盘上的磁道密度则远大于此值，通常一面有成千上万个磁道。

2.2.2　柱面

硬盘通常由重叠的一组盘片构成，每个盘面都被划分为数目相等的磁道，并从外缘的“0”开始编号，具有相同编号的磁道形成一个圆柱，称为磁盘的柱面。磁盘的柱面数与一个盘面上的磁道数是相等的。由于每个盘面都有自己的磁头，因此，盘面数等于总的磁头数。所谓硬盘的 CHS，即 Cylinder（柱面）、Head（磁头）、Sector（扇区），只要知道了硬盘的 CHS 的数目，即可确定硬盘的容量，硬盘的容量 = 柱面数 × 磁头数 × 扇区数 × 512B。

2.2.3　扇区

磁盘上的每个磁道被等分为若干个弧段，这些弧段便是磁盘的扇区，每个扇区可以存放 512 个字节的信息，磁盘驱动器在向磁盘读取和写入数据时，要以扇区为单位。操作系统是以扇区的形式将信息存储在硬盘上面的，一个扇区有两个主要的组成部分：存储扇区地址的标识符和存储数据的数据区。

在计算机 BIOS 中断 13H 的入口中,扇区地址占用寄存器中的 6 位,其值为 1H ~ 3FH,所以逻辑上扇区编号为 1 ~ 63,也就是说每个磁道包含有 63 个扇区。

2.3 常用的硬盘接口标准

2.3.1 IDE

IDE 是现在普遍使用的外部接口,主要接硬盘和光驱。采用 16 位数据并行传送方式,体积小,数据传输快。一个 IDE 接口只能接两个外部设备。

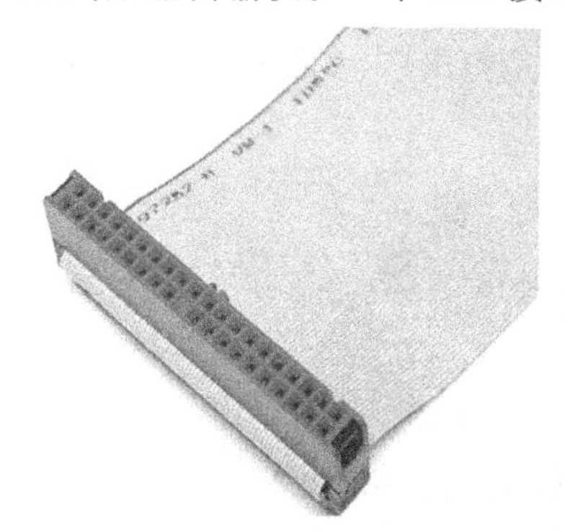

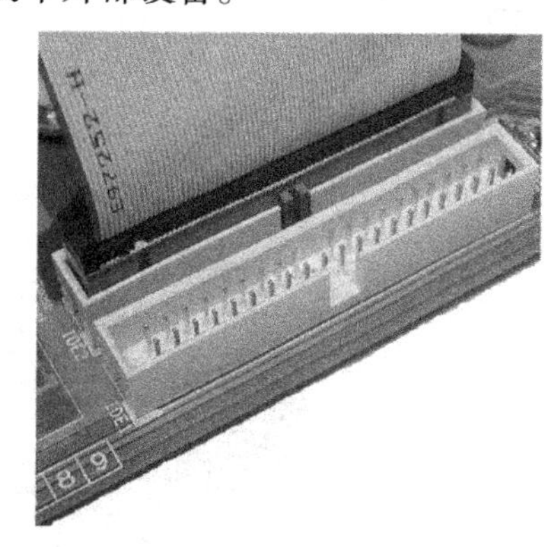

图 2 - 15 IDE 接口

IDE 的英文全称为"Integrated Drive Electronics",即"电子集成驱动器",它的本意是指把"硬盘控制器"与"盘体"集成在一起的硬盘驱动器。把盘体与控制器集成在一起的做法减少了硬盘接口的电缆数目与长度,数据传输的可靠性得到了增强,硬盘制造起来变得更容易,因为硬盘生产厂商不需要再担心自己的硬盘是否与其他厂商生产的控制器兼容。对用户而言,硬盘安装起来也更为方便。IDE 这一接口技术从诞生至今就一直在不断发展,性能也不断地提高,其拥有的价格低廉、兼容性强的特点,为其造就了其他类型硬盘无法替代的地位。

早期的 IDE 接口有两种传输模式,一个是 PIO(Programming I/O)模式,另一个是 DMA(Direct Memory Access)。虽然 DMA 模式系统资源占用少,但需要额外的驱动程序或设置,因此被接受的程度比较低。后来在对速度要求越来越高的情况下,DMA 模式由于执行效率较好,操作系统开始直接支持,而且厂商更推出了越来越快的 DMA 模式传输速度标准。而从英特尔的 430TX 芯片组开始,就提供了对 Ultra DMA 33 的支持,提供了最大 33MB/s 的数据传输率,以后又很快发展到了 ATA 66,ATA 100 以及迈拓提出的 ATA 133 标准,分别提供 66MB/s,100MB/s 以及 133MB/s 的最大数据传输率。值得注意的是,迈拓提出的 ATA 133 标准并没能获得业界的广泛支持,硬盘厂商中只有迈拓自己才采用 ATA 133 标准,而日立(IBM),希捷和西部数据则都采用 ATA 100 标准,芯片组厂商中也只有 VIA,SIS,ALi 以及 nVIDIA 对此标准提供支持,芯片组厂商中英特尔则只支持 ATA 100 标准。

IDE 代表着硬盘的一种类型,但在实际的应用中,人们也习惯用 IDE 来称呼最早出现 IDE 类型硬盘 ATA - 1,这种类型的接口随着接口技术的发展已经被淘汰了,而其后发展分支出更多类型的硬盘接口，比如 ATA、Ultra ATA、DMA、Ultra DMA 等接口都属于 IDE 硬盘。目前硬件接口已经向 SATA 转移，IDE 接口迟早会退出舞台。

IDE 接口优点是价格低廉、兼容性强、性价比高；缺点是数据传输速度慢、线缆长度过短、连接设备少。

2.3.2 SCSI

SCSI(Small Computer System Interface，小型计算机系统接口)，是种较为特殊的接口总线，具备与多种类型的外设进行通信。SCSI 采用 ASPI(高级 SCSI 编程接口)的标准软件接口使驱动器和计算机内部安装的 SCSI 适配器进行通信。SCSI 接口是一种广泛应用于小型机上的高速数据传输技术。SCSI 接口具有应用范围广、多任务、带宽大、CPU 占用率低，以及热插拔等优点。

图 2-16 SCSI 接口

SCSI 接口是一个通用接口，在 SCSI 母线上可以连接主机适配器和八个 SCSI 外设控制器，外设可以包括磁盘、磁带、CD-ROM、可擦写光盘驱动器、打印机、扫描仪和通信设备等。

SCSI 是个多任务接口，设有母线仲裁功能。挂在一个 SCSI 母线上的多个外设可以同时工作。SCSI 上的设备平等占有总线。

SCSI 接口可以同步或异步传输数据，同步传输速率可以达到 10MB/s，异步传输速率可以达到 1.5MB/s。

SCSI 接口接到外置设备时，它的连接电缆可以长达 6m。

SCSI 硬盘即采用 SCSI 接口的硬盘。它由于性能好、稳定性高，因此在服务器上得到广泛应用。同时其价格也不菲，正因它的价格昂贵，所以在普通 PC 上很少见到它的踪迹。

现在生产 SCSI 硬盘的厂商主要为：Seagate(希捷)、Quantum(昆腾)、IBM 及 WD(西部数据)。SCSI 硬盘的价格较贵，同样容量的 SCSI 硬盘价格会比 IDE 硬盘贵 80% 以上，所以 SCSI 硬盘主要应用于中、高端服务器和高档工作站。

2.3.3 Serial ATA

SATA 是 Serial ATA 的缩写，即串行 ATA。这是一种完全不同于并行 ATA 的新型硬盘接口类型，由于采用串行方式传输数据而得名。SATA 总线使用嵌入式时钟信号，具备了更强的纠错能力，与以往相比其最大的区别在于能对传输指令（不仅仅是数据）进行检查，如果发现错误会自动矫正，这在很大程度上提高了数据传输的可靠性。

图 2－17 SATA 接口

串行接口还具有结构简单、支持热插拔的优点。

1. 优点

与并行 ATA 相比，SATA 具有比较大的优势。首先，Serial ATA 以连续串行的方式传送数据，可以在较少的位宽下使用较高的工作频率来提高数据传输的带宽。Serial ATA 一次只会传送 1 位数据，这样能减少 SATA 接口的针脚数目，使连接电缆数目变少，效率也会更高。实际上，Serial ATA 仅用 4 支针脚就能完成所有的工作，分别用于连接电缆、连接地线、发送数据和接收数据，同时这样的架构还能降低系统能耗和减小系统复杂性。其次，Serial ATA 的起点更高、发展潜力更大，Serial ATA 1.0 定义的数据传输率可达 150MB/s，这比目前最快的并行 ATA（即 ATA/133）所能达到 133MB/s 的最高数据传输率还高，而在已经发布的 Serial ATA 2.0 的数据传输率将达到 300MB/s，最终 Serial ATA 3.0 将实现 600MB/s 的最高数据传输率。

2. 物理设计

SATA 的物理设计，可说是以 Fibre Channel（光纤通道）作为蓝本，所以采用四芯接线；需求的电压则大幅度减低至 250mV（最高 500mV），较传统并行 ATA 接口的 5V 少上 20 倍！因此，厂商可以给 Serial ATA 硬盘附加上高级的硬盘功能，如热插拔（Hot Swapping）等。更重要的是，在连接形式上，除了传统的点对点（Point－to－Point）形式外，SATA 还支持“星形”连接，这样就可以给 RAID 这样的高级应用提供设计上的便利；在实际的使用中，SATA 的主机总线适配器（HBA，Host Bus Adapter）就好像网络上的交换机一样，可以实现以通道的形式和单独的每个硬盘通讯，即每个 SATA 硬盘都独占一个传输通道，所以不存在像并行 ATA 那样的主/从控制的问题。

3. 兼容性

Serial ATA 规范不仅立足于未来，而且还保留了多种向后兼容方式，在使用上不存在兼容性的问题。在硬件方面，Serial ATA 标准中允许使用转换器提供同并行设备的兼容性，转换器能把来自主板的并行 ATA 信号转换成 Serial ATA 硬盘能够使用的串行信号，目前已经有多种此类转接卡/转接头上市，这在某种程度上保护了我们的原有投资，减小了升级成本；在软件方面，Serial ATA 和并行 ATA 保持了软件兼容性，这意味着厂商丝毫也不必为使用 Serial ATA 而重写任何驱动程序和操作系统代码。

另外,Serial ATA 接线较传统的并行 ATA(Paralle ATA)接线要简单得多,而且容易收放,对机箱内的气流及散热有明显改善。而且,SATA 硬盘与始终被困在机箱之内的并行 ATA 不同,扩充性很强,即可以外置,外置式的机柜(JBOD)不单可提供更好的散热及插拔功能,而且更可以多重连接来防止单点故障;由于 SATA 和光纤通道的设计如出一辙,所以传输速度可用不同的通道来保证,这在服务器和网络存储上具有重要意义。

2.3.4 USB

USB 是一个外部总线标准,用于规范电脑与外部设备的连接和通信。USB 接口支持设备的即插即用和热插拔功能。USB 接口可用于连接多达 127 种外设,如鼠标、调制解调器和键盘等。USB 是在 1994 年底由英特尔、康柏、IBM、微软等多家公司联合提出的,自 1996 年推出后,已成功替代串口和并口,并成为当今个人电脑和大量智能设备的必配的接口之一。从 1994 年 11 月 11 日发表了 USB V0.7 版本以后,USB 版本经历了多年的发展,到现在已经发展为 3.0 版本。

图 2-18　USB 接口硬盘

USB 1.0 版本是在 1996 年出现的,速度只有 1.5Mb/s;1998 年升级为 USB 1.1 版本,速度也大大提升到 12Mb/s,其高速方式的传输速率为 12b/s,低速方式的传输速率为 1.5Mb/s。

USB2.0 规范是由 USB1.1 规范演变而来的。它的传输速率达到了 480Mb/s,折算 MB 为 60MB/s,足以满足大多数外设的速率要求。USB 2.0 中的"增强主机控制器接口"(EHCI)定义了一个与 USB 1.1 相兼容的架构。它可以用 USB 2.0 的驱动程序驱动 USB 1.1 设备。也就是说,所有支持 USB 1.1 的设备都可以直接在 USB 2.0 的接口上使用而不必担心兼容性问题,而且像 USB 线、插头等附件也都可以直接使用。

USB 3.0 是最新的 USB 规范,该规范由英特尔、微软、惠普、德州仪器、NEC、ST-NXP 等大公司发起,其最大传输带宽高达 5.0Gb/s,也就是 625MB/s,同时在使用 A 型的接口时向下兼容。USB 2.0 规范基于半双工二线制总线,只能提供单向数据流传输,而 USB 3.0 采用了对偶单纯形四线制差分信号线,故而支持双向并发数据流传输,这也是新规范速度猛增的关键原因。除此之外,USB 3.0 还引入了新的电源管理机制,支持待机、休眠和暂停等状态。

USB 设备之所以会被大量应用,主要具有以下优点:

(1) 可以热插拔。这就让用户在使用外接设备时,不需要重复“关机将并口或串口电缆接上再开机”这样的动作,而是直接在电脑工作时,就可以将 USB 电缆插上使用。

(2) 携带方便。USB 设备大多以“小、轻、薄”见长,对用户来说,同样 20GB 的硬盘,USB 硬盘比 IDE 硬盘要轻一半的重量,在想要随身携带大量数据时,当然 USB 硬盘会是首要之选了。

(3) 标准统一。大家常见的是 IDE 接口的硬盘,串口的鼠标键盘,并口的打印机扫描仪,可是有了 USB 之后,这些应用外设统统可以用同样的标准与个人电脑连接,这时就有了 USB 硬盘、USB 鼠标、USB 打印机等等。

(4) 可以连接多个设备。USB 在个人电脑上往往具有多个接口,可以同时连接几个设备,如果接上一个有 4 个端口的 USB HUB 时,就可以再连上;4 个 USB 设备,以此类推,尽可以连下去,将你家的设备都同时连在一台个人电脑上而不会有任何问题(注:最高可连接至 127 个设备)。

2.3.5 Fibre Channel

光纤通道是一种数据传输技术,用于计算机设备之间数据传输,传输率可以达到 1Gb/s 或 2Gb/s(在不久的将来可达 10Gb/s)。光纤通道尤适用于服务器共享存储设备的连接,存储控制器和驱动器之间的内部连接。光纤通道要比 SCSI 快 3 倍,它已经开始代替 SCSI 在服务器和集群存储设备之间充当传输接口。光纤通道更加灵活,如果用光纤作传输介质的话,设备间距可远至 10km(约 6 英里)。近距离传输不需要光纤,因为使用同轴电缆和普通双绞线,光纤通道也可以工作。

光纤通道支持三种架构:点对点、仲裁环和交换式架构。它的出现,是用于 SCSI 的内部操作,因特网协议(IP)和其他协议,但它的兼容性亦被诟病,这个主要是因为(就像早先的 SCSI 技术)产商有时会以不同的方式解读标准,而且以多种方式实现。

光纤通道的标准,是由光纤通道物理和信号标准,美国国家标准协会 ANSI X3.230 - 1994 文件,还有 ISO 标准 14165 - 1 文件进行描述。

光纤通道优点:

- 连接设备多,最多可连接 126 个设备;
- 低 CPU 占用率;
- 支持热插拔,在主机系统运行时就可安装或拆除光纤通道硬盘;
- 可实现光纤和铜缆的连接;
- 高带宽,在适宜的环境下,光纤通道是现有产品中速度最快的;
- 通用性强;
- 连接距离大,连接距离远远超出其他同类产品。

光纤通道缺点:

- 产品价格昂贵;
- 组建复杂。

2.4 硬盘的主要技术指标

2.4.1 容量

作为计算机系统的数据存储器，容量是硬盘最主要的参数。

硬盘的容量以兆字节(MB)或吉字节(GB)为单位，1GB=1024MB。但硬盘厂商在标称硬盘容量时通常取1GB=1000MB，因此我们在BIOS中或在格式化硬盘时看到的容量会比厂家的标称值要小。

硬盘的容量指标还包括硬盘的单碟容量。所谓单碟容量是指硬盘单片盘片的容量，单碟容量越大，单位成本越低，平均访问时间也越短。

对于用户而言，硬盘的容量就像内存一样，永远只会嫌少不会嫌多。Windows操作系统带给我们的除了更为简便的操作外，还带来了文件大小与数量的日益膨胀，一些应用程序动辄就要吃掉上百兆的硬盘空间，而且还有不断增大的趋势。因此，在购买硬盘时适当的超前是明智的。近两年主流硬盘是500GB，而1TB以上的大容量硬盘亦已开始逐渐普及。

2.4.2 转速

转速(Rotational Speed或Spindle speed)，是硬盘内电机主轴的旋转速度，也就是硬盘盘片在每分钟内所能完成的最大转数。转速的快慢是标示硬盘档次的重要参数之一，它是决定硬盘内部传输率的关键因素之一，在很大程度上直接影响到硬盘的速度。硬盘的转速越快，硬盘寻找文件的速度也就越快，相对的硬盘的传输速度也就得到了提高。硬盘转速以每分钟多少转来表示，单位表示为RPM，RPM是Revolutions Per Minute的缩写，是转/分钟。RPM值越大，内部传输率就越快，访问时间就越短，硬盘的整体性能也就越好。

硬盘的主轴马达带动盘片高速旋转，产生浮力使磁头飘浮在盘片上方。要将所要存取资料的扇区带到磁头下方，转速越快，则等待时间也就越短。因此转速在很大程度上决定了硬盘的速度。

家用的普通硬盘的转速一般有5400r/m(也表示成rpm)、7200r/m几种，高转速硬盘也是现在台式机用户的首选；而对于笔记本用户则是4200r/m、5400r/m为主，虽然已经有公司发布了10000r/m的笔记本硬盘，但在市场中还较为少见；服务器用户对硬盘性能要求最高，服务器中使用的SCSI硬盘转速基本都采用10000r/m，甚至还有15000r/m的，性能要超出家用产品很多。较高的转速可缩短硬盘的平均寻道时间和实际读写时间，但随着硬盘转速的不断提高也带来了温度升高、电机主轴磨损加大、工作噪声增大等负面影响。笔记本硬盘转速低于台式机硬盘，一定程度上是受到这个因素的影响。笔记本内部空间狭小，笔记本硬盘的尺寸(2.5英寸)也被设计的比台式机硬盘(3.5英寸)小，转速提高造成的温度上升，对笔记本本身的散热性能提出了更高的要求；噪声变大，又必须采取必要的降噪措施，这些都对笔记本硬盘制造技术提出了更多的要求。同时转速提高，而其他的维持不变，则意味着电机的功耗将增大，单位时间内消耗的电就越多，电池的工作时间缩短，这样笔记本的便携性就受到影响。所以笔记本硬盘一般都采用相对较低转速的5400r/m硬盘。

2.4.3 缓存

缓存(Cache memory)是硬盘控制器上的一块内存芯片,具有极快的存取速度,它是硬盘内部存储和外界接口之间的缓冲器。由于硬盘的内部数据传输速度和外界介面传输速度不同,缓存在其中起到一个缓冲的作用。缓存的大小与速度是直接关系到硬盘的传输速度的重要因素,能够大幅度地提高硬盘整体性能。当硬盘存取零碎数据时需要不断地在硬盘与内存之间交换数据,有大缓存,则可以将那些零碎数据暂存在缓存中,减小外系统的负荷,也提高了数据的传输速度。

硬盘的缓存主要起三种作用:一是预读取。当硬盘受到 CPU 指令控制开始读取数据时,硬盘上的控制芯片会控制磁头把正在读取的簇的下一个或者几个簇中的数据读到缓存中(由于硬盘上数据存储时是比较连续的,所以读取命中率较高),当需要读取下一个或者几个簇中的数据的时候,硬盘则不需要再次读取数据,直接把缓存中的数据传输到内存中就可以了,由于缓存的速度远远高于磁头读写的速度,所以能够达到明显改善性能的目的;二是对写入动作进行缓存。当硬盘接到写入数据的指令之后,并不会马上将数据写入到盘片上,而是先暂时存储在缓存里,然后发送一个"数据已写入"的信号给系统,这时系统就会认为数据已经写入,并继续执行下面的工作,而硬盘则在空闲(不进行读取或写入)时再将缓存中的数据写入到盘片上。虽然对于写入数据的性能有一定提升,但也不可避免地带来安全隐患——如果数据还在缓存里的时候突然掉电,那么这些数据就会丢失。对于这个问题,硬盘厂商们自然也有解决办法:掉电时,磁头会借助惯性将缓存中的数据写入零磁道以外的暂存区域,等到下次启动时再将这些数据写入目的地;第三个作用就是临时存储最近访问过的数据。有时候,某些数据是会经常需要访问的,硬盘内部的缓存会将读取比较频繁的一些数据存储在缓存中,再次读取时就可以直接从缓存中直接传输。

缓存容量的大小不同品牌、不同型号的产品各不相同,早期的硬盘缓存基本都很小,只有几百 KB,已无法满足用户的需求。2MB 和 8MB 缓存是现今主流硬盘所采用,而在服务器或特殊应用领域中还有缓存容量更大的产品,甚至达到了 16MB、64MB 等。

大容量的缓存虽然可以在硬盘进行读写工作状态下,让更多的数据存储在缓存中,以提高硬盘的访问速度,但并不意味着缓存越大就越出众。缓存的应用存在一个算法的问题,即便缓存容量很大,而没有一个高效率的算法,那将导致应用中缓存数据的命中率偏低,无法有效发挥出大容量缓存的优势。算法是和缓存容量相辅相成的,大容量的缓存需要更为有效率的算法,否则性能会大打折扣,从技术角度上说,高容量缓存的算法是直接影响到硬盘性能发挥的重要因素。更大容量缓存是未来硬盘发展的必然趋势。

2.4.4 平均寻道时间

平均寻道时间(Average Seek Time),它是硬盘性能至关重要的参数之一。它是指硬盘在接收到系统指令后,磁头从开始移动到移动至数据所在的磁道所花费时间的平均值,它一定程度上体现硬盘读取数据的能力,是影响硬盘内部数据传输率的重要参数,单位为毫秒(ms)。不同品牌、不同型号的产品其平均寻道时间也不一样,但这个时间越低,则产品越好,现今主流的硬盘产品平均寻道时间都在在 9ms 左右。

平均寻道时间实际上是由转速、单碟容量等多个因素综合决定的一个参数。一般来说,硬盘的转速越高,其平均寻道时间就越低;单碟容量越大,其平均寻道时间就越低。当单碟片容量增大时,磁头的寻道动作和移动距离减少,从而使平均寻道时间减少,加快硬盘速度。当然出于市场定位以及噪音控制等方面的考虑,厂商也会人为地调整硬盘的平均寻道时间。在硬盘上数据是分磁道、分簇存储的,经常的读写操作后,往往数据并不是连续排列在同一磁道上,所以磁头在读取数据时往往需要在磁道之间反复移动,因此平均寻道时间在数据传输中起着十分重要的作用。在读写大量的小文件时,平均寻道时间也起着至关重要的作用。在读写大文件或连续存储的大量数据时,平均寻道时间的优势则得不到体现,此时单碟容量的大小、转速、缓存就是较为重要的因素。

2.4.5 传输速率

传输速率(Data Transfer Rate)硬盘的数据传输率是指硬盘读写数据的速度,单位为兆字节每秒(MB/s)。硬盘数据传输率又包括了内部数据传输率和外部数据传输率。

内部数据传输率(Internal Transfer Rate)是指硬盘磁头与缓存之间的数据传输率,简单说就是硬盘将数据从盘片上读取出来,然后存储在缓存内的速度。内部传输率可以明确表现出硬盘的读写速度,它的高低才是评价一个硬盘整体性能的决定性因素,它是衡量硬盘性能的真正标准。有效地提高硬盘的内部传输率才能对磁盘子系统的性能有最直接、最明显的提升。目前各硬盘生产厂家努力提高硬盘的内部传输率,除了改进信号处理技术、提高转速以外,最主要的就是不断地提高单碟容量以提高线性密度。由于单碟容量越大的硬盘线性密度越高,磁头的寻道频率与移动距离可以相应地减少,从而减少了平均寻道时间,内部传输速率也就提高了。虽然硬盘技术发展得很快,但内部数据传输率还是在一个比较低(相对)的层次上,内部数据传输率低已经成为硬盘性能的最大瓶颈。目前主流的家用级硬盘,内部数据传输率基本还停留在 70MB/s ~ 90 MB/s 左右,而且在连续工作时,这个数据会降到更低。

数据传输率的单位一般采用 MB/s 或 Mbit/s(也写成 Mb/s),尤其在内部数据传输率上官方数据中更多的采用 Mbit/s 为单位。此处有必要讲一下二者之间的差异。

MB/s 的含义是兆字节每秒,Mbit/s 的含义是兆比特每秒,前者是指每秒传输的字节数量,后者是指每秒传输的二进制数的位数。MB/s 中的 B 字母是 Byte 的含义,Byte 是字节数,bit 是位数,在计算机中每 8 位为 1 字节,也就是 1Byte = 8bit,是 1:8 的对应关系。因此 1MB/s 等于 8Mbit/s。因此在书写单位时一定要注意字母 B 的大小写,尤其当把 Mbit/s 简写为 Mb/s,此时字母 B 的大小真可称为失之毫厘,谬以千里。

上面这是一般情况下 MB/s 与 Mbit/s 的对应关系,但在硬盘的数据传输率上二者就不能用一般的 MB 和 Mbit 的换算关系(1B = 8bit)来进行换算。比如某款产品官方标称的内部数据传输率为 683Mbit/s,此时不能简单的认为 683 除以 8 得到 85.375,就认为 85MB/s 是该硬盘的内部数据传输率。因为在 683Mbit 中还包含有许多 bit(位)的辅助信息,不完全是硬盘传输的数据,简单的用 8 来换算,将无法得到真实的内部数据传输率数值。

外部数据传输率(External Transfer Rate),一般也称为突发数据传输或接口传输率。是指硬盘缓存和电脑系统之间的数据传输率,也就是计算机通过硬盘接口从缓存中将数据读出交给相应的控制器的速率。平常硬盘所采用的 ATA66、ATA100、ATA133 等接口，就是以硬盘的理论最大外部数据传输率来表示的。ATA100 中的 100 就代表着这块硬盘的外部数据传输率理论最大值是 100MB/s；ATA133 则代表外部数据传输率理论最大值是 133MB/s；而 SATA 接口的硬盘外部理论数据最大传输率可达 150MB/s。这些只是硬盘理论上最大的外部数据传输率，在实际的日常工作中是无法达到这个数值的。

2.5 硬盘的工作原理

现在的硬盘，无论是 IDE 硬盘、SATA 硬盘还是 SCSI 硬盘，采用的都是“温彻思特”技术，都有以下特点：磁头、盘片及运动机构密封；固定并高速旋转的镀磁盘片表面平整光滑；磁头沿盘片径向移动；磁头对盘片接触式启停，但工作时呈飞行状态不与盘片直接接触。

(1) 盘片：硬盘盘片是将磁粉附着在铝合金（新材料也有用玻璃）圆盘片的表面上。这些磁粉被划分成称为磁道的若干个同心圆，在每个同心圆的磁道上就好像有无数的任意排列的小磁铁，它们分别代表着 0 和 1 的状态。当这些小磁铁受到来自磁头的磁力影响时，其排列的方向会随之改变。利用磁头的磁力控制指定的一些小磁铁方向，使每个小磁铁都可以用来存储信息。

(2) 盘体：硬盘的盘体由多个盘片组成，这些盘片重叠在一起放在一个密封的盒中，它们在主轴电机的带动下以很高的速度旋转，其转速达 3600r/min，4500r/min，5400 r/min，7200r/min 甚至更高。

(3) 磁头：硬盘的磁头用来读取或者修改盘片上磁性物质的状态，一般说来，每一个磁面都会有一个磁头，从最上面开始，从 0 开始编号。磁头在停止工作时，与磁盘是接触的，但是在工作时呈飞行状态。磁头采取在盘片的着陆区接触式启停的方式，着陆区不存放任何数据，磁头在此区域启停，不存在损伤任何数据的问题。读取数据时，盘片高速旋转，由于对磁头运动采取了精巧的空气动力学设计，此时磁头处于离盘面数据区 0.2μm ~ 0.5μm 高度的“飞行状态”。既不与盘面接触造成磨损，又能可靠地读取数据。

(4) 电机：硬盘内的电机都为无刷电机，在高速轴承支撑下机械磨损很小，可以长时间连续工作。高速旋转的盘体产生了明显的陀螺效应，所以工作中的硬盘不宜运动，否则将加重轴承的工作负荷。硬盘磁头的寻道伺服电机多采用音圈式旋转或者直线运动步进电机，在伺服跟踪的调节下精确地跟踪盘片的磁道，所以在硬盘工作时不要有冲击碰撞，搬动时要小心轻放。

2.6 硬盘的主要技术

1. 磁阻磁头技术 MR（Magneto-Resistive Head）

MR（Magneto Resistive）磁头，即磁阻磁头技术。MR 技术可以更高的实际记录密度、记录数据，从而增加硬盘容量，提高数据吞吐率。目前的 MR 技术已有几代产品。MAXTOR 的钻石三代/四代等均采用了最新的 MR 技术。磁阻磁头的工作原理是基于磁阻效应来工作的，其核心是一小片金属材料，其电阻随磁场变化而变化，虽然其变化率不足

2% ,但因为磁阻元件连着一个非常灵敏的放大器,所以可测出该微小的电阻变化。MR 技术可使硬盘容量提高 40% 以上。GMR(Giant Magneto Resistive)巨磁阻磁头 GMR 磁头与 MR 磁头一样,是利用特殊材料的电阻值随磁场变化的原理来读取盘片上的数据,但是 GMR 磁头使用了磁阻效应更好的材料和多层薄膜结构,比 MR 磁头更为敏感,相同的磁场变化能引起更大的电阻值变化,从而可以实现更高的存储密度,现有的 MR 磁头能够达到的盘片密度为 3Gbit/英寸^2 ~5Gbit/英寸^2(千兆位每平方英寸),而 GMR 磁头可以达到 10Gbit/英寸^2 ~40Gbit/英寸^2 以上。目前 GMR 磁头已经处于成熟推广期,在今后的数年中,它将会逐步取代 MR 磁头,成为最流行的磁头技术。当然单碟容量的提高并不是单靠磁头就能解决的,这还要有相应盘片材料的改进才行,比如 IBM 率先在 75GXP 硬盘中采用玻璃介质的盘片。

2. 部分响应完全匹配技术(PRML)

它能使盘片存储更多的信息,同时可以有效地提高数据的读取和数据传输率。是当前应用于硬盘数据读取通道中的先进技术之一。PRML 技术是将硬盘数据读取电路分成两段"操作流水线",流水线第一段将磁头读取的信号进行数字化处理然后只选取部分"标准"信号移交第二段继续处理,第二段将所接收的信号与 PRML 芯片预置信号模型进行对比,然后选取差异最小的信号进行组合后输出以完成数据的读取过程。PRML 技术可以降低硬盘读取数据的错误率,因此可以进一步提高磁盘数据密集度。

3. 超级数字信号处理器(Ultra DSP)技术

应用 Ultra DSP 进行数学运算,其速度较一般 CPU 快 10 倍 ~50 倍。采用 Ultra DSP 技术,单个的 DSP 芯片可以同时提供处理器及驱动接口的双重功能,以减少其他电子元件的使用,可大幅度地提高硬盘的速度和可靠性。接口技术可以极大地提高硬盘的最大外部传输率,最大的好处是可以把数据从硬盘直接传输到主内存而不占用更多的 CPU 资源,提高系统性能。

4. 数据保护技术

(1) 自动检测分析及报告技术(Self-Monitoring Analysis and Report Technology,简称 SMART)。

目前硬盘的平均无故障运行时间(MTBF)已达 50000h 以上,但这对于挑剔的专业用户来说还是不够的,因为他们储存在硬盘中的数据才是最有价值的,因此专业用户所需要的就是能提前对故障进行预测的功能。正是这种需求才使 SMART 技术得以应运而生。

现在出厂的硬盘基本上都支持 SMART 技术。这种技术可以对硬盘的磁头单元、盘片电机驱动系统、硬盘内部电路以及盘片表面媒介材料等进行监测,它由硬盘的监测电路和主机上的监测软件对被监测对象的运行情况与历史记录及预设的安全值进行分析、比较,当 SMART 监测并分析出硬盘可能出现问题时会及时向用户报警以避免电脑数据受到损失。SMART 技术必须在主板支持的前提下才能发生作用,而且同时也应该看到 SMART 技术并不是万能的,对渐发性的故障的监测是它的用武之地,而对于一些突发性的故障,如对盘片的突然冲击等,SMART 技术也同样是无能为力的。

(2) SPS 和 DPS 技术。

SPS(Shock Protection System)振动保护系统,是由昆腾公司开发,使硬盘在受到撞击时,保持磁头不受振动,磁头和磁头臂停泊在盘片上,冲击能量被硬盘其他部分吸收,这样能有效地提高硬盘的抗震性能，使硬盘在运输、使用及安装的过程中最大限度地免受震动的损坏。目前第二代保护系统(SPSII)也推出，可以更有效的防止由于外界的振动所引起的硬盘损坏。

DPS(Data Protection System)数据保护系统，它可快速自动检测硬盘的每一个扇区，并在硬盘的前300MB空间定位存放操作系统或其他应用系统的重要部分。当系统发生问题时，DPS可以在90s内自动检测并恢复系统数据，即使系统无法自举，也可以用包含DPS的系统软盘启动系统，再通过DPS自动检测并分析故障原因，尽可能保证数据不被丢失。DPS，配合QDPS测试软件，可以方便，正确的检测你的硬盘是否有损坏。当系统发生故障后，如果硬盘能通过QDPS软件的测试，则可以排除是硬盘的问题：反之，则可以肯定是硬盘发生了故障，在质保期内可要求经销商退换。

(3) Shock Block和Max Safe技术。

Shock Block是迈拓公司在其金钻二代硬盘上使用的防震技术，它的设计思想和昆腾的SPS相似，采用先进的设计制造工艺，在意外碰撞发生时，尽可能避免磁头和磁盘表面发生撞击，减少因此而引起的磁盘表面损坏。

Max Safe同样也是金钻二代拥有的独特数据保护技术，它可以自动侦测、诊断和修正硬盘发生的问题，提供更高的数据完整性和可靠度。Max Safe技术的核心是ECC(Error Correction Code错误纠正代码)功能，它在数据传输过程中采用特殊的编码算法，加入附加的ECC检验位代码并保存在硬盘上，当数据重新读出或写入时，通过解码方式去除额外的检验位和原来保存的数据对照，如果编码和解码过程中发生错误，将重新读出数据并保持数据的完整性。

(4) Seashield和DST技术。

Seashield是希捷公司推出的新防振保护技术。Seashield提供了由减震弹性材料制成保护软罩，配合磁头臂及盘片间的加强防振设计，为硬盘提供了高达300g的非操作防振能力。另一方面它也提供了印刷电路底板静电放电硬罩及其他防损害措施，保证硬盘的可靠性。

Drive Self Test(DST，驱动器自我测试)功能是希捷新增的数据保护技术，它内建在硬盘的固件中，提供数据的自我检测和诊断功能，在用户卸下硬盘时先进行测试诊断，避免数据无谓的丢失。

(5) DFT技术。

DFT(Drive Fitness Test，驱动器健康检测)技术是IBM公司为其PC硬盘开发的数据保护技术，它通过使用DFT程序访问IBM硬盘里的DFT微代码对硬盘进行检测，可以让用户方便快捷地检测硬盘的运转状况。

DFT微代码可以自动对错误事件进行登记，并将登记数据保存到硬盘上的保留区域中。DFT微代码还可以实时对硬盘进行物理分析，如通过读取伺服位置错误信号来计算出盘片交换、伺服稳定性、重复移动等参数，并给出图形供用户或技术人员参考。这是一个全新的观念，硬盘子系统的控制信号可以被用来分析硬盘本身的机械状况。

(6) 磁盘阵列技术。

它起源于集中式大、中、小型计算机网络系统中，专门为主计算机存储系统数据。随着计算机网络、Internet和Intranet网的普及，磁盘阵列已向我们走来。为确保网络系统可靠地保存数据,使系统正常运行,磁盘阵列已成为高可靠性网络系统解决方案中不可缺少的存储设备。磁盘阵列由磁盘阵列控制器及若干性能近似的、按一定要求排列的硬盘组成。该类设备具有高速度、大容量、安全可靠等特点,通过冗余纠错技术保证设备可靠。RAID 是由几组磁盘驱动器组成,并由一个控制器统一管理,通过在磁盘之间使用镜像数据或数据分割及奇偶校验来实现容错要求,是一种具有较高容错能力的智能化磁盘集合,具有较高的安全性和可靠性。RAID 在现代网络系统中作为海量存储器,广泛用于磁盘服务器中。用磁盘阵列作为存储设备,可以将单个硬盘的 30 万小时的平均无故障工作时间(MTBF)提高到 80 万小时。磁盘阵列一般通过 SCSI 接口与主机相连接,目前最快的 Ultra Wide SCSI 接口的通道传输速率达到 80Mb/s。磁盘阵列通常需要配备冗余设备。磁盘阵列都提供了电源和风扇作为冗余设备,以保证磁盘阵列机箱内的散热和系统的可靠性。为使存储数据更加完整可靠,有些磁盘阵列还配置了电池。在阵列双电源同时掉电时,对磁盘阵列缓存进行保护,以实现数据的完整性。

(7) SAN 技术。

SAN(Storage Area Network)是存储技术的发展方向之一,SAN 是一种与传统存储方式不同的存储结构,在这种结构中存储设备,如磁盘阵列等是通过光纤通道等高速接口直接联到网络上,而不是像以前那样只作为服务器或主机的一部分,这样便于集中管理。SAN 有更高的存储速度、更大的灵活性和更高的故障恢复能力。

SAN 可以带来高的数据吞吐能力,并且可以通过光纤内部通道增加连接的距离。SAN 会对服务器的硬盘分配方式带来巨大的改变。因为服务器可以共享 SAN 上的所有存储设备,人们考虑最多的是系统所需存储设备的类型。系统需要对镜像硬盘快速访问,因此需要增加 EMC 阵列。对那些无需快速访问的系统,可以从 SAN 上隔离出 45GB 的磁盘驱动器给它单独使用。但是目前还不能把所有的 SAN 的设备连接在一起。建立 SAN 所需的互联设备例如路由器和集线器投资很大。

(8) 远程镜像技术 SRDF。

现代金融机构对信息资源可持续性和高可用性提出了极端苛刻的要求。应用于这些领域中的信息技术系统,就是我们通常所说的“业务关键型应用系统”。虽然传统镜像与备份技术能够部分地解决业务关键型应用系统在高可用性方面所遇到的挑战,但是因为传统镜像和备份技术在时空方面的局限性,使得它们根本无法保障关键业务在灾害或危机发生时仍然能够持续不断地稳定运行。

随着磁盘阵列与通信技术的飞速发展,为解决业务关键型系统可用性所面临的挑战,人们开始将着眼点转向远程镜像与数据恢复技术之上。显然,这种技术一方面要求本地和远程磁盘子系统具有高度智能化,另一当前,磁盘阵列技术的发展,正在将磁盘镜像功能的处理器负荷从处理器本身转移到智能磁盘控制器上,这种技术不但保证了我们能够做到在灾难发生的同时,实现应用处理过程的实时恢复,而且解决了在数据恢复过程中一直困扰人们的费时费力的磁带倒带操作,这就是所谓的智能磁盘存储子系统。此外,通信技术的发展使得实现异地间高速、稳定的数据交换成为了可能。现在,恢复一个任务关键型系统的信息可能仅需几分钟,而不再是传统方式下的几十个小时甚至几天了。

远程数据镜像技术 SRDF,实现了数据在不同环境间的实时有效复制,而无论这些环境间相距几米、几公里,还是横亘大陆。SRDF 拥有两套磁盘子系统,可分别称之为 R1 和

R2,存放实时数据拷贝的 R2 子系统被安置在与存放原始数据拷贝的 R1 子系统不同的地点。这样就确保了在数据中心发生故障时,R2 系统仍然是可用的,而且与 R1 是同步的。

5. 垂直记录技术

垂直记录技术的采用对传统硬盘有着非常重要的意义。从 2003 年开始,磁盘碟片的单碟容量的发展速度就开始缓慢下来,每年 30% 的低增长率预示着纵向记录技术已经到达了一个临界点,单碟容量已经很难再获得提高,然而垂直记录技术的应用改变了这个窘境,也使传统硬盘的统治地位得以延续。

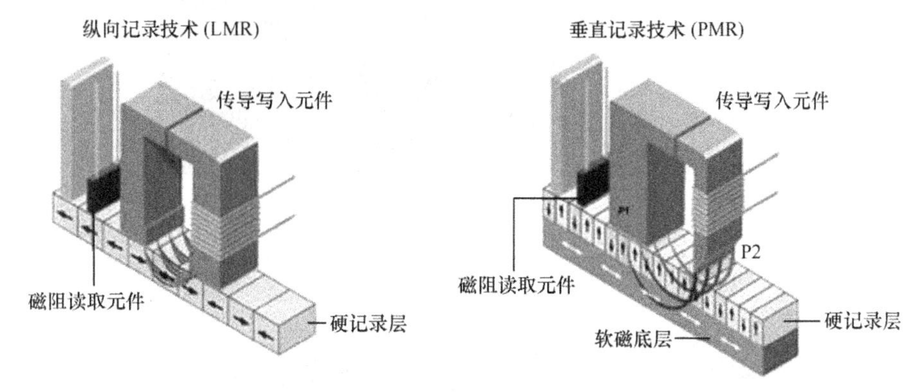

图 2-19　纵向记录技术(左)与垂直记录技术(右)工作示意图

垂直记录(Perpendicular Magnetic Recording,PMR)是相对于之前的纵向记录方式(Longitudinal Magnetic Recording,LMR)而言,如果每个记录单元的 SN 方向为水平于盘片,则称为纵向记录方式。垂直记录技术利用厚度很好的地克服了超顺磁效应,可以有效地增加了磁盘的密度,从而取代纵向记录技术。

垂直记录技术使磁盘密度得到进一步提升,其最直接的好处就是使体积有限的硬盘腔体的硬盘容量获得明显提高,目前市售硬盘的最高容量已达海量的 2000GB(2TB)。

碟片密度的增加除了能有效提升硬盘的容量,也使硬盘的持续传输速率也获得了质的提升。从我们的测试结果可以看到,伴随着每次单碟容量的提升,硬盘的读写速度都获得明显的增加,目前单碟 500GB 的硬盘外圈传输速度已超过 130MB/s。

6. AHCI(串行 ATA 高级主控接口)

AHCI,全称为 Serial ATA Advanced Host Controller Interface(串行 ATA 高级主控接口),是在 Intel 的指导下,由多家公司联合研发的接口标准,其研发小组成员主要包括 Intel、AMD、戴尔、Marvell、迈拓、微软、Red Hat、希捷和 Storage Gear 等著名企业。在 AHCI 技术里面我们最常用到的高级功能就是热插拔功能和 NCQ(全速命令排序)。

AHCI 描述了一种 PCI 类设备,主要是在系统内存和串行 ATA 设备之间扮演一种接口的角色,而且它在不同的操作系统和硬件中是通用的。对于主板来说,它是一项可选功能,只有当用户在 BIOS 设置里面启用磁盘控制器(部分主板拥有一个以上的磁盘控制器)的 AHCI 后再正确安装操作系统,该功能才能生效(图 2-20)。

在前面我们提到 SATA 接口可以支持热插拔,但其实在 SATA 1.0 具备完整的热插拔能力,而到了 SATA II 这个能力才真正得到完善。在开启了主板的磁盘控制器(部分主板拥有一个以上的磁盘控制器)的 AHCI 功能(图 2-21),正确安装操作系统和驱动程序

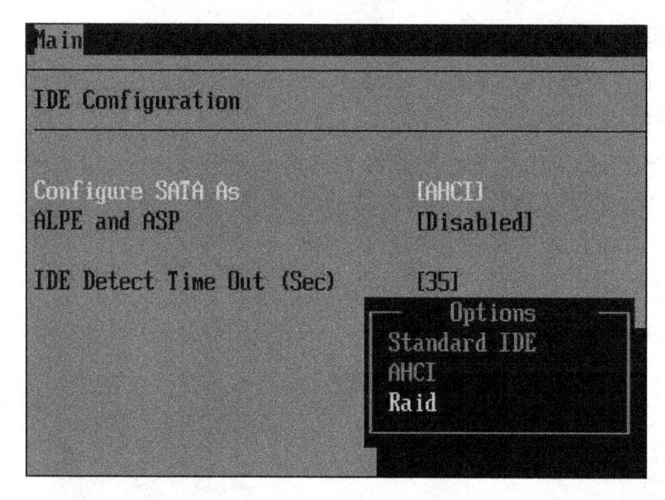

图 2-20　主板 BIOS 中设置 AHCI 功能

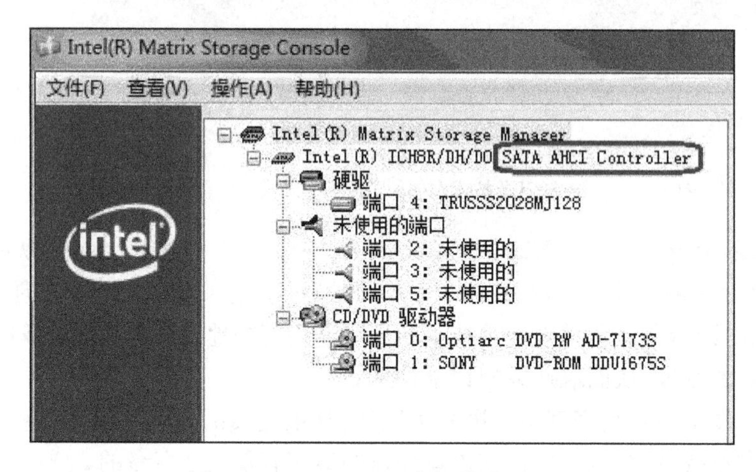

图 2-21　Intel Matrix 存储管理器界面

后,我们就可以对该控制器下的 SATA/eSATA 设备进行轻松的热插拔操作。

一直以来 SCSI 硬盘在多任务负载下的表现能力为人称道,其根本的原因除了 SCSI 接口惊人的接口速率外,便是它的指令排序功能。以往的 PATA、SATA 硬盘也正是因为缺少一种指令优化执行功能而在性能上落后于 SCSI 硬盘。针对这一困境,Intel 的 AHCI 1.0 规范首次引入的 NCQ(Native Command Queuing),它的应用能够大幅度减少硬盘无用的寻道次数和数据查找时间,这样就能显著增强多任务情况下硬盘的性能(图 2-22)。

如果没有原生命令队列,当命令被发往硬盘时,会按照命令到达的顺序进行处理。尽管这样听起来非常合理,但其实这样的效率会比较低。假设你的硬盘收到三条从硬盘读取数据的命令,第一条命令要求读取最里面的磁道的数据,第二条命令要求读最外侧的磁道的数据。最后一条命令又要求读取最内侧的数据。如果按照顺序执行命令,磁头需要在整个硬盘上四处游走。

如果能够先执行两个需要在外侧磁道读取数据的命令(第一条和第三条命令)再去执行第二条读取内侧磁道的命令,效率就能提高很多。这就是原生命令队列所起到的作用。通过原生命令队列功能,磁盘可以查看多个要求然后按照效率最高的方式进行处理。

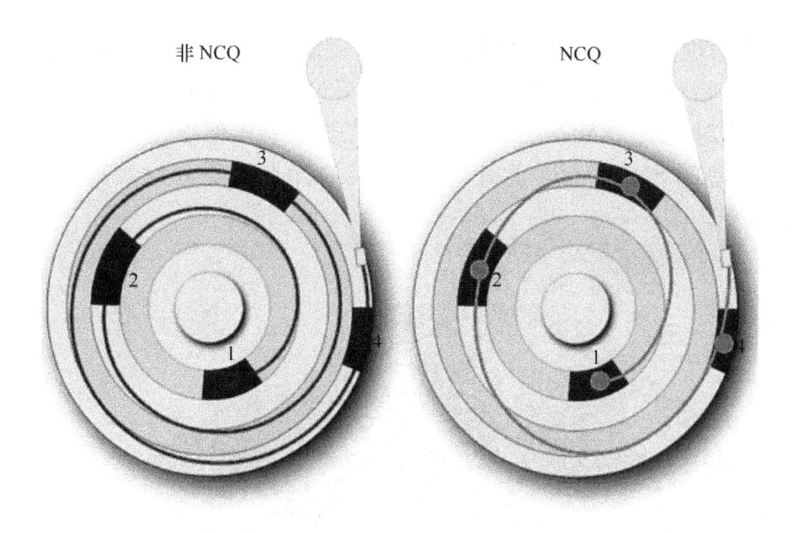

图 2－22　NCQ 和非 NCQ 的磁头工作方式

以这种方式处理命令可以提高硬盘的系统性能，而且由于这种方式效率较高，所以也能延长硬盘的使用寿命。

7. 介质的技术革命——固态硬盘

固态硬盘（Solid State Disk；SSD），也称为电子硬盘或者固态电子盘。SSD 存储介质分为两种，一种是采用闪存（FLASH 芯片）作为存储介质（图 2－23）；另外一种是采用 DRAM 作为存储介质（图 2－24）。固态硬盘的接口规范和定义、功能及使用方法上与传统硬盘完全相同，由于固态硬盘没有普通硬盘的旋转介质，因而抗震性极佳。而由于没有机械读写结构，固态硬盘的随机读写能力是传统硬盘无法望其项背的一个地方。

图 2－23　闪存型（Flash）固态硬盘

在基于闪存的固态硬盘中，存储单元又分为两类：SLC 和 MLC。SLC 的缺点是成本高、容量小,但读写性能高;而 MLC 的特点是容量大成本低,有写入寿命限制。MLC 的每个单元是 2bit 的,相对 SLC 来说整整多了一倍。不过,由于每个 MLC 存储单元中存放的资料较多,结构相对复杂,出错的几率会增加,必须进行错误修正,这个动作导致其性能大幅落后于结构简单的 SLC 闪存。此外,SLC 闪存的优点是复写次数高达 100000 次,比 MLC 闪存高 10 倍。

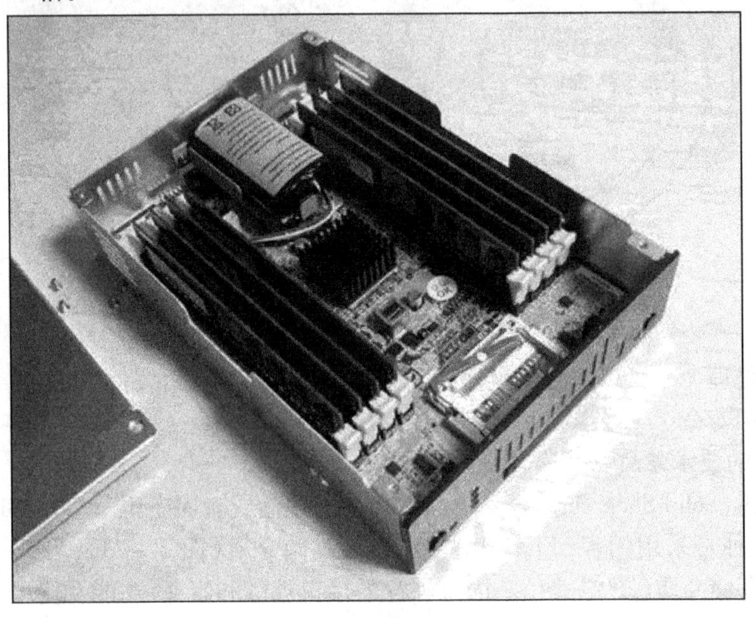

图 2-24 RAM 型固态硬盘(Ramdisk)

基于 DRAM 的固态硬盘:采用 DRAM 作为存储介质,目前应用范围较窄。它仿效传统硬盘的设计、可被绝大部分操作系统的文件系统工具进行卷设置和管理,并提供工业标准的 PCI 和 FC 接口用于连接主机或者服务器。应用方式可分为 SSD 硬盘和 SSD 硬盘阵列两种。它是一种高性能的存储器,而且使用寿命很长,美中不足的是需要独立电源来保护数据安全。

2.7 硬盘的品牌

1. 希捷(Seagate)

希捷科技(Seagate Technology)是全球主要的硬盘厂商之一,是世界最大的独立存储设备制造公司,于 1979 年在美国加州成立,现时在开曼群岛注册。希捷的主要产品包括桌面硬盘、企业用硬盘、笔记本电脑硬盘和微型硬盘。2006 年 5 月,希捷科技收购了另一家硬盘厂商——迈拓公司。

2. 西部数据(Western Digital)

西部数据公司(Western Digital Corp)作为全球知名的硬盘厂商,成立于 1979 年,目前总部位于美国加州。市场占有率仅次于希捷。以桌面产品为主。其桌面产品分为侧重高 IO 性能的 Black 系列(俗称“黑盘”),普通的 Blue 系列(俗称蓝盘),以及侧重低功耗、低噪音的环保 Green 系列(俗称绿盘)。

西部数据同时也提供面向企业近线存储的 Raid Edition 系列，简称 RE 系列。同时也有 SATA 接口的 10000r/min 的猛禽系列和猛龙（Veloci Raptor）系列。

3. 日立（Hitachi）

日立环球存储科技公司创立于 2003 年，它是基于 IBM 和日立就存储科技业务进行战略性整合而创建的。

4. 三星（Samsung）

总部设在韩国的三星电子株式会社成立于 1969 年，是一家集半导体、通讯、计算机产品和消费类电子产品于一体的大型电子企业。三星电子在动态存储器、静态存储器、CDMA手机、电脑显示器、液晶电视、彩色电视机等近 20 种产品中保持着世界市场占有率第一的位置。

5. 东芝（TOSHIBA）

东芝（TOSHIBA）是日本最大的半导体制造商，亦是第二大综合电机制造商，隶属于三井集团。

2.8 硬盘缺陷与故障

由于硬盘采用磁介质来存储数据，在经历长时间的使用或者使用不当之后，难免会发生一些问题，也就是我们通常所说的产生“坏道”，当然这种坏道有可能是软件的错误，也有可能是硬盘本身硬件故障，但是并不是说出现硬盘缺陷之后就会报废，其实处理方法得当，我们完全可以做到让硬盘“恢复健康”，至少也可以让硬盘“延年益寿”。

硬盘出现坏道除了硬盘本身质量以及老化的原因外，还有很大程度上是由于平时使用不当造成的。硬盘缺陷根据其性质可以分为逻辑坏道和物理坏道两种，简单来说，逻辑坏道是由于一些软件或者使用不当造成的，这种坏道可以使用软件修复，而物理坏道则是硬盘盘片本身的磁介质出现问题，例如盘片有物理损伤，这类故障通常使用软件也无法修复的错误。下面来说说硬盘缺陷的分类与处理方式方法。

2.8.1 硬盘缺陷的分类

如果经检测发现某个硬盘不能完全正常工作，则称这个硬盘是“有缺陷的硬盘”（Defect Hard Disk）。根据维修经验，将硬盘缺陷分为 6 大类：

（1）坏扇区（Bad sector），也称硬盘缺陷扇区（Defect sector）；

（2）磁道伺服缺陷（Track Servo defect）；

（3）磁头组件缺陷（Heads assembly defect）；

（4）系统信息错乱（Service information destruction）；

（5）电子线路缺陷（The board of electronics defect）；

（6）综合性能缺陷（Complex reliability defect）；

1. 坏扇区

坏扇区也称硬盘缺陷扇区，指不能被正常访问或不能被正确读写的扇区。一般表现为：高级格式化后发现有“坏簇（Bad Clusters）；用 SCANDISK 等工具检查发现有“B”标记；或用某些检测工具发现有“扇区错误提示”等。

一般每个扇区可以记录512字节的数据,如果其中任何一个字节不正常,该扇区就属于硬盘缺陷扇区。每个扇区除了记录512字节的数据外,另外还记录有一些信息:标志信息、校验码、地址信息等,其中任何一部分信息不正常都导致该扇区出现缺陷。

多数专业检测软件在检测过程中发现硬盘缺陷时,都有类似的错误信息提示,常见的扇区硬盘缺陷主要有几种情况:

(1) 校验错误(ECC uncorrectable errors,又称ECC错误)。系统每次在往扇区中写数据的同时,都根据这些数据经过一定的算法运算生成一个校验码(ECC = Error Correction Code),并将这个校验码记录在该扇区的信息区内。以后从这个扇区读取数据时,都会同时读取其校检码,并对数据重新运算以检查结果是否与校检码一致。如果一致,则认为这个扇区正常,存放的数据正确有效;如果不一致,则认为该扇区出错,这就是校验错误。这是硬盘最主要的缺陷类型。导致这种硬盘缺陷的原因主要有:磁盘表面磁介质损伤、硬盘写功能不正常、校验码的算法差异。

(2) IDNF错误(Sector ID Not Found),即扇区标志出错,造成系统在需要读写时找不到相应的扇区。造成这个错误的原因可能是系统参数错乱,导致内部地址转换错乱,系统找不到指定扇区;也有可能是某个扇区记录的标志信息出错导致系统无法正确辨别扇区。

(3) AMNF错误(Address Mark Not Found),即地址信息出错。一般是由于某个扇区记录的地址信息出错,系统在对它访问时发现其地址信息与系统编排的信息不一致。

(4)坏块标记错误(Bad block mark)。某些软件或病毒程序可以在部分扇区强行写上坏块标记,让系统不使用这些扇区。这种情况严格来说不一定是硬盘缺陷,但想清除这些坏块标记却不容易。

2. 磁道伺服硬盘缺陷

现在的硬盘大多采用嵌入式伺服,硬盘中每个正常的物理磁道都嵌入有一段或几段信息作为伺服信息,以便磁头在寻道时能准确定位及辨别正确编号的物理磁道。如果某个物理磁道的伺服信息受损,该物理磁道就可能无法被访问。这就是"磁道伺服缺陷"。一般表现为,分区过程非正常中断;格式化过程无法完成;用检测工具检测时,中途退出或死机,等等。

3. 磁头组件硬盘缺陷

指硬盘中磁头组件的某部分不正常,造成部分或全部物理磁头无法正常读写的情况。包括磁头磨损、磁头接触面脏、磁头摆臂变形、音圈受损、磁铁移位等。一般表现为通电后,磁头动作发出的声音明显不正常,硬盘无法被系统BIOS检测到;无法分区格式化;格式化后发现从前到后都分布有大量的坏簇,等等。

4. 系统信息错乱

每个硬盘内部都有一个系统保留区(service area),里面分成若干模块保存有许多参数和程序。硬盘在通电自检时,要调用其中大部分程序和参数。如果能读出那些程序和参数模块,而且校验正常的话,硬盘就进入准备状态。如果某些模块读不出或校验不正常,则该硬盘就无法进入准备状态。一般表现为,PC系统的BIOS无法检测到该硬盘或检测到该硬盘却无法对它进行读写操作。如某些系列硬盘的常见问题:美钻二代系列硬盘通电后,磁头响一声,马达停转;Fujitsu MPG系列在通电后,磁头正常寻道,但BIOS却检测不到;火球系列,系统能正常认出型号,却不能分区格式化;Western Digital的EB、BB系列，能被系统检测到，却不能分区格式化，等等。

5. 电子线路硬盘缺陷

指硬盘的电子线路板中部分线路断路或短路，某些电气元件或 IC 芯片损坏等。有部分可以通过观察线路板发现缺陷所在，有些则要通过仪器测量后才能确认硬盘缺陷部位。一般表现为硬盘在通电后不能正常起转，或者起转后磁头寻道不正常，等等。

6. 综合性能硬盘缺陷

有些硬盘在使用过程中部分芯片特性改变；或者有些硬盘受震动后物理结构产生微小变化（如马达主轴受损）；或者有些硬盘在设计上存在缺陷……最终导致硬盘稳定性差，或部分性能达不到标准要求。一般表现为，工作时噪声明显增大；读写速度明显太慢；同一系列的硬盘大量出现类似故障；某种故障时有时无，等等。

2.8.2 厂家处理硬盘缺陷的方式

用户在购买硬盘时，一般都通过各种工具检测硬盘没有缺陷后才会购买。而且，在质保期内可以找销售商将硬盘退回厂家修理。那么，厂家如何保证新硬盘不会被检测到缺陷呢？返修的硬盘又如何处理硬盘缺陷呢？首先，让我们来认识硬盘工厂的一些基本处理流程：

（1）在生产线上装配硬盘的硬件部分，用特别设备往盘片写入伺服信号（servo write）。

（2）将硬盘的系统保留区（service area）格式化，并向系统保留区写入程序模块和参数模块。系统保留区一般位于硬盘 0 物理面的最前面几十个物理磁道。写入的程序模块一般用于硬盘内部管理，如低级格式化程序、加密解密程序、自监控程序、自动修复程序等等。写入的参数多达近百项：如型号、系列号、容量、口令、生产厂家与生产日期、配件类型、区域分配表、硬盘缺陷表、出错记录、使用时间记录、SMART 表，等等，数据量从几百 KB 到几 MB 不等。有时参数一经写入就不再改变，如型号、系列号、生产时间等；而有些参数则可以在使用过程中由内部管理程序自动修改，如出错记录、使用时间记录、SMART 记录等。也有些专业的维修人员可以借助专业的工具软件，随意读取、修改写入硬盘中的程序模块和参数模块。

（3）将所使用的盘片表面按物理地址全面扫描，检查出所有的硬盘缺陷磁道和缺陷扇区，并将这些缺陷磁道和缺陷扇区按实际物理地址记录在永久缺陷列表（P－list：Permanent defect list）中。这个扫描过程非常严格，能把不稳定不可靠的磁道和扇区也检查出来，视同硬盘缺陷一并处理。现在的硬盘密度极高，盘片生产过程再精密也很难完全避免缺陷磁道或缺陷扇区。一般新硬盘的 P－list 中都有少则数十，多则上万个缺陷记录。P－list是保留在系统保留区中，一般用户是无法查看或修改的。有些专业的维修人员借助专业的工具软件，可以查看或修改大部分硬盘中的 P－list。

（4）系统调用内部低级格式化程序，根据相应的内部参数进行内部低级格式化。在内部低级格式化过程中，对所有的磁道和扇区进行编号、信息重写、清零等工作。在编号时，采用跳过（skipped）的方法忽略掉记录在 P－list 中的缺陷磁道和缺陷扇区，保证以后用户不会也不能使用到那些缺陷磁道和缺陷扇区。因此，新硬盘在出售时是无法被检测到硬盘缺陷的。如果是返修的硬盘，一般就在厂家特定的维修部门进行检测维修。

2.8.3 硬盘缺陷的处理

如果不在硬盘工厂中，对普通用户或维修人员来说，又如何处理硬盘缺陷呢？前面我们把硬盘缺陷分为6大类，不同类型的缺陷用不同的处理方法。

(1) 对于综合性能缺陷，一般涉及到稳定性问题，用户随时有丢失数据的危险，可以说是“用之担惊，弃之可惜”。维修人员很难从根本上解决问题，建议用户还是趁早更换硬盘。

(2) 对于磁头组件硬盘缺陷，解决办法是更换磁头组件，这对设备及环境要求较高，维修成本也很高。除非是要求恢复其中的数据，否则不值得进行修复。有条件的维修公司可以在百级净化室中更换硬盘的磁头组件，对数据进行拯救。

(3) 对于线路缺陷，一般要求维修人员有电子线路基础，要有测试线路的经验和焊接芯片的设备，当然还要有必需的配件以备更换。目前许多专业维修硬盘的公司都有条件解决这类硬盘缺陷。对普通用户而言，最简单的判别和解决办法是找一个相同的正常线路板换上试试。

(4) 对于系统信息错乱，需要有专业的工具软件才能解决。首先要找个与待修硬盘参数完全相同的正常硬盘，读出其内部所有模块并保存下来；检查待修硬盘的系统结构，查到出错的模块，并将正常模块的参数重新写入。笔者用这个方法成功地修复了数以千计有这种硬盘缺陷类型的硬盘，而且一般不会破坏原有数据。要想写某系列硬盘的系统信息，相应的工具软件必须有严格针对性；该硬盘的CPU专用指令集；该硬盘的Firmware结构；内部管理程序和参数模块结构。一般只有硬盘厂家才能编写这样的专业工具软件，而且视为绝密技术，不向外界提供。但也有一些专业的硬盘研究所研究开发类似的专业工具软件，一般要价很高而且很难买到。

(5) 对于伺服硬盘缺陷，也要借助于专业工具。相应的专业工具可以通过重写来纠正伺服信息，解决部分磁道伺服缺陷。如果有部分无法纠正，则要对盘片进行物理磁道扫描找出有伺服缺陷的磁道，添加到P-list(或另外的专门磁道缺陷列表)中。然后，运行硬盘内部的低级格式化程序。这段程序能自动根据需要调用相关的参数模块，自动完成硬盘的低格过程，不需要PC系统的干预。

2.8.4 坏扇区的修复原理

按“三包”规定，如果硬盘在质保期内出现硬盘缺陷，商家应该为用户更换或修理。现在大容量的硬盘出现一个坏扇区的概率实在很大，如果全部送修的话，硬盘商家就要为售后服务忙碌不已了。很多硬盘商家都说，硬盘出现少量坏扇区往往是病毒作怪或某些软件造成的，不是真正的坏扇区，只要运行硬盘厂家提供的某些软件，就可以纠正了。到底是怎么回事呢？从前面对坏扇区的说明来看，坏扇区有多种可能的原因，修复的方法也有几种：

(1) 通过重写校验码、标志信息等可以纠正一部分坏扇区。现在硬盘厂家都公开提供有一些基本的硬盘维护工具，如各种版本的DM、POWERMAX、DLGDIAG等，其中都包括有这样的功能项：Zero fill(零填充)或Lowlevel format(低级格式化)。进行这两项功能都会对硬盘的数据进行清零，并重写每个扇区的校验码和标志信息。如果不是磁盘表面介质损伤的话,大部分的坏扇区可以纠正为正常状态。这就是通常所说的:“逻辑坏扇区可以修复”的道理。

(2) 调用自动修复机制替换坏扇区。为了减少硬盘返修的概率,硬盘厂商在硬盘内部设计了一个自动修复机制(Automatic Reallcation 或 Automatic Reassign。现在生产的硬盘都有这样的功能:在对硬盘的读写过程中,如果发现一个坏扇区,则由内部管理程序自动分配一个备用扇区来替换该扇区,并将该扇区物理位置及其替换情况记录在 G - list (Grown defects list,增长硬盘缺陷表)中。这样一来,少量的坏扇区有可能在使用过程中被自动替换掉了,对用户的使用没有太大的影响。也有一些硬盘自动修复机制的激发条件要严格一些,需要运行某些软件来检测判断坏扇区,并发出相应指令激发自动修复功能。比如常用的 Lformat(低级格式化)、DM 中的 Zero fill,Norton 中的 Wipeinfo 和校正工具,西数工具包中的 wddiag,IBM 的 DFT 中的 Erase,还有一些半专业工具如:HDDspeed、MHDD、HDDL、HDDutility 等。这些工具之所以能在运行过后消除了一些坏扇区,很重要的原因就是这些工具可以在检测到坏扇区时激发自动修复机制。如果能查看 G - list 就知道,这些“修复工具”运行前后,G - list 记录有可能增加一定数量。如:用 HDDspeed 可以查看所有 Quantum Fireball 系列的 P - list 和 G - list;MHDD 可以查看 IBM 和 FUJITSU 的 P - list 和 G - list。

当然,G - list 的记录不会无限制,所有硬盘的 G - list 都会限定在一定数量范围内。如火球系列限度是 500 条,美钻二代的限度是 636 条,西数 BB 的限度是 508 条,等等。超过限度,自动修复机制就不能再起作用。这就是为何少量的坏扇区可以通过上述工具修复,而坏扇区多了不能通过这些工具修复。

(3) 用专业软件将硬盘缺陷扇区记录在 P - list 中,并进行内部低级格式化。用户在使用硬盘时,是不能按物理地址模式来访问硬盘的。而是按逻辑地址模式来访问。硬盘在通电自检时,系统会从系统保留区读取一些特定参数(与内部低级格式化时调用的参数有密切关系)存在缓冲区里,用作物理地址与逻辑地址之间转换的依据。有些专业软件可以将检测到的坏扇区的逻辑地址转换为对应的物理地址,直接记录在 P - list 中,然后调用内部低级格式化程序进行低级格式化。这样可以不受 G - list 的限制,能修复大量的坏扇区,达到厂家修复的效果。

第3章 Windows文件系统

3.1 文件系统概述

操作系统中负责管理和存储文件信息的软件机构称为文件管理系统,简称文件系统。文件系统由三部分组成:与文件管理有关的软件、被管理的文件以及实施文件管理所需的数据结构。从系统角度来看,文件系统是对文件存储器空间进行组织和分配,负责文件的存储并对存入的文件进行保护和检索的系统。具体地说,它负责为用户建立文件,存入、读出、修改、转储文件,控制文件的存取,当用户不再使用时撤销文件等。

3.2 FAT文件系统

3.2.1 硬盘组织结构

如图3-1所示,下面是一个包含4个分区的硬盘结构示意图,其中分为3个基本分区和一个扩展分区。

3.2.2 FAT文件系统结构

FAT文件系统是由按照如下顺序排列的几个部分组成的(见图3-2):

0— Reserved Region(保留区)

1— FAT Region(FAT区)

2—Root Directory Region (根目录区,FAT32没有这部分)

3— File and Directory Data Region(文件和目录数据区)

值得注意的是,FAT系统的数据存储采用小端(Little Endian)方式,在使用大端(Big Endian)的系统中,读取多字节数据的时候必须要经过转换,否则,读取到的数据是不正确的。

例如:一个32-bit数据0x12345678在FAT中的保存方式如图3-3所示。

3.2.3 主引导扇区

主引导扇区位于整个硬盘的0磁头0柱面1扇区,包括硬盘主引导记录MBR(Master Boot Record)和分区表DPT(Disk Partition Table)。其中主引导记录的作用就是检查分区表是否正确以及确定哪个分区为引导分区,并在程序结束时把该分区的启动程序(也就是操作系统引导扇区)调入内存加以执行。

在总共512B的主引导扇区里,其中MBR占446B,扇区内偏移地址为0~1BDH,DPT占64B,扇区内偏移0x1BEH~0x1FDH,其中又分为四个分区表:第一个分区表

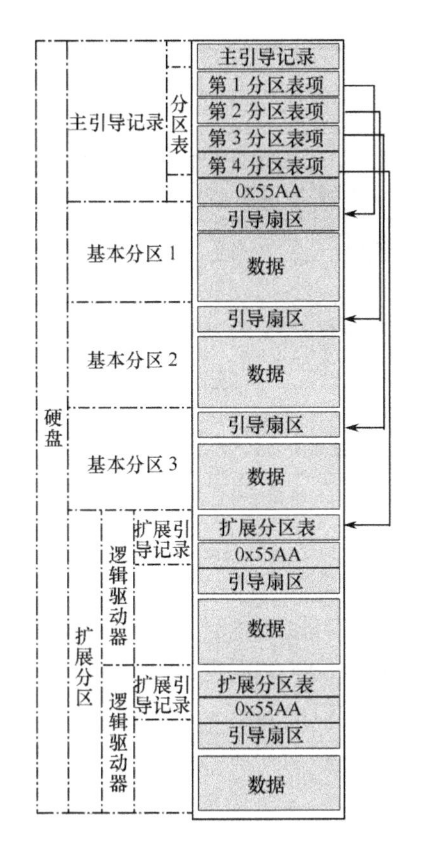

图3-1 硬盘组织结构

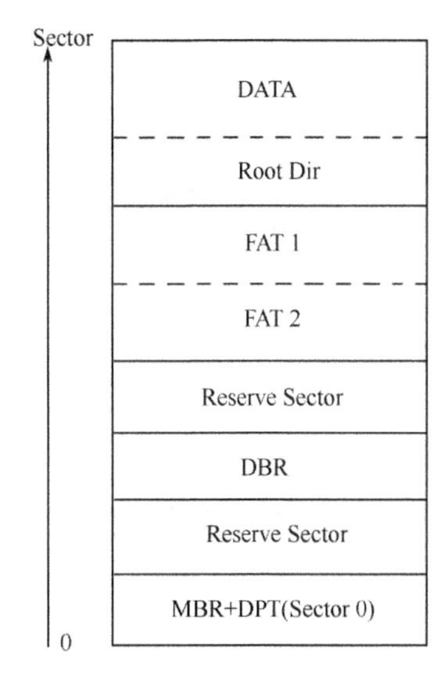

图3-2 FAT文件系统结构

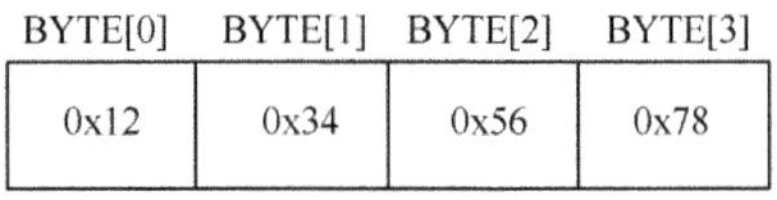

BYTE[0]	BYTE[1]	BYTE[2]	BYTE[3]
0x12	0x34	0x56	0x78

图3-3 数据保存方式示例

(偏移地址为0x1BE ~ 0x1CD);第二个分区表(偏移地址为0x1CE ~ 0x1DD);第三分区表(偏移地址为0x1DE ~ 0x1ED);第四分区表(偏移地址为0x1EE ~ 0x1FD),最后两个字节“55,AA”(偏移1FEH~偏移1FFH)是分区的结束标志。

每个分区表的信息如表3-1所列。

表3-1 分区表信息

分区表信息		
字节位移	字段长度	字段名和定义
0x00	BYTE	引导指示符(Boot Indicator),指明该分区是否是活动分区,0x80 = 活动分区,0x00 = 非活动分区
0x01	BYTE	开始磁头(Starting Head)
0x02	6Bits	开始扇区(Strarting Sector),只用0~5位。后面的两位(第6位和第7位)被开始柱面字段所使用

（续）

分区表信息		
字节位移	字段长度	字段名和定义
0x03	10Bits	开始柱面(Strarting Cylinder),除了开始扇区字段的最后两位外,还使用了1位来组成该柱面值。开始柱面是一个10位数,最大值为1023
0x04	BYTE	系统ID(System TD),定义了分区的类型
0x05	BYTE	结束磁头(Ending Head)
0x06	GBits	结束扇区(Ending Sector),只使用了0~5位。最后两位(第6、7位)被结束柱面字段所使用
0x07	10Bits	结束柱面(Ending Cylinder),除了结束扇区字段最后的两位外,还使用了1位,以组成该柱面值。结束柱面是一个10位的数,最大值为1023
0x08	DWORD	相对扇区数(Relative Sectors),从该磁盘的开始到该分区的开始的位移量,以扇区来计算
0x0c	DWORD	总扇区数(Total Sectors),该分区中的扇区总数

图3-4是从一张SD卡读到的主引导扇区信息。可以看出,MBR区域数据全部为0,这张SD卡只有一个分区,这个分区前的扇区数为0x0000003F,所以这个分区的开始位置就是扇区0x0000003F,总扇区数为0x000F1EC1(990913个扇区)。

图3-4　主引导扇区信息

3.2.4 分区引导扇区

分区引导扇区也通常称为启动扇区，Microsoft 称它为 0 扇区（0th sector），通过前面的介绍我们知道，称它为 0 扇区其实是不正确的，这样容易让人误解它为磁盘的最前面一个扇区，称它为 0 扇区只是表明它是 FAT 中扇区的参考点而已。

该扇区中包含有我们关注的一个重要数据结构 BPB（BIOS Parameter Block）。如表 3-2所列，表格内容翻译自 Microsoft 的《Microsoft Extensible Firmware Initiative FAT32 File System Specification—version1.03》，其中包含 BPB 各项的描述（注：在以下的叙述中，名字以 BPB_开头的属于 BPB 部分，以 BS 开头的属于启动扇区（Boot Sector）部分，实际上并不属于 BPB）。

表 3-2 BPB 各项描述

	偏移地址	长度/字节	表 述
BS_jmpBoot	0x00	3	跳转指令，指向启动代码
BS_OEMName	0x03	8	建议值为"MSWIN4.1"。有些厂商的 FAT 驱动可能会检测此项，所以设为"MSWIN4.1"可以尽量避免兼容性的问题
BPB_BytsPerSec	0x0b	2	每扇区的字节数，取值只能是以下几种：512，1024，2048 或是 4096。设为 512 会取得最好的兼容性，目前有很多 FAT 代码都是硬性规定每扇区的字节数为 512，而不是实际的检测此值。但微软的操作系统能够很好支持 1024，2048 或是 4096
BPB_SecPerClus	0x0d	1	每簇的扇区数，其值必须中 2 的整数次方（该整数必须 > =0），同时还要保证每簇的字节数不能超过 32KB，也就是 1024 ×32 字节
BPB_RsvdSecCnt	0x0e	2	保留扇区的数目，此域不能为 0，FAT12/FAT16 必须为 1，FAT32 的典型值取为 32，微软的系统支持任何非 0 值
BPB_BumFATs	0x10	1	分区中 FAT 表的份数，任何 FAT 格式都建议为 2
BPB_RootEntCnt	0x11	2	对于 FAT12 和 FAT16 此域包含根目录中目录的个数（每项长度为 32B），对于 FAT32，此项必须为0。对于 FAT12 和 FAT16，此数乘以 32 必为 BPB_BytesPerSec 的偶数倍，为了达到更好的兼容性，FAT12 和 FAT16 都应该取值为 512
BPB_ToSec16	0x13	2	早期版本中 16bit 的总扇区，这里总扇区数包括 FAT 卷上四个基本分区的全部扇区，此域可以为 0，若此域为 0，那么 BPB_ToSec32 必须为 0，对于 FAT32，此域必为 0。对于 FAT12/FAT16，此域填写总扇区数，如果该值小于 0x10000 的话，BPB_ToSec32 必须为 0
BPB_Media	0x15	1	对于"固定"（不可移动）存储介质而言，0xF8 是标准值，对于可移动存储介质，经常使用的数值是 0xF0，此域合法的取值可以取 0xF0，0xF8，0xF9，0xFA，0xFC，0xFD，0xFE，0xFF。另外要提醒的是，无论此域写入什么数值，同时也必须在 FAT[0]的低字节写入相同的值，这是因为早期的 MSDOS 1.x 使用该字节来判定是何种存储介质
BPB_FATSz16	0x16	2	FAT12/FAT16 一个 FAT 表所占的扇区数，对于 FAT32 来说此域必须为 0，在 BPB_FATZ32 中有指定 FAT 表的大小

（续）

	偏移地址	长度（字节）	表　述
BPB_SecPerTrk	0x18	2	每磁道的扇区数，用于 BIOS 中断 0x13，此域只对于有“特殊形状”（由磁头和柱面每分割为若干磁道）的存储介质有效，同时必须可以调用 BIOS 的 0x13 中断得到此数值
BPB_NumHeads	0x1A	2	磁头数，用于 BIOS 的 0x13 中断，类似于上面的 BPB_ SecPerTrk，只对特殊的介质才有效，此域包含一个至少为 1 的数值，比如 1,4MB 的软盘此域为 2
BPB_HidSec	0x1C	4	在此 FAT 分区之前所隐藏的扇区数，必须使得调用 BIOS 的 0x13 中断可以得到此数值，对于那些没有分区的存储介质，此域必须为 0，具体使用什么值由操作系统决定
BPB_ToSec32	0x20	4	该卷总扇区数（32bit），这里的扇区总数包括 FAT 卷四个个基本分的全部扇区，此域可以为 0，若此域为 0，BPB_ToSec16 必须为非 0，对 FAT32，此域必须是非 0。对于 FAT12/FAT16 如果总扇区数大于或等于 0x10000 的话，此域就是扇区总数，同时 BPB_ToSec16 的值为 0

FAT32 的 BPB 的内容和 FAT12/16 的内容在地址 0x36 以前是完全一样的，从偏移量 0x36 开始，它们的内容有所区别，具体的内容要看 FAT 类型为 FAT12/16 还是 FAT32，这点保证了在启动扇区中包含一个完整的 FAT12/16 或 FAT32 的 BPB 的内容，这么做是为了达到最好的兼容性，同时也为了保证所有的 FAT 文件系统驱动程序能正确识别和驱动不同的 FAT 格式，并让它们良好地工作，因为它们包含了现有的全部内容。

从偏移量 0x36 开始，FAT12/FAT16 的内容开始区别于 FAT32，下面分两个表格列出，表 3－3 为 FAT12/FAT16 的内容，表 3－4 为 FAT32 的内容。

表 3－3　FAT12/FAT16

名称	偏移地址	长度/字节	描　述
BS_drvNum	0x24	1	用于 BIOS 中断 0x13 得到磁盘驱动器参数，（0x00 为软盘，0x80 为硬盘）。此域实际上由操作系统决定
BS_Reseved1	0x25	1	保留（供 NT 使用），格式化 FAT 卷时必须设为 0
BS_VolID	0x26	1	扩展引导标记（0x29）用于指明此后的 3 个域可用
BS_BootSig	0x27	4	卷标序列号，此域以 BS_VolLab 一起可以用来检测磁盘是否正确，FAT 文件系统可以用此判断连接的可移动磁盘是否正确，引域往往是由时间和日期组成的一个 32 位的值
BS_VolLab	0x2B	11	磁盘卷标，此域必须与根目录中 11 字节长的卷标一致。FAT 文件系统必须保证在根目录的卷标文件列改或是创建的同时，此域的内容能得到及时更新，当 FAT 卷没有卷标时，此域的内容为“NO NAME”
BS_FilSysType	0x36	8	以下的几种之一：“FAT12”，“FAT16”，“FAT32”。不少人错误的认为 FAT 文件系统的类型由此域来确认，此域并不是 BPB 的一部分，只是一个字符串而已，微软的操作系统并不使用此域来确定 FAT 文件的类型，因为它常常被写错或是根本就不存在

表 3-4 FAT32

名称	偏移地址	长度/字节	描 述
BPB_FATSz32	0x24	4	一个 FAT 表所占的扇区数,此域为 FAT32 特有,同时 BPB_FATSz16 必须为 0
BPB_Flags	0x28	2	此域为 FAT32 特有:Bits0-3 表示不小于 0 的 FAT(active FAT)数目,只有在镜像(mirrorig)禁止时才有效;Bits 4-6 表示保留;Bits 7:0 表示 FAT 实时镜像到所有的 FAT 表中,1 表示只有一个活动的 FAT 表。Bits8-15:保留
BPB_FSVer	0x2A	2	此域为 FAT32 特有,高位为 FAT32 的主版本号,低位为次版本号,这个版本号是为了以后更高级的 FAT 版本考虑,假设当前的操作系统只能支持的 FAT32 版本号为 0.0。该操作系统检测到此域不为 0 时,它便会忽略 FAT 卷,因为它的版本号比系统能支持的版本要高
BPB_RootClus	0x2C	4	根目录所在第一个簇的簇号,通常该数值为 2,但不是必须为 2。磁盘工具在改变根目录位置时,必须想办法让磁盘上第一个非坏簇作为根目录的第一个簇(比如第 2 簇,除非它已经被标记为坏簇),这样的话,如果此域正好为 0 的话磁盘检测工具也能轻松地找到根目录所在簇的位置
BPB_FSIfo	0x30	2	保留区中 FAT32 卷 FSINFO 结构所占的扇区数,通常为 1。在 Backup Boot 中会有一个 FSINFO 的备份,但该备份只是更新其中的指针,也就是说无论是主引导记录还是备份引导记录都是指向同一个 FSINFO 结构
BPB__BkBootSec	0x32	2	如果不为 0,表示在保留区中引导记录的备数据所占的扇区数,通常为 6。同时不建议使用 6 以外的其他数值
BPB_Reserved	0x34	12	用于以后 FAT 扩展使用,对 FAT32。此域用 0 填充
BS_DrvNum	0x40	1	与 FAT12/16 的定义相同,只不过两者位于启动扇区不同的位置而已
BS_Reserved1	0x41	1	与 FAT12/16 的定义相同,只不过两者位于启动扇区不同的位置而已
BS_BootSig	0x42	1	与 FAT12/16 的定义相同,只不过两者位于启动扇区不同的位置而已
BS_VolID	0x43	4	与 FAT12/16 的定义相同,只不过两者位于启动扇区不同的位置而已
BS_FilSysType	0x47	11	与 FAT12/16 的定义相同,只不过两者位于启动扇区不同的位置而已
BS_FilSysType	0x52	8	通常设置为"FAT32",请参照 FAT12/16 此部分的陈述

3.2.5 FAT 类型识别

FAT 的字类型(FAT12/16/32)只能通过 FAT 卷中的簇(Cluster)数来判定,没有其他的办法。这里的"簇数"(count of cluster)并不是指"最大可取得的数量",因为数据区的第一个簇是簇 2 而不是簇 0 或 1。

首先我们讨论"簇数"是如何计算的,它完全根据 BPB 的内容来确定,我们先计算根目录所占的扇区数。

```
RootDirSectors = ((BPB_RootEntCnt * 32) + (BPB_BytsPerSec - 1)) / BPB_BytsPerSec;
FAT32 的 BPB_RootEntCnt 为 0,舍去小数位 RootDirSectors = 0;
```

接下来我们检测数据区中的扇区数：

```
If ( BPB_FATz16 ! = 0 )
    FATSz = BPB_FATSz16;
Else
    FATz = BPB_FATSz32;
If(BPB_TorSec16 ! = 0)
    TotSec =BPB_TotSect16;
Else
    TotSec = BPB_TotSec32;
DataSect = BPB_TorSec32 - (BPB_RsvdSecCnt + (BPB_NumFATs * FATSz) + RootDirSectors);
```

式中：BPB_TorSec32 表示分区所有的扇区数；

BPB_RsvdSecCnt 表示分区保留的扇区数；

BPB_NumFATs 表示分区中 FAT 的数量；

FATSz 表示 FAT 表所占扇区数。

计算簇数：

```
CountofClusters = DataSec / BPB_SecPerClus;
```

BPB_SecPerClus 表示每簇所占的扇区数。

记住计算结果四舍五入就可以了。

现在我们就可判定 FAT 的类型了：

```
If( CountofClusters < 4085)
{/ * 卷类型是 FAT12 * /
} else if( CountofClusters < 65525) {
/ * 卷类型是 FAT16 * /
} else {
/ * 卷类型是 FAT32 * /}
```

这是检测 FAT 类型的唯一方法。世上不存在簇数大于 4084 的 FAT12 卷，也不存在簇数小于 4085 或是大于 65524 的 FAT16 卷，同样也没有哪个 FAT32 卷簇数小于 65525。如果你坚持要违背这个规则来创建一个 FAT 卷，那么微软的操作系统无法对此卷进行操作，因为它不认为这是 FAT 文件系统。

注意：这里的“簇数”是指数据区所占簇的数量，从簇 2 开始算起，而“最大可用的簇数”是簇数 +1，“包括保留簇的簇数”则为簇数 +2。

3.2.6 FAT 表结构

FAT 表(File Allocation Table 文件分配表)，是 Microsoft 在 FAT 文件系统中用于磁盘数据(文件)索引和定位引进的一种链式结构。假如把磁盘比作一本书，FAT 表可以认为相当于书中的目录，而文件就是各个章节的内容。但 FAT 表的表示方法却与目录有很大的不同。

FAT 表是一一对应于数据簇号的列表。文件系统分配磁盘空间按簇来分配。因此，文件占有磁盘空间时，基本单位不是字节而是簇，即使某个文件只有一个字节，操作系统也会给它分配一个最小单元：即一个簇。为了可以将磁盘空间有序地分配给相应的文件，而读取文件的时候又可以从相应的地址读出文件，我们可以把数据区空间分成 BPB_

BytsPerSec * PB_SecPerClus 字节长的簇来管理,FAT 表项的大小与 FAT 表的类型有关,FAT12 的表项为 12bit,FAT16 为 16bit,而 FAT32 则为 32bit。对于大文件,需要分配多个簇。同一个文件的数据并不一定完整地存放在磁盘中一个连续地区域内,而往往会分若干段,像链子一样存放。这种存储方式称为文件的链式存储。为了实现文件的链式存储,文件系统必须准确地记录哪些簇已经被文件占用,还必须为每个已经占用的簇指明存储后继内空的下一个簇的簇号,对于文件的最后一簇,则要指明本簇无后继簇。这些都是由 FAT 表来保存的,FAT 表的对应表项中记录着它所代表的簇的有关信息:诸如是空,是不是坏簇,是否是已经是某个文件的尾簇等。

3.2.7 目录结构

目录所在的扇区,都是以 32B 划分为一个单位,每个单位称为一个目录项(Directory Entry),即每个目录项的长度都是 32B。

在文件寻址方法上,FAT32 与 FAT16 相同,但 FAT32 目录项的各字节参数意义却与 FAT16 有所不同,一方面它启用了 FAT16 中的目录项保留字段,同时又完全支持长文件名了。

对于短文件格式的目录项,其参数意义见表 3-5。

表 3-5

<table>
<tr><th colspan="5">FAT32 短文件目录项 32 个字节的表示定义</th></tr>
<tr><th>名　称</th><th>字节偏移</th><th>字节数</th><th colspan="2">定　义</th></tr>
<tr><td>DIR_Name</td><td>0x0 ~ 0xA</td><td>11</td><td colspan="2">文件名</td></tr>
<tr><td rowspan="8">DIR_Attr</td><td rowspan="8">0xB</td><td rowspan="8">1</td><td rowspan="8">属性字节</td><td>00000000(读写)</td></tr>
<tr><td>00000001(只读)</td></tr>
<tr><td>00000010(隐藏)</td></tr>
<tr><td>00000100(系统)</td></tr>
<tr><td>00001000(卷标)</td></tr>
<tr><td>00010000(子目录)</td></tr>
<tr><td>00100000(归档)</td></tr>
<tr><td>00001111(长文件名)</td></tr>
<tr><td>DIR_NTRes</td><td>0xC</td><td>1</td><td colspan="2">系统保留</td></tr>
<tr><td>DIR_CrtTimeTenth</td><td>0xD</td><td>1</td><td colspan="2">创建时间的 10 毫秒位</td></tr>
<tr><td>DIR_CrtTime</td><td>0xE ~ 0xF</td><td>2</td><td colspan="2">文件创建时间</td></tr>
<tr><td>DIR_CrtDate</td><td>0x10 ~ 0x11</td><td>2</td><td colspan="2">文件创建日期</td></tr>
<tr><td>DIR_LstAccDate</td><td>0x12 ~ 0x13</td><td>2</td><td colspan="2">文件最后访问日期</td></tr>
<tr><td>DIR_FstClusHI</td><td>0x14 ~ 0x15</td><td>2</td><td colspan="2">文件起始簇号的高 16 位</td></tr>
<tr><td>DIR_WrtTime</td><td>0x16 ~ 0x17</td><td>2</td><td colspan="2">文件的最近修改时间</td></tr>
<tr><td>DIR_WrtDate</td><td>0x18 ~ 0x19</td><td>2</td><td colspan="2">文件的最近修改日期</td></tr>
<tr><td>DIR_FstClusLO</td><td>0x1A ~ 0x1B</td><td>2</td><td colspan="2">文件起始簇号的低 16 位</td></tr>
<tr><td>DIR_FileSize</td><td>0x1C ~ 0x1F</td><td>4</td><td colspan="2">表示文件的长度</td></tr>
</table>

日期格式:

- Bits 0—4:日期,有效值为1~31。
- Bits 5—8:月份,有效值为1~12。
- Bits 9—15:1980后经过的年数有效值为0~127,可以表示的范围是1980年—2107年。

时间格式:

- Bits 0—4:秒,以2秒为一个单位,有效值为0~29,(实际表示0~58)。
- Bits 5—10:分,有效值为0~59。
- Bits 11—15:时,有效值为0~23。

有效的时间范围是00:00:00 — 23:59:58。

DIR_Name[0]:

文件名的第0 Byte(DIR_Name[0])比较特殊,要专门提出来注意一下:

- 如果DIR_Name[0]等于0xE5,则表示该目录项是空的,它曾经被使用,但是已经被删除了,现在没有被任何文件或文件夹占用。
- 如果DIR_Name[0]等于0x00,则表示该目录项是空的,并且没有任何目录项在这之后了(这之后的所有项DIR_Name[0]值都会是0x00)。如果FAT系统程序看到某一项DIR_Name[0]的值为0x00,就不用再往下读取目录项了,因为它们全都是空的了。
- 如果DIR_Name[0]等于0x05,则实际上完全等效为0xE5。因为0xE5在日语字符集中用特殊应用,所以使用0x05代替0xE5,不管日语系统能否处理该项文件名,都不会造成将该项看成是空的项。

如下字符不能出现在DIR_Name中的任何位置上:

- 小于0x20的字符(0x05在DIR_Name[0]除外)
- 0x22,0x2A,0x2B,0x2C,0x2E,0x2F,0x3A,0x3B,0x3C,0x3D,0x3E,0x3F,0x5B,0x5C,0x5D,and 0x7C。

图3-5所示为一个FAT32的根目录。

看第一项(最前面32B),如图3-6所示。

套入上述表格,偏移0x0A数据为0x20,是一个文件,文件名是TEST4. TXT,文件长度是0字节,空文件。

最后一项见图3-7。

第0字节为0xE5,表示该项已经被删除。

再看第11项(图3-8)。

偏移0x0A数据为0x10,是一个子目录(文件夹),名字是DIR1,起始簇号是0x0C。想要看到DIR1的内容,就要跳转到簇0x0C的位置。

下面是簇0x0C的第一个扇区(Sector)内容,如图3-9所示。

第1项(图3-10)。

偏移0x0A为0x10,名字为0x2E(“.”),表示当前目录。

第2项(图3-11)。

偏移0x0A为0x10,名字为0x2E 0x2E(“..”),表示上一级目录。

如图3-12所示,偏移0x0A为0x20,是一个文件,名字为“SUBDIR~1. TXT”,文件长

```
00000000  54 45 53 54 34 20 20 20  54 58 54 20 18 1D 27 5D  TEST4   TXT ..']
00000010  6B 3B 6B 3B 00 00 28 5D  6B 3B 00 00 00 00 00 00  k;k;..(]k;......
00000020  54 45 53 54 35 20 20 20  54 58 54 20 18 32 51 5D  TEST5   TXT .2Q]
00000030  6B 3B 6B 3B 00 00 52 5D  6B 3B 00 00 00 00 00 00  k;k;..R]k;......
00000040  54 45 53 54 20 20 20 20  54 58 54 20 18 5F 8B 5A  TEST    TXT ._媄
00000050  6B 3B 6C 3B 00 00 EB 5B  6B 3B 07 00 00 08 00 00  k;l;..隱k;......
00000060  44 49 52 34 20 20 20 20  20 20 20 10 08 99 78 5D  DIR4       ..櫃]
00000070  6B 3B 6B 3B 00 00 79 5D  6B 3B 0F 00 00 00 00 00  k;k;..y]k;......
00000080  44 49 52 35 20 20 20 20  20 20 20 10 08 0E BC 5D  DIR5       ...糫
00000090  6B 3B 6B 3B 00 00 BD 5D  6B 3B 10 00 08 00 00 00  k;k;..絔k;......
000000A0  54 45 53 54 32 20 20 20  54 58 54 20 18 2B 64 5B  TEST2   TXT .+d[
000000B0  6B 3B 6B 3B 00 00 D9 5B  6B 3B 05 00 00 04 00 00  k;k;..賉k;......
000000C0  44 49 52 36 20 20 20 20  20 20 20 10 08 89 CB 5D  DIR6       ..壦]
000000D0  6B 3B 6B 3B 00 00 CC 5D  6B 3B 11 00 00 00 00 00  k;k;..蘙k;......
000000E0  44 49 54 37 20 20 20 20  20 20 20 10 08 1F D5 5D  DIR7       ...誠
000000F0  6B 3B 6B 3B 00 00 D6 5D  6B 3B 12 00 00 00 00 00  k;k;..譪k;......
00000100  44 49 52 38 20 20 20 20  20 20 20 10 08 9D D8 5D  DIR8       ..漸]
00000110  6B 3B 6B 3B 00 00 D9 5D  6B 3B 13 00 00 00 00 00  k;k;..賋k;......
00000120  54 45 53 54 33 20 20 20  54 58 54 20 18 8B 24 5C  TEST3   TXT .?\
00000130  6B 3B 6B 3B 00 00 3C 5C  6B 3B 0B 00 00 02 00 00  k;k;..<\k;......
00000140  44 49 52 31 20 20 20 20  20 20 20 10 08 C6 11 5D  DIR1       ..?]
00000150  6B 3B 6B 3B 00 00 12 5D  6B 3B 0C 00 00 00 00 00  k;l;...]k;......
00000160  44 49 52 32 20 20 20 20  20 20 20 10 08 41 15 5D  DIR2       ..A.]
00000170  6B 3B 6B 3B 00 00 16 5D  6B 3B 0D 00 00 00 00 00  k;k;...]k;......
00000180  44 49 52 33 20 20 20 20  20 20 20 10 08 00 20 5D  DIR3       ... ]
00000190  6B 3B 6B 3B 00 00 20 5D  6B 3B 0E 00 00 00 00 00  k;k;.. ]k;......
000001A0  E5 49 52 39 20 20 20 20  20 20 20 10 08 33 EB 5D  錓R9       ..3雞
000001B0  6B 3B 6B 3B 00 00 EC EC  6B 3B 14 00 00 02 00 00  k;k;..祎k;......
000001C0  E5 49 52 31 30 20 20 20  20 20 20 10 08 46 F0 5D  錓R10      ..v餧
000001D0  6B 3B 6B 3B 00 00 F1 5D  6B 3B 15 00 00 02 00 00  k;k;..馷k;......
000001E0  E5 49 52 31 31 20 20 20  20 20 20 10 08 2A F7 5D  錓R11      ..*鱙
000001F0  6B 3B 6B 3B 00 00 F8 F8  6B 3B 16 00 00 02 00 00  k;k;..碼k;......
```

图 3－5

度为 0x00000E00，文件起始位置在簇 0x00000014。

```
00000000  54 45 53 54 34 20 20 20 54 58 54 20 18 1D 27 5D  TEST4 TXT...']
00000010  6B 3B 6B 3B 00 00 2B 5D 6B 3B 00 00 00 00 00 00  k;k;..(]k;......
```

图 3－6 第一项

```
000001E0  E5 49 52 31 31 20 20 20  20 20 20 10 08 2A F7 5D  錓R11      ..*鱙
000001F0  6B 3B 6B 3B 00 00 F8 5D  6B 3B 16 00 00 02 00 00  k;k;..碼k;......
```

图 3－7 最后一项

```
00000140  44 49 52 31 20 20 20 20 20 20 20 10 08 C6 11 5D  DIR1     ..?]
00000150  6B 3B 6C 3B 00 00 12 5D 6B 3B 00 00 00 00 00 00  k;l;...]k;......
```

图 3－8 第 11 项

```
00000000  2E 20 20 20 20 20 20 20  20 20 20 10 00 C6 11 5D  .          ..?]
00000010  6B 3B 6B 3B 00 00 12 5D  6B 3B 0C 00 00 00 00 00  k;k;...]k;......
00000020  2E 2E 20 20 20 20 20 20  20 20 20 10 00 C6 11 5D  ..         ..?]
00000030  6B 3B 6B 3B 00 00 12 5D  6B 3B 00 00 00 00 00 00  k;k;...]k;......
00000040  E5 74 00 00 00 FF FF FF  FF FF FF 0F 00 20 FF FF  鍼...        ..
00000050  FF FF FF FF FF FF FF FF  FF FF 00 00 FF FF FF FF              ..
00000060  E5 B0 65 FA 5E 28 00 59  00 29 00 0F 00 20 20 00  鏖e鍋(.Y.)...  .
00000070  87 65 2C 67 87 65 63 68  2E 00 00 00 74 00 78 00  嗔,g嗔ch....t.x.
00000080  E5 C2 BD A8 28 59 7E 31  54 58 54 20 00 22 2E 4F  逦建(Y~1TXT .".O
00000090  6C 3B 6C 3B 00 00 2F 4F  6C 3B 00 00 00 00 00 00  l;l;../Ol;......
000000A0  E5 31 46 31 20 20 20 20  54 58 54 20 18 22 2E 4F  ?F1    TXT .".O
000000B0  6C 3B 6C 3B 00 00 51 4F  6C 3B 17 00 00 02 00 00  l;l;..QOl;......
000000C0  42 74 00 78 00 74 00 00  00 FF FF 0F 00 52 FF FF  Bt.x.t...  ..R
000000D0  FF FF FF FF FF FF FF FF  FF FF 00 00 FF FF FF FF              ..
000000E0  01 73 00 75 00 62 00 64  00 69 00 0F 00 52 72 00  .s.u.b.d.i...Rr.
000000F0  31 00 66 00 69 00 6C 00  65 00 00 00 31 00 2E 00  1.f.i.l.e...1...
00000100  53 55 42 44 49 52 7E 31  54 58 54 20 00 22 2E 4F  SUBDIR~1TXT .".O
00000110  6C 3B 6D 3B 00 00 E9 84  6D 3B 14 00 00 0E 00 00  l;m;..閉m;......
00000120  00 00 00 00 00 00 00 00  00 00 00 00 00 00 00 00  ................
00000130  00 00 00 00 00 00 00 00  00 00 00 00 00 00 00 00  ................
00000140  00 00 00 00 00 00 00 00  00 00 00 00 00 00 00 00  ................
00000150  00 00 00 00 00 00 00 00  00 00 00 00 00 00 00 00  ................
00000160  00 00 00 00 00 00 00 00  00 00 00 00 00 00 00 00  ................
00000170  00 00 00 00 00 00 00 00  00 00 00 00 00 00 00 00  ................
00000180  00 00 00 00 00 00 00 00  00 00 00 00 00 00 00 00  ................
00000190  00 00 00 00 00 00 00 00  00 00 00 00 00 00 00 00  ................
000001A0  00 00 00 00 00 00 00 00  00 00 00 00 00 00 00 00  ................
000001B0  00 00 00 00 00 00 00 00  00 00 00 00 00 00 00 00  ................
000001C0  00 00 00 00 00 00 00 00  00 00 00 00 00 00 00 00  ................
000001D0  00 00 00 00 00 00 00 00  00 00 00 00 00 00 00 00  ................
000001E0  00 00 00 00 00 00 00 00  00 00 00 00 00 00 00 00  ................
000001F0  00 00 00 00 00 00 00 00  00 00 00 00 00 00 00 00  ................
```

图3-9　扇区(Sector)内容

```
00000000  2E 20 20 20 20 20 20 20  20 20 20 10 00 C6 11 5D  .          ..?]
00000010  6B 3B 6B 3B 00 00 12 5D  6B 3B 0C 00 00 00 00 00  k;k;...]k;......
```

图3-10　第1项

```
00000020  2E 20 20 20 20 20 20 20  20 20 20 10 00 C6 11 5D  .          ..?]
00000030  6B 3B 6B 3B 00 00 12 5D  6B 3B 00 00 00 00 00 00  k;k;...]k;......
```

图3-11　第2项

为了读取该文件,还需要参照FAT得到它的簇链。首先要解决一个问题,就是怎么

```
00000100    53 55 42 44 49 52 7E 31  54 58 54 20 00 22 2E 4F   SUBDIR~1TXT .".O
00000110    6C 3B 6D 3B 00 00 E9 84  6D 3B 14 00 00 0E 00 00   l;m;..閲m;......
```

图 3-12　上一级目录

知道一个簇在 FAT 表中的位置?

给定一个簇号 N,确定它在表中的位置(下面是以 FAT16/FAT32 为例,FAT12 稍微复杂些):

在 FAT 表中的扇区号为:N/(BPB_BytsPerSec/fact),如果是 FAT16 则 fact 取 2,如果是 FAT32 则 fact 取 4。

在扇区内的偏移地址为:N%(BPB_BytsPerSec/fact),即 N 除以(BPB_BytsPerSec/fact)取余数。因此,簇 0x00000014 在 FAT 表中的 Sector 为 0x14/(512/4)=0,Sector 内偏移为 0x14%(512/4)=0x50。

FAT1 的第 0 个扇区如图 3-13 所示。

FAT32 表每簇占用 4B,从 Sector 内偏移地址 50 读取 4B 数据为 0x15,表示之后的数据占用簇 0x15,簇 0x15 在 Sector 内偏移地址为 0x54,从地址 0x54 读取 4B 数据为 0x16,依次类推,最后在偏移地址 0x68 读取 4B 数据为 0x0FFFFFFF,表示文件在该簇就结束了。所以该文件占用的簇号依次为 0x14,0x15,0x16,0x17,0x18,0x19 和 0x20。

3.2.8　长文件名

长文件名(图 3-14)是在原有的 FAT 系统上引入的,在只支持短文件名的系统上,长文件名就像是不存在一样。为了达到这个目标,长文件名通过在原有的目录项中引入新的属性字(Attribute)得以实现。

判断一个目录项是否为长文件名,要通过下面 MASK 实现(图 3-15):

长文件名目录项数据结构如表 3-6 所列。

表 3-6

名称	偏移位	字节数	描　述
LDIR_Ord	0x00	1	该项在这组长文件名中的序号。 如果第 6 bit 为 1(Mask with 0x40),说明这是该组长文件名的最后一项。每一组有效的长文件名都必须有这个标志位
LDIR_Name1	0x01	10	长文件名的第 1-5 个字符
LDIR_Attr	0x0B	1	属性字 - 必须为 0x0F(ATTR_LONG_NAME)
LDIR_Type	0x0C	1	如果是 0,则表示这个目录项是长文件名的一部分。 非 0 数值为保留设置
LDIR_Chksum	0x0D	1	对应的短文件名校验和(Checksum)
LDIR_Name2	0x0E	12	长文件名的第 6-11 个字符
LDIR_FstClusLO	0x1A	2	此项为 0,在长文件名下没有意义
LDIR_Name3	0x1C	4	长文件名的第 12-13 个字符

```
00000000  F8 FF FF FF FF FF FF FF  03 00 00 00 00 FF FF 0F  ?     ....  .
00000010  00 00 00 00 06 00 00 00  FF FF FF 0F 08 00 00 00  ........  .....
00000020  09 00 00 00 0A 00 00 00  FF FF FF 0F FF FF FF 0F  ........   .  .
00000030  FF FF FF 0F 0F FF FF 0F  FF FF FF 0F FF FF FF 0F     .  .  .  .
00000040  FF FF FF 0F 0F FF FF 0F  FF FF FF 0F FF FF FF 0F     .  .  .  .
00000050  15 00 00 00 16 00 00 00  17 00 00 00 18 00 00 00  ................
00000060  19 00 00 00 1A 00 00 00  FF FF FF FF 00 00 00 00  ........  .....
00000070  00 00 00 00 00 00 00 00  00 00 00 00 00 00 00 00  ................
00000080  00 00 00 00 00 00 00 00  00 00 00 00 00 00 00 00  ................
00000090  00 00 00 00 00 00 00 00  00 00 00 00 00 00 00 00  ................
000000A0  00 00 00 00 00 00 00 00  00 00 00 00 00 00 00 00  ................
000000B0  00 00 00 00 00 00 00 00  00 00 00 00 00 00 00 00  ................
000000C0  00 00 00 00 00 00 00 00  00 00 00 00 00 00 00 00  ................
000000D0  00 00 00 00 00 00 00 00  00 00 00 00 00 00 00 00  ................
000000E0  00 00 00 00 00 00 00 00  00 00 00 00 00 00 00 00  ................
000000F0  00 00 00 00 00 00 00 00  00 00 00 00 00 00 00 00  ................
00000100  00 00 00 00 00 00 00 00  00 00 00 00 00 00 00 00  ................
00000110  00 00 00 00 00 00 00 00  00 00 00 00 00 00 00 00  ................
00000120  00 00 00 00 00 00 00 00  00 00 00 00 00 00 00 00  ................
00000130  00 00 00 00 00 00 00 00  00 00 00 00 00 00 00 00  ................
00000140  00 00 00 00 00 00 00 00  00 00 00 00 00 00 00 00  ................
00000150  00 00 00 00 00 00 00 00  00 00 00 00 00 00 00 00  ................
00000160  00 00 00 00 00 00 00 00  00 00 00 00 00 00 00 00  ................
00000170  00 00 00 00 00 00 00 00  00 00 00 00 00 00 00 00  ................
00000180  00 00 00 00 00 00 00 00  00 00 00 00 00 00 00 00  ................
00000190  00 00 00 00 00 00 00 00  00 00 00 00 00 00 00 00  ................
000001A0  00 00 00 00 00 00 00 00  00 00 00 00 00 00 00 00  ................
000001B0  00 00 00 00 00 00 00 00  00 00 00 00 00 00 00 00  ................
000001C0  00 00 00 00 00 00 00 00  00 00 00 00 00 00 00 00  ................
000001D0  00 00 00 00 00 00 00 00  00 00 00 00 00 00 00 00
000001E0  00 00 00 00 00 00 00 00  00 00 00 00 00 00 00 00
000001F0  00 00 00 00 00 00 00 00  00 00 00 00 00 00 00 00
```

图 3－13　FAT1 的第 0 个扇区

```
ATTR_LONG_NAME = ATTR_READ_ONLY |
                 ATTR_HIDDEN |
                 ATTR_SYSTEM |
                 ATTR_VOLUME_IN
```

图 3－14　长文件名

```
ATTR_LONG_NAME_MASK = ATTR_READ_ONLY |
                      ATTR_HIDDEN |
                      ATTR_SYSTEM |
                      ATTR_VOLUME_ID |
                      ATTR_DIRECTORY |
                      ATTR_ARCHIVE |
```

图 3－15　判断目录项是否为长文件名

3.3 NTFS 文件系统

3.3.1 NTFS 文件系统基础

NTFS(New Technology File System)是一个比 FAT 复杂得多的文件系统,微软 Windows NT 内核的系列操作系统支持的、一个特别为网络和磁盘配额、文件加密等管理安全特性设计的磁盘格式。

1. 现状

随着以 NT 为内核的 Windows 2000/XP 的普及,很多个人用户开始用到了 NTFS。NTFS 也是以簇为单位来存储数据文件,但 NTFS 中簇的大小并不依赖于磁盘或分区的大小。簇尺寸的缩小不但降低了磁盘空间的浪费,还减少了产生磁盘碎片的可能。NTFS 支持文件加密管理功能,可为用户提供更高层次的安全保证。

Windows NT/2000/XP/2003 以上的 Windows 版本能识别 NTFS 系统,Windows 9x/Me 以及 DOS 等操作系统都不能直接支持、识别 NTFS 格式的磁盘,访问 NTFS 文件系统时需要依靠特殊工具,如表 3-7 所列。

表 3-7　操作系统和文件系统支持表

	FAT12	FAT16	FAT32	NTFS
DOS 3.0 以前	√	×	×	×
Windows95 OSR2 之前	√	√	×	×
Windows NT	√	√	×	√
Windows 2000/XP/2003	√	√	√	√

2. NTFS 特点

NTFS 拥有四大特点:

1) 具备错误预警的文件系统

在 NTFS 分区中,最开始的 16 个扇区是分区引导扇区,其中保存着分区引导代码,接着就是主文件表(Master File Table,以下简称 MFT),但如果它所在的磁盘扇区恰好出现损坏,NTFS 文件系统会比较智能地将 MFT 换到硬盘的其他扇区,保证了文件系统的正常使用,也就是保证了 Windows 的正常运行。而以前的 FAT16 和 FAT32 的 FAT(文件分配表)则只能固定在分区引导扇区的后面,一旦遇到扇区损坏,那么整个文件系统就要瘫痪。

但这种智能移动 MFT 的做法当然并非十全十美,如果分区引导代码中指向 MFT 的部分出现错误,那么 NTFS 文件系统便会不知道到哪里寻找 MFT,从而会报告"磁盘没有格式化"这样的错误信息。为了避免这样的问题发生,分区引导代码中会包含一段校验程序,专门负责侦错。

2) 文件读取速度更高效

DOS 系统下的文件具有各种属性:只读、隐藏、系统等。在 NTFS 文件系统中,这些属性仍然存在,但有了很大不同,可以随时增加,这也就是为什么会在 NTFS 分区上看到文件有更多的属性,如图 3-16 所示。

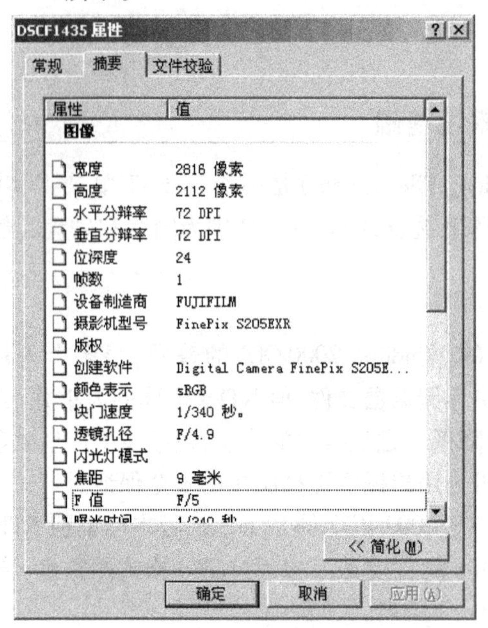

图 3-16　NTFS 文件属性示意图

NTFS 文件系统中的文件属性可以分成两种:常驻属性和非常驻属性,常驻属性直接保存在 MFT 中,像文件名和相关时间信息(例如创建时间、修改时间等)永远属于常驻属性,非常驻属性则保存在 MFT 之外,但会使用一种复杂的索引方式来进行指示。如果文件或文件夹小于 1500B(其实我们的电脑中有相当多这样大小的文件或文件夹),那么它们的所有属性,包括内容都会常驻在 MFT 中,而 MFT 是 Windows 一启动就会载入到内存中的,这样当你查看这些文件或文件夹时,其实它们的内容早已在缓存中了,自然大大提高了文件和文件夹的访问速度。

3. 磁盘自我修复功能

NTFS 利用一种"自我疗伤"的系统,可以对硬盘上的逻辑错误和物理错误进行自动侦测和修复。在 FAT16 和 FAT32 时代,我们需要借助 Scandisk 这个程序来标记磁盘上的坏扇区,但当发现错误时,数据往往已经被写在了坏的扇区上了,损失已经造成。NTFS 文件系统则不然,每次读写时,它都会检查扇区正确与否。当读取时发现错误,NTFS 会报告这个错误;当向磁盘写文件时发现错误,NTFS 将会十分智能地换一个完好位置存储数据,操作不会受到任何影响。在这两种情况下,NTFS 都会在坏扇区上作标记,以防今后被使用。这种工作模式可以使磁盘错误可以较早地被发现,避免灾难性的事故发生。

4. "防灾赈灾"的事件日志功能

在 NTFS 文件系统中,任何操作都可以被看成是一个"事件"。比如将一个文件从 C 盘复制到 D 盘,整个复制过程就是一个事件。事件日志一直监督着整个操作,当它在目标地——D 盘发现了完整文件,就会记录下一个"已完成"的标记。假如复制中途断电,事件日志中就不会记录"已完成",NTFS 可以在来电后重新完成刚才的事件。事件日志的作用不在于它能挽回损失,而在于它监督所有事件,从而让系统永远知道完成了哪些任务，那些任务还没有完成，保证系统不会因为断电等突发事件发生紊乱，最大程度降低了破坏性。

5. 附加功能

NTFS 提供了磁盘压缩、数据加密、磁盘配额（在"我的电脑"中右击分区并并行"属性"，进入"配额"选项卡即可设置）、动态磁盘管理等功能，这些功能这里不再详细阐述。

3.3.2 NTFS 的 DBR

NTFS 的 DBR 和 FAT32 的 DBR 作用相同，由 MBR 得到 DBR，再由 DBR 引导操作系统。在 Windows NT/2000/XP/2003 上，由 DBR 调入 NTLDR，由 NTLDR 启动操作系统。

NTFS 的引导扇区完成引导和定义分区参数。FAT 分区中，即使文件不正确，而 BOOT 记录正常，分区会显示没有错误。和 FAT 分区不同，而 NTFS 分区的 BOOT 记录不是分区正确与否的充分条件。因为必须 MFT 中的系统记录（如$ MFT 等）正常，该分区才能正常访问。NTFS 的 BPB 参数如表 3－8 所列。

表 3－8 BPB 参数

字节偏移	长度	常用值	意 义
0x0B	字	0x0002	每扇区字节数
0x0D	字节	0x08	每簇扇区数
0x0E	字	0x0000	保留扇区
0x10	3 字节	0x000000	总为 0
0x13	字	0x0000	NTFS 未使用，为 0
0x15	字节	0xF8	介质描述
0x16	字	0x0000	总为 0
0x18	字	0x3F00	每磁盘扇区数
0x1A	字	0xFF00	磁头数
0x1C	双字	0x3F000000	隐含扇区
0x20	双字	0x00000000	NTFS 未使用，为 0
0x28	8 字节	0x4AF57F0000000000	扇区总数
0x30	8 字节	0x0400000000000000	$ MFT 的逻辑簇号
0x38	8 字节	0x54FF070000000000	$ MFTMirr 的逻辑簇号
0x40	双字	0xF6000000	每 MFT 记录簇数
0x44	双字	0x01000000	每索引簇数
0x48	8 字节	0x14A51B74C91B741C	卷标
0x50	双字	0x00000000	检验和

MFT 中的文件记录大小一般是固定的，不管簇的大小是多少，均为 1KB。文件记录在 MFT 文件记录数组中物理上是连续的，且从 0 开始编号，所以，NTFS 是预定义文件系统。MFT 仅供系统本身组织、架构文件系统使用，这在 NTFS 中称为元数据（metadata，是存储在卷上支持文件系统格式管理的数据。它不能被应用程序访问，只能为系统提供服务）。其中最基本的前 16 个记录是操作系统使用的非常重要的元数据文件。这些元数

据文件的名字都以“$”开始,所以是隐藏文件,在 Windows 2000/XP 中不能使用 dir 命令(甚至加上/ah 参数)像普通文件一样列出。在 WINHEX 中带有 NFI. EXE,用此工具可以显示这些记录与文件的对应关系,下一次再详细解释。

这些元数据文件是系统驱动程序管理卷所必需的,Windows 2000/XP 给每个分区赋予一个盘符并不表示该分区包含有 Windows 2000/XP 可以识别的文件系统格式。如果主文件表损坏,那么该分区在 Windows 2000/XP 下是无法读取的。为了使该分区能够在 Windows 2000/XP 下能被识别,就必须首先建立 Windows 2000/XP 可以识别的文件系统格式即主文件表,这个过程可通过高级格式化该分区来完成。Windows 以簇号来定位文件在磁盘上的存储位置,在 FAT 格式的文件系统中,有关簇号的指针包含在 FAT 表中,在 NTFS 中,有关簇号的指针则包含在$ MFT 及$ MFTMirr 文件中。

NTFS 使用逻辑簇号(Logical Cluster Number,LCN)和虚拟簇号(Virtual Cluster Number,VCN)来对簇进行定位。LCN 是对整个卷中所有的簇从头到尾所进行的简单编号。用卷因子乘以 LCN,NTFS 就能够得到卷上的物理字节偏移量,从而得到物理磁盘地址。VCN 则是对属于特定文件的簇从头到尾进行编号,以便于引用文件中的数据。VCN 可以映射成 LCN,而不必要求在物理上连续。

在 NTFS 卷上,跟随在 BPB 后的数据字段形成一个扩展 BPB。这些字段中的数据使得 Ntldr 能够在启动过程中找到主文件表 MFT(Master File Table)。在 NTFS 卷上,MFT 并不象在 FAT 16 卷和 FAT 32 卷上一样,被放在一个预定义的扇区中。由于这个原因,如果在 MTF 的正常位置中有坏扇区的话,就可以把 MFT 移到别的位置。但是,如果该数据被破坏,就找不到 MFT 的位置,Windows 2000 假设该卷没有被格式化。

因此,如果一个 NTFS 的卷提示未格式化,可能并未破坏 MFT,依据 BPB 的各字段的意思是可以重建 BPB 的。

3.3.3 NTFS 文件空间分配

NTFS 文件按照簇分配(表 3-9)。簇的大小必须是物理扇区整数倍,而且总是 2 的 n 次幂。

表 3-9 NTFS 的缺省簇的大小

卷大小	每簇的扇区	缺省的簇大小
小于等于 512MB	1	512B
513MB ~ 1024MB(1GB)	2	1024B(1KB)
1025MB ~ 2048MB(2GB)	4	2048B(2KB)
大于等于 2049MB	8	4KB

从表 3-8 可以看出,也就是说不管驱动器多大 NTFS 簇的大小不会超过 4KB。

3.3.4 NTFS 元文件

NTFS 中文件通过主文件表(MFT,Main File Table)确定其在磁盘上的位置。MFT 是一个数据库,由一系列文件记录组成。卷中每一个文件都有一个文件记录,其中第一个文件记录称为基本文件记录,里面存储有其他扩展文件记录的信息。主文件表也有自己的文件记录。

NTFS 卷上的每个文件都各有一个唯一的 64 位的文件引用号（File Reference Number，也称文件索引号）。文件引用号由两部分组成：文件号和文件顺序号。文件号 48 位，对应该文件在 MFT 中的位置；文件顺序号随着文件记录的重用而增加（考虑到 NTFS 一致性检查）。

NTFS 使用逻辑簇号（Logical Cluster Number，LCN）和虚拟簇号（Virtual Cluster Number）来对簇进行定位。LCN 是对整个卷中的簇从头到尾的编号，卷因子乘以 LCN 可得到卷上的物理字节偏移。VNC 是对特定文件的簇从头到尾的编号，以便引用文件中的数据，VNC 可以映射成 LCN 而不要求在物理上连续。

NTFS 目录只是一个简单的文件名和文件引用号的索引。如果目录的属性列表小于一个记录长，那么该目录所有信息存储在 MFT 的记录中，否则大于一个记录长的使用 B + 树结构进行管理（B + 树便于大型目录文件和子目录的快速查找），如图 3 – 17 所示。

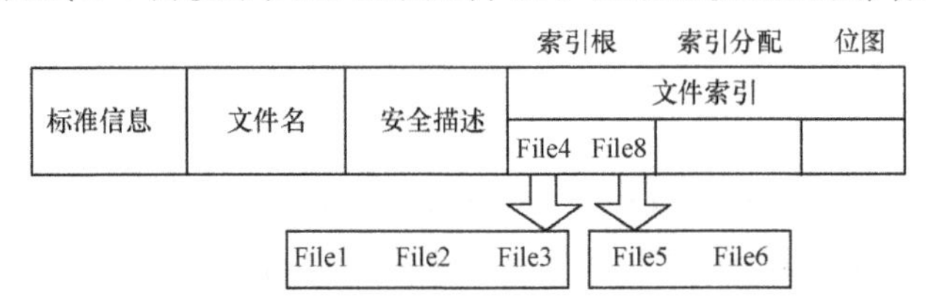

图 3 – 17　NTFS 目录

B – 树：一种结构划索引方式。比如建立文件 A 时，文件系统为其创建索引文件 B，由于 B 的规模仍然太大，为进一步提高速度，又建立了索引的索引文件 C，以及索引的索引的索引文件 D。这又产生了新问题：B、C、D 三个索引文件的对象层次不同，结构不同，操作 3 个索引文件非常繁琐。所以人们研究使用一种特殊的结构来实现多重索引，B – 树就是其中比较成功的方法。而 NTFS 所使用的“B + 树”综合索引方式与其非常类似，由于这些索引的具体实施非常复杂，这里就不详述了。

MFT 的基本文件记录中有一指针，指向一个存储非常驻的索引缓冲，包括该目录下所有下一级子目录和文件的外部簇。

NTFS 管理是原则：磁盘上任何对象都作为文件管理。文件通过主文件表定位。

MFT 文件记录大小固定的 1KB。文件记录在 MFT 文件记录数组中物理上连续，从 0 开始编号，所以 NTFS 可以看作预定义文件系统。MFT 仅供系统本身组织、架构文件系统使用，这在 NTFS 中被称为原数据（Metadata）。

那么原数据可以定义为：

存储在卷上支持文件系统各式管理的数据，不能被应用程序访问，只能为系统提供特殊服务。

原数据前 16 个记录是操作系统使用的非常重要原数据文件，这些文件以“$”开头，为隐藏文件，不能被用户列出。但是能被特殊工具列出，如 NFI. EXE。

FAT 文件系统簇号指针在 FAT 表中，而 NTFS 中簇号指针包含在$ MFT 和$ MFTMirr 文件中。

每一个 MFT 记录都对应着不同的文件，如果一个文件具有多个属性或者分散存储，

序号	元文件	功能
0	$MFT	主文件表本身
1	$MFTMirr	主文件表的部份镜像
2	$LogFile	日志文件
3	$Volume	卷文件
4	$AttrDef	属性定义列表
5	$Root	根目录
6	$Bitmap	位图文件
7	$Boot	引导文件
8	$BadClus	坏簇文件
9	$Secure	安全文件
10	$UpCase	大写文件
11	$Extend metadata directory	扩展元数据目录
12	$Extend\$Reparse	重解析点文件
13	$Extend\$UsnJrnl	变更日志文件
14	$Extend\$Quota	配额管理文件
15	$Extend\$ObjId	对象 ID 文件
16-23		保留
23+		用户文件和目录

图 3－18 NTFS 元文件

那么就可能需要多个文件记录。其中第一个记录称为基本文件记录(Basic File Record)。

MFT 中的第 1 个记录就是 MFT 自身。由于 MFT 文件本身的重要性,为了确保文件系统结构的可靠性,系统专门为它准备了一个镜像文件($ MftMirr),也就是 MFT 中的第 2 个记录。

第 3 个记录是日志文件($ LogFile)。该文件是 NTFS 为实现可恢复性和安全性而设计的。当系统运行时,NTFS 就会在日志文件中记录所有影响 NTFS 卷结构的操作,包括文件的创建和改变目录结构的命令,例如复制,从而在系统失败时能够恢复 NTFS 卷。

第 4 个记录是卷文件($ Volume),它包含了卷名、被格式化的卷的 NTFS 版本和一个标明该磁盘是否损坏的标志位(NTFS 系统以此决定是否需要调用 Chkdsk 程序来进行修复)。

第 5 个记录是属性定义表($ AttrDef,attribute definition table),其中存放了卷所支持的所有文件属性,并指出它们是否可以被索引和恢复等。

第 6 个记录是根目录(\),其中保存了存放于该卷根目录下所有文件和目录的索引。在访问了一个文件后,NTFS 就保留该文件的 MFT 引用,第二次就能够直接进行对该文件的访问。

第 7 个记录是位图文件($ Bitmap)。NTFS 卷的分配状态都存放在位图文件中,其中每一位(bit)代表卷中的一簇,标识该簇是空闲的还是已被分配了的,由于该文件可以很容易的被扩大,所以 NTFS 的卷可以很方便的动态的扩大,而 FAT 格式的文件系统由于涉及到 FAT 表的变化,所以不能随意地对分区大小进行调整。

第 8 个记录是引导文件($ Boot),它是另一个重要的系统文件,存放着 Windows 2000/XP 的引导程序代码。该文件必须位于特定的磁盘位置才能够正确地引导系统。该文件是在 Format 程序运行时创建的,这正体现了 NTFS 把磁盘上的所有事物都看成是文件的原则。这也意味着虽然该文件享受 NTFS 系统的各种安全保护,但还是可以通过普通的文件 I/O 操作来修改。

第 9 个记录是坏簇文件（ $ BadClus），它记录了磁盘上该卷中所有的损坏的簇号，防止系统对其进行分配使用。

第 10 个记录是安全文件（ $ Secure），它存储了整个卷的安全描述符数据库。NTFS 文件和目录都有各自的安全描述符，为了节省空间，NTFS 将具有相同描述符的文件和目录存放在一个公共文件中。

第 11 个记录为大写文件（ $ UpCase，upper case file），该文件包含一个大小写字符转换表。

第 12 个记录是扩展元数据目录（ $ Extended metadata directory）。

第 13 个记录是重解析点文件（$ Extend\$ Reparse）。

第 14 个记录是变更日志文件（$ Extend\$ UsnJrnl）。

第 15 个记录是配额管理文件（$ Extend\$ Quota）。

第 16 个记录是对象 ID 文件（$ Extend\$ ObjId）。

第 17～23 个记录是是系统保留记录，用于将来扩展。

MFT 的前 16 个元数据文件是如此重要，为了防止数据的丢失，NTFS 系统在该卷文件存储部分的正中央对它们进行了备份，参见图 3－19。

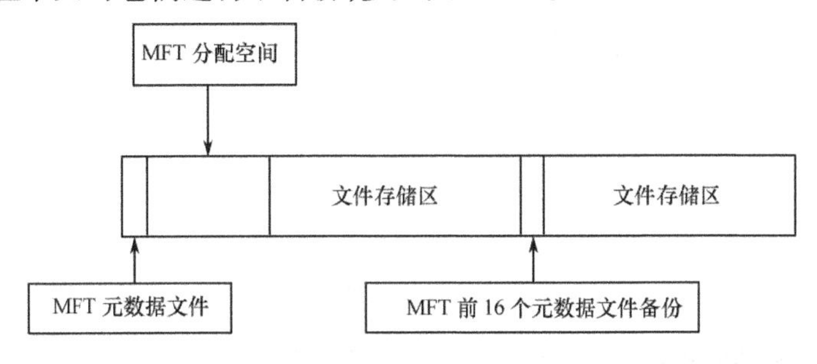

图 3－19　MFT 空间分配

NTFS 把磁盘分成了两大部分，其中大约 12% 分配给了 MFT，以满足其不断增长的文件数量。为了保持 MFT 元文件的连续性，MFT 对这 12% 的空间享有独占权。余下的 88% 的空间被分配用来存储文件。而剩余磁盘空间则包含了所有的物理剩余空间——MFT 剩余空间也包含在里面。MFT 空间的使用机制可以这样来描述：当文件耗尽了存储空间时，Windows 操作系统会简单地减少 MFT 空间，并把它分配给文件存储。当有剩余空间时，这些空间又会重新被划分给 MFT。虽然系统尽力保持 MFT 空间的专用性，但是有时不得不做出牺牲。尽管 MFT 碎片有时是无法忍受的，却无法阻止它的发生。

那么 NTFS 访问卷过程如下；

当 NTFS 访问某个卷时，它必须“装载”该卷：NTFS 会查看引导文件（在图中的 $ Boot 元数据文件定义的文件），找到 MFT 的物理磁盘地址。

它就从文件记录的数据属性中获得 VCN 到 LCN 的映射信息，并存储在内存中。这个映射信息定位了 MFT 的运行（run 或 extent）在磁盘上的位置。

NTFS 再打开几个元数据文件的 MFT 记录，并打开这些文件。如有必要 NTFS 开始执行它的文件系统恢复操作。在 NTFS 打开了剩余的元数据文件后，用户就可以开始访问该卷了。

3.3.5 常驻属性与非常驻属性

常驻属性(Resident Attribute):当一个文件很小时,其所有属性和属性值可存放在 MFT 的文件记录中,这些属性值能直接存放在 MFT 中属性称为常驻属性。有些属性总是常驻的,这样 NTFS 才可以确定其他非常驻属性。例如,标准信息属性和根索引就总是常驻属性。

每个属性都是以一个标准头开始的,在头中包含该属性的信息和 NTFS 通常用来管理属性的信息。该头总是常驻的,并记录着属性值是否常驻、对于常驻属性,头中还包含着属性值的偏移量和属性值的长度。

如果属性值能直接存放在 MFT 中,那么 NTFS 对它的访问时间就将大大缩短。NTFS 只需访问磁盘一次,就可立即获得数据;而不必像 FAT 文件系统那样,先在 FAT 表中查找文件,再读出连续分配的单元,最后找到文件的数据。

小文件或小目录的所有属性,均可以在 MFT 中常驻。小文件的未命名属性可以包括所有文件数据。建立一个小文件如图 3-20、图 3-21 所示。

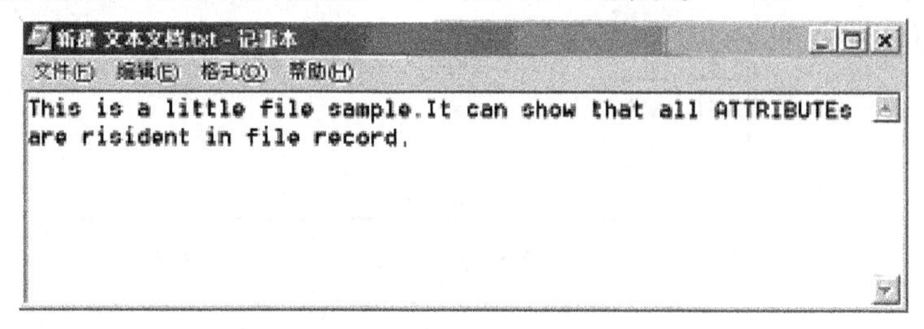

图 3-20 小文件示意图

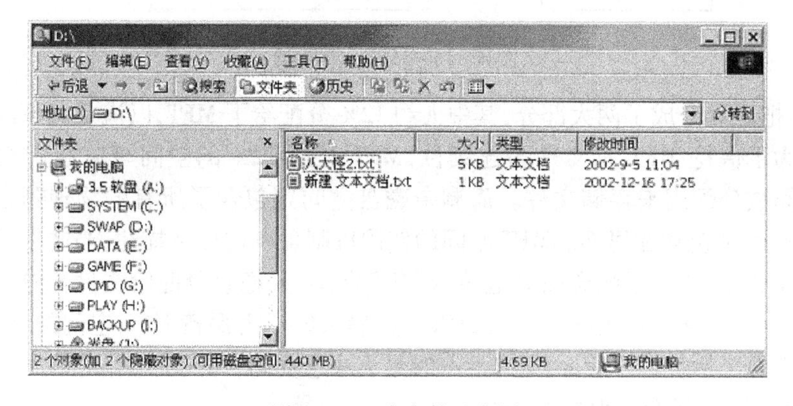

图 3-21 小文件示意图

如通过 NFI 查看文件“新建文本文档 . txt”的文件记录号为 36,“nfi d:\新建文本文档 . txt”,显示内容如下:

\新建文本文档 . txt

$ STANDARD_INFORMATION (resident)

$ FILE_NAME (resident)

$ FILE_NAME (resident)

$ OBJECT_ID (resident)

$ DATA (resident)

从显示内容可以看出文件的全部属性都是常驻属性,包括 DATA 属性,没有非常驻属性,所以,用 WINHEX 打开 MFT,查看该文件记录,有如图 3-22 所示的内容。

```
磁盘 D:
Offset     0  1  2  3  4  5  6  7   8  9  A  B  C  D  E  F  存取
016BDE00  46 49 4C 45 2A 00 03 00  0C 79 00 24 00 00 00 00  FILE*...ly.$....
016BDE10  D4 00 02 00 30 00 D1 00  F0 01 00 00 00 04 00 00  ....D...7.......
016BDE20  00 00 00 00 00 00 00 00  04 00 02 00 00 00 00 00  ................
016BDE30  10 00 00 00 60 00 00 00  00 00 00 00 00 00 00 00  ....`...........
016BDE40  48 00 00 00 18 00 00 00  30 79 18 AE E5 A4 C2 01  H.......0y.  ?.
016BDE50  60 59 B1 1B E5 A4 C2 01  60 59 B1 1B E5 A4 C2 01  `Y?澧?`Y?澧?
016BDE60  30 79 18 AE E5 A4 C2 01  20 00 00 00 00 00 00 00  0y.  ?. .......
016BDE70  00 00 00 00 00 00 00 00  00 00 00 00 02 01 00 00  ................
016BDE80  00 00 00 00 00 00 00 00  00 00 00 00 00 00 00 00  ................
016BDE90  30 00 00 00 70 00 00 00  00 00 00 00 00 00 03 00  0...p...........
016BDEA0  54 00 00 00 18 00 01 00  05 00 00 00 00 00 05 00  T...............
016BDEB0  30 79 18 AE E5 A4 C2 01  30 79 18 AE E5 A4 C2 01  0y.  ?.0y.  ?.
016BDEC0  30 79 18 AE E5 A4 C2 01  30 79 18 AE E5 A4 C2 01  0y.  ?.0y.  ?.
016BDED0  00 00 00 00 00 00 00 00  00 00 00 00 00 00 00 00  ................
016BDEE0  20 00 00 00 00 00 00 00  09 02 B0 65 FA 5E 87 65   .........
016BDEF0  7E 00 31 00 2E 00 54 00  58 00 54 00 78 00 74 00  ~.1...T.X.T.x.t.
016BDF00  30 00 00 00 70 00 00 00  00 00 00 00 00 00 02 00  0...p...........
016BDF10  58 00 00 00 18 00 01 00  05 00 00 00 00 00 05 00  X...............
016BDF20  30 79 18 AE E5 A4 C2 01  30 79 18 AE E5 A4 C2 01  0y.  ?.0y.  ?.
016BDF30  30 79 18 AE E5 A4 C2 01  30 79 18 AE E5 A4 C2 01  0y.  ?.0y.  ?.
016BDF40  00 00 00 00 00 00 00 00  00 00 00 00 00 00 00 00  ................
016BDF50  20 00 00 00 00 00 00 00  0B 01 B0 65 FA 5E 20 00   .........  .
016BDF60  87 65 2C 67 87 65 63 68  2E 00 74 00 78 00 74 00  .g.cb..t.x.t.
016BDF70  80 00 00 00 78 00 00 00  00 00 18 00 00 00 01 00  ....x...........
016BDF80  5A 00 00 00 18 00 00 00  54 68 69 73 20 69 73 20  Z.......This is
016BDF90  61 20 6C 69 74 74 6C 65  20 66 69 6C 65 20 73 61  a little file sa
016BDFA0  6D 70 6C 65 2E 49 74 20  63 61 6E 20 73 68 6F 77  mple.It can show
016BDFB0  20 74 68 61 74 20 61 6C  6C 20 41 54 54 52 49 42   that all ATTRIB
016BDFC0  55 54 45 73 20 61 72 65  20 72 69 73 69 64 65 6E  UTEs are risiden
016BDFD0  74 20 69 6E 20 66 69 6C  65 20 72 65 63 6F 72 64  t in file record
016BDFE0  2E 20 00 00 00 00 00 00  FF FF FF FF 82 79 47 11  . ......
016BDFF0  00 00 00 00 00 00 00 00  00 00 00 00 00 00 02 00  ................
```

图 3-22　小文件的文件记录

小目录的索引根属性可以包括其中所有文件和子目录的索引,参见图 3-23。

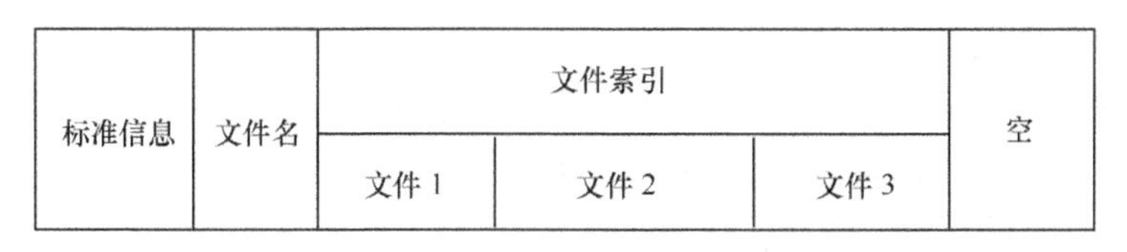

图 3-23　小目录索引

大文件或大目录的所有属性,就不可能都常驻在 MFT 中。如果一个属性(如文件数据属性)太大而不能存放在只有 1KB 的 MFT 文件记录中,那么 NTFS 将从 MFT 之外分配区域。这些区域通常称为一个运行(run)或一个盘区(extent),它们可用来存储属性值,如文件数据。如果以后属性值又增加,那么 NTFS 将会再分配一个运行,以便用来存储额外的数据。值存储在运行中而不是在 MFT 文件记录中的属性称为非常驻属性(nonresident attribute)。NTFS 决定了一个属性是常驻还是非常驻的;而属性值的位置对访问它的进程而言是透明的。

当一个属性为非常驻时,如大文件的数据,它的头部包含了 NTFS 需要在磁盘上定位该属性值的有关信息。图3－24显示了一个存储在两个运行中的非常驻属性。

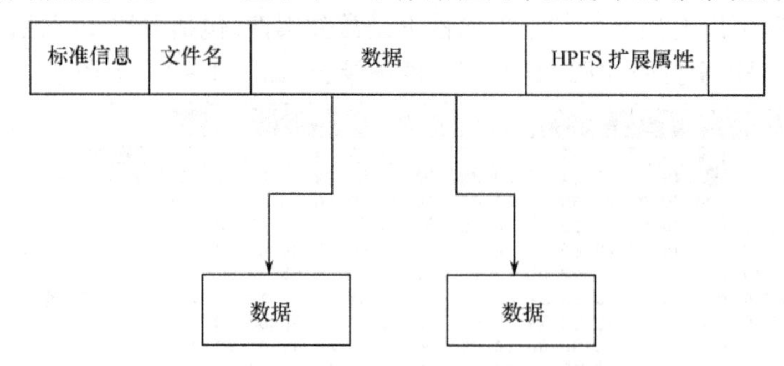

图3－24　存储在两个运行中的非常驻属性

在标准属性中，只有可以增长的属性才是非常驻的。对文件来说，可增长的属性有数据、属性列表等。标准信息和文件名属性总是常驻的。

一个大目录也可能包括非常驻属性（或属性部分），见图3－25。在该例中，MFT文件记录没有足够空间来存储大目录的文件索引。其中一部分索引存放在索引根属性中，而另一部分则存放在叫作“索引缓冲区”（index buffer）的非常驻运行中。这里，索引根、索引分配以及位图属性都是简化表示的，这些属性将在后面详细介绍。对目录而言，索引根的头及部分值应是常驻的。

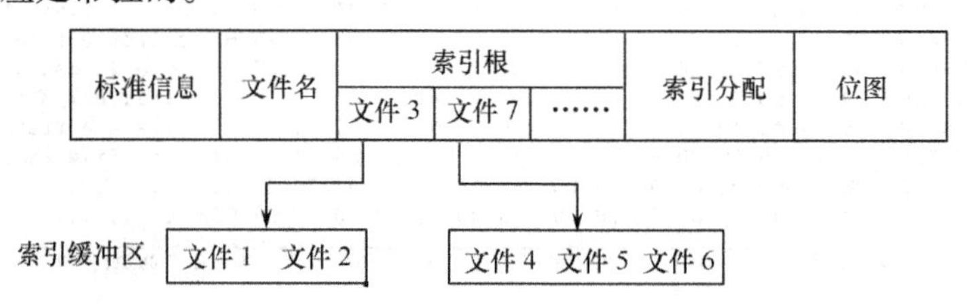

图3－25　大目录

当一个文件（或目录）的属性不能放在一个MFT文件记录中，而需要分开分配时，NTFS通过VCN－LCN之间的映射关系来记录运行（run）或盘区情况。LCN用来为整个卷中的簇按顺序从0到n进行编号，而VCN则用来对特定文件所用的簇按逻辑顺序从0到m进行编号。图3－26显示了一个非常驻数据属性的运行所使用的VCN与LCN编号。

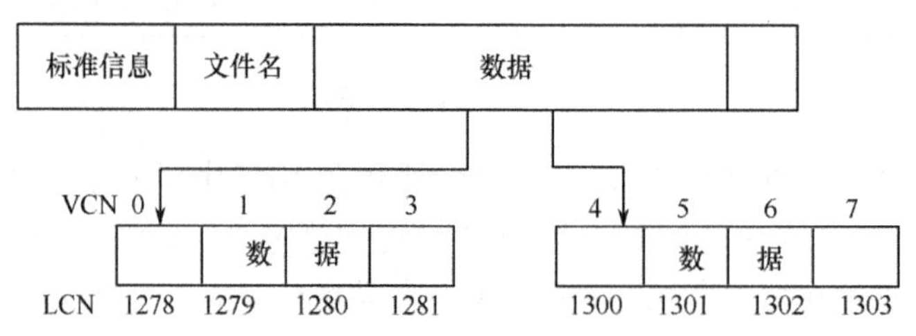

图3－26　非常驻数据属性的VCN

当该文件含有超过2个运行时，则第三个运行从VCN8开始，数据属性头部含有前两个运行VCN的映射，这便于NTFS对磁盘文件分配的查询。为了便于NTFS快速查找，具有多个运行文件的常驻数据属性头中包含了VCN－LCN的映射关系，参见图3－27。

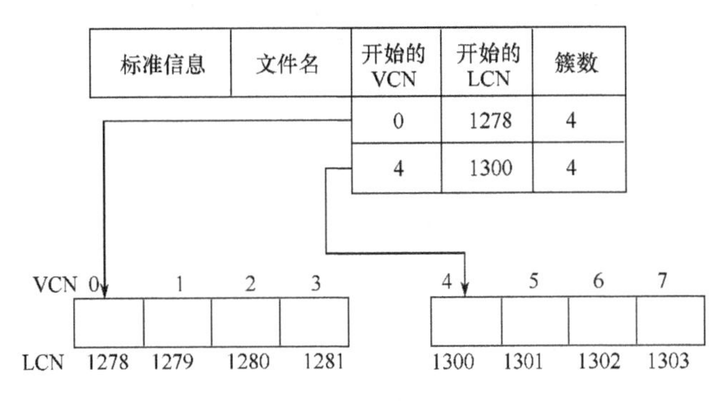

图 3－27 非常驻数据属性的 VCN－LCN 映射

虽然数据属性常常因太大而存储在运行中，但是其他属性也可能因 MFT 文件记录没有足够空间而需要存储在运行中。另外，如果一个文件有太多的属性而不能存放在 MFT 记录中，那么第二个 MFT 文件记录就可用来容纳这些额外的属性（或非常驻属性的头）。在这种情况下，一个叫做“属性列表”（attribute list）的属性就加进来。属性列表包括文件属性的名称和类型代码以及属性所在 MFT 的文件引用。属性列表通常用于太大或太零散的文件，这种文件因 VCN－LCN 映射关系太大而需要多个 MFT 文件记录。具有超过 200 个运行的文件通常需要属性列表。

3.3.6 MFT 文件记录结构分析

1. 基本概念

元文件$ MFT 是 NTFS 中最重要的文件，它记录了所有的文件和目录的情况，包括卷的信息、启动文件、$ MFT 文件本身等卷上的重要信息，如文件名、安全属性、文件大小、存储位置等。元文件$ MFT 由一系列文件记录组成，每一个记录由头部和属性组成，由“FFFFFFFF”结束，一般大小 1KB 或者一个簇。属性部分变长，以“FFFFFFFF”结束（严格说是下一个属性开始），大小 1KB 的记录项中属性部分开始偏移为 0x30。

文件除了属性外还包括“流”，“流”是一个字节序，包含了属性的实际值。Windows NT/2000/XP/2003 中，命令行访问文件的流语法为“文件名:属性名”，因此在文件名中不能包含“:”。

元数据文件$ AttrDef 中预定义了常用的文件属性，可以直接使用。标准信息的属性名用 10H 表示，属性列表中的属性名用 20H 表示，文件名的属性名用 30H 表示，把一个常用属性名专门存放在一个文件中，可以大大节省系统开销。

每一个属性分为两部分：标准属性头、内容。

内容部分的结构总是以属性名开始（N 字节长），在属性名之后定义该属性是否为常驻属性。当文件属性的数据流就存储在其属性名后时，它就是常驻属性，这样，对于那些流较小且不会增长的文件属性就可以提供更佳的访问次数。如果一个文件属性是非常驻的，那么其流就存储在一个或多个扩展或称为运行中。运行是一个在逻辑簇号上连续的区域。为访问这些运行，NTFS 紧跟在文件属性名后存储有一个称为运行列表的表。

常驻和非常驻属性有各自的头结构，他们开始的 0x0e 偏移内容是一致的，头部结构如表 3－10 所列。

表 3－10　从头部开始的偏移长度描述

0	4	Type	（类型）
4	4	Length	（长度）
8	1	Non－resident flag	（非常驻标志）
9	1	N＝Name length	（文件名长度）
A	2	Offset to the content part	（相对内容部分的偏移值）
C	2	Compressed flag	（压缩标志）
E	2	Identificator	（标识）
其他部分（常驻属性或非常驻属性）			

文件名长度:00 表示文件属性没有命名。

压缩标志:在 NTFS 中,数据压缩是在文件属性级别上实现的,这就意味着,如果出现意外,也不会释放出很多的数据。这样,尽管只是对文件进行压缩,但压缩文件同时就意味着其属性数据也一样被压缩。从现在开始,其头部的安排依赖文件的常驻属性。

对一个常驻属性来说,从头部开始的偏移描述如表 3－10 所列。

表 3－11　常驻属性从头部开始的偏移描述

10	4	Length of the stream（流长度）
14	2	Offset to the stream（流偏移）
16	2	Indexed flag（索引标志）

索引标志:文件属性通过一个索引入口进行索引。

对于一个非常驻的文件属性,从头部开始的偏移描述如表 3－12 所列。

表 3－12　非常驻属性从头部开始的偏移描述

10	8	Starting VCN（起始 VCN）
18	8	Last VCN（结束 VCN）
20	2	Offset to the runlist（运行列表偏移）
22	2	Number of compression engine ?（压缩引擎号）
28	8	Allocated size of the stream（为流分配的单元大小）
30	8	Real size of the stream（实际的流大小）
38	8	Initialized data size of the stream（流已初始化大小）

VCN :Virtual Cluster Number(虚拟簇号)的缩略词。VCN 是一个与非常驻属性相关联的概念。VCN 从文件属性流的第一个运行的第一个簇(VCN 0)到最后一个运行的最后一个簇进行编号。当某个运行列表非常大,文件属性不能放在一个文件记录中时,描述文件的文件属性就会存储在几个文件记录中,运行列表也分成几个小片。起始 VCN 域和结束 VCN 域都用于定位其文件记录指示—即运行列表—运行所指定的 VCN 。

注意:如果属性可以放在一个文件记录内,则结束 VCN 域(这种情况下没有使用)可能是“00 00 00 00 00 00 00 00”。

压缩引擎的数量:为达到最好的压缩比率,NTFS 可以根据不同类型的数据使用不同的压缩引擎。当前的压缩引擎使用值04。

为流分配的单元大小:它几倍于卷上用来存储文件属性流所描述的分配空间。如果流没有压缩,它就是数倍于簇空间大小的实际大小,相反,则比较小。

流的实际大小:文件属性流在压缩前的大小。

流的初始化大小:这是文件属性流的压缩后的大小(总是低于分配大小)。如果此流未被压缩,就是它的实际大小 。

2. 文件记录头分析

$ MFT 文件记录头部结构如表3-13所列。

表3-13　$ MFT 文件记录头部结构

偏移	长度	描　述
0x00	4	固定值,一定是"FILE"
0x04	2	头部大小
0x06	2	固定列表大小
0x08	8	日志文件序列号
0x10	2	序列号(用于记录本文件被重复使用的次数 ,每次文件删除时加1,跳过0值,如果为0,则保持为0)
0x12	2	硬连接数,只出现在基本文件记录中,目录所含项数要使用到它
0x14	2	第一个属性的偏移地址
0x16	2	标志字节,1表示记录使用中,2表示记录为目录
0x18	4	文件记录实际大小
0x1C	4	文件记录分配大小
0x20	8	所对应的基本文件记录的文件参考号(扩展文件记录中使用,基本文件记录中为0,在基本文件记录中的属性列表0x20属性存储中扩展文件记录的相关信息)
0x18	2	下一个自由ID号,当增加新的属性时,将该值分配给新属性,然后该值增加,如果MFT记录重新使用,则将它置为0,第一个记录总是0
0x2A	2	边界,WindowsXP中使用,也就是本记录使用的两个扇区的最后两个字节的值
0x2C	4	WindowsXP中使用,本MFT记录号

NTFS通过给一个文件创建几个文件属性的方式来实现POSIX的硬连接。每一个文件名属性都有自己的详细信息和父目录,当删除一个硬连接时,相应的文件名从MFT文件记录中删除,当所有的硬连接删除后文件才被完全删除。

3. 标准属性分析

在$ AttrDef中,标准属性的属性头部结构如表3-14所列。

表3-14　标准属性头结构

偏移	长度	值	描　述
0x00	4	0x10	属性类型(10H,标准属性)
0x04	4	0x60	总长度(包括标志属性头头部本身)
0x08	1	0x00	非常驻标志

（续）

偏移	长度	值	描　述
0x09	1	0x00	属性名的名称长度
0x0A	2	0x18	属性名的名称偏移
0x0C	2	0x00	标志(已经不再使用,统一放在文件属性中)
0x0E	2	0x00	标识
0x10	2	L	属性长度(L)
0x14	4	0x18	属性内容起始偏移
0x16	4	0x00	索引标志
0x17	8	0x00	填充
0x18	2	0XE0…	从此处开始,共L字节为属性值

表3-15　标准属性的属性结构

偏移	长度	操作系统	描　述
~	~		标准属性头(已经分析过)
0x00	8		C TIME——文件创建时间
0x08	8		A TIME——文件修改时间
0x10	8		M TIME——MFT变化时间
0x18	8		R TIME——文件访问时间
0x20	4		文件属性(按照DOS术语来称呼,都是文件属性)
0x24	4		文件所允许的最大版本号(0表示未使用)
0x28	4		文件的版本号(最大版本号为0,则也为0)
0x2c	4		类ID(一个双向的类索引)
0x30	4	Windows2000	所有者ID(表示文件的所有者,是文件配额SQUOTA中SO和SQ索引的关键字,为0表示未使用磁盘配额)
0x34	4	Windows2000	安全ID是文件$SECURE中$SII索引和$SDS数据流的关键字,注意不要与安全标识相混淆
0x38	8	Windows2000	本文件所占用的字节数,它是文件所有流占用的总字节数,为0表示未使用磁盘配额
0x40	8	Windows2000	更新系列号(USN),是到文件$USNJRNL的一个直接的索引,为0表示USN日志未使用

文件属性的含义如表3-16所列。

表3-16　文件属性的含义

标志	二进制位	意义
0x0001	0000 0000 0000 0001	只读
0x0002	0000 0000 0000 0010	隐含
0x0004	0000 0000 0000 0100	系统
0x0020	0000 0000 0010 0000	存档

（续）

标志	二进制位	意义
0x0040	0000 0000 0100 0000	设备
0x0080	0000 0000 1000 0000	常规
0x0100	0000 0001 0000 0000	临时
0x0200	0000 0010 0000 0000	稀疏文件
0x0400	0000 0100 0000 0000	重解析点
0x0800	0000 1000 0000 0000	压缩
0x1000	0001 0000 0000 0000	脱机
0x2000	0010 0000 0000 0000	为编入索引
0x4000	0100 0000 0000 0000	加密

4. 文件名属性分析

文件名属性是一种常驻属性，用于存储文件名，紧跟标准属性之后。如$ AttrDef 定义，其大小从 68bytes 到 578bytes 不等，与最大文件名为 255 个 Unicode 字符对应。

文件名属性由一个标准的属性头和可变成的属性内容两部分组成。头结构和标准属性头相同，结构如表 3－17 所列。

表 3－17　文件名属性头结构

偏　移	大小	值	意　义
0x00	4	0x30	属性类型（30H，文件名属性）
0x04	4	0x68	总长度（包括头部本身）
0x08	1	0x00	非常驻标志
0x09	1	0x00	属性名的名称长度
0x0A	2	0x18	属性名的名称偏移
0x0C	2	0x00	标志（0x0001 为压缩，0x4000 为加密标志，0x8000 为稀疏文件，常驻属性不会被压缩）
0x0E	2	0x03	标识
0x10	4	0x4A	属性长度 L
0x14	2	0x18	属性内容起始偏移
0x16	2	0x01	索引标志
0x17	2	0x00	填充
0x18	4	0XE0..	从此处开始，共 L 字节为属性
0x30	8	0x1FF1C00	属性值实际大小
0x38	8	0x1F1C00	属性值压缩大小
0x40	…	32F21F00000C	数据运行

内容如表 3－18 所列。

表3－18 文件名属性结构

偏移	大小	值
~	~	标准的属性头结构
0x00	8	父目录的文件参考号(即父目录的基本文件记录号,分为两个部分,前6个字节48位为父目录的文件记录号,此处为0x05,即根目录,所以$MFT的父目录为根目录,后两个字节为序列号)
0x08	8	文件创建时间
0x10	8	文件修改时间
0x18	8	最后一次的MFT更新时间
0x20	8	最后一次的访问时间
0x28	8	文件分配大小
0x30	8	文件实际大小
0x3c	4	用于EAs和重解析点
0x40	1	以字符计的文件名长度,每字符占用字节数由下一字节命名空间确定,一个字节长度,所以文件名最大为255字节长
0x41	1	文件名命名空间
0x42	2L	以Unicode方式表示的文件名

文件分配按照簇分配空间,实际的文件大小是指未命名的数据流大小,这也是在Windows下看到的文件大小。标志占用4B,含义如表3－19所列。

表3－19 标志含义图

标 志	二进制位	意 义
0x0001	0000 0000 0000 0001	只读
0x0002	0000 0000 0000 0010	隐含
0x0004	0000 0000 0000 0100	系统
0x0020	0000 0000 0010 0000	存档
0x0040	0000 0000 0100 0000	设备
0x0080	0000 0000 1000 0000	常规
0x0100	0000 0001 0000 0000	临时
0x0200	0000 0010 0000 0000	稀疏文件
0x0400	0000 0100 0000 0000	重解析点
0x0800	0000 1000 0000 0000	压缩
0x1000	0001 0000 0000 0000	脱机
0x2000	0010 0000 0000 0000	未编入索引
0x4000	0100 0000 0000 0000	加密
0x1000000	0001 0000 0000 0000 (前两个字节)	目录(从MFT文件记录中拷贝的相应的位)
0x2000000	0010 0000 0000 0000 (前两个字节)	索引视图(从MFT文件记录中拷贝相应的位)

命名空间是一个有关文件名可以使用的字符标志集。NTFS为了支持旧的程序,为每一个与DOS不兼容的文件名分配了一个短文件名。

常见的命名空间如表3－20所列。

表3－20 常见的命名空间

标志	意 义	描 述
0	POSIX	这是最大的命名空间,它大小写敏感,并允许使用除NULL(0)和左斜框(/)以外的所有Unicode字符作为文件名,文件名最大长度为255个字符,有一些字符,如冒号(:),在NTFS下有效,但Windows不让使用,因为Windows把它作为多数据流的专用符号了
1	Win32	Win32是POSIX命名空间的一个子集,不区分大小写,可以使用除^ * / : < > ? \\|外的所有Unicode字符。另外,文件名不能以句点和空格结束
1	DOS	DOS是WIN32命名空间的一个子集,要求比空格的ASCII码要大,且不能使用^ * + ,/ : ;. < = > ? \等字符,另外其格式是1～8个字符的文件名,然后是句点分隔,然后是1～3个字符的扩展名
3	Win32&DOS	该命名空间要求文件名对Win32和DOS命名空间都有效,这样,文件名就可以在文件记录中只保存一个文件名

5. 数据流属性分析

数据流属性为未命名的非常驻属性,其头部结构如表3－21所列。

表3－21　数据流属性头结构

偏移	大小	值	意 义
0x00	4	0x80	属性类型(0X80,数据流属性)
0x04	4	0x48	属性长度(包括本头部的总大小)
0x08	1	0x01	非常驻标志,此处就表示数据流非常驻
0x09	1	0x00	鸣唱长度,$ AttrDef中定义,所以名称长度为0
0x0A	2	0x0040	名称偏移
0x0C	2	0x00	标志,如0x0001为压缩标志,0x4000为加密标志,0x8000为稀疏文件标志
0x0E	2	0x0001	标识
0x10	8	0x00	起始VCN,此处为0
0x18	8	0x1FF1	结束VCN,此处为0X1FF1
0x20	2	0x40	数据运行的偏移
0x22	2	0x00	压缩引擎
0x24	4	0x00	填充
0x28	8	0x1FF2000	为属性值分配大小(按分配的簇的字节数计算)
0x30	8	0x1FF1C00	属性值实际大小
0x38	8	0x1F1C00	属性值压缩大小
0x40	…	32F21F00000C	数据运行

NTFS最大卷$2^{64}-1$个簇,XP中NTFS卷最大限制是$2^{32}-1$个簇。由于MBR的限制,硬盘仅支持2TB大小的分区。超过这个限制需要建立NTFS动态卷。

6. 位图属性分析

$ MFT 文件最后一个属性是 0xB0 位图属性。位图属性是未命名的非常驻属性,属性头结构和数据流属性头类似,如表 3-22 所列。

表 3-22 位图属性头

偏移	大小	值	意 义
0x00	4	0xB0	属性类型(0XB0,位图属性)
0x04	4	0x48	属性长度(包括本头部的总大小)
0x08	1	0x01	非常驻标志,此处表示位图数据流非常驻
0x09	1	0x00	名称长度,$ AttrDef 中定义,所以名称长度为 0
0x0A	2	0x40	名称偏移
0x0C	2	0x00	标志,如 0x0001 为压缩标志,0x4000 为加密标志,0x8000 为稀疏文件标志
0x0E	2	0x05	标识
0x10	8	0x00	起始 VCN,此处为 0
0x18	8	0x00	结束 VCN,此处为 0
0x20	2	0x40	数据运行的偏移
0x22	2	0x00	压缩引擎
0x24	4	0x00	填充
0x28	8	0x1000	为属性值分配大小(按分配的簇的字节数计算)
0x30	8	0x1000	属性值实际大小
0x38	8	0x1000	压缩大小
0x40	…	3101404BOF	数据运行

7. $ MFT 结构总结

总结以上内容,$ MFT 的结构大致如图 3-28 所示。

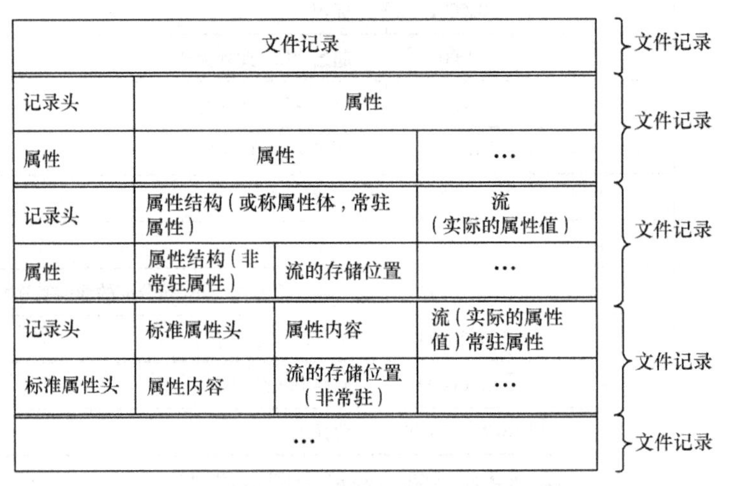

图 3-28 $MFT 的结构示意图

因此,$ MFT 是由一系列的文件记录组成,每个文件记录由一个文件头和一组属性及属性的实际值(流)组成,每个属性由一个属性头和一个属性内容组成,对于常驻属性,流存储在文件记录中,而非常驻属性流的位置存储在文件记录中,流内容在数据区。

3.3.7 $ Boot 元文件介绍

$ Boot 用于系统启动的系统文件,包含卷大小、簇和 MFT 等信息,是唯一不能重新定位(移动)的文件,属性如表 3 - 23 所列。$ Boot 元文件未命名数据流含义见表 3 - 24。

表 3 - 23 $ Boot 元文件属性

类 型	描 述	名 称
0x10	标准信息	标准属性
0x30	文件名	$ Book
0x50	安全描述符	描述安全信息
0x80	数据	未命名

表 3 - 24 $ Boot 元文件未命名数据流含义

偏移	大小	描 述
0x0000	3	跳转到引导程序
0x0003	8	系统 ID:"NTFS"
0x000B	2	每扇区字节数
0x000D	1	每簇扇区数
0x000E	7	未使用
0x0015	1	介质描述(硬盘为 F8)
0x0016	2	为使用
0x0018	2	每磁道扇区数
0x001A	2	磁头数
0x001C	8	未使用
0x0024	4	通常为 80 00 80 00
0x0028	8	卷的总扇区数
0x0030	8	$ MFT 的 VCN 为 0 所对应的 LCN,即起始簇号
0x0038	8	$ MFTMin 的 VCN 为 0 所对应的 LCN
0x0040	4	每 MFT 记录的簇数(注)
0x0044	4	每索引记录的簇数(注)
0x0048	8	卷序列号
~	~	其他如引导代码、提示信息、有效标志等
0x0200		WindowsNT 加载程序

3.3.8 NTFS 索引与目录

NTFS 系统中,文件目录是文件名的一个索引。根目录索引如图 3 - 29 所示。

第一个索引记录都是由一个标准的索引头和一些包含索引键和索引数据的块组成

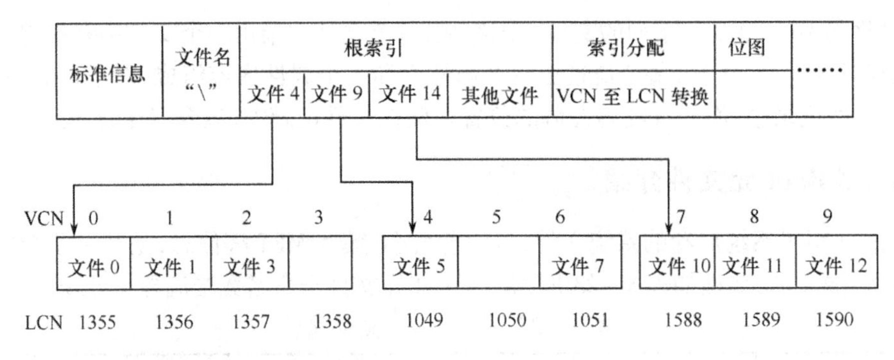

图3-29　根目录文件索引

的。索引记录的大小在引导记录$ Boot 中定义，一般总是4KB。

标准索引头的结构如表3-25所列。

表3-25　标准索引头的结构

偏移	大小	说　明
0X00	4	总是"INDX"
0X04	2	更新序号偏移
0X06	2	更新序列号USN的大小与排列，包括第一个字节
0X08	8	日志文件序列号LSN
0X10	8	该索引缓冲在索引分配中的索引VCN
0X18	4	索引入口的偏移(相对于0x18)
0X1C	4	索引入口的大小(相对于0x18)
0X20	4	索引入口的分配大小(相对于0x18)
0X24	1	非页级节点为1(有子索引)
0X25	3	总是0
0X28	2	更新序列号
0X2A	2S-2	更新序列排列

索引头后是索引项，结构如表3-26所列。

表3-26　索引项结构示意图

偏移	大小	描　述	偏移	大小	描　述
0x00	8	文件的MFT参考号	0x30	8	最后访问时间
0x08	2	索引项大小	0x38	8	文件分配大小
0x0A	2	文件名偏移	0x40	8	文件实际大小
0x0C	2	索引标志	0x48	8	文件标志
0x0E	2	填充(到8字节)	0x50	1	文件名长度(F)
0x10	8	父目录的MFT文件参考号	0x51	1	文件名命名空间
0x18	8	文件创建时间	0x52	2F	文件名
0x20	8	最后修改时间	2F+0x52	P	填充(到8字节)
0x28	8	文件记录最后修改时间	P+2F+0x52	8	子节点索引缓存的VCN

NTFS 有多个索引，常用的如表 3-27 所列。

表 3-27　常用索引列表

名称	索　引	说　明
$ I30	文件名	目录使用
$ SDH	安全描述	$ SECURE
$ SII	安全 IDS	$ SECURE
$ O	对象 IDS	$ OBJID
$ O	所有者 IDS	$ QUOTA
$ Q	配额	$ QUOTA
$ R	重解析点	$ REPARSE

第4章　数据恢复技术基础

数据恢复的故障主要包括两大类:逻辑故障和硬件故障。

4.1　数据恢复的定义

数据恢复并没有严格的定义,本文中主要是指当存储介质出现损伤或由于人员误操作、操作系统本身故障所造成的数据看不见、无法读取、丢失。相关人员通过特殊的手段读取却在正常状态下不可见、不可读、无法读的数据。简单地说就是通过各种手段把丢失和遭到破坏的数据还原为正常数据。

4.2　数据恢复的原理

在前面,我们介绍了数据恢复的定义及数据恢复的范围,了解到数据丢失的原因各种各样,数据恢复的原理也根据各种可能而不同。

对于硬盘,首先的操作是分区,然后用 Format 对相应的分区实行格式化,这样才能在这个硬盘存储数据。硬盘的分区就像是在一块地方建仓库,每个仓库就好比是一个分区。格式化就好比是为了在仓库内存放东西,必须有货架来规定相应的位置。我们有时接触到的引导分区就是仓库大门号,上面要记载这个分区的容量的性质及相关的引导启动信息。FAT 表就好比是仓库的货架号,目录表就好比是仓库的帐簿。如果我们需要找某一物品时,就需要先查找账目,再到某一货架上取东西。正常的文件读取也是这个原理,先读取某一分区的 BPB 参数至内存,当需要读取某一文件时,就先读取文件的目录表,找到相对应文件的首扇区和 FAT 表的入口后,再从 FAT 表中找到后续扇区的相应链接,移动磁臂到对应的位置进行文件读取,就完成了某一个文件的读写操作。

下面分几个部分介绍数据恢复原理。

4.2.1　分区

硬盘存放数据的基本单位为扇区,我们可以理解为一本书的一页。当我们装机或买来一个移动硬盘,第一步便是为了方便管理——分区。无论用何种分区工具,都会在硬盘的第一个扇区标注上硬盘的分区数量、每个分区的大小,起始位置等信息,术语称为主引导记录(MBR),也有人称为分区信息表。当主引导记录因为各种原因(硬盘坏道、病毒、误操作等)被破坏后,一些或全部分区自然就会丢失不见了,根据数据信息特征,我们可以重新推算计算分区大小及位置,手工标注到分区信息表,使“丢失”的分区回来。

4.2.2 Format 的使用

为了管理文件存储，硬盘分区完毕后，接下来的工作是格式化分区。Format 命令可以完成分区的格式化，同时检测该分区有无坏扇区。格式化程序根据分区大小，合理地将分区划分为目录文件分配区和数据区，就像我们看的小说，前几页为章节目录，后面才是真正的内容。

Fotmat 的几个重要参数：

/C 测试坏扇区并进行标记为“B”。

/S 在格式化结束后传送系统文件。

/Q 进行快速格式化，只重建 FAT 表和目录区。

/U 无条件对分区进行格式化，对每一扇区重写“F6H”。

4.2.3 文件分配表

文件分配表内记录着每一个文件的属性、大小、在数据区的位置。我们对所有文件的操作，都是根据文件分配表来进行的。文件分配表遭到破坏以后，系统无法定位到文件，虽然每个文件的真实内容还存放在数据区，系统仍然会认为文件已经不存在。数据丢失了，就像一本小说的目录被撕掉一样。要想直接去想要的章节，已经不可能了，要想得到想要的内容（恢复数据），只能凭记忆知道具体内容的大约页数，或每页（扇区）寻找到要的内容，数据就可以恢复回来。

在向硬盘里存放文件时，系统首先会在文件分配表内写上文件名称、大小，并根据数据区的空闲空间在文件分配表上继续写上文件内容在数据区的起始位置，然后开始向数据区写上文件的真实内容，一个文件存放操作才算完毕。

4.2.4 Fdisk 的使用

和文件的删除类似，利用 Fdisk 删除再建立分区和利用 Format 格式化逻辑磁盘（假设格式化时并没有使用/U 这个无条件格式化参数）都没有将数据从数据区直接删除，前者只是改变了分区表，后者只是修改了 FAT 表，因此被误删除的分区和误格式化的硬盘完全有可能恢复。Fdisk /MBR 可以用来再建主引导区，可以在使用光盘或软盘启动系统后，使用该命令来去除还原精灵或一些引导区病毒。注意：在使用该命令之前一定要先备份分区表内容，防止病毒对分区表进行加密处理。

4.2.5 文件的读取与写入

1. 文件的读取（Read）

操作系统从目录区中读取文件信息（包括文件名、后缀名、文件大小、修改日期和文件在数据区保存的第一个簇的簇号），我们这里假设第一个簇号是 0028。操作系统从 0028 簇读取相应的数据，然后再找到 FAT 的 0023 单元，如果此外的内容是文件结束标志“FF”，则表示文件结束，否则从该处读取下一个簇号，再读取相应单元的内容，这样重复下去直到遇到文件结束标志。

2. 文件的写入(Write)

当我们要保存文件时,操作系统首先在 DIR 区中找到空闲区写入文件名、大小和创建时间等相应信息,然后在数据 DATA 区找出空闲区域将文件保存,再将 Data 区的第一个簇写入 DIR 区,同时完成 FAT 表的填写,具体的动作和文件读取动作差不多。

3. 文件的删除(Delete)

Win9X 操作系统的文件删除工作是很简单的,只是将目录区中该文件的第一个字符改为“E5”来表示该文件已经删除,同时改写引导扇区的第二个扇区中表示该分区点用空间大小的相应信息。

4.2.6 格式化与删除

删除操作很简单,当我们需要删除一个文件时,系统只是在文件分配表内在该文件前面写一个删除标志,表示该文件已被删除,它所占用的空间已被“释放”,其他文件可以使用它占用的空间。所以,当我们删除文件又想找回它(数据恢复)时,只需用工具将删除标志去掉,数据被恢复回来了。当然,前提是没有新的文件写入,该文件所占用的空间没有被新内容覆盖。

格式化操作和删除相似,都只操作文件分配表,不过格式化是将所有文件都加上删除标志,或干脆将文件分配表清空,系统将认为硬盘分区上不存在任何内容。格式化操作并没有对数据区做任何操作,目录空了,内容还在,借助数据恢复知识和相应工具,数据仍然能够被恢复回来。

4.2.7 覆盖

因为磁盘的存储特性,当不需要硬盘上的数据时,数据并没有被拿走。删除时系统只是在文件上写一个删除标志,格式化和低级格式化也是在磁盘上重新覆盖写一遍以数字 0 为内容的数据,这就是覆盖。

一个文件被标记上删除标志后,它所占用的空间在有新文件写入时,将有可能被新文件占用覆盖写上新内容。这时删除的文件名虽然还在,但它指向数据区的空间内容已经被覆盖改变,恢复出来的将是错误异常内容。同样文件分配表内有删除标记的文件信息所占用的空间也有可能被新文件名文件信息占用覆盖,文件名也将不存在了。

当将一个分区格式化后,有拷贝上新内容,新数据只是覆盖掉分区前部分空间,去掉新内容占用的空间,该分区剩余空间数据区上无序内容仍然有可能被重新组织,将数据恢复出来。

同理,克隆、一键恢复、系统还原等造成的数据丢失,只要新数据占用空间小于破坏前空间容量,数据恢复就有可能恢复需要的分区和数据。

4.2.8 硬件故障数据恢复

硬件故障占所有数据意外故障一半以上,常有雷击、高压、高温等造成的电路故障,高温、振动碰撞等造成的机械故障,高温、振动碰撞、存储介质老化造成的物理坏磁道扇区故障,当然还有意外丢失损坏的固件 BIOS 信息等。

硬件故障的数据恢复当然是先诊断,对症下药,先修复相应的硬件故障,然后根据修复其他软故障，最终将数据成功恢复。

电路故障需要我们有电路基础，需要更加深入了解硬盘详细工作原理流程。机械磁头故障需要 100 级以上的工作台或工作间来进行诊断修复工作。另外还需要一些软硬件维修工具配合来修复固件区等故障类型。

4.2.9 磁盘阵列 RAID 数据恢复

磁盘阵列的存储原理：

RAID 是英文 Redundant Array of Inexpensive Disks 的缩写，中文简称为廉价磁盘冗余阵列。RAID 就是一种由多块硬盘构成的冗余阵列。

虽然 RAID 包含多块硬盘，但是在操作系统下是作为一个独立的大型存储设备出现。利用 RAID 技术于存储系统的好处主要有以下三种：

(1)通过把多个磁盘组织在一起作为一个逻辑卷提供磁盘跨越功能。

(2)通过把数据分成多个数据块(block)并行写入/读出多个磁盘以提高访问磁盘的速度。

(3)通过镜像或校验操作提供容错能力。

最初开发 RAID 的主要目的是节省成本，当时几块小容量硬盘的价格总和要低于大容量的硬盘。目前来看 RAID 在节省成本方面的作用并不明显，但是 RAID 可以充分发挥出多块硬盘的优势，实现远远超出任何一块单独硬盘的速度和吞吐量。除了性能上的提高之外，RAID 还可以提供良好的容错能力，在任何一块硬盘出现问题的情况下都可以继续工作，不会受到损坏硬盘的影响。

RAID 技术分为几种不同的等级，分别可以提供不同的速度，安全性和性价比。根据实际情况选择适当的 RAID 级别可以满足用户对存储系统可用性、性能和容量的要求。常用的 RAID 级别有以下几种：NRAID，JbOD，RAID0，RAID1，RAID0 + 1，RAID3，RAID5 等。目前经常使用的是 RAID5 和 RAID(0 +1)。

上面只是把维修的原理简单介绍了一下，真正的数据恢复工作要更复杂一些，如需提高，需对微机的配置原理进行更详细的学习。

4.3 数据恢复的基本方法

逻辑故障是通过熟悉数据底层结构的操作员进行逻辑分析，并以一定的软件辅助进行数据修复的，整个过程并不涉及介质的维修或更换配件。而由于软故障导致数据丢失的原因往往是误格式化、误分区、误克隆、误删除、病毒感染、黑客入侵、操作断电等。

硬件故障主要是指硬盘磁头组件、马达电机、电路板及其芯片程序出现故障以及硬盘物理坏道(也称坏扇区)。硬件故障中最复杂的问题就是磁头组件或马达电机损坏，此时恢复数据就必需由硬件工程师在百级无尘的净化工作间进行开盘处理，开盘级的数据修复对工程师和设备要求都非常很严格。

4.3.1 故障表现

某些情况下同一介质会同时存在这两种故障，比如说，一个硬盘对其进行开盘处理后解决了硬件问题(能正常认盘),但发现硬盘已经被格式化过了,这对数据修复来说无疑难度更大。

逻辑故障的表征现象为:无法进入操作系统、文件无法读取、文件无法被关联的应用程序打开、文件丢失、分区丢失、乱码显示等。事实上,造成逻辑数据丢失的原因十分复杂,每种情况都有特定的症状出现,或者多种症状同时出现。大部分情况下,只要数据区没有被彻底覆盖,恢复的可能性都比较大,时间一般为(1~3)h。大致可以分为以下几类:

1. 误格式化

用户在系统崩溃后,忘记硬盘中(一般是C盘)还有一些重要资料,然后格式化并重装系统,或重装系统时误格式化了其他分区,这种情况可以恢复。

2. 误删除

由于误操作而引起的文件丢失,对于这类故障,有着很高的数据恢复成功率。即便后期执行过其他操作,也有希望将数据找回。

3. 误分区、误克隆

在使用PQ Magic以及Ghost时,由于使用者的误操作而导致数据丢失,这类逻辑故障可以通过手工调整参数把硬盘的分区及数据恢复回原来的样子,文件正常使用;但大部分的数据只能利用下载软件进行描述,恢复结果很差(原来的文件夹结构和文件名字都没有了,而且文件相当一部分打不开或者打开是乱码)。

4. 病毒破坏

病毒破坏数据的机率很大,它破坏数据的方式有多种:第一是将硬盘的分区表改变,使得分区丢失;第二是删除机器上的文件,主要破坏(word,excel,jpg,mpg等)这几种类型文件,如最新的移动杀手便全面删除硬盘中的Word文档,造成很大的破坏力;第三是病毒把整个文件夹变为一个几K大小的文件,而且打不开,等等。对于病毒破坏引起的数据丢失,恢复成功率是很高的。

5. 文件损坏

大部分文件损坏案例都跟杀毒有关,被感染的文件在杀毒后就打不开了,其他的方式也可以导致文件损坏,如安装了某个软件,运行了某个程序,或者遭遇黑客攻击等。数据修复软件可以帮助修复这些文件,找回需要的数据。

4.3.2 数据丢失后的注意事项

(1)当发现数据丢失之后,不要轻易尝试任何操作,尤其是对硬盘的写操作,否则很容易覆盖数据;

(2)如果丢失的数据是在C盘,那么请立即关机,因为操作系统运行时产生的虚拟内存和临时文件也会破坏数据;

(3)请不要轻易尝试Windows的系统还原功能,这并不会找回丢失的文件,只会令后期的恢复添置不必要的障碍;

(4)请不要反复使用杀毒软件,这些操作无法找回丢失的文件;

(5)任何时候都不要尝试低级格式化操作,这将会令数据恢复难度大幅度提高。

4.3.3 数据恢复需要的技能

数据恢复是一个技术含量比较高的行业，数据恢复技术人员需要具备汇编语言和软件应用的技能，还需要电子维修和机械维修以及硬盘技术。

(1)软件应用和汇编语言基础。在数据恢复的案例中，软件级的问题占了2/3以上的比例，比如文件丢失、分区表丢失或破坏、数据库破坏等，这些就需要具备对DOS、Windows、Linux以及Mac的操作系统以及数据结构的熟练掌握，需要对一些数据恢复工具和反汇编工具的熟练应用。

(2)电子电路维修技能。在硬盘的故障中，电路的故障占据了大约一成的比例，最多的就是电阻烧毁和芯片烧毁，如果作为一个技术人员，必须具备电子电路知识已经熟练的焊接技术。

(3)机械维修技能。随着硬盘容量的增加，硬盘的结构也越来越复杂，磁头故障和电机故障也变的比较常见，开盘技术已经成为一个数据恢复工程师必须具备的技能。

(4)硬盘固件级维修技术。硬盘固件损坏也是造成数据丢失的一个重要原因，固件维修不当造成数据破坏的风险相对比较高，而固件级维修则需要比较专业的技能和丰富的经验。

4.3.4 数据恢复的一般原则

在对硬盘中的数据进行恢复时，需要遵循一定的原则使数据恢复过程更加安全，避免造成对数据的二次伤害。

(1)首先要准确判断硬盘故障，可以依据硬盘使用者在硬盘出现故障前的使用描述，再结合硬盘的故障表现以及丰富的经验综合判断；之后对故障进行分析，了解其产生的原因，并选择解决故障的手段，采用最合理的手段来处理故障。

(2)对于硬盘相对正常的软故障，能够镜像的尽量采取镜像技术先镜像一份，镜像工具也尽可能选择DOS下的工具，或者先进行相应的处理后再使用Windows下的工具来进行处理，镜像工具必须达到STO S(即扇区TO扇区)方式来进行，当然对某些特殊的个案，还需要使用校验方式进行。

(3)对于没有任何数据恢复操作经验的使用者来说，在硬盘数据出现丢失后，请立即关机，不要再对硬盘进行任何写操作，那样会增大修复的难度，也影响到修复的成功率。每一步操作都应该是可逆的或者对故障硬盘是只读的，这也是很多数据恢复软件的工作原理。

另外在数据恢复之前，可以首先完成以下几个步骤。

(1)备份当前能工作的驱动器上的所有数据。如果C盘损坏，那么，在开始任何工作之前首先备份D盘(及其他盘上)的数据到其他可靠的地方。

(2)调查使用者。询问在数据丢失之前发生的事情，是否有其他的应用程序对硬盘进行过操作。

(3)如果可能，备份所有扇区是一个不错的方法。

(4)手头要有一个好的扇区编辑工具，如WinHex等都是不错的基于扇区的编辑工具。

(5)尽可能多的得到最后使用者的关键文件的信息。

了解完这些信息后,就该对数据恢复有一个基本的轮廓,如为什么会出现这个问题,破坏程度如何,什么工具能达到最好的恢复效果,其主要步骤有哪些等。另外要记住的是:先恢复最有把握的数据,恢复一点,备份一点。

4.3.5 自己恢复——数据恢复原理方法

(1)直接提取法——不需要扫描故障介质分区,直接用 WINHEX 或 R - Studio 等软件打开分区,列目录提取要恢复寻找的数据,适合剪切、删除、目录隐藏、权限不足、文件夹目录加密、介质只读、轻微坏扇区等故障。省事、直接快速恢复数据。

(2)去隐藏属性法——直接去除分区或目录文件夹的隐藏属性,是数据瞬间再现。

(3)权限恢复法——通过修复、添加权限,打开恢复那些字节为 0 的包含需要数据的目录。

(4)文件类型恢复法——在目录结构被破坏的情况下,根据文件类型标识,截取恢复数据,特别适合数码照片和数码视频恢复。

(5)分区结构恢复法——优先恢复故障硬盘的分区结构,可使数据结构重现,快速完整。

(6)克隆 GHOST 恢复法——特殊情况下的变通应用恢复方法,在缺少恢复工具的情况下使用。

(7)目录结构恢复法——常规的扫描分析法,恢复后还需要整理数据。一般数据恢复操作都使用此法。

(8)万能数据恢复法——全盘扫描恢复,时间稍长,160GB 整盘需要近 2h,根据扫描分析结果选择数据后恢复。

(9)文件修复法——恢复后部分打不开的文件,可用修复软件尝试修复,有一定的效果。

(10)镜像文件恢复法——将故障介质制作镜像,然后操作镜像盘或镜像文件恢复数据。适合介质坏扇区、不稳定、只读等故障的数据恢复。

(11)手工修正结构法——需要一些简单知识,配合分区结构恢复法,适用于一些误插拔介质导致的错乱、误克隆、病毒改写的等数据故障。

(12)大海捞针文件内容碎片法——最后的数据恢复尝试方法,在故障介质搜索残存内容片段,组合数据,适合文本类型文件、doc、xls 等几种类型。

4.4 硬盘一般性故障的检测

4.4.1 MHDD 的使用

MHDD 是俄罗斯 Maysoft 公司出品的专业硬盘工具软件,具有很多其他硬盘工具软件所无法比拟的强大功能,它分为免费版和收费的完整版,本文介绍的是免费版的详细用法。

(1)该软件是一个 G 表级的软件,会将扫描到的坏道屏蔽到磁盘的 G 表中。(小知识:每一个刚出厂的新硬盘都或多或少地存在坏道,只不过他们被厂家隐藏在P表和G表中,我们用一般的软件访问不到他。G表,又称用户级列表,能存放数百个到1000个左右的坏道;P表,又称工厂级列表,能存放4000个左右的坏道或更多。)由于它扫描硬盘的速度非常快,已成为许多人检测硬盘的首选软件。

(2)软件的特点:不依赖主板BIOS、支持热插拔。MHDD可以不依赖于主板BIOS直接访问IDE口,可以访问128GB的超大容量硬盘(可访问的扇区范围从512到137438953472),即使用的是286电脑,无需BIOS支持,也无需任何中断支持热插拔的顺序要记清楚:插的时候,先插数据线,再插电源线。拔的时候,先拔电源线,再拔数据线。但不熟练的操作者最好不要热插拔,以免不小心烧了硬盘。

(3)MHDD最好在纯DOS环境下运行,但要注意尽量不要使用原装Intel品牌主板。

(4)不要在要检测的硬盘中运行MHDD。

(5)MHDD在运行时需要记录数据,因此不能在被写保护了的存储设备中运行(比如写保护的软盘、光盘等)。

软件运行:在DOS下运行MHDD29:输入命令MHDD29,按回车,出现主界面如图4-1所示。注意:输入命令时,输入字母大小写效果是一样的,以下不再说明。

```
Video Graphics Array Adaptor Installed
Capturing CompuServe GIF files with Shift PrintScreen
First screen is E:\PIC\SCREEN00.GIF

E:\PIC>cd\

E:\>cd hard

E:\HARD>cd mhdd290

E:\HARD\MHDD290>mhdd29_
```

图4-1　进入MHDD图

```
  ERR INDX CORR DREQ DRSC WRFT DRDY BUSY         AMNF TONF ABRT IDNF UNCR BBK
 [ Drive parameters - PRESS F2 to DETECT ]   [        Current position

 ■ This version is WITHOUT PCI bus support
   for Windows NT compatible

**************************************************************
* Online HELP                                                *
**************************************************************
*  id        hpa       pwd       fdisk     rx                *
*  scan      fujlst    unlock    i         randombad         *
*  aerase    rhpa      dispwd    cx        fuj               *
*  erase     r         ff        erase     makebad           *
*  batch     cls       aam       pciscan                     *
*  rpm       nhpa      init      tof       wdrd wdwr wdwm    *
*  smart     port      stop      wait      wdfmtold          *
*  killfuj   akillfuj  fuckfuj   ibme      wdwcp wdrcp       *
*                                          wdfmt wdfmtsa     *
*  QU    FUJ                               wdm               *
*********************[ Press <F2> ]***************************
```

图4-2　MHDD主界面

1. MHDD 软件的应用

主界面上列出了 MHDD 的所有命令,下面分别介绍 MHDD 的几个主要常用命令:port; id; scan; hpa; rhpa; nhpa; pwd; unlock; dispwd; erase; aerase stop。

1)port 命令

首先输入命令 port(热键是:Shift + F3),按回车。这个命令的意思是扫描 IDE 口上的所有硬盘(图 4-3、图 4-4)。

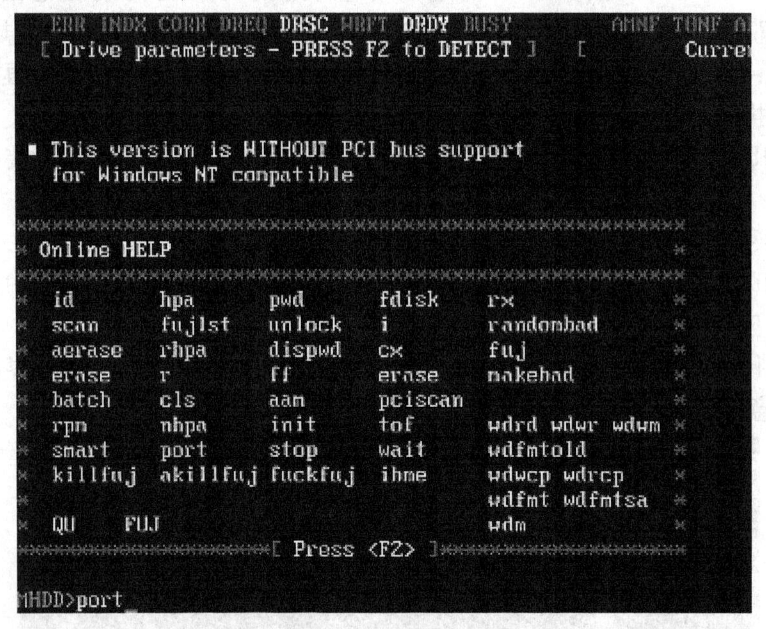

图 4-3　进入 PORT 界面

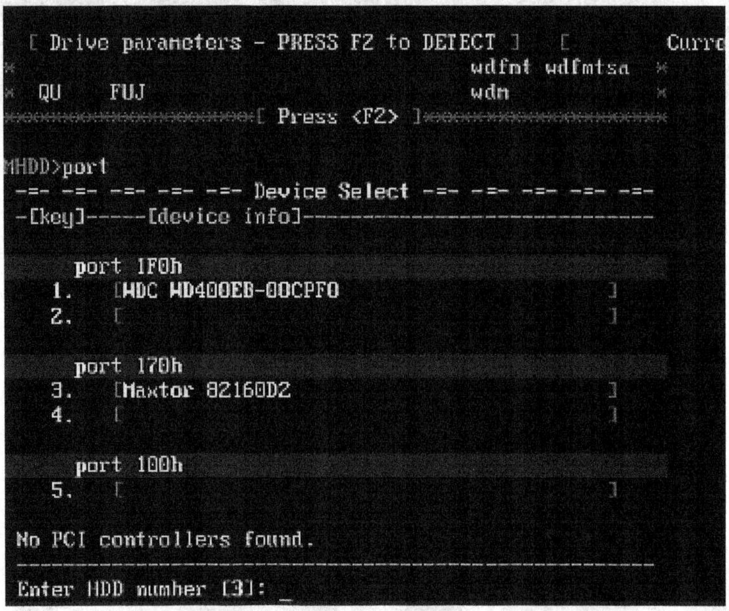

图 4-4　PORT 界面

现在看到有两个硬盘，一个是西数 40GB，一个是迈拓 2GB（说明：1、2 是接在 IDE1 口上的主从硬盘，3、4 是接在 IDE2 口上的主从硬盘，5 是接在 PC3000 卡上的。如果我们要修的硬盘接在 PC3000 上，就会在这里显示）下面是选择要修的硬盘（图 4－5），例如输入 3，回车。

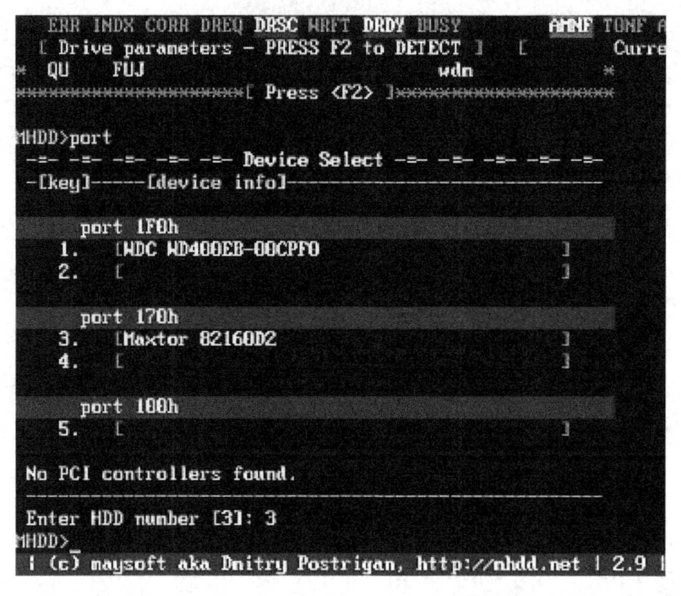

图 4－5　在 PORT 界面选择硬盘

2）id 命令

输入命令 id（以后直接按 F2 就行了）回车，显示当前选择的硬盘的信息（图 4－6、图 4－7）。

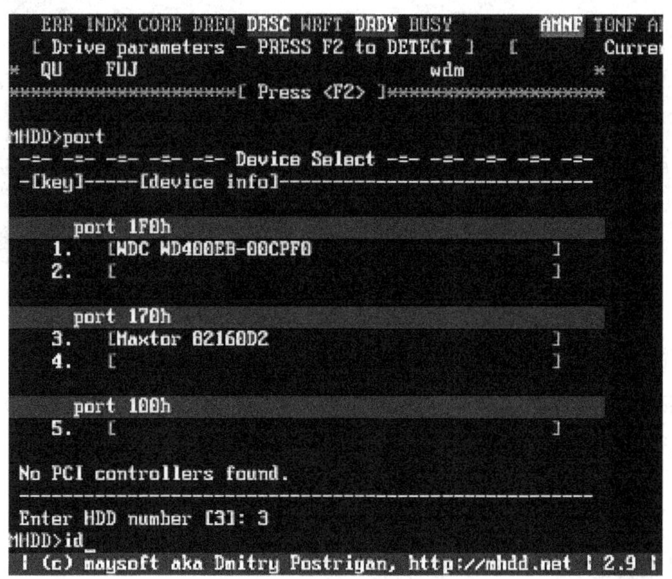

图 4－6　进入 ID

3）scan 命令

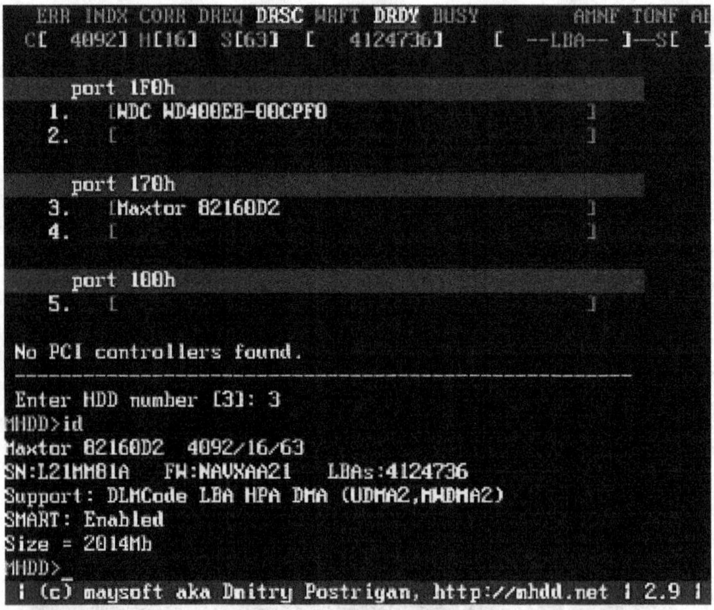

ERR INDX CORR DREQ DRSC WRFT DRDY BUSY AMNF TONF AB
C[4092] H[16] S[63] [4124736] [--LBA--]--S[ ]
port 1F0h
1. [WDC WD400EB-00CPF0]
2. [ ]
port 170h
3. [Maxtor 82160D2]
4. [ ]
port 100h
5. [ ]
No PCI controllers found.
Enter HDD number [3]: 3
MHDD>id
Maxtor 82160D2 4092/16/63
SN:L21MM81A FW:NAVXAA21 LBAs:4124736
Support: DLMCode LBA HPA DMA (UDMA2,MWDMA2)
SMART: Enabled
Size = 2014Mb
MHDD>_
| (c) maysoft aka Dmitry Postrigan, http://mhdd.net | 2.9 |

图 4 - 7　查看当前硬盘信息

输入命令 scan(热键:F4),回车。这个命令的意思是扫描硬盘,如图 4 - 8 所示。

FF ERR INDX CORR DREQ DRSC WRFT DRDY BUSY
[Drive parameters - PRESS F2 to DETECT]
To get help press <F1> or type "HELP"
MHDD>scan_

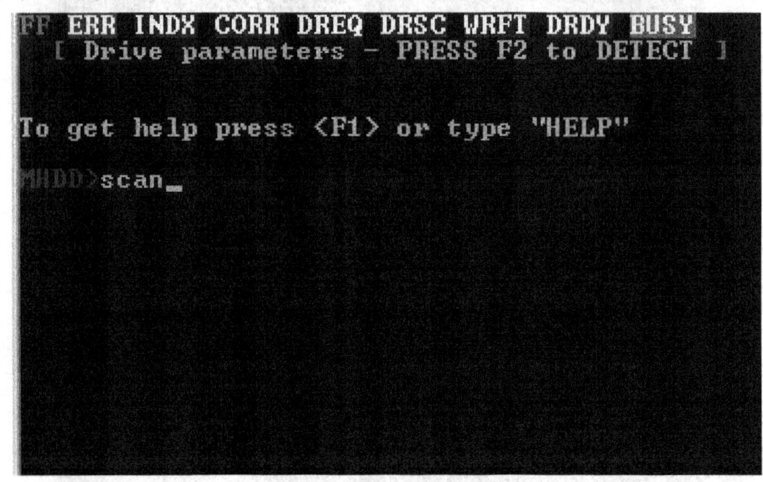

图 4 - 8　进入 SCAN

图中一共有 12 行要修改的参数(图 4 - 9),从上往下逐项说明:

(1)选择扫描方式:LBA/CHS(建议选择 LBA 方式扫描)CHS 只对 500MB 以下的老硬盘有效。(用空格键改变扫描方式)。

(2)设定开始的柱面值:(一般不用)。

(3)设定开始的 LBA 值:(常用,按空格键输入新的 LBA 值)。

(4)是否写入日志:ON/OFF(建议打开)。

(5)是否地址重映射:ON/OFF 是否修复坏扇区(如果打开这一项,可以不破坏数据修坏道。此项与第 12 项不能同时打开)。

(6)设定结束的柱面(一般不用)。

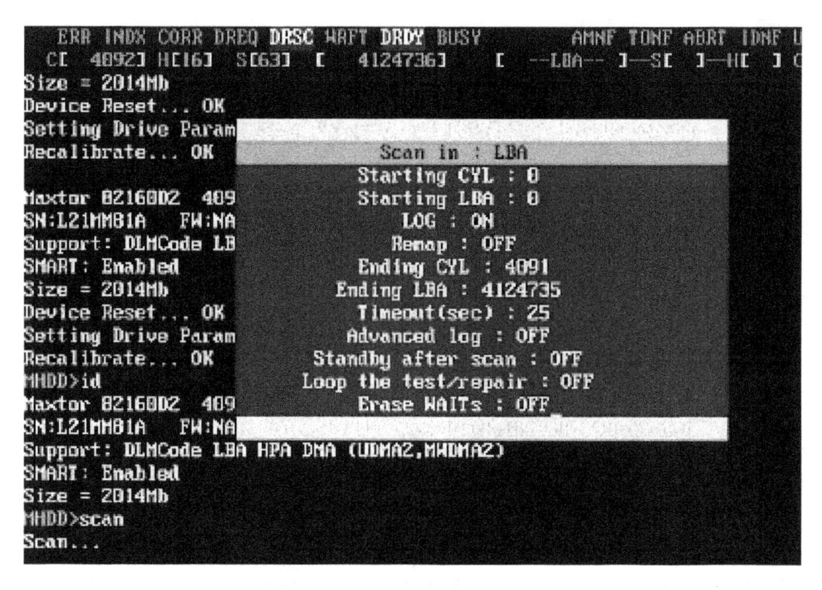

图4-9 扫描方式

(7)设定结束的 LBA 值(常用)。

(8)设定超时值(秒):25 Erase WAITS 的时间默认为250ms,数值可设置范围从 10 到 10000。此数值主要用来设定 Mhdd 确定坏道的读取时间值(即读取某扇区块时如果读取时间达到或超过该数值,就认为该块为坏道,并开始试图修复),一般情况下更改此数值不要太大也不要太小,否则会影响坏道的界定和修复效果。

(9)是否写入高级日志 ON/OFF(此项被禁用)。

(10)扫描完后是否关闭电机:ON/OFF 扫描结束后关闭硬盘马达,这样即可使 scan 扫描结束后,电机能够自动切断供电,但主板还是加电的。适合无人职守状态,一般不用。

(11)是否循环测试,修复:ON/OFF(如果此项为 ON,当第一次扫描结束后,就会再次从开始的 LBA 到结束的 LBA 重新扫描,修复,如此循环)。

(12)是否删除等待:ON/OFF(此项与第 5 项不能同时打开,此项主要用于修复坏道,而且修复效果要比 REMAP 更为理想尤其对 IBM 硬盘的坏道最为奏效,但要注意被修复的地方的数据是要被破坏的(因为 EraseWAITS 的每个删除单位是 255 个扇区)。

以上 12 个参数如果要修改,都是先按空格键。一般情况下先看看硬盘什么情况,先不忙修,这里直接按 F4(或者按 Ctrl + Enter)就开始扫描了(图 4-10)。

屏幕第一行的左半部分为状态寄存器,右半部分为错误寄存器;在屏幕第一行的中间(在 BUSY 和 AMNF 之间)有一段空白区域,如果硬盘被加了密码,此处会显示 PWD;如果硬盘用 HPA 做了剪切,此处会显示 HPA;屏幕第 2 行的左半部分为当前硬盘的物理参数(虚拟的,当然不会真的有 16 个磁头),右半部分为当前正在扫描的位置;屏幕右下角为计时器,Start 表示开始扫描的时间,Time 表示已消耗的时间,End 表示预计结束的时间,结束后会再显示 Time Count,表示总共耗费了多长的时间;在扫描时,每个长方块代表 255 个扇区(在 LBA 模式下)或代表 63 个扇区(在 CHS 模式下);

CHS:cylinder head sector 这三个单词的第一个字母组合,意思是柱面、磁头、扇区。

LBA:扇区(线性地址)。

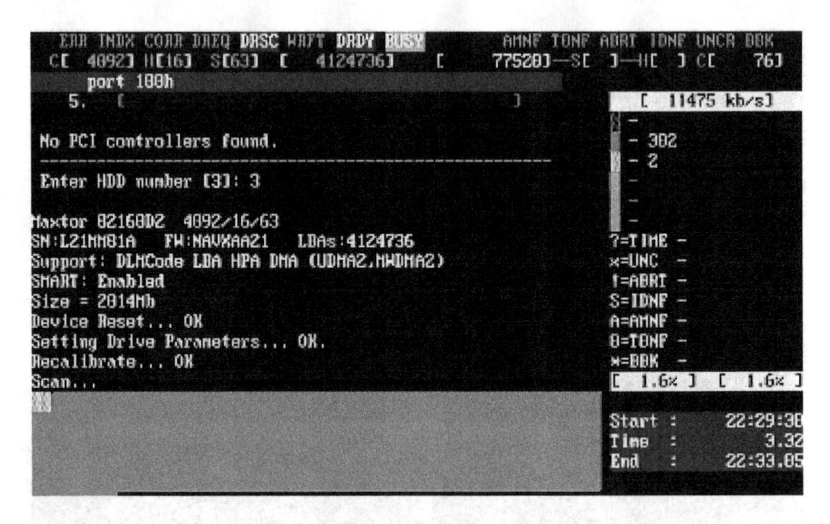

图 4-10 开始扫描

扫描过程可随时按 ESC 键终止;方块从上到下依次表示从正常到异常,读写速度由快到慢。正常情况下,应该只出现第 1 个和第 2 个灰色方块。如果出现浅灰色方块(第 3 个方块),则代表该处读取耗时较多。

(1)如果出现绿色和褐色方块(第 3 个和第 4 个方块),则代表此处读取异常,但还未产生坏道;

(2)如果出现红色方块(第 6 个,即最后一个方块),则代表此处读取吃力,马上就要产生坏道;

(3)如果出现问号? 以下的任何之一,则表示此处读取错误,有严重物理坏道。如图 4-11 所示硬盘。

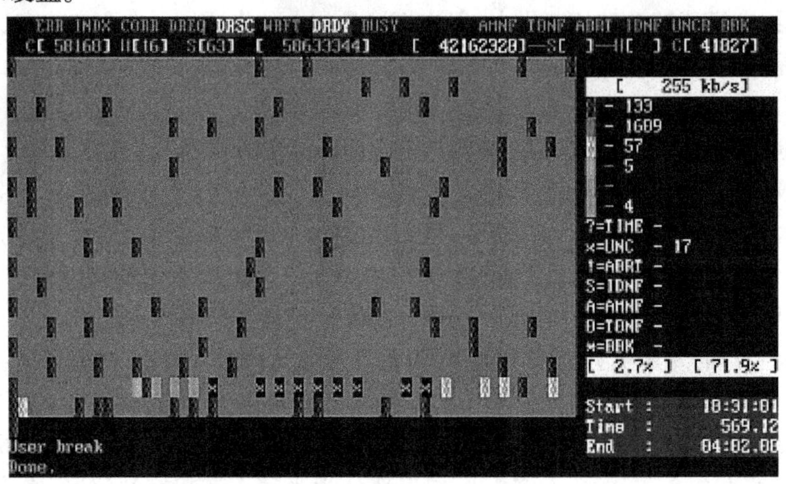

图 4-11 有物理坏道显示图

注 1:有些读写速度奇慢的硬盘如果用 Mhdd 的 F4 SCAN 扫描并把 EraseWAITS 打开就可以看到,要么均匀分布着很多 W,要么就是遍布着很多五颜六色的方块,这说明这类硬盘之所以读写速度奇慢,就是因为大量的盘片扇区有瑕疵,造成读写每个扇区都会耗费较长的时间,综合到一起就导致了整个硬盘读写速度奇慢。

注 2:老型号硬盘(2GB、3GB 以下)由于性能较低、速度较慢,因此在 F4 SCAN 检测时很少出现第 1 个方块,而出现第 2 和第 3 个方块,甚至会出现第 4 个方块(绿色方块),这种情况是由于老硬盘读写速度慢引起的,并不说明那些扇区读写异常。在扫描时使用箭头键可以灵活地控制扫描的进程(图 4-12),很像 VCD 播放机:↑快进 2%;↓后退2% ~ 后退 0.1%;→快进 0.1%。灵活运用箭头键,可以对不稳定、坏道顽固的区段进行反复扫描和修复(图 4-13)。

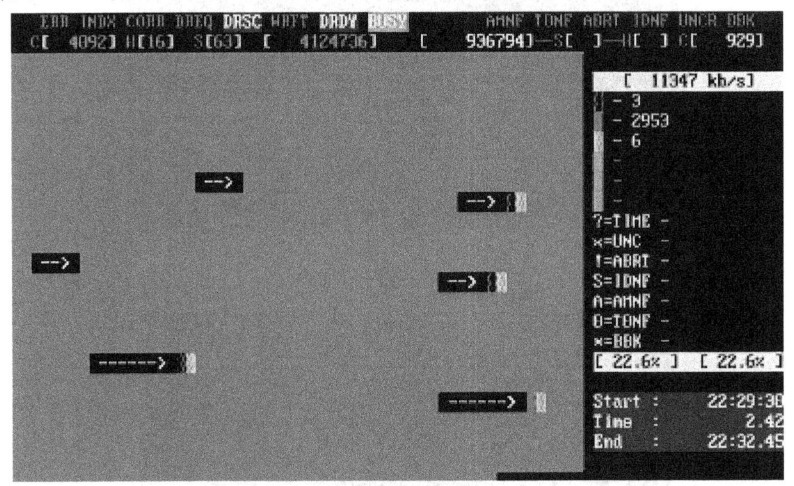

图 4-12　使用右箭头键扫描

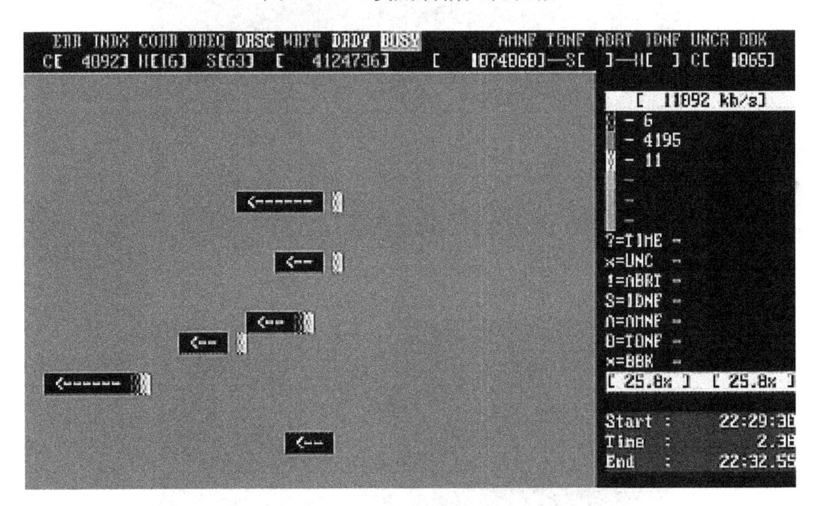

图 4-13　使用左箭头扫描

4) erase 命令

erase:快速擦除命令,在使用中发现此命令有低格和清零的功效,但命令一点不影响硬盘寿命,有时对坏道和红绿块擦除能起到意想不到的作用。输入命令,按回车,进入 ERASE(图 4-14)。

此时问是否继续执行,输入 Y 执行擦除(图 4-16)。

输入开始的 LBA 值(就是从哪个地方开始有坏道或红绿块,)如输入“0”,回车(图 4-17、图 4-18)。

```
ERR INDX CORR DREQ DRSC WRFT DRDY BUSY          AMNF TONF A
C[  4092] H[16]  S[63]  [   4124736]      [  --LBA-- ]--S[

User break
Done.

Scan...
User break
Done.

Maxtor 82160D2  4092/16/63
SN:L21MMB1A   FW:NAVXAA21    LBAs:4124736
Support: DLMCode LBA HPA DMA (UDMA2,MWDMA2)
SMART: Enabled
Size = 2014Mb
Device Reset... OK
Setting Drive Parameters... OK.
Recalibrate... OK
MHDD>erase_
 | (c) maysoft aka Dmitry Postrigan, http://mhdd.net | 2.9
```

图 4－14　进入 erase

```
ERR INDX CORR DREQ DRSC WRFT DRDY BUSY          AMNF TONF A
C[  4092] H[16]  S[63]  [   4124736]      [  --LBA-- ]--S[

Maxtor 82160D2  4092/16/63
SN:L21MMB1A   FW:NAVXAA21    LBAs:4124736
Support: DLMCode LBA HPA DMA (UDMA2,MWDMA2)
SMART: Enabled
Size = 2014Mb
Device Reset... OK
Setting Drive Parameters... OK.
Recalibrate... OK
MHDD>erase
Maxtor 82160D2  4092/16/63
SN:L21MMB1A   FW:NAVXAA21    LBAs:4124736
Support: DLMCode LBA HPA DMA (UDMA2,MWDMA2)
SMART: Enabled
Size = 2014Mb
Device Reset... OK
Setting Drive Parameters... OK.
Recalibrate... OK
Fast Disk Eraser v2.2 (LBA/CHS)
HINT: this function will recalculate entered numbers
      in CHS translation if necessary.
■ Continue? (y/N) _
 | (c) maysoft aka Dmitry Postrigan, http://mhdd.net | 2.9 |
```

图 4－15　执行 ERASE 界面

```
ERR INDX CORR DREQ DRSC WRFT DRDY BUSY          AMNF TONF A
C[  4092] H[16]  S[63]  [   4124736]      [  --LBA-- ]--S[
SN:L21MMB1A   FW:NAVXAA21    LBAs:4124736
Support: DLMCode LBA HPA DMA (UDMA2,MWDMA2)
SMART: Enabled
Size = 2014Mb
Device Reset... OK
Setting Drive Parameters... OK.
Recalibrate... OK
MHDD>erase
Maxtor 82160D2  4092/16/63
SN:L21MMB1A   FW:NAVXAA21    LBAs:4124736
Support: DLMCode LBA HPA DMA (UDMA2,MWDMA2)
SMART: Enabled
Size = 2014Mb
Device Reset... OK
Setting Drive Parameters... OK.
Recalibrate... OK
Fast Disk Eraser v2.2 (LBA/CHS)
HINT: this function will recalculate entered numbers
      in CHS translation if necessary.
■ Continue? (y/N)
■ 1 block = 255 sectors (fast LBA mode)
Type starting sector to write (from 0) [0]: _
 | (c) maysoft aka Dmitry Postrigan, http://mhdd.net | 2.9 |
```

图 4－16　擦除 LBA 开始值设定

```
  ERR INDX CORR DREQ DRSC WRFT DRDY BUSY        AMNF TONF A
  C[  4092] H[16]  S[63]  [   4124736]    [  --LBA-- ]--S[
SN:L21MM81A    FW:NAVXAA21    LBAs:4124736
Support: DLMCode LBA HPA DMA (UDMA2,MWDMA2)
SMART: Enabled
Size = 2014Mb
Device Reset... OK
Setting Drive Parameters... OK.
Recalibrate... OK
MHDD>erase
Maxtor 82160D2  4092/16/63
SN:L21MM81A    FW:NAVXAA21    LBAs:4124736
Support: DLMCode LBA HPA DMA (UDMA2,MWDMA2)
SMART: Enabled
Size = 2014Mb
Device Reset... OK
Setting Drive Parameters... OK.
Recalibrate... OK
Fast Disk Eraser v2.2 (LBA/CHS)
HINT: this function will recalculate entered numbers
      in CHS translation if necessary.
■ Continue? (y/N)
■ 1 block = 255 sectors (fast LBA mode)
Type starting sector to write (from 0) [0]: 0_
 | (c) maysoft aka Dmitry Postrigan, http://mhdd.net | 2.9 |
```

图 4－17　擦除 LBA

```
  ERR INDX CORR DREQ DRSC WRFT DRDY BUSY        AMNF TONF A
  C[  4092] H[16]  S[63]  [   4124736]    [  --LBA-- ]--S[
Support: DLMCode LBA HPA DMA (UDMA2,MWDMA2)
SMART: Enabled
Size = 2014Mb
Device Reset... OK
Setting Drive Parameters... OK.
Recalibrate... OK
MHDD>erase
Maxtor 82160D2  4092/16/63
SN:L21MM81A    FW:NAVXAA21    LBAs:4124736
Support: DLMCode LBA HPA DMA (UDMA2,MWDMA2)
SMART: Enabled
Size = 2014Mb
Device Reset... OK
Setting Drive Parameters... OK.
Recalibrate... OK
Fast Disk Eraser v2.2 (LBA/CHS)
HINT: this function will recalculate entered numbers
      in CHS translation if necessary.
■ Continue? (y/N)
■ 1 block = 255 sectors (fast LBA mode)
Type starting sector to write (from 0) [0]: 0
Type ending sector [4124735]: _
 | (c) maysoft aka Dmitry Postrigan, http://mhdd.net | 2.9 |
```

图 4－18　擦除 LBA 结算值设定

再输入结束的 LBA 地址，输入 10000，回车（图 4－19）。

输入 Y，按回车键，开始擦除，并在屏幕上显示擦除了多少兆字节，擦除很快完成（图 4－20）。

还有一个命令 aerase：高级擦除，也叫完全擦除，使用方法同 erase 一样。快速擦除修复不了的坏道就可以用高级擦除进行修复。

5）hpa 命令

```
  ERR INDX CORR DREQ DRSC WRFT DRDY BUSY          AMNF TONF A
 C[  4092] H[16]  S[63]  [    4124736]    [  --LBA-- ]--S[
Device Reset... OK
Setting Drive Parameters... OK.
Recalibrate... OK
MHDD>erase
Maxtor 82160D2  4092/16/63
SN:L21MM81A   FW:NAVXAA21   LBAs:4124736
Support: DLMCode LBA HPA DMA (UDMA2,MWDMA2)
SMART: Enabled
Size = 2014Mb
Device Reset... OK
Setting Drive Parameters... OK.
Recalibrate... OK
Fast Disk Eraser v2.2 (LBA/CHS)
HINT: this function will recalculate entered numbers
      in CHS translation if necessary.
■ Continue? (y/N)
■ 1 block = 255 sectors (fast LBA mode)
Type starting sector to write (from 0) [0]: 0
Type ending sector [4124735]: 10000
Start  : 0
End    : 10000
■ Continue? (y/N) _
 | (c) maysoft aka Dmitry Postrigan, http://mhdd.net | 2.9 |
```

图 4-19　LBA 结算值

```
  ERR INDX CORR DREQ DRSC WRFT DRDY BUSY          AMNF TONF A
 C[  4092] H[16]  S[63]  [    4124736]    [  --LBA-- ]--S[
SN:L21MM81A   FW:NAVXAA21   LBAs:4124736
Support: DLMCode LBA HPA DMA (UDMA2,MWDMA2)
SMART: Enabled
Size = 2014Mb
Device Reset... OK
Setting Drive Parameters... OK.
Recalibrate... OK
Fast Disk Eraser v2.2 (LBA/CHS)
HINT: this function will recalculate entered numbers
      in CHS translation if necessary.
■ Continue? (y/N)
■ 1 block = 255 sectors (fast LBA mode)
Type starting sector to write (from 0) [0]: 0
Type ending sector [4124735]: 10000
Start  : 0
End    : 10000
■ Continue? (y/N)
Start: 22:35:50
Sector : 10000, 4Mbytes completed.
End   : 22:35:52
Done.
MHDD>
 | (c) maysoft aka Dmitry Postrigan, http://mhdd.net | 2.9 |
```

图 4-20　擦除结束

hpa:剪切容量命令。注意,MHDD 只能从后面开始剪切。硬盘被剪切了之后,以后在任何机器的 BIOS 中只能检测到被剪切后的容量,即使重新分区也不能恢复先前容量。假如一个硬盘,经扫描发现从 70% 以后全是坏道,而且怎么修也修不过去,这时候就可以把后面的 30% 给 HPA 了。执行如下,输入 hpa 后回车,如图 4-21、4-22 所示。

此处是对修改方式进行选择,软改动是改到内存,断电后不会生效。硬改是改到硬盘,断电立即生效。如输入 1(硬改),回车(图 4-23)。

```
 ERR INDX CORR DREQ DRSC WRFT DRDY BUSY          AMNF TONF A
 C[  4092] H[16]  S[63]  [    4124736]     [ --LBA-- ]--S[
SN:L21MM81A    FW:NAVXAA21    LBAs:4124736
Support: DLMCode LBA HPA DMA (UDMA2,MWDMA2)
SMART: Enabled
Size = 2014Mb
Device Reset... OK
Setting Drive Parameters... OK.
Recalibrate... OK
Fast Disk Eraser v2.2 (LBA/CHS)
HINT: this function will recalculate entered numbers
      in CHS translation if necessary.
■ Continue? (y/N)
■ 1 block = 255 sectors (fast LBA mode)
Type starting sector to write (from 0) [0]: 0
Type ending sector [4124735]: 10000
Start : 0
End   : 10000
■ Continue? (y/N)
Start: 22:35:50
Sector : 10000, 4Mbytes completed.
End  : 22:35:52
Done.
MHDD>hpa_
 | (c) maysoft aka Dmitry Postrigan, http://mhdd.net | 2.9 |
```

图 4－21　进入 hpa

```
 ERR INDX CORR DREQ DRSC WRFT DRDY BUSY          AMNF TONF A
 C[  4092] H[16]  S[63]  [    4124736]     [ --LBA-- ]--S[
Type starting sector to write (from 0) [0]: 0
Type ending sector [4124735]: 10000
Start : 0
End   : 10000
■ Continue? (y/N)
Start: 22:35:50
Sector : 10000, 4Mbytes completed.
End  : 22:35:52
Done.
MHDD>hpa
Maxtor 82160D2  4092/16/63
SN:L21MM81A    FW:NAVXAA21    LBAs:4124736
Support: DLMCode LBA HPA DMA (UDMA2,MWDMA2)
SMART: Enabled
Size = 2014Mb
Device Reset... OK
Setting Drive Parameters... OK.
Recalibrate... OK
Read NHPA command...
Native Maximum LBA adress = 4124735
Done (RHPA).
Soft HPA or Hard HPA (0/1) >1_
 | (c) maysoft aka Dmitry Postrigan, http://mhdd.net | 2.9 |
```

图 4－22　hpa 修改选择图

```
 ERR INDX CORR DREQ DRSC WRFT DRDY BUSY          AMNF TONF A
 C[  4092] H[16]  S[63]  [    4124736]     [ --LBA-- ]--S[
Type ending sector [4124735]: 10000
Start : 0
End   : 10000
■ Continue? (y/N)
Start: 22:35:50
Sector : 10000, 4Mbytes completed.
End  : 22:35:52
Done.
MHDD>hpa
Maxtor 82160D2  4092/16/63
SN:L21MM81A    FW:NAVXAA21    LBAs:4124736
Support: DLMCode LBA HPA DMA (UDMA2,MWDMA2)
SMART: Enabled
Size = 2014Mb
Device Reset... OK
Setting Drive Parameters... OK.
Recalibrate... OK
Read NHPA command...
Native Maximum LBA adress = 4124735
Done (RHPA).
Soft HPA or Hard HPA (0/1) >1
CHS/LBA? (0/1) >1_
 | (c) maysoft aka Dmitry Postrigan, http://mhdd.net | 2.9 |
```

图 4－23　修改方式选择图

此处是询问修改方式,(图 4－23),该软件支持 DLMCode、LBA、HPA、DMA 方式,如选择 1,LBA 方式,回车(图 4－24)。

```
  ERR INDX CORR DREQ DRSC WRFT DRDY BUSY          AMNF TONF A
  C[  4092] H[16]  S[63]  [    4124736]     [  --LBA-- ]--S[
End    : 10000
▪ Continue? (y/N)
Start: 22:35:50
Sector  : 10000, 4Mbytes completed.
End   : 22:35:52
Done.
MHDD>hpa
Maxtor 82160D2  4092/16/63
SN:L21MM81A   FW:NAVXAA21    LBAs:4124736
Support: DLMCode LBA HPA DMA (UDMA2,MWDMA2)
SMART: Enabled
Size = 2014Mb
Device Reset... OK
Setting Drive Parameters... OK.
Recalibrate... OK
Read NHPA command...
Native Maximum LBA adress = 4124735
Done (RHPA).
Soft HPA or Hard HPA (0/1) >1
CHS/LBA? (0/1) >1
LBA=1
Enter new MAX LBA >_
 | (c) maysoft aka Dmitry Postrigan, http://mhdd.net  | 2.9 |
```

图 4－24　修改容量

在图 4－24 中要求输入新的 LBA 值,例如输入 2000000(原来的容量是 4124736),回车(图 4－25、图 4－26)。

```
  ERR INDX CORR DREQ DRSC WRFT DRDY BUSY          AMNF TONF A
  C[  4092] H[16]  S[63]  [    4124736]     [  --LBA-- ]--S[
End    : 10000
▪ Continue? (y/N)
Start: 22:35:50
Sector  : 10000, 4Mbytes completed.
End   : 22:35:52
Done.
MHDD>hpa
Maxtor 82160D2  4092/16/63
SN:L21MM81A   FW:NAVXAA21    LBAs:4124736
Support: DLMCode LBA HPA DMA (UDMA2,MWDMA2)
SMART: Enabled
Size = 2014Mb
Device Reset... OK
Setting Drive Parameters... OK.
Recalibrate... OK
Read NHPA command...
Native Maximum LBA adress = 4124735
Done (RHPA).
Soft HPA or Hard HPA (0/1) >1
CHS/LBA? (0/1) >1
LBA=1
Enter new MAX LBA >2000000_
 | (c) maysoft aka Dmitry Postrigan, http://mhdd.net  | 2.9 |
```

图 4－25　修改容量

此处,要求再次确认,输入 Y,完成(图 4－27)。

用 id 命令看一下,屏幕最上方有一个蓝色的 HPA 灯亮起来,表示这个硬盘的容量做

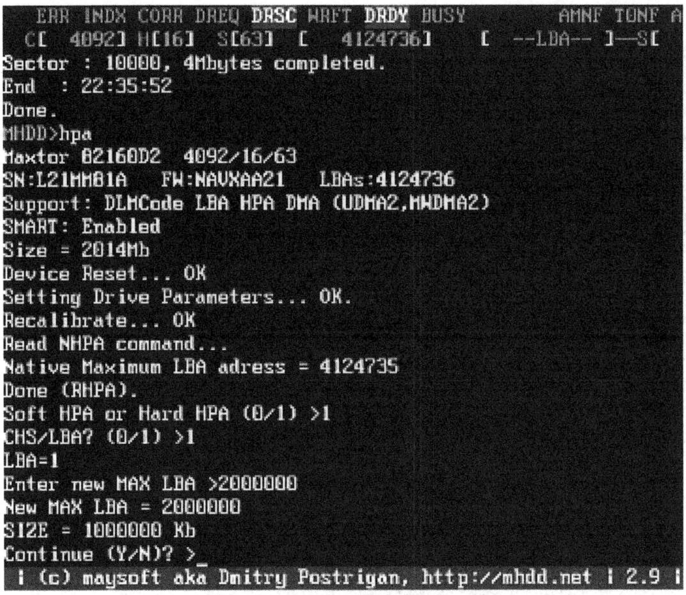

```
 ERR INDX CORR DREQ DRSC WRFT DRDY BUSY        AMNF TONF A
 C[  4092] H[16]  S[63]  [   4124736]    [  --LBA-- ]--S[
Sector : 10000, 4Mbytes completed.
End   : 22:35:52
Done.
MHDD>hpa
Maxtor 82160D2  4092/16/63
SN:L21MM81A   FW:NAVXAA21   LBAs:4124736
Support: DLMCode LBA HPA DMA (UDMA2,MWDMA2)
SMART: Enabled
Size = 2014Mb
Device Reset... OK
Setting Drive Parameters... OK.
Recalibrate... OK
Read NHPA command...
Native Maximum LBA adress = 4124735
Done (RHPA).
Soft HPA or Hard HPA (0/1) >1
CHS/LBA? (0/1) >1
LBA=1
Enter new MAX LBA >2000000
New MAX LBA = 2000000
SIZE = 1000000 Kb
Continue (Y/N)? >_
 | (c) maysoft aka Dmitry Postrigan, http://mhdd.net | 2.9 |
```

图 4－26　修改确认图

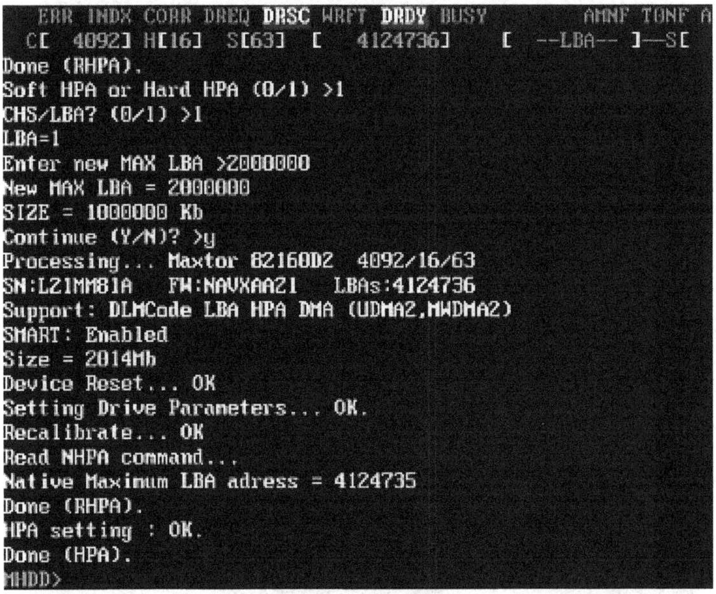

```
 ERR INDX CORR DREQ DRSC WRFT DRDY BUSY        AMNF TONF A
 C[  4092] H[16]  S[63]  [   4124736]    [  --LBA-- ]--S[
Done (RHPA).
Soft HPA or Hard HPA (0/1) >1
CHS/LBA? (0/1) >1
LBA=1
Enter new MAX LBA >2000000
New MAX LBA = 2000000
SIZE = 1000000 Kb
Continue (Y/N)? >y
Processing... Maxtor 82160D2  4092/16/63
SN:L21MM81A   FW:NAVXAA21   LBAs:4124736
Support: DLMCode LBA HPA DMA (UDMA2,MWDMA2)
SMART: Enabled
Size = 2014Mb
Device Reset... OK
Setting Drive Parameters... OK.
Recalibrate... OK
Read NHPA command...
Native Maximum LBA adress = 4124735
Done (RHPA).
HPA setting : OK.
Done (HPA).
MHDD>
```

图 4－27　修改结束

过修改(图 4－28)。

6) exit 命令

exit:退出命令。许多命令需要给硬盘断一下电才生效,如上面的 hpa 修改命令,如执行 exit 命令如图 4－29 所示。

断电后再重新加电,从新进入 MHDD。

7) rhpa 命令

rhpa 命令:察看硬盘原始容量(图 4－30、图 4－31)。例如这个硬盘原始容量就是

4124735 个扇区。

```
 ERR INDX CORR DREQ DRSC WRFT DRDY BUSY HPA     AMNF TONF ABRT IDNF UNCR BBK
 C[ 1984] H[16] S[63]  [   2000001]    [ --LBA-- ]—S[  ]—H[  ] C[        ]
SIZE = 1000000 Kb
Continue (Y/N)? >y                                     [ 10837 kh/s]
Processing... Maxtor 82160D2  4092/16/63                - 6
SN:L21MM81A   FW:NAVXAA21   LBAs:4124736                - 5701
Support: DLMCode LBA HPA DMA (UDMA2,MWDMA2)             - 11
SMART: Enabled                                          -
Size = 2014Mb                                           -
Device Reset... OK                                      -
Setting Drive Parameters... OK.                        ?=TIME -
Recalibrate... OK                                      x=UNC  -
Read NHPA command...                                   !=ABRT -
Native Maximum LBA adress = 4124735                    S=IDNF -
Done (RHPA).                                           A=AMNF -
HPA setting : OK.                                      0=TONF -
Done (HPA).                                            *=BBK  -
MHDD>id                                                [ 35.3% ]  [ 35.3% ]
Maxtor 82160D2  1984/16/63
SN:L21MM81A   FW:NAVXAA21   LBAs:2000001               Start :     22:29:30
Support: DLMCode LBA HPA DMA (UDMA2,MWDMA2)            Time  :        2.19
SMART: Enabled                                         End   :     22:32.54
Size = 976Mb
```

图 4－28　查看修改结果

```
 ERR INDX CORR DREQ DRSC WRFT DRDY BUSY HPA    AMNF TONF
 C[ 1984] H[16] S[63]  [   2000001]    [ --LBA-- ]—S[
Recalibrate... OK
Read NHPA command...
Native Maximum LBA adress = 4124735
Done (RHPA).
HPA setting : OK.
Done (HPA).
MHDD>id
Maxtor 82160D2  1984/16/63
SN:L21MM81A   FW:NAVXAA21   LBAs:2000001
Support: DLMCode LBA HPA DMA (UDMA2,MWDMA2)
SMART: Enabled
Size = 976Mb

Maxtor 82160D2  1984/16/63
SN:L21MM81A   FW:NAVXAA21   LBAs:2000001
Support: DLMCode LBA HPA DMA (UDMA2,MWDMA2)
SMART: Enabled
Size = 976Mb
Device Reset... OK
Setting Drive Parameters... OK.
Recalibrate... OK
MHDD>exit_
 | (c) maysoft aka Dmitry Postrigan, http://mhdd.net | 2.9
```

图 4－29　执行 exit 命令

```
 ERR INDX CORR DREQ DRSC WRFT DRDY BUSY HPA     AMNF TONF ABRT IDNF UNCR BBK
 C[ 1984] H[16] S[63]  [   2000001]    [ --LBA-- ]—S[  ]—H[  ] C[        ]
 No PCI controllers found.
 ---------------------------------------------------------------
 Enter HDD number [3]: 3

Maxtor 82160D2  1984/16/63
SN:L21MM81A   FW:NAVXAA21   LBAs:2000001
Support: DLMCode LBA HPA DMA (UDMA2,MWDMA2)
SMART: Enabled
Size = 976Mb
Device Reset... OK
Setting Drive Parameters... OK.
Recalibrate... OK

Maxtor 82160D2  1984/16/63
SN:L21MM81A   FW:NAVXAA21   LBAs:2000001
Support: DLMCode LBA HPA DMA (UDMA2,MWDMA2)
SMART: Enabled
Size = 976Mb
Device Reset... OK
Setting Drive Parameters... OK.
Recalibrate... OK
```

图 4－30　rhpa 命令查看硬盘原始容量

```
 ERR INDX CORR DREQ DRSC WRFT DRDY BUSY HPA    AMNF TONF
 C[  1984] H[16]  S[63]  [   2000001]    [  --LBA-- ]--S[

Maxtor 82160D2  1984/16/63
SN:L21MM81A   FW:NAVXAA21   LBAs:2000001
Support: DLMCode LBA HPA DMA (UDMA2,MWDMA2)
SMART: Enabled
Size = 976Mb
Device Reset... OK
Setting Drive Parameters... OK.
Recalibrate... OK
MHDD>rhpa
Maxtor 82160D2  1984/16/63
SN:L21MM81A   FW:NAVXAA21   LBAs:2000001
Support: DLMCode LBA HPA DMA (UDMA2,MWDMA2)
SMART: Enabled
Size = 976Mb
Device Reset... OK
Setting Drive Parameters... OK.
Recalibrate... OK
Read NHPA command...
Native Maximum LBA adress = 4124735
Done (RHPA).
MHDD>_
 | (c) maysoft aka Dmitry Postrigan, http://mhdd.net | 2.9
```

图 4－31　rhpa 命令查看硬盘原始容量

8）nhpa 命令

nhpa 是恢复硬盘原始容量命令，可以恢复硬盘原始容量，输入命令按回车（图 4－32）。

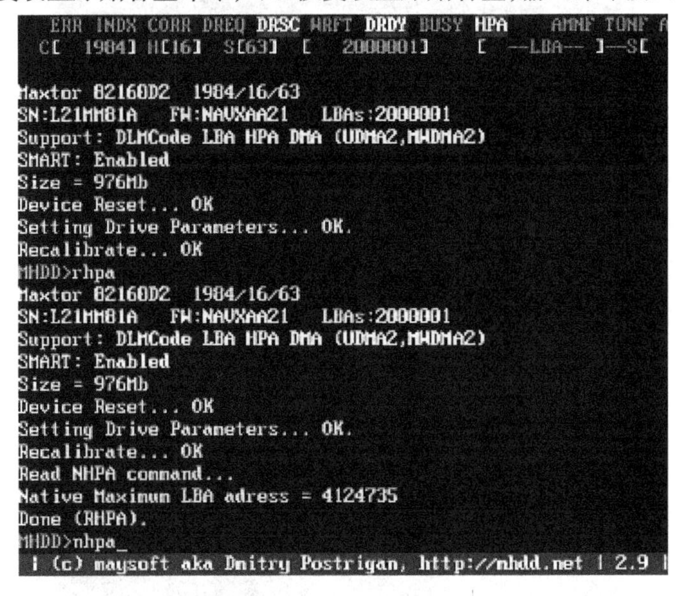

图 4－32　进入 nhpa

此处，要求对恢复进行再次确认（图 4－33），输入 Y，开始恢复硬盘原始容量。

再次确认（图 4－34），输入 Y。

再次输入 Y（图 4－35），可以看到硬盘的原始容量已经被恢复了。

9）pwd 命令

pwd：给硬盘加密命令，执行此命令后，硬盘加密，不能读写，任何操作对硬盘都不起作用，包括低格清零。输入 PWD 按回车，见图 4－36、图 4－37。

```
  ERR INDX CORR DREQ DRSC WRFT DRDY BUSY HPA     AMNF TONF A
  C[  1984] H[16]  S[63]  [    2000001]    [ --LBA-- ]—S[
MHDD>rhpa
Maxtor 82160D2  1984/16/63
SN:L21MM81A   FW:NAVXAA21   LBAs:2000001
Support: DLMCode LBA HPA DMA (UDMA2,MWDMA2)
SMART: Enabled
Size = 976Mb
Device Reset... OK
Setting Drive Parameters... OK.
Recalibrate... OK
Read NHPA command...
Native Maximum LBA adress = 4124735
Done (RHPA).
MHDD>nhpa
Maxtor 82160D2  1984/16/63
SN:L21MM81A   FW:NAVXAA21   LBAs:2000001
Support: DLMCode LBA HPA DMA (UDMA2,MWDMA2)
SMART: Enabled
Size = 976Mb
Device Reset... OK
Setting Drive Parameters... OK.
Recalibrate... OK
■ Do you want to set Native LBA adress? (y/N) _
 | (c) maysoft aka Dmitry Postrigan, http://mhdd.net | 2.9 |
```

图 4－33　恢复确认

```
  ERR INDX CORR DREQ DRSC WRFT DRDY BUSY HPA     AMNF TONF A
  C[  1984] H[16]  S[63]  [    2000001]    [ --LBA-- ]—S[
Support: DLMCode LBA HPA DMA (UDMA2,MWDMA2)
SMART: Enabled
Size = 976Mb
Device Reset... OK
Setting Drive Parameters... OK.
Recalibrate... OK
Read NHPA command...
Native Maximum LBA adress = 4124735
Done (RHPA).
MHDD>nhpa
Maxtor 82160D2  1984/16/63
SN:L21MM81A   FW:NAVXAA21   LBAs:2000001
Support: DLMCode LBA HPA DMA (UDMA2,MWDMA2)
SMART: Enabled
Size = 976Mb
Device Reset... OK
Setting Drive Parameters... OK.
Recalibrate... OK
■ Do you want to set Native LBA adress? (y/N)
Read NHPA command...
Native Maximum LBA adress = 4124735
■ Continue? (y/N) _
 | (c) maysoft aka Dmitry Postrigan, http://mhdd.net | 2.9 |
```

图 4－34　恢复确认

```
  ERR INDX CORR DREQ DRSC WRFT DRDY BUSY         AMNF TONF A
  C[  4092] H[16]  S[63]  [    4124736]    [ --LBA-- ]—S[
Support: DLMCode LBA HPA DMA (UDMA2,MWDMA2)
SMART: Enabled
Size = 976Mb
Device Reset... OK
Setting Drive Parameters... OK.
Recalibrate... OK
■ Do you want to set Native LBA adress? (y/N)
Read NHPA command...
Native Maximum LBA adress = 4124735
■ Continue? (y/N)
Sending command...
Done.

Maxtor 82160D2  4092/16/63
SN:L21MM81A   FW:NAVXAA21   LBAs:4124736
Support: DLMCode LBA HPA DMA (UDMA2,MWDMA2)
SMART: Enabled
Size = 2014Mb
Device Reset... OK
Setting Drive Parameters... OK.
Recalibrate... OK
MHDD>_
 | (c) maysoft aka Dmitry Postrigan, http://mhdd.net | 2.9 |
```

图 4－35　恢复硬盘的原始容量

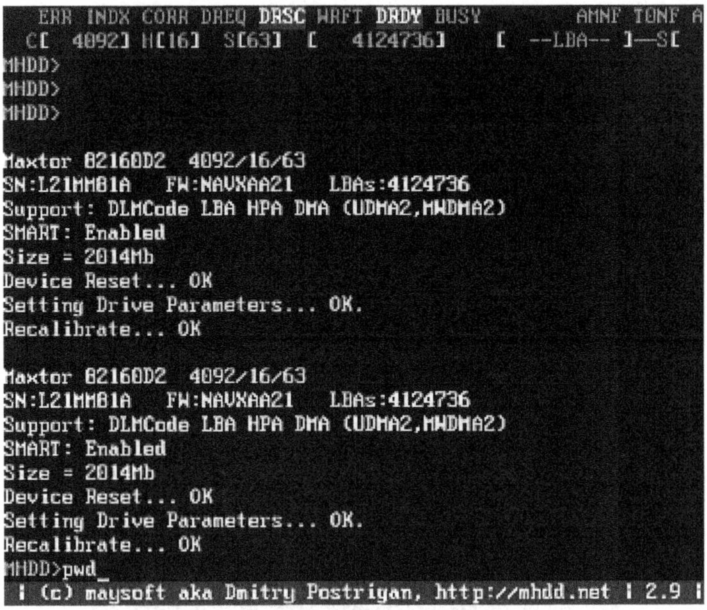

```
 ERR INDX CORR DREQ DRSC WRFT DRDY BUSY        AMNF TONF A
 C[  4092] H[16]  S[63]  [   4124736]     [  --LBA-- ]—S[
MHDD>
MHDD>
MHDD>

Maxtor 82160D2  4092/16/63
SN:L21MM81A   FW:NAVXAA21   LBAs:4124736
Support: DLMCode LBA HPA DMA (UDMA2,MWDMA2)
SMART: Enabled
Size = 2014Mb
Device Reset... OK
Setting Drive Parameters... OK.
Recalibrate... OK

Maxtor 82160D2  4092/16/63
SN:L21MM81A   FW:NAVXAA21   LBAs:4124736
Support: DLMCode LBA HPA DMA (UDMA2,MWDMA2)
SMART: Enabled
Size = 2014Mb
Device Reset... OK
Setting Drive Parameters... OK.
Recalibrate... OK
MHDD>pwd_
 | (c) maysoft aka Dmitry Postrigan, http://mhdd.net | 2.9 |
```

图 4 - 36　进入 PWD

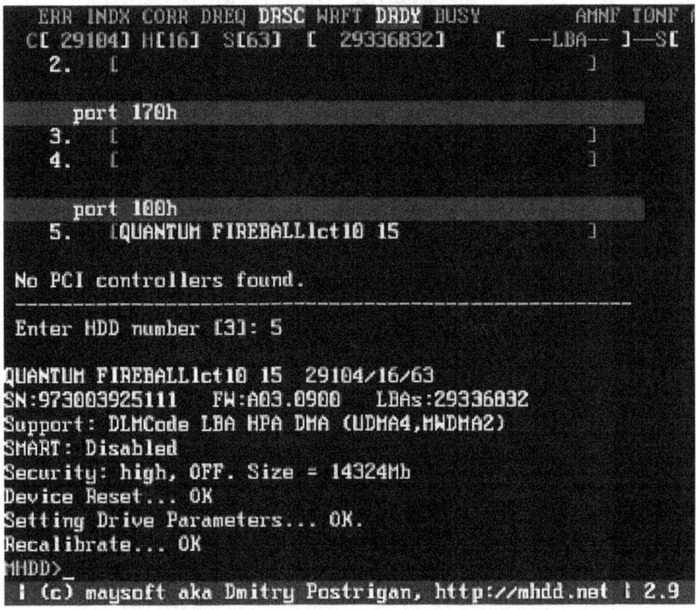

```
 ERR INDX CORR DREQ DRSC WRFT DRDY BUSY        AMNF TONF
 C[ 29104] H[16]  S[63]  [  29336832]     [  --LBA-- ]—S[
  2.    [                                          ]

    port 170h
  3.    [                                          ]
  4.    [                                          ]

    port 180h
  5.    [QUANTUM FIREBALLlct10 15                  ]

 No PCI controllers found.
 ----------------------------------------------------

 Enter HDD number [3]: 5

QUANTUM FIREBALLlct10 15  29104/16/63
SN:973003925111   FW:A03.0900   LBAs:29336832
Support: DLMCode LBA HPA DMA (UDMA4,MWDMA2)
SMART: Disabled
Security: high, OFF. Size = 14324Mb
Device Reset... OK
Setting Drive Parameters... OK.
Recalibrate... OK
MHDD>_
 | (c) maysoft aka Dmitry Postrigan, http://mhdd.net | 2.9
```

图 4 - 37　选择硬盘进行加密

选择一个硬盘，进行硬盘加密（图 4 - 38）。如 QUANTUM 15GB，这个硬盘显示在第 5 个口上，按 F2 键，可以看到有“Security:high,Off”。如果硬盘的 ID 信息里显示这一项，表示此硬盘支持加密。输入命令 pwd 后，回车。

这里允许输入最大为 32 位的用户密码，例如输入 123456，回车，就完成了密码的设定（图 4 - 39、图 4 - 40）。

按 F2 刷新，可以看到屏幕最上方有一个红色的 PWD 灯亮起，硬盘参数“Security:

```
 ERR INDX CORR DREQ DRSC WRFT DRDY BUSY          AMNF TONF
C[ 29104] H[16]  S[63]  [  29336832]     [  --LBA-- ]--S[
  2.   [                                            ]

   port 170h
  3.   [                                            ]
  4.   [                                            ]

   port 1E0h
  5.   [QUANTUM FIREBALLlct10 15                    ]

No PCI controllers found.
------------------------------------------------------------
Enter HDD number [3]: 5

QUANTUM FIREBALLlct10 15  29104/16/63
SN:973003925111   FW:A03.0900   LBAs:29336832
Support: DLMCode LBA HPA DMA (UDMA4,MWDMA2)
SMART: Disabled
Security: high, OFF. Size = 14324Mb
Device Reset... OK
Setting Drive Parameters... OK.
Recalibrate... OK
MHDD>pwd_
 | (c) maysoft aka Dmitry Postrigan, http://mhdd.net | 2.9
```

图4－38　硬盘加密

```
 ERR INDX CORR DREQ DRSC WRFT DRDY BUSY          AMNF TONF
C[ 29104] H[16]  S[63]  [  29336832]     [  --LBA-- ]--S[
------------------------------------------------------------
Enter HDD number [3]: 5

QUANTUM FIREBALLlct10 15  29104/16/63
SN:973003925111   FW:A03.0900   LBAs:29336832
Support: DLMCode LBA HPA DMA (UDMA4,MWDMA2)
SMART: Disabled
Security: high, OFF. Size = 14324Mb
Device Reset... OK
Setting Drive Parameters... OK.
Recalibrate... OK
MHDD>pwd
QUANTUM FIREBALLlct10 15  29104/16/63
SN:973003925111   FW:A03.0900   LBAs:29336832
Support: DLMCode LBA HPA DMA (UDMA4,MWDMA2)
SMART: Disabled
Security: high, OFF. Size = 14324Mb
Device Reset... OK
Setting Drive Parameters... OK.
Recalibrate... OK
Type USER pwd max 32sym (empty line for cancel):
123456_
 | (c) maysoft aka Dmitry Postrigan, http://mhdd.net | 2.9
```

图4－39　硬盘加密

```
 ERR INDX CORR DREQ DRSC WRFT DRDY BUSY          AMNF TONF
C[ 29104] H[16]  S[63]  [  29336832]     [  --LBA-- ]--S[

QUANTUM FIREBALLlct10 15  29104/16/63
SN:973003925111   FW:A03.0900   LBAs:29336832
Support: DLMCode LBA HPA DMA (UDMA4,MWDMA2)
SMART: Disabled
Security: high, OFF. Size = 14324Mb
Device Reset... OK
Setting Drive Parameters... OK.
Recalibrate... OK
MHDD>pwd
QUANTUM FIREBALLlct10 15  29104/16/63
SN:973003925111   FW:A03.0900   LBAs:29336832
Support: DLMCode LBA HPA DMA (UDMA4,MWDMA2)
SMART: Disabled
Security: high, OFF. Size = 14324Mb
Device Reset... OK
Setting Drive Parameters... OK.
Recalibrate... OK
Type USER pwd max 32sym (empty line for cancel):
123456
Done.
MHDD>_
 | (c) maysoft aka Dmitry Postrigan, http://mhdd.net | 2.9
```

图4－40　硬盘加密

high,on”Off 变成了红色的 On,表示此硬盘被加密(图 4-41)。

```
  ERR INDX CORR DREQ DRSC WRFT DRDY BUSY    PWD AMNF TONF A
  C[ 29104] H[16]  S[63]  [  29336832]    [  --LBA-- ]—S[
MHDD>pwd
QUANTUM FIREBALLlct10 15  29104/16/63
SN:973003925111    FW:A03.0900    LBAs:29336832
Support: DLMCode LBA HPA DMA (UDMA4,MWDMA2)
SMART: Disabled
Security: high, OFF. Size = 14324Mb
Device Reset... OK
Setting Drive Parameters... OK.
Recalibrate... OK
Type USER pwd max 32sym (empty line for cancel):
123456
Done.

QUANTUM FIREBALLlct10 15  29104/16/63
SN:973003925111    FW:A03.0900    LBAs:29336832
Support: DLMCode LBA HPA DMA (UDMA4,MWDMA2)
SMART: Disabled
Security: high, ON. Size = 14324Mb
Device Reset... OK
Setting Drive Parameters... OK.
Recalibrate... OK
MHDD>_
 | (c) maysoft aka Dmitry Postrigan, http://mhdd.net | 2.9 |
```

图 4-41　硬盘加密显示

加密之后必须对硬盘断一次电才能生效,运行 EXIT 退出,拔掉硬盘电源线,再重新加电,进入 MHDD,再扫描,发现全是紫色感叹号,这就表示硬盘被加密,见图 4-42。

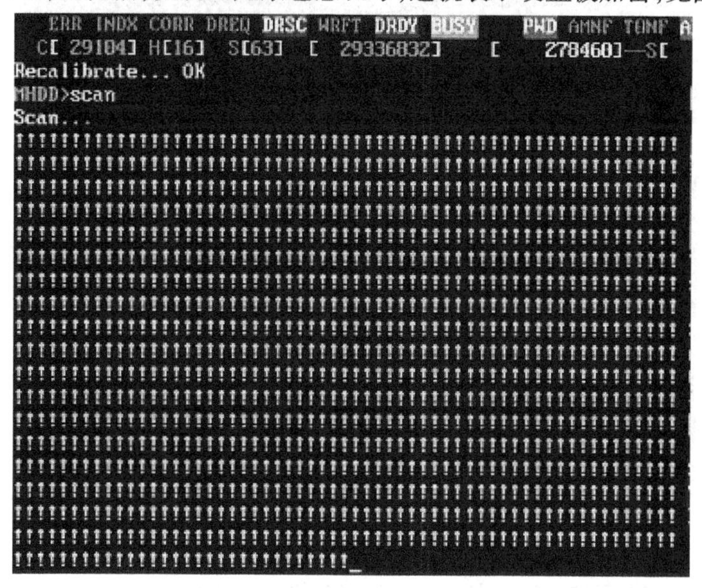

图 4-42　加密扫描

10) unlock 命令

unlock 是硬盘解锁命令,是在硬盘解密命令执行时需要先执行的命令,也就是先解锁再解密,输入 unlock,回车,见图 4-43。

此时,会有两个选项,“1”是解主密码,“0”是用户密码,如解用户密码,输入 0,回车,见图 4-44。

```
 ERR INDX CORR DREQ DRSC WRFT DRDY BUSY   PWD AMNF TONF
 C[ 29104] H[16]  S[63]  [  29336832]    [    572730]—S[
!!!!!!!!!!!!!!!!!!!!!!!!!!!!!!!!!!!!!!!!!!!!!!!!!!!!!!!!!!!!!!!!
!!!!!!!!!!!!!!!!!!!!!!!!!!!!!!!!!!!!!!!!!!!!!!!!!!!!!!!!!!!!!!!!
!!!!!!!!!!!!!!!!!!!!!!!!!!!!!!!!!!!!!!!!!!!!!!!!!!!!!!!!!!!!!!!!
!!!!!!!!!!!!!!!!!!!!!!!!!!!!!!!!!!!!!!!!!!!!!!!!!!!!!!!!!!!!!!!!
!!!!!!!!!!!!!!!!!!!!!!!!!!!!!!!!!!!!!!!!!!!!!!!!!!!!!!!!!!!!!!!!
!!!!!!!!!!!!!!!!!!!!!!!!!!!!!!!!!!!!!!!!!!!!!!!!!!!!!!!!!!!!!!!!
!!!!!!!!!!!!!!!!!!!!!!!!!!!!!!!!!!!!!!!!!!!!!!!!!!!!!!!!!!!!!!!!
!!!!!!!!!!!!!!!!!!!!!!!!!!!!!!!!!!!!!!!!!!!!!!!!!!!!!!!!!!!!!!!!
!!!!!!!!!!!!!!!!!!!!!!!!!!!!!!!!!!!!!!!!!!!!!!!!!!!!!!!!!!!!!!!!
!!!!!!!!!!!!!!!!!!!!!!!!!!!!!!!!!!!!!!!!!!!!!!!!!!!!!!!!!!!!!!!!
!!!!!!!!!!!!!!!!!!!!!!!!!!!!!!!!!!!!!!!!!!!!!!!!!!!!!!!!!!!!!!!!
!!!!!!!!!!!!!!!!!!!!!!!!!!!!!!!!!!!!!!!!!!!!!!!!!!!!!!!!!!!!!!!!
!!!!!!!!!!!!!!!!!!!!!!!!!!!!!!!!!!!!!!!!!!!!!!!!!!!!!!!!!!!!!!!!
!!!!!!!!!!!!!!!!!!!!!!!!!!!!!!!!!!!!!!!!!!!!!!!!!!!!!!!!!!!!!!!!
!!!!!!!!!!!!!!!!!!!!!!!!!!!!!!!!!!!!!!!!!!!!!!!!!!!!!!!!!!!!!!!!
!!!!!!!!!!!!!!!!!!!!!!!!!!!!!!!!!!!!!!!!!!!!!!!!!!!!!!!!!!!!!!!!
!!!!!!!!!!!!!!!!!!!!!!!!!!!!!!!!!!!!!!!!!!!!!!!!!!!!!!!!!!!!!!!!
!!!!!!!!!!!!!!!!!!!!!!!!!!!!!!!!!!!!!!!!!!!!!!!!!!!!!!!!!!!!!!!!
!!!!
User break
Done.
MHDD>unlock
For master, type "1". For user, type "0" > _
 | (c) maysoft aka Dmitry Postrigan, http://mhdd.net | 2.9
```

图 4－43　执行 UNLOCK 命令

```
 ERR INDX CORR DREQ DRSC WRFT DRDY BUSY   PWD AMNF TONF A
 C[ 29104] H[16]  S[63]  [  29336832]    [    572730]—S[
!!!!!!!!!!!!!!!!!!!!!!!!!!!!!!!!!!!!!!!!!!!!!!!!!!!!!!!!!!!!!!!!
!!!!!!!!!!!!!!!!!!!!!!!!!!!!!!!!!!!!!!!!!!!!!!!!!!!!!!!!!!!!!!!!
!!!!!!!!!!!!!!!!!!!!!!!!!!!!!!!!!!!!!!!!!!!!!!!!!!!!!!!!!!!!!!!!
!!!!!!!!!!!!!!!!!!!!!!!!!!!!!!!!!!!!!!!!!!!!!!!!!!!!!!!!!!!!!!!!
!!!!!!!!!!!!!!!!!!!!!!!!!!!!!!!!!!!!!!!!!!!!!!!!!!!!!!!!!!!!!!!!
!!!!!!!!!!!!!!!!!!!!!!!!!!!!!!!!!!!!!!!!!!!!!!!!!!!!!!!!!!!!!!!!
!!!!!!!!!!!!!!!!!!!!!!!!!!!!!!!!!!!!!!!!!!!!!!!!!!!!!!!!!!!!!!!!
!!!!!!!!!!!!!!!!!!!!!!!!!!!!!!!!!!!!!!!!!!!!!!!!!!!!!!!!!!!!!!!!
!!!!!!!!!!!!!!!!!!!!!!!!!!!!!!!!!!!!!!!!!!!!!!!!!!!!!!!!!!!!!!!!
!!!!!!!!!!!!!!!!!!!!!!!!!!!!!!!!!!!!!!!!!!!!!!!!!!!!!!!!!!!!!!!!
!!!!!!!!!!!!!!!!!!!!!!!!!!!!!!!!!!!!!!!!!!!!!!!!!!!!!!!!!!!!!!!!
!!!!!!!!!!!!!!!!!!!!!!!!!!!!!!!!!!!!!!!!!!!!!!!!!!!!!!!!!!!!!!!!
!!!!!!!!!!!!!!!!!!!!!!!!!!!!!!!!!!!!!!!!!!!!!!!!!!!!!!!!!!!!!!!!
!!!!!!!!!!!!!!!!!!!!!!!!!!!!!!!!!!!!!!!!!!!!!!!!!!!!!!!!!!!!!!!!
!!!!!!!!!!!!!!!!!!!!!!!!!!!!!!!!!!!!!!!!!!!!!!!!!!!!!!!!!!!!!!!!
!!!!!!!!!!!!!!!!!!!!!!!!!!!!!!!!!!!!!!!!!!!!!!!!!!!!!!!!!!!!!!!!
!!!!!!!!!!!!!!!!!!!!!!!!!!!!!!!!!!!!!!!!!!!!!!!!!!!!!!!!!!!!!!!!
!!!!
User break
Done.
MHDD>unlock
For master, type "1". For user, type "0" > 0_
 | (c) maysoft aka Dmitry Postrigan, http://mhdd.net | 2.9
```

图 4－44　用户解锁

输入密码 123456 回车，解锁完成（图 4－45、图 4－46）。

11）dispwd 命令

dispwd 是解密命令，解锁完成后，可以执行此命令去掉硬盘加密，输入 dispwd 命令后回车，见图 4－47。

同样，此时会有两个选项，“1”是解主密码，“0”是用户密码。因为解用户密码，所以输入 0，回车，见图 4－48。

输入密码 123456 回车，解密完成（图 4－49）。

```
 ERR INDX CORR DREQ DRSC WRFT DRDY BUSY    PWD AMNF TONF A
 C[ 29104] H[16]  S[63]  [  293368832]    [    572730]—S[
!!!!!!!!!!!!!!!!!!!!!!!!!!!!!!!!!!!!!!!!!!!!!!!!!!!!!!!!!!!!
!!!!!!!!!!!!!!!!!!!!!!!!!!!!!!!!!!!!!!!!!!!!!!!!!!!!!!!!!!!!
!!!!!!!!!!!!!!!!!!!!!!!!!!!!!!!!!!!!!!!!!!!!!!!!!!!!!!!!!!!!
!!!!!!!!!!!!!!!!!!!!!!!!!!!!!!!!!!!!!!!!!!!!!!!!!!!!!!!!!!!!
!!!!!!!!!!!!!!!!!!!!!!!!!!!!!!!!!!!!!!!!!!!!!!!!!!!!!!!!!!!!
!!!!!!!!!!!!!!!!!!!!!!!!!!!!!!!!!!!!!!!!!!!!!!!!!!!!!!!!!!!!
!!!!!!!!!!!!!!!!!!!!!!!!!!!!!!!!!!!!!!!!!!!!!!!!!!!!!!!!!!!!
!!!!!!!!!!!!!!!!!!!!!!!!!!!!!!!!!!!!!!!!!!!!!!!!!!!!!!!!!!!!
!!!!!!!!!!!!!!!!!!!!!!!!!!!!!!!!!!!!!!!!!!!!!!!!!!!!!!!!!!!!
!!!!!!!!!!!!!!!!!!!!!!!!!!!!!!!!!!!!!!!!!!!!!!!!!!!!!!!!!!!!
!!!!!!!!!!!!!!!!!!!!!!!!!!!!!!!!!!!!!!!!!!!!!!!!!!!!!!!!!!!!
!!!!!!!!!!!!!!!!!!!!!!!!!!!!!!!!!!!!!!!!!!!!!!!!!!!!!!!!!!!!
!!!!!!!!!!!!!!!!!!!!!!!!!!!!!!!!!!!!!!!!!!!!!!!!!!!!!!!!!!!!
!!!!!!!!!!!!!!!!!!!!!!!!!!!!!!!!!!!!!!!!!!!!!!!!!!!!!!!!!!!!
!!!!!!!!!!!!!!!!!!!!!!!!!!!!!!!!!!!!!!!!!!!!!!!!!!!!!!!!!!!!
!!!!
User break
Done.
MHDD>unlock
For master, type "1". For user, type "0" > 0
Type password max 32sym (empty line for cancel):
123456_
 | (c) maysoft aka Dmitry Postrigan, http://mhdd.net | 2.9
```

图 4－45　解锁完成

```
 ERR INDX CORR DREQ DRSC WRFT DRDY BUSY    PWD AMNF TONF A
 C[ 29104] H[16]  S[63]  [  293368832]    [    572730]—S[
!!!!!!!!!!!!!!!!!!!!!!!!!!!!!!!!!!!!!!!!!!!!!!!!!!!!!!!!!!!!
!!!!!!!!!!!!!!!!!!!!!!!!!!!!!!!!!!!!!!!!!!!!!!!!!!!!!!!!!!!!
!!!!!!!!!!!!!!!!!!!!!!!!!!!!!!!!!!!!!!!!!!!!!!!!!!!!!!!!!!!!
!!!!!!!!!!!!!!!!!!!!!!!!!!!!!!!!!!!!!!!!!!!!!!!!!!!!!!!!!!!!
!!!!!!!!!!!!!!!!!!!!!!!!!!!!!!!!!!!!!!!!!!!!!!!!!!!!!!!!!!!!
!!!!!!!!!!!!!!!!!!!!!!!!!!!!!!!!!!!!!!!!!!!!!!!!!!!!!!!!!!!!
!!!!!!!!!!!!!!!!!!!!!!!!!!!!!!!!!!!!!!!!!!!!!!!!!!!!!!!!!!!!
!!!!!!!!!!!!!!!!!!!!!!!!!!!!!!!!!!!!!!!!!!!!!!!!!!!!!!!!!!!!
!!!!!!!!!!!!!!!!!!!!!!!!!!!!!!!!!!!!!!!!!!!!!!!!!!!!!!!!!!!!
!!!!!!!!!!!!!!!!!!!!!!!!!!!!!!!!!!!!!!!!!!!!!!!!!!!!!!!!!!!!
!!!!!!!!!!!!!!!!!!!!!!!!!!!!!!!!!!!!!!!!!!!!!!!!!!!!!!!!!!!!
!!!!!!!!!!!!!!!!!!!!!!!!!!!!!!!!!!!!!!!!!!!!!!!!!!!!!!!!!!!!
!!!!!!!!!!!!!!!!!!!!!!!!!!!!!!!!!!!!!!!!!!!!!!!!!!!!!!!!!!!!
!!!!
User break
Done.
MHDD>unlock
For master, type "1". For user, type "0" > 0
Type password max 32sym (empty line for cancel):
123456
Done.
MHDD>_
 | (c) maysoft aka Dmitry Postrigan, http://mhdd.net | 2.9 |
```

图 4－46　解锁完成

```
 ERR INDX CORR DREQ DRSC WRFT DRDY BUSY    PWD AMNF TONF A
 C[ 29104] H[16]  S[63]  [  293368832]    [    572730]—S[
!!!!!!!!!!!!!!!!!!!!!!!!!!!!!!!!!!!!!!!!!!!!!!!!!!!!!!!!!!!!
!!!!!!!!!!!!!!!!!!!!!!!!!!!!!!!!!!!!!!!!!!!!!!!!!!!!!!!!!!!!
!!!!!!!!!!!!!!!!!!!!!!!!!!!!!!!!!!!!!!!!!!!!!!!!!!!!!!!!!!!!
!!!!!!!!!!!!!!!!!!!!!!!!!!!!!!!!!!!!!!!!!!!!!!!!!!!!!!!!!!!!
!!!!!!!!!!!!!!!!!!!!!!!!!!!!!!!!!!!!!!!!!!!!!!!!!!!!!!!!!!!!
!!!!!!!!!!!!!!!!!!!!!!!!!!!!!!!!!!!!!!!!!!!!!!!!!!!!!!!!!!!!
!!!!!!!!!!!!!!!!!!!!!!!!!!!!!!!!!!!!!!!!!!!!!!!!!!!!!!!!!!!!
!!!!!!!!!!!!!!!!!!!!!!!!!!!!!!!!!!!!!!!!!!!!!!!!!!!!!!!!!!!!
!!!!!!!!!!!!!!!!!!!!!!!!!!!!!!!!!!!!!!!!!!!!!!!!!!!!!!!!!!!!
!!!!!!!!!!!!!!!!!!!!!!!!!!!!!!!!!!!!!!!!!!!!!!!!!!!!!!!!!!!!
!!!!!!!!!!!!!!!!!!!!!!!!!!!!!!!!!!!!!!!!!!!!!!!!!!!!!!!!!!!!
!!!!!!!!!!!!!!!!!!!!!!!!!!!!!!!!!!!!!!!!!!!!!!!!!!!!!!!!!!!!
!!!!
User break
Done.
MHDD>unlock
For master, type "1". For user, type "0" > 0
Type password max 32sym (empty line for cancel):
123456
Done.
MHDD>diskpwd
MHDD>dispwd_
 | (c) maysoft aka Dmitry Postrigan, http://mhdd.net | 2.9 |
```

图 4－47　执行 dispwd

```
 ERR INDX CORR DREQ DRSC WRFT DRDY BUSY     PWD AMNF TONF A
 C[ 29104] H[16] S[63] [ 293368321]    [    572730]—S[
!!!!!!!!!!!!!!!!!!!!!!!!!!!!!!!!!!!!!!!!!!!!!!!!!!!!!!!!!!!!!!
!!!!!!!!!!!!!!!!!!!!!!!!!!!!!!!!!!!!!!!!!!!!!!!!!!!!!!!!!!!!!!
!!!!!!!!!!!!!!!!!!!!!!!!!!!!!!!!!!!!!!!!!!!!!!!!!!!!!!!!!!!!!!
!!!!!!!!!!!!!!!!!!!!!!!!!!!!!!!!!!!!!!!!!!!!!!!!!!!!!!!!!!!!!!
!!!!!!!!!!!!!!!!!!!!!!!!!!!!!!!!!!!!!!!!!!!!!!!!!!!!!!!!!!!!!!
!!!!!!!!!!!!!!!!!!!!!!!!!!!!!!!!!!!!!!!!!!!!!!!!!!!!!!!!!!!!!!
!!!!!!!!!!!!!!!!!!!!!!!!!!!!!!!!!!!!!!!!!!!!!!!!!!!!!!!!!!!!!!
!!!!!!!!!!!!!!!!!!!!!!!!!!!!!!!!!!!!!!!!!!!!!!!!!!!!!!!!!!!!!!
!!!!!!!!!!!!!!!!!!!!!!!!!!!!!!!!!!!!!!!!!!!!!!!!!!!!!!!!!!!!!!
!!!!
User break
Done.
MHDD>unlock
For master, type "1". For user, type "0" > 0
Type password max 32sym (empty line for cancel):
123456
Done.
MHDD>diskpwd
MHDD>dispwd
For master, type "1". For user, type "0" > 0
Type password max 32sym (empty line for cancel):
123456_
 | (c) maysoft aka Dmitry Postrigan, http://mhdd.net | 2.9 |
```

图 4－48　解用户密码

```
 ERR INDX CORR DREQ DRSC WRFT DRDY BUSY     PWD AMNF TONF A
 C[ 29104] H[16] S[63] [ 293368321]    [    572730]—S[
!!!!!!!!!!!!!!!!!!!!!!!!!!!!!!!!!!!!!!!!!!!!!!!!!!!!!!!!!!!!!!
!!!!!!!!!!!!!!!!!!!!!!!!!!!!!!!!!!!!!!!!!!!!!!!!!!!!!!!!!!!!!!
!!!!!!!!!!!!!!!!!!!!!!!!!!!!!!!!!!!!!!!!!!!!!!!!!!!!!!!!!!!!!!
!!!!!!!!!!!!!!!!!!!!!!!!!!!!!!!!!!!!!!!!!!!!!!!!!!!!!!!!!!!!!!
!!!!!!!!!!!!!!!!!!!!!!!!!!!!!!!!!!!!!!!!!!!!!!!!!!!!!!!!!!!!!!
!!!!!!!!!!!!!!!!!!!!!!!!!!!!!!!!!!!!!!!!!!!!!!!!!!!!!!!!!!!!!!
!!!!!!!!!!!!!!!!!!!!!!!!!!!!!!!!!!!!!!!!!!!!!!!!!!!!!!!!!!!!!!
!!!!
User break
Done.
MHDD>unlock
For master, type "1". For user, type "0" > 0
Type password max 32sym (empty line for cancel):
123456
Done.
MHDD>diskpwd
MHDD>dispwd
For master, type "1". For user, type "0" > 0
Type password max 32sym (empty line for cancel):
123456
Done.
MHDD>_
 | (c) maysoft aka Dmitry Postrigan, http://mhdd.net | 2.9 |
```

图 4－49　解密完成

按 F2 刷新，硬盘已没密码，再扫描也是正常的扇区了（图 4－50、图 4－51）。

12）log 命令

log 是 MHDD29 的日志，它详细记录了 MHDD 扫描和维修硬盘的全部过程，以及哪个 LBA 处有坏道，哪个地方有红绿块，这对精确找到坏道是很有用的。在 Mhdd290 目录中键入 CD LOG，回车，就进入了日志目录（图 4－52）。

用 DIR 命令查看里面的日志文件 MHDD. LOG，见图 4－53。

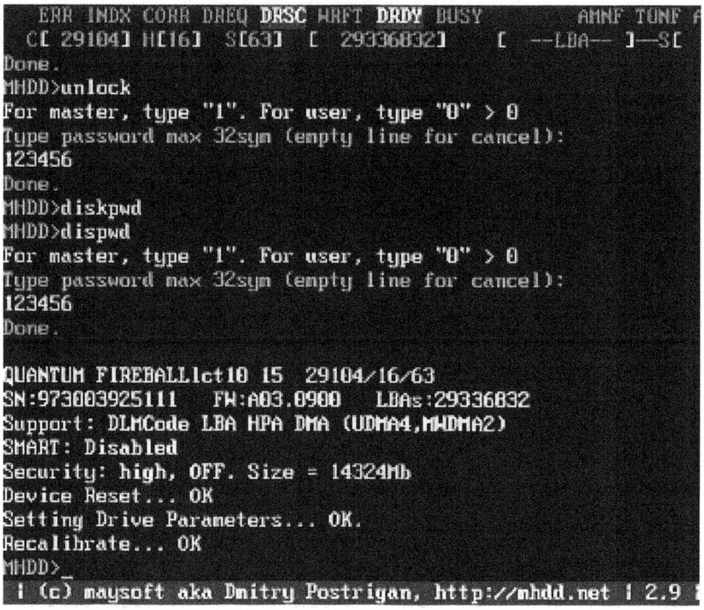

```
  ERR INDX CORR DREQ DRSC WRFT DRDY BUSY          AMNF TONF A
 C[ 29104] H[16]  S[63]  [  29336832]     [  --LBA-- ]--S[
Done.
MHDD>unlock
For master, type "1". For user, type "0" > 0
Type password max 32sym (empty line for cancel):
123456
Done.
MHDD>diskpwd
MHDD>dispwd
For master, type "1". For user, type "0" > 0
Type password max 32sym (empty line for cancel):
123456
Done.

QUANTUM FIREBALLlct10 15  29104/16/63
SN:973003925111   FW:A03.0900   LBAs:29336832
Support: DLMCode LBA HPA DMA (UDMA4,MWDMA2)
SMART: Disabled
Security: high, OFF. Size = 14324Mb
Device Reset... OK
Setting Drive Parameters... OK.
Recalibrate... OK
MHDD>_
 | (c) maysoft aka Dmitry Postrigan, http://mhdd.net | 2.9
```

图 4-50　刷新界面

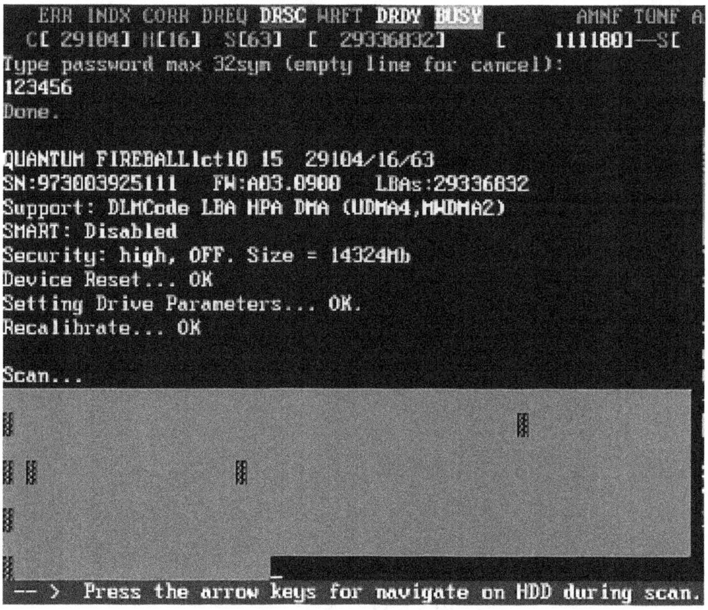

```
  ERR INDX CORR DREQ DRSC WRFT DRDY BUSY          AMNF TONF A
 C[ 29104] H[16]  S[63]  [  29336832]     [    111180]--S[
Type password max 32sym (empty line for cancel):
123456
Done.

QUANTUM FIREBALLlct10 15  29104/16/63
SN:973003925111   FW:A03.0900   LBAs:29336832
Support: DLMCode LBA HPA DMA (UDMA4,MWDMA2)
SMART: Disabled
Security: high, OFF. Size = 14324Mb
Device Reset... OK
Setting Drive Parameters... OK.
Recalibrate... OK

Scan...

 -- >  Press the arrow keys for navigate on HDD during scan.
```

图 4-51　刷新界面后扫描

如果要想编辑或查看此文件的内容,输入编辑命令 EDIT MHDD. LOG 回车(图 4-54)。

要想退出,先按 ALT 键,再按↓键,选 EXIT,回车就退出了(图 4-56)。

删除这个文件的命令是 DEL MHDD. LOG,这个文件每次在扫描硬盘的时候会自动生成(图 4-57)。

退回到上一级目录(图 4-48)的命令是 CD.. 回车。

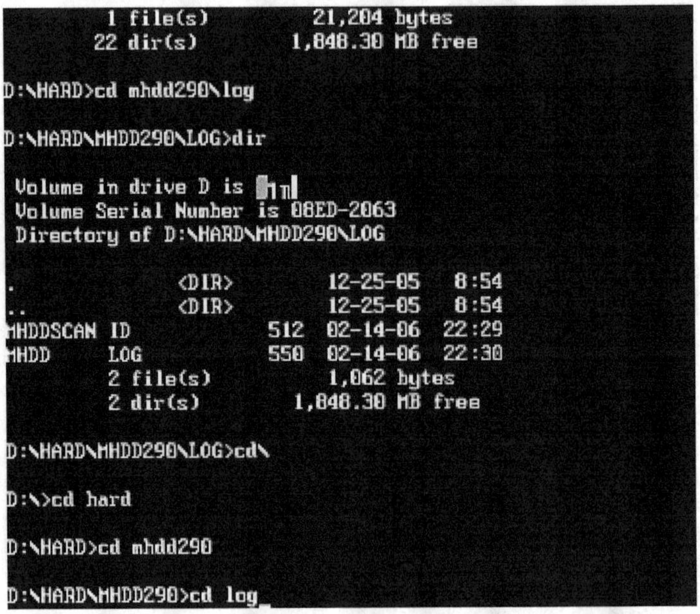

```
      1 file(s)         21,204 bytes
     22 dir(s)        1,848.30 MB free

D:\HARD>cd mhdd290\log

D:\HARD\MHDD290\LOG>dir

 Volume in drive D is
 Volume Serial Number is 08ED-2063
 Directory of D:\HARD\MHDD290\LOG

.            <DIR>        12-25-05   8:54
..           <DIR>        12-25-05   8:54
MHDDSCAN ID          512  02-14-06  22:29
MHDD     LOG         550  02-14-06  22:30
        2 file(s)          1,062 bytes
        2 dir(s)       1,848.30 MB free

D:\HARD\MHDD290\LOG>cd\

D:\>cd hard

D:\HARD>cd mhdd290

D:\HARD\MHDD290>cd log_
```

图4－52　进入日志目录

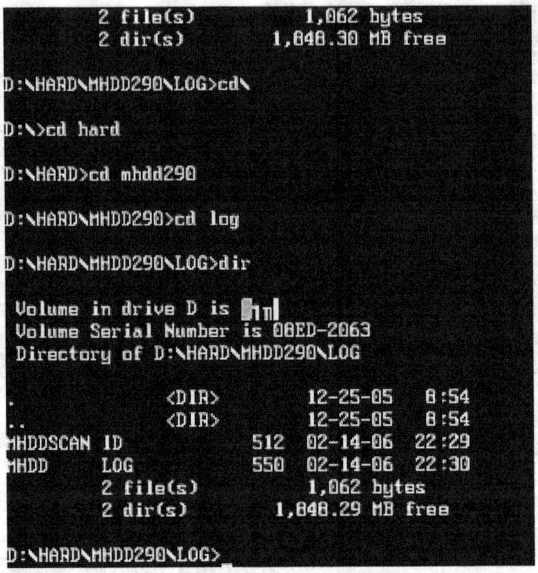

```
        2 file(s)          1,062 bytes
        2 dir(s)       1,848.30 MB free

D:\HARD\MHDD290\LOG>cd\

D:\>cd hard

D:\HARD>cd mhdd290

D:\HARD\MHDD290>cd log

D:\HARD\MHDD290\LOG>dir

 Volume in drive D is
 Volume Serial Number is 08ED-2063
 Directory of D:\HARD\MHDD290\LOG

.            <DIR>        12-25-05   8:54
..           <DIR>        12-25-05   8:54
MHDDSCAN ID          512  02-14-06  22:29
MHDD     LOG         550  02-14-06  22:30
        2 file(s)          1,062 bytes
        2 dir(s)       1,848.29 MB free

D:\HARD\MHDD290\LOG>_
```

图4－53　查看日志

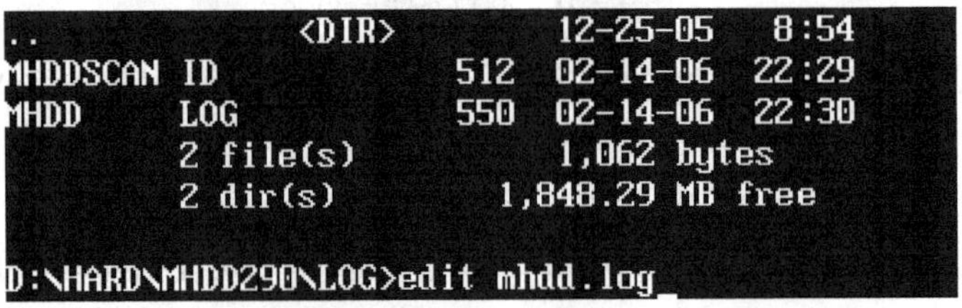

```
..           <DIR>        12-25-05   8:54
MHDDSCAN ID          512  02-14-06  22:29
MHDD     LOG         550  02-14-06  22:30
        2 file(s)          1,062 bytes
        2 dir(s)       1,848.29 MB free

D:\HARD\MHDD290\LOG>edit mhdd.log_
```

图4－54　编辑日志

```
 File  Edit  Search  View  Options  Help
            D:\HARD\MHDD290\LOG\MHDD.LOG
| (c) maysoft aka Dmitry Postrigan, http://mhdd.net | 2.9 |
14.02.2006  22:29:30   Scan Started.
14.02.2006  22:29:30   Device: Maxtor 0216002
14.02.2006  22:29:30   F/W: NAVXAA21
14.02.2006  22:29:30   SN: L21MM01A
14.02.2006  22:29:30   Scan without advanced log file.
14.02.2006  22:29:30
14.02.2006  22:29:30   Lap : 1
14.02.2006  22:29:30   LBA scan from 0 to 4124735
14.02.2006  22:30:35   User Break at 1450090
14.02.2006  22:30:35   No warnings, no errors.
14.02.2006  22:30:35   Done (Scan).
F1=Help                                     Line:1    Col:1
```

图 4－55　编辑界面

```
 File  Edit  Search  View  Options  Help
            D:\HARD\MHDD290\LOG\MHDD.LOG
  ew
  pen...        Dmitry Postrigan, http://mhdd.net | 2.9 |
  ave         30   Scan Started.
 Save  s...   30   Device: Maxtor 0216002
  lose        30   F/W: NAVXAA21
              30   SN: L21MM01A
  rint...     30   Scan without advanced log file.
              30   ----------------------------------
 Exit         30   Lap : 1
              30   LBA scan from 0 to 4124735
14.02.2006  22:30:35   User Break at 1450090
14.02.2006  22:30:35   No warnings, no errors.
14.02.2006  22:30:35   Done (Scan).
Exits the editor
```

图 4－56　退出编辑

```
D:\HARD\MHDD290\LOG>edit mhdd.log

D:\HARD\MHDD290\LOG>del mhdd.log_
```

图 4－57　删除日志

```
D:\HARD\MHDD290\LOG>edit mhdd.log

D:\HARD\MHDD290\LOG>del mhdd.log

D:\HARD\MHDD290\LOG>cd.._
```

图 4－58　退回上一级目录

CD\回车，此命令是退回到根目录(图 4－60)。

```
D:\HARD\MHDD290\LOG>edit mhdd.log

D:\HARD\MHDD290\LOG>del mhdd.log

D:\HARD\MHDD290\LOG>cd..

D:\HARD\MHDD290>_
```

图4-59　退回上一级目录

```
D:\HARD\MHDD290\LOG>edit mhdd.log

D:\HARD\MHDD290\LOG>del mhdd.log

D:\HARD\MHDD290\LOG>cd..

D:\HARD\MHDD290>cd\_
```

图4-60　返回根目录

2. 批处理命令

为便于维修硬盘,有时需要在根目录下编辑批处理命令。例如要在根目录下建立一个M. BAT的批处理命令,就在根目录下输入命令:EDIT M. BAT 回车,出现图4-61、图4-62所示界面。

```
D:\HARD\MHDD290\LOG>edit mhdd.log

D:\HARD\MHDD290\LOG>del mhdd.log

D:\HARD\MHDD290\LOG>cd..

D:\HARD\MHDD290>cd\

D:\>edit m.bat_
```

图4-61　进入编辑界面

```
 File  Edit  Search  View  Options  Help
---------------------------------- D:\M.BAT ----------------------------------
_
```

图4-62　批处理命令

如果运行批处理文件M. BAT,完成的是先进入hard文件夹(图4-63),再进入MHDD29文件夹,然后运行MHDD29命令,运行完毕再退回到根目录。按以下操作:

首先输入cd hard命令 再回车。

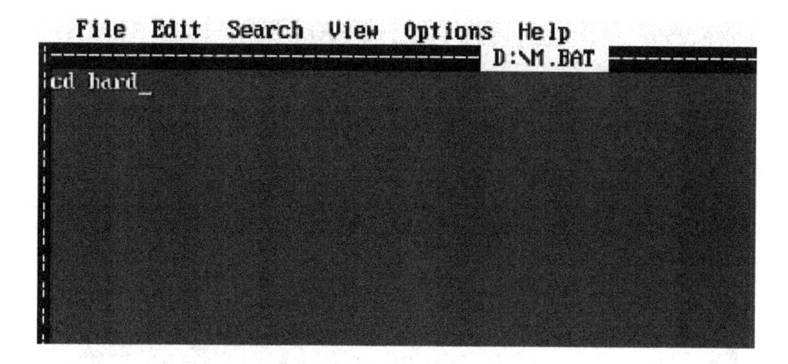

图 4－63　进入 hard 文件夹

再输入 cd MHDD290(前面说过,输入命令时,字母大写、小写效果一样。)再回车(图 4－64)。

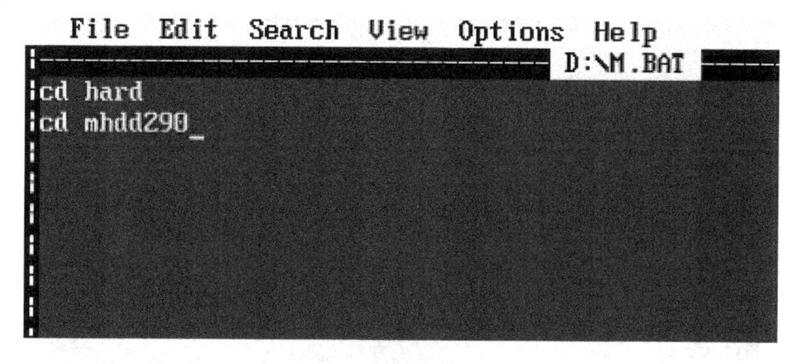

图 4－64　建立批处理过程

再输入 MHDD29 回车(图 4－65)。

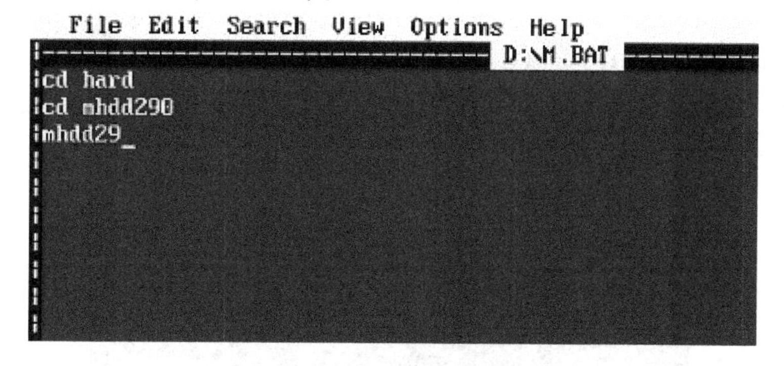

图 4－65　建立批处理过程

再输入 cd\(图 4－66)。

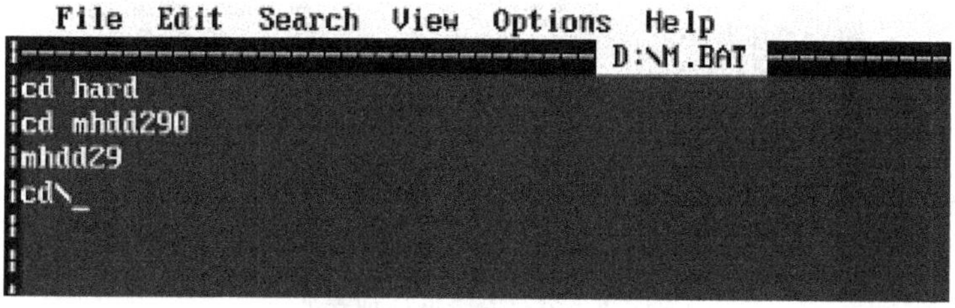

```
File  Edit  Search  View  Options  Help
D:\M.BAT
cd hard
cd mhdd290
mhdd29
cd\_
```

图 4－66　建立批处理过程

然后进行保存,按一下 Alt 键,再按↓键,选 Save(保存)再回车(图 4-67)。

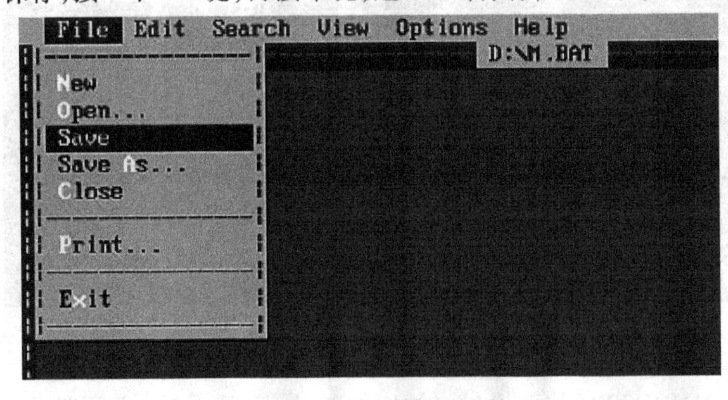

图 4-67 保存批处理

然后退出,先按 Alt 键,再按↓键,选 Exit(图 4-68),回车就退出了。

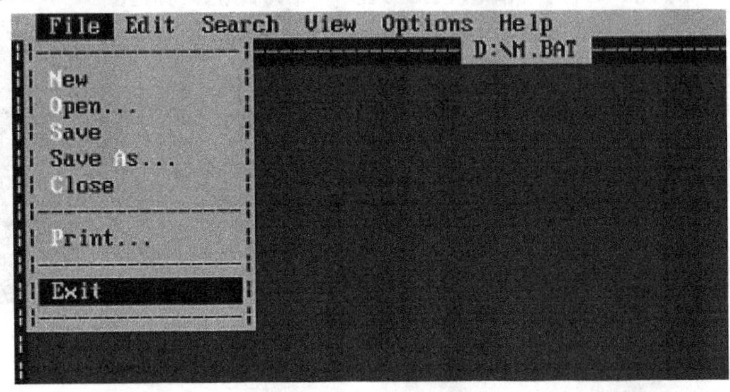

图 4-68 退出保存

以后我们再运行 MHDD 的时候,只要在根目录下输入 m 按回车就行了(图 4-69)。

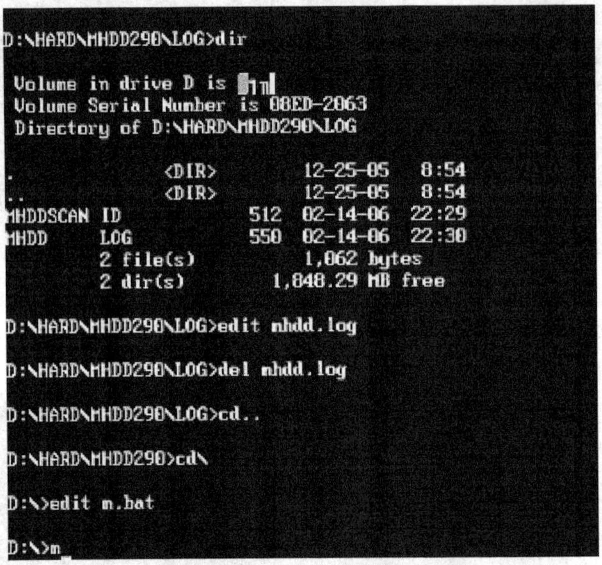

```
D:\HARD\MHDD290\LOG>dir

 Volume in drive D is
 Volume Serial Number is 08ED-2063
 Directory of D:\HARD\MHDD290\LOG

.            <DIR>        12-25-05   8:54
..           <DIR>        12-25-05   8:54
MHDDSCAN ID           512  02-14-06  22:29
MHDD     LOG          550  02-14-06  22:30
         2 file(s)         1,062 bytes
         2 dir(s)       1,848.29 MB free

D:\HARD\MHDD290\LOG>edit mhdd.log

D:\HARD\MHDD290\LOG>del mhdd.log

D:\HARD\MHDD290\LOG>cd..

D:\HARD\MHDD290>cd\

D:\>edit m.bat

D:\>m_
```

图 4-69 完成批处理文件

3. 查看日志文件的批处理命令

下面建立一个查看日志文件的批处理命令，输入 edit mlog. bat，回车(图 4 - 70)。

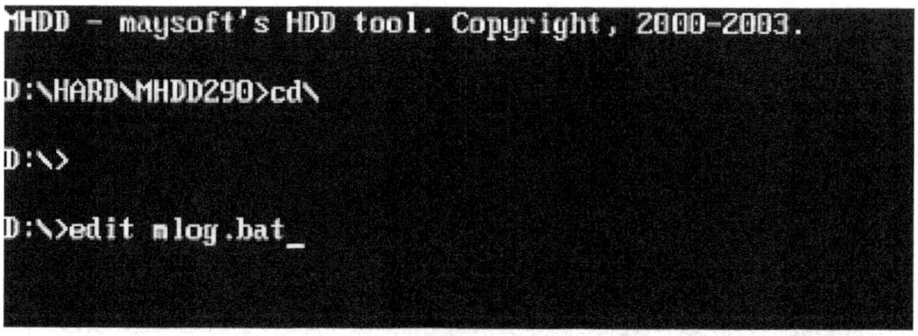

```
MHDD - maysoft's HDD tool. Copyright, 2000-2003.

D:\HARD\MHDD290>cd\

D:\>

D:\>edit mlog.bat_
```

图 4 - 70　建立查看日志文件的批处理命令

然后依次序输入五个命令(图 4 - 71)。

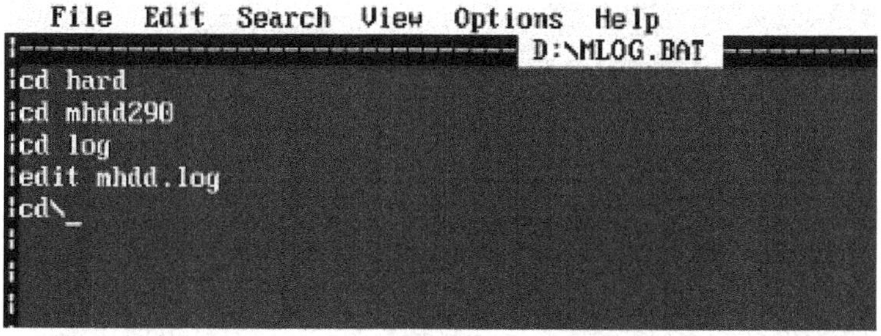

```
File  Edit  Search  View  Options  Help
                D:\MLOG.BAT
cd hard
cd mhdd290
cd log
edit mhdd.log
cd\_
```

图 4 - 71　查看日志文件的批处理命令

再选择退出(图 4 - 72)。

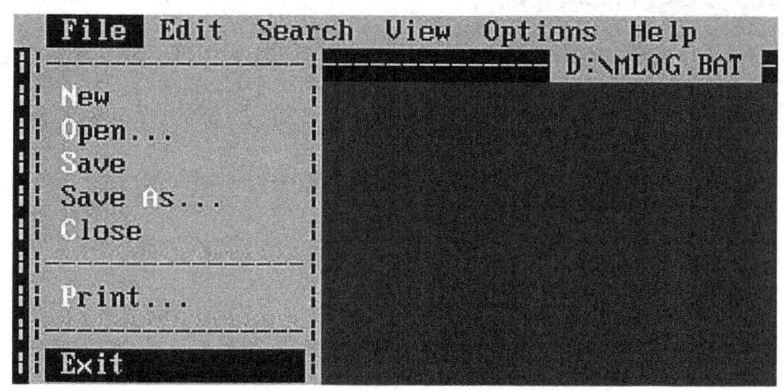

图 4 - 72　查看日志文件的批处理命令

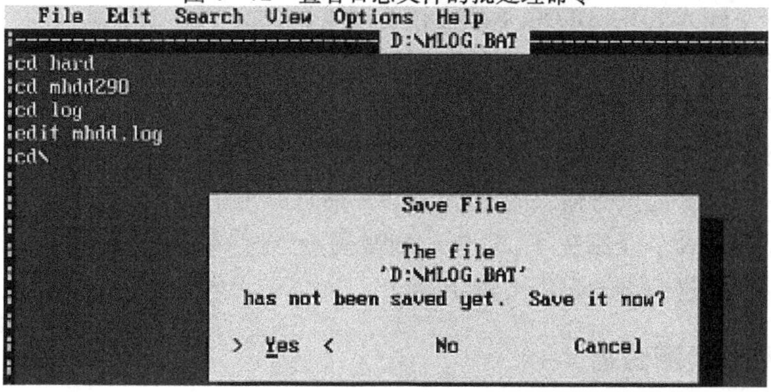

```
File  Edit  Search  View  Options  Help
                D:\MLOG.BAT
cd hard
cd mhdd290
cd log
edit mhdd.log
cd\

              Save File

              The file
            'D:\MLOG.BAT'
   has not been saved yet.  Save it now?

   > Yes <        No        Cancel
```

图 4 - 73　保存批处理文件

此处询问是否保存,选 YES,按回车就保存并退出了。

以后要查看日志文件,在根目录下输入 MLOG 回车即可(图 4-74、图 4-75)。

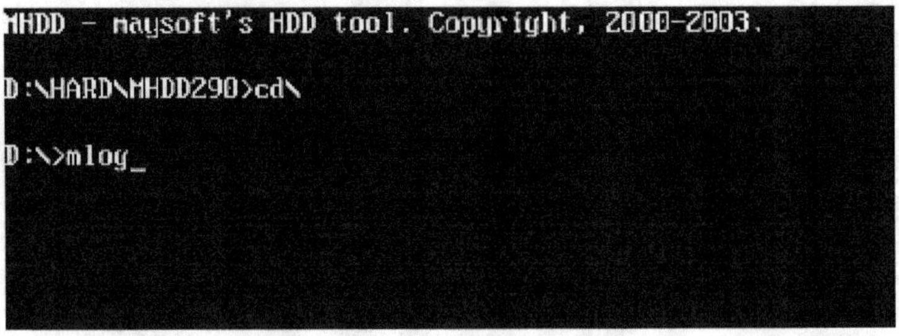

```
MHDD - maysoft's HDD tool. Copyright, 2000-2003.

D:\HARD\MHDD290>cd\

D:\>mlog_
```

图 4-74　查看批处理文件

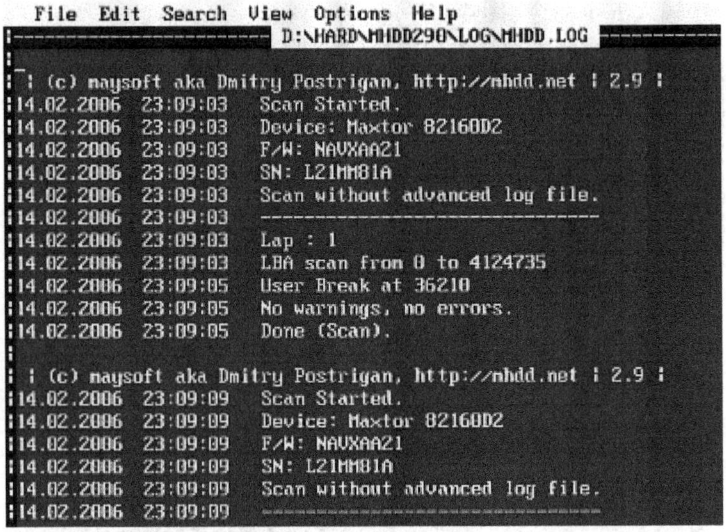

```
 File  Edit  Search  View  Options  Help
                        D:\HARD\MHDD290\LOG\MHDD.LOG

 | (c) maysoft aka Dmitry Postrigan, http://mhdd.net | 2.9 |
14.02.2006  23:09:03   Scan Started.
14.02.2006  23:09:03   Device: Maxtor 82160D2
14.02.2006  23:09:03   F/W: NAVXAA21
14.02.2006  23:09:03   SN: L21MM81A
14.02.2006  23:09:03   Scan without advanced log file.
14.02.2006  23:09:03   ------------------------------
14.02.2006  23:09:03   Lap : 1
14.02.2006  23:09:03   LBA scan from 0 to 4124735
14.02.2006  23:09:05   User Break at 36210
14.02.2006  23:09:05   No warnings, no errors.
14.02.2006  23:09:05   Done (Scan).

 | (c) maysoft aka Dmitry Postrigan, http://mhdd.net | 2.9 |
14.02.2006  23:09:09   Scan Started.
14.02.2006  23:09:09   Device: Maxtor 82160D2
14.02.2006  23:09:09   F/W: NAVXAA21
14.02.2006  23:09:09   SN: L21MM81A
14.02.2006  23:09:09   Scan without advanced log file.
14.02.2006  23:09:09   ------------------------------
```

图 4-75　查看批处理文件

在日志里面可以用翻页键 PAGE UP/PAGE DOWN 快速查看。

4. 删除日志文件的批处理命令

日志里面存的记录多了,查看不方便,就要经常删除日志,下面编辑一个删除日志文件的批处理命令。

在根目录下输入 EDIT DLOG. BAT 回车(图 4-76)。

输入以下的命令,完成的是先进入 HARD 文件夹,再进入 MHDD29 文件夹,然后运行 MHDD29 命令,运行完毕再退回到根目录(图 4-77)。

以后要删除日志文件 MHDD. LOG,只要在根目录下输入 DLOG 回车就行了。可以看到计算机在一条一条地执行输入的命令(图 4-78)。

MHDD 的基本命令介绍完了,简单地测试硬盘,维修硬盘坏道,加解密已经可以解决,如有需要,可以进一步学习相关命令。

4.4.2　效率源检测磁盘

使用 MHDD 可以完成硬盘的检测与修复等功能,但是它使用了很多的代码,下面介

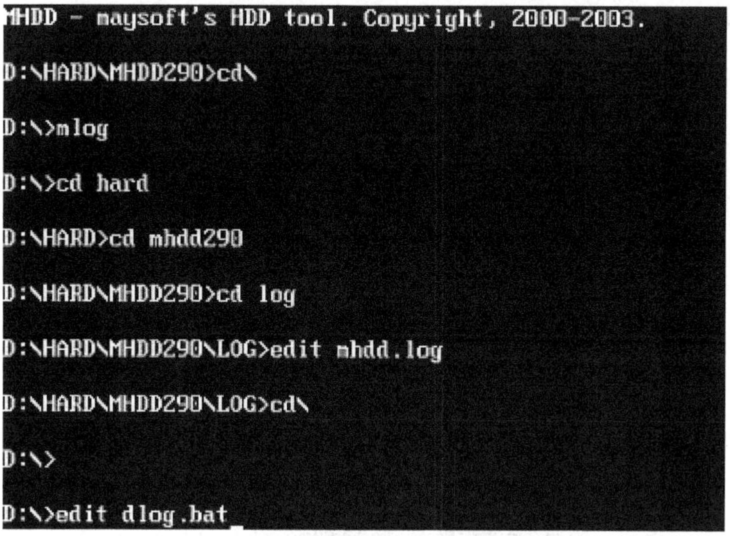

```
MHDD - maysoft's HDD tool. Copyright, 2000-2003.

D:\HARD\MHDD290>cd\

D:\>mlog

D:\>cd hard

D:\HARD>cd mhdd290

D:\HARD\MHDD290>cd log

D:\HARD\MHDD290\LOG>edit mhdd.log

D:\HARD\MHDD290\LOG>cd\

D:\>

D:\>edit dlog.bat_
```

图 4－76　建立删除日志文件的批处理命令

```
  File  Edit  Search  View  Options  Help
                                  D:\DLOG.BAT
cd hard
cd mhdd290
cd log
del mhdd.log
cd\_
```

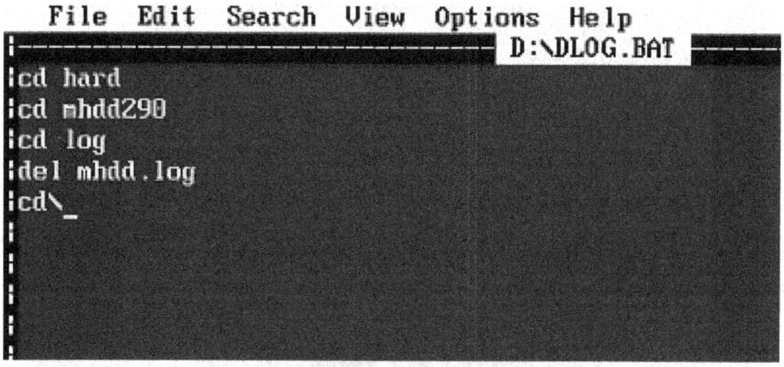

图 4－77　删除日志文件的批处理命令

```
MHDD - maysoft's HDD tool. Copyright, 2000-2003.

D:\HARD\MHDD290>cd\

D:\>dlog_
```

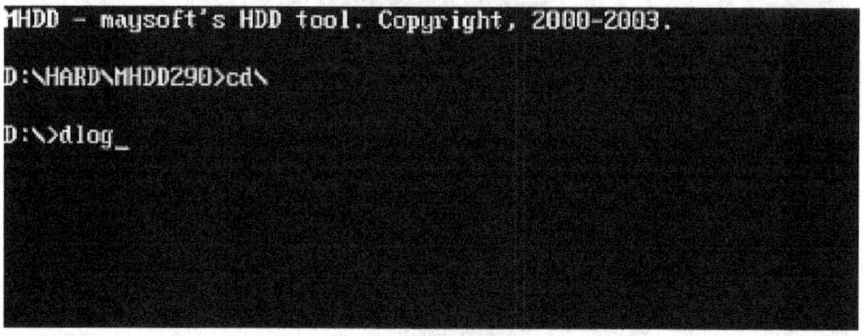

图 4－78　删除日志文件的批处理命令

绍的效率源也可以进行硬盘坏道检测修复,效率源是一款非常神奇的硬盘修复工具,可以非常详细地检测和修复硬盘错误和逻辑坏道,并且界面非常友好,初级用户容易上手。

1. 安装

效率源分为软盘版和光盘版,可以满足不同用户的需要。如果是软盘版,需要先在软驱中插入一张空白软盘,然后双击效率源安装程序,在打开的 Setup 窗口中单击“开始生成引导磁盘”按钮即可创建修复软盘(图 4－79);如果是光盘版,那么只要将 ISO 文件刻录到光盘上即可。

图4-79　创建修复软盘

2. 准备工作

由于是对硬盘进行修复，因此需要打开机箱，将要进行修复的硬盘安装在主板 IDE1 接口上；另外根据使用的是软盘或光盘来进行修复，设置默认引导选项。启动计算机，按下“Del”键进入 BIOS 设置，选择“Advanced BIOS Features”，然后根据情况将其中的“First Boot Device”设为“Floppy”（使用软盘启动）或“CDROM”（使用光盘启动），如图4-80所示，设置好后按 F10 保存设置并重新启动电脑。

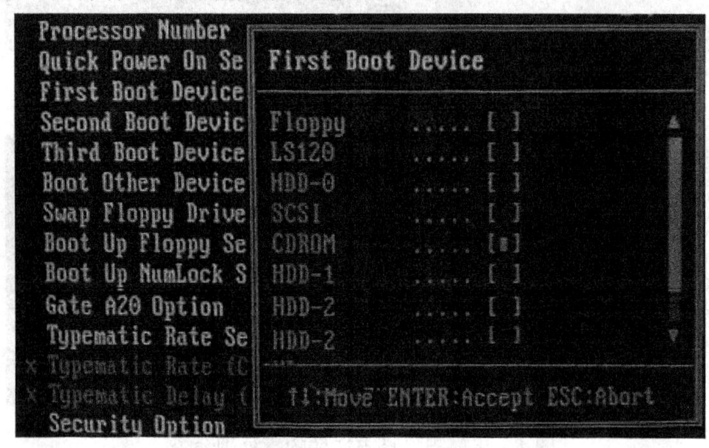

图4-80　设置引导

3. 硬盘检测

从软盘或光盘启动后，按下“Y”键，跳过前面的信息等介绍，按任意键进入软件主界面。在软件主界面上可以看到，其功能全部在左侧的菜单中，如图4-81所示。

1）硬盘全面检测

硬盘全面检测是指对整块硬盘进行全方面的检测，在这里只要选择相应选项并回车

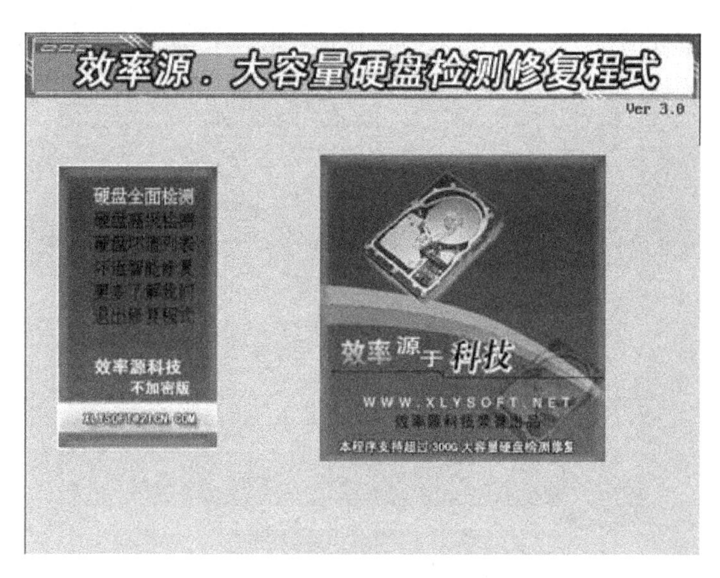

图 4－81　效率源主界面

即可打开检测窗口。程序会自动对 IDE1 接口上的硬盘进行检测，下方会实时显示检测进度，而窗口右侧则会显示检查到的坏磁道信息，如图 4－82 所示。

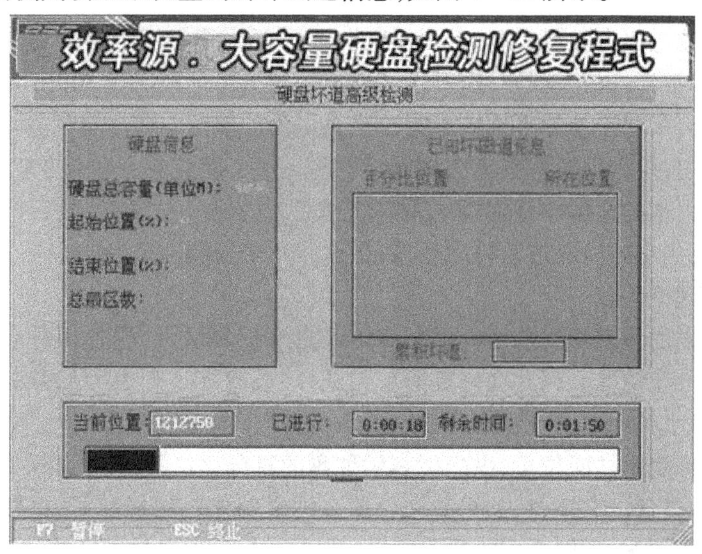

图 4－82　硬盘全面检测

小提示：在检测过程中可以按 F7 暂停，按 ESC 终止检查。

2）硬盘高级检查

对硬盘进行全面检测比较耗时，如果自己能够估计硬盘上坏道的位置，可以节省时间。例如硬盘大小为 20GB，C 盘容量为 2GB，D 盘容量为 4GB，那么则可以大概测算出坏道位置可能在硬盘的 10% ～30% 之间，这样就可以对该区域进行检查，而不要对所有硬盘进行检查。

在效率源左侧的功能菜单中选择“硬盘高级检测”，此时输入光标会自动定位在“起始位置”输入框中，输入起始位置为 22，然后按下回车将光标移到“结束位置”处，输入

45,再次回车程序即会对22% ~45% 这个区域进行检查了,如图4-83所示。

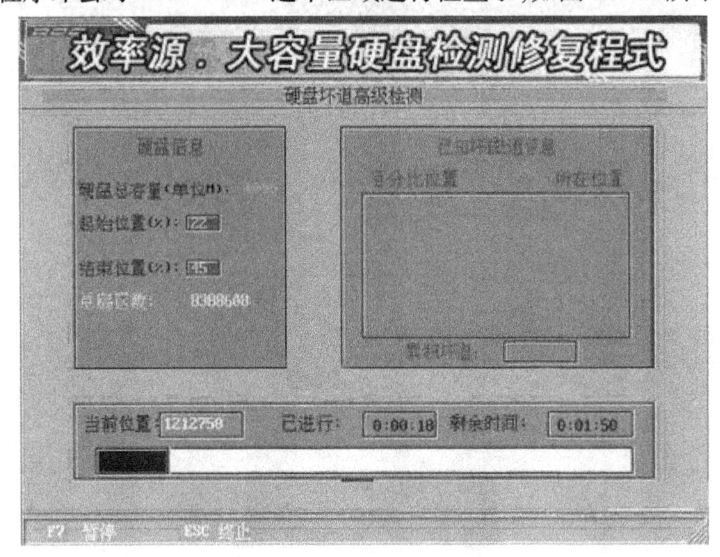

图4-83　硬盘高级检测

4. 硬盘修复

如果在检测过程中发现了坏道,得赶紧对其进行修复。由于硬盘是一个非常娇嫩的东西,其密度非常高,因此就是一块刚生产出来的硬盘也很难保证100%的没有坏道。

那么为什么买的硬盘看不到坏道呢?这是因为厂家把这些坏道信息记录在硬盘备用的永久缺陷列表,使得用户根本无法接触到这些坏道。因此在一些专业软件的帮助下,把在使用过程中出现的坏道也添加进永久缺陷列表,这样就可以使修复后的硬盘看起来完好无损,同样我们也可以通过相应的软件,把这些坏道检测出来。

1)硬盘坏道列表

效率源提供的坏道修复功能有手动修复和自动修复两种,选择何种修复方式主要在于硬盘坏道的分布情况。因此在修复前首先选择"硬盘坏道列表"项,从打开的窗口中可以看到用横、纵坐标标出了硬盘坏道的位置。

其中横坐标表示柱面位置,纵坐标表示硬盘的百分比位置,其中如果对应的数字0为白色,那么表明硬盘没有坏道,如果是红色那么则说明该区域损坏了,根据坐标图记录下硬盘坏道分布的情况,如图4-84所示。

2)坏道智能修复

下面选择"坏道智能修复",进入之后会要求选择"修复功能",通过左右光标控制键进行选择,在这里先以"手动修复"为例进行讲解,如图4-85所示。

选择手动修复并回车,进入手动修复设置窗口,根据在坏道列表中记录下来的情况,在"开始扇区"中输入坏道的起始处,然后按下回车在"结束扇区"后输入结束位置,为了能够修复所有存在的坏道,建议将开始扇区和结束扇区的值都设置的大一些,即将查找到的坏扇区两端的那部分扇区都加入到修复的行列。

设置好修复扇区后按下回车,即可设置"最多尝试次数",即出现坏道时如果一次修复未成功,那么最多要尝试几次进行修复,做好这些设置后再按下"Y"键即可进行修复,

效率源．大容量硬盘检测修复程式

硬盘坏道列表

	0	1	2	3	4	5	6	7	8	9
0	0	0	0	0	0	0	0	0	0	0
10	0	0	0	0	0	0	0	0	0	0
20	0	0	0	0	0	0	0	0	0	0
30	0	0	0	0	0	0	0	0	0	0
40	0	0	0	0	0	0	0	0	0	0
50	0	0	0	0	0	0	0	0	0	0
60	0	0	0	0	0	0	0	0	0	0
70	0	0	0	0	0	0	0	0	0	0
80	0	0	0	0	0	0	0	0	0	0
90	0	0	0	0	0	0	0	0	0	0

按任意键退出

图 4 - 84　硬盘坏道分布

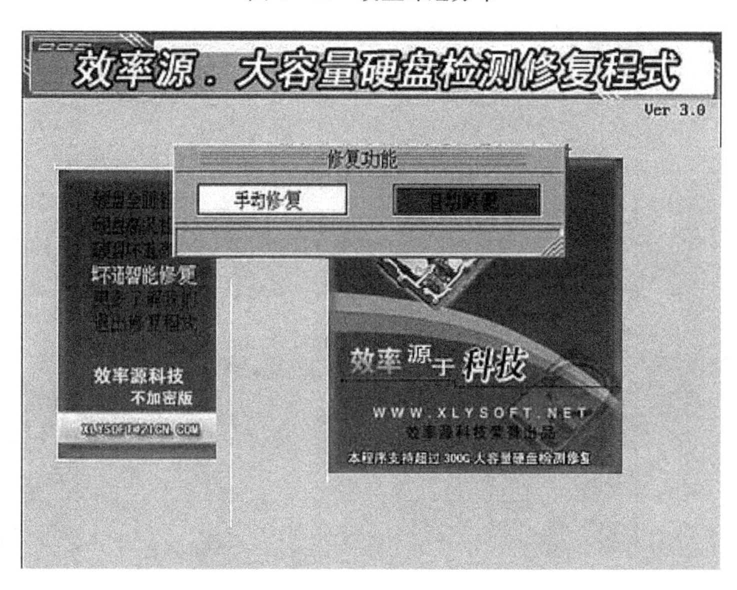

图 4 - 85　手动修复坏道

如图 4 - 86 所示。

如果选择“自动修复”则简单了许多，程序会自动对整块硬盘进行修复，不需要任何人为设置。这主要适用于硬盘坏道分布不均衡情况下使用，如图 4 - 87 所示。

故障现象：有一块 10GB 的硬盘出现坏道，运行程序时经常出现蓝屏和死机现象，用 Scandisk 扫描该硬盘，到 3% 时，硬盘发出“咯吱吱”的声音，约持续 2 分钟才跳过，继续扫描至结束。以完全扫描修复模式运行及反复高级格式化，故障依旧。这种情况极有可能是物理坏道。于是用效率源硬盘坏磁道修复软件来处理。用软盘启动电脑，如屏幕左下角显示“这个版本已经不能使用”，重新下载执行，还是不能用。可查看所下载软件的时间如下载时间为 2003 年 9 月，可重启电脑进入 BIOS，将系统时间改为 2003 年 10 月，再次

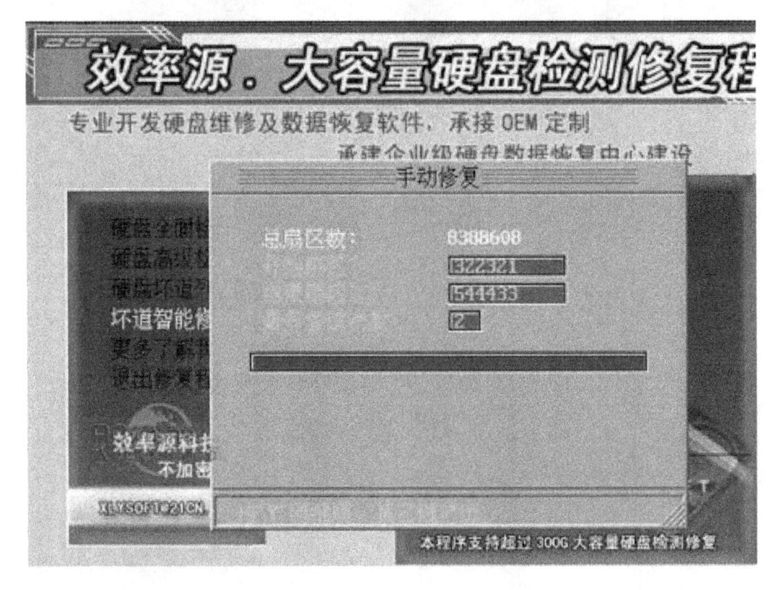

图 4－86　设置手动修复

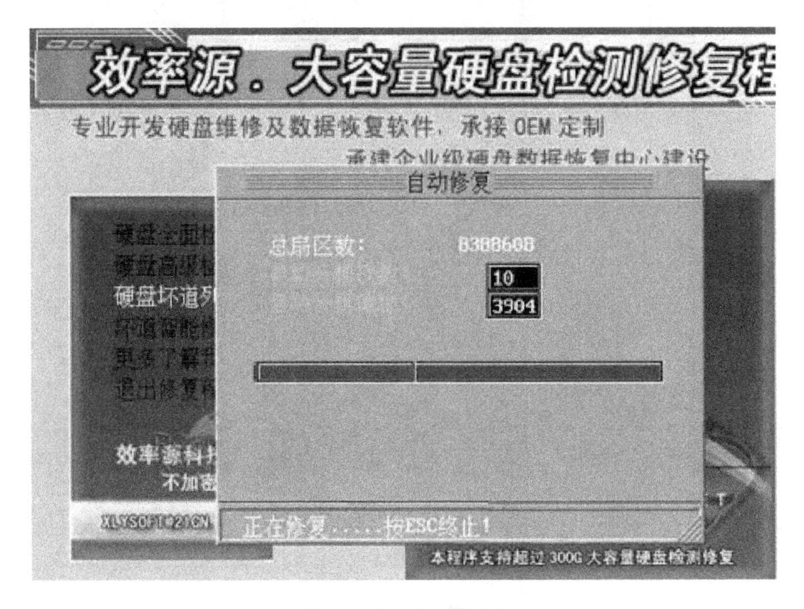

图 4－87　自动修复

用软盘启动电脑，则可顺利进入效率源硬盘坏磁道修复软件。运行 Scandisk 扫描硬盘，顺利通过，电脑也不再发生蓝屏死机现象，故障排除。

4.4.3　用 MHDD 清除主引导扇区“55AA”标志

1. 为什么要清除“55AA”标志

主引导扇区的最后两个字节为有效标志“55AA”，如果没有该标志，系统将会认为磁盘没有被初始化。因此，“55AA”标志对于磁盘来讲是非常重要的。但在数据恢复过程中，有时不得不在进入系统前将该标志进行清除。通常，在下列情况下可以考虑清除“55AA”标志。

1）需要恢复数据的硬盘存在病毒

当需要恢复数据的磁盘中存在病毒时，清除“55AA”标志可以使整个硬盘的分区失效，病毒也就无法继续传染。某些病毒的传染性非常强，当直接将染有这种病毒的硬盘挂接在正常的计算机上，进入操作系统后即开始传染，使数据恢复用机被病毒感染并导致死机，致使数据恢复工作无法进行。这时，我们可以在 DOS 下使用 MHDD 清除染毒磁盘的“55AA”标志，然后再进行后续的恢复工作。

2）重要位置处于坏扇区

如果磁盘存在坏扇区，而某个分区的引导记录扇区又恰好处在坏扇区位置时，将会使恢复用机很难顺利进入操作系统。即便进入操作系统后，也会因长时间无法读取出坏扇区的数据而不能进入就绪状态，甚至导致死机，使数据恢复工作无法进行。这时，我们也可以在 DOS 下先行使用 MHDD 将故障盘的“55AA”标志清除后再进行后续的工作。

3）磁盘逻辑参数矛盾

磁盘的逻辑参数存在矛盾时，也有可能导致数据恢复用机无法正常进入操作系统，或进入操作系统后即死机。比如，各个分区间的大小及位置关系矛盾，或某个分区引导扇区中的 BPB 参数出现错误，都有可能导致系统死机。清除“55AA”标志后，磁盘的主引导扇区失效，分区表也就失去了作用。这时操作系统会将磁盘识别为一个没有被初始化的磁盘进行加载，不会再调用分区表及各个逻辑分区的参数，也就不会发生死机的现象。

2. 清除“55AA”标志的方法

使用 MHDD 清除“55AA”标志非常简单，因为它提供了一个专门用于清除和写入“55AA”标志的命令“switchmbr”。

步骤 1　进入 MHDD 程序并选择要操作的磁盘，然后在程序界面中输入命令 swichmbr 后按 Enter 键。

在接下来的界面中可以看到，执行这个命令后，程序读取磁盘的 0 号扇区，并提示找到了 AA55。“55AA”是在十六进制编辑软件中看到的字节放置顺序，这是使用 little-endian 格式存放的顺序，真正的十六进制则为 0xAA55，所以 MHDD 将其表述为 AA55。

然后，程序询问是否要清除这个标志，要清除则按“Y”键，否则按“N”键。

步骤 2　按“Y”后程序立即执行清除操作，清除成功后即显示“Done”，表示操作成功完成。

如果执行 switchmbr 命令后程序没有找到“55AA”标志，则会给出提示并询问是否要写入该标志，这时按“Y”则会在磁盘的 0 号扇区写入“55AA”标志。

4.4.4　用 PC－3000 检测磁盘

PC－3000 是俄罗斯著名硬盘实验室 ACE 研究开发的一款专业修复硬盘工具，可以对硬盘进行工厂级的维修，读者可以查阅相关的文档对其进行深入了解。在此，我们只介绍如何使用 PC－3000 对硬盘进行检测。

步骤 1　检测前先按要求将硬盘与 PC－3000 连接，进入 PC－3000 主界面后，按 F11 键或单击左上角的电源开关按钮 为待检测硬盘加电（提示：在电源接通的状态下，按 F12 键或再次单击电源开关按钮即可关闭电源），如图 4－88 所示。

接通电源后，硬盘即开始运转并进行自检。自检通过后，界面下方的第二个指示灯

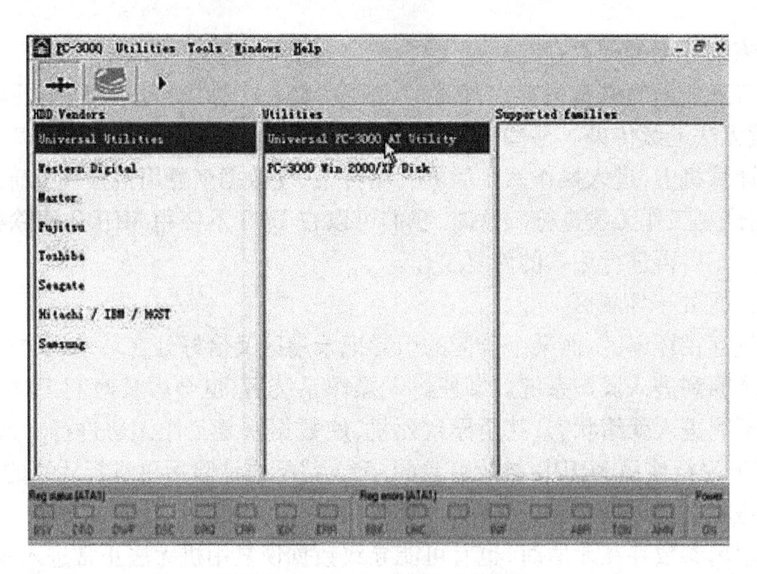

图 4－88　PC－3000 主界面

“DRD”和第四个指示灯“DSC”常亮。除这两个指示灯及电源指示灯外，其他指示灯熄灭，表示磁盘已进入就绪状态。

步骤 2　这时可以双击图 4－88 所示的 Universal Utilities Universal PC－3000 AT Utility 选项进入通用检测模块。否则，应该根据不同指示灯所代表的含义寻求其他解决方法。

步骤 3　进入通用模块后，单击图 4－89 所示的 Tests EXPress test，调出磁盘检测起始位置和结束位置对话框，如图 4－90 所示。

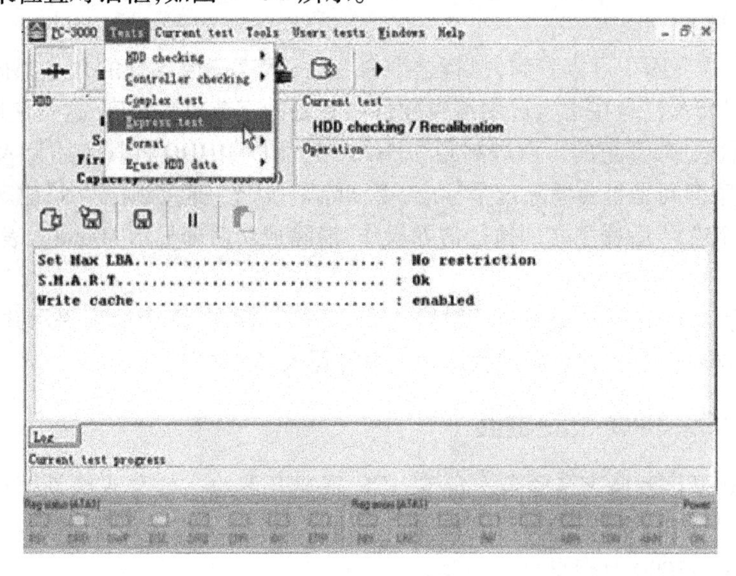

图 4－89　Tests 菜单

如果需要，可以对磁盘检测起始位置和结束位置进行相应的设置。但通常需要对整个磁盘进行检测，因此可以直接单击 OK 按钮，开始扫描。

步骤 4　单击 OK 按钮后，扫描过程开始，如图 4－91 所示。

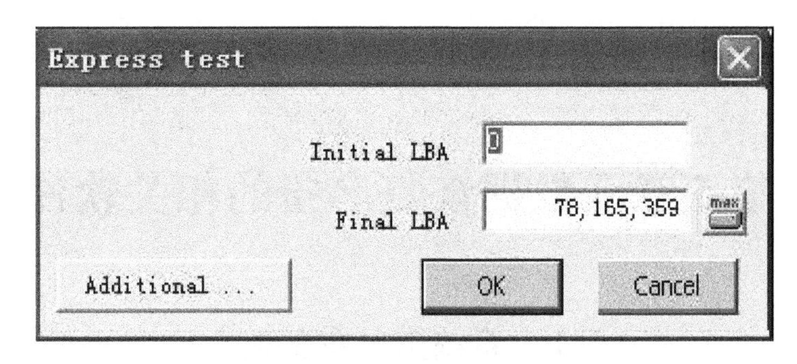

图 4-90　磁盘检测

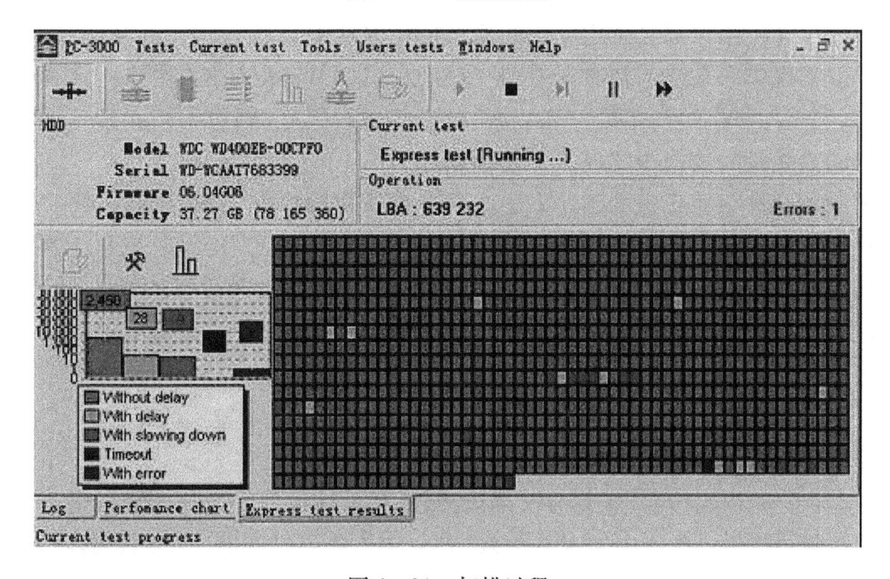

图 4-91　扫描过程

PC-3000 对坏道的色块表示与 MHDD 有所不同：

绿色块表示读取时间小于 5ms。

黄色块表示读取时间在 5ms~20ms 之间。

粉色块表示读取时间介于 20ms~10000ms 之间。

棕色块表示读取时间超过 10000ms。

最严重的是红色块，表示该位置无法读取。

无法读取的扇区数量在检测图表右上角的"Errors"中给出。同时，在左侧也以示意图的形式给出了每种色块状态扇区的数量。

在检测过程中，可以单击⏩按钮或按 Ctrl + F8 快进，还可以单击⏸按钮或按 F8 键暂停检测。在暂停状态下，通过单击▶按钮或按 F9 键可以实现人为控制的逐步检测，每单击一次检测 256 个扇区。

步骤 5　磁盘检测完毕后，即可根据色块数量情况得出磁盘的健康状况。检测过程中，随时可以单击■按钮或按 Esc 键终止检测。

第5章　数据恢复必备的相关软件

5.1　系统启动盘的制作

大部分计算机用户都会感觉原版的 Windows 系统安装盘有这样的缺憾：原版的系统安装盘仅能实现单一系统的初始安装，缺少硬盘分区（Windows XP 除外）、系统恢复等相关工具，不利于计算机的简单维护和数据的修复工作，因此，制作一张囊括各种相关工具的系统启动盘无疑为数据恢复提供了便利条件。

本节介绍这种启动光盘的制作方法。在进行下面的操作之前，我们需要一款强大的工具——EasyBoot。EasyBoot 是一款集成化的中文启动光盘制作工具，它可以制作全中文光盘启动菜单、自动生成启动文件、制作可启动的 ISO 文件。软件已内置了用于 Windows 98/2000/XP 的启动文件，我们只需利用刻录软件即可制作完全属于自己的启动光盘。

5.1.1　安装 Easyboot 和安装的注意事项

1. 安装 Easyboot 的主要过程

运行 EasyBoot V5.10 雨林木风版.exe，默认安装目录为 C:\EasyBoot，用户也可以选择其它目录进行安装。由于 C 盘是系统盘，建议大家将软件安装在其他磁盘内，这里我们安装在 D:\下。

安装程序自动建立以下目录：

C:\EasyBoot\disk1　　　　启动光盘系统文件目录

C:\EasyBoot\disk1\ezboot　　　　启动菜单文件目录

C:\EasyBoot\iso　　　　输出 ISO 文件目录

2. 运行 Easyboot 的方法

双击桌面上的 EasyBoot V5.10 雨林木风版的图标（图 5－1），会打开两个界面：一个是控制面版（左）；另一个是预览窗口（右）。

3. 新建主界面

双击桌面的 Easyboot 图标打开软件后，它自动生成一个模版 cdmenu.ezb，这个是软件自带的，它并不符合我们制作的需要，所以要新建一个自己的启动界面，在此基础上发挥我们自己的主观能动性去设计。

单击控制面版的“新建”按钮，此时我们可以从预览窗口看到，原有的文字和标题都去掉了，如图 5－2 所示。

这就是一个新的启动盘界面，我们现在可以去设计它。切记，这个新的界面我们还没有给它命名，那就先保存一下，单击“保存”按钮。假如想在另外的磁盘下保存，那单击“另存为”按钮。这里为了方便寻找我们保存的名字为 qdp.ezb，不改变它的路径（d:\pro-

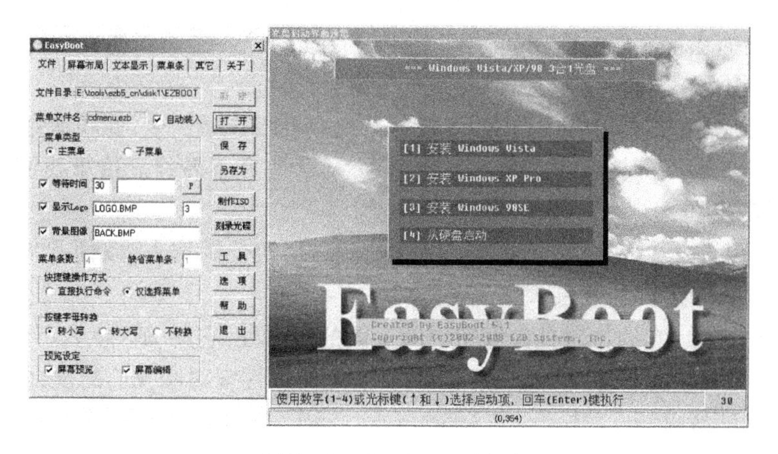

图 5-1　EasyBoot 主界面

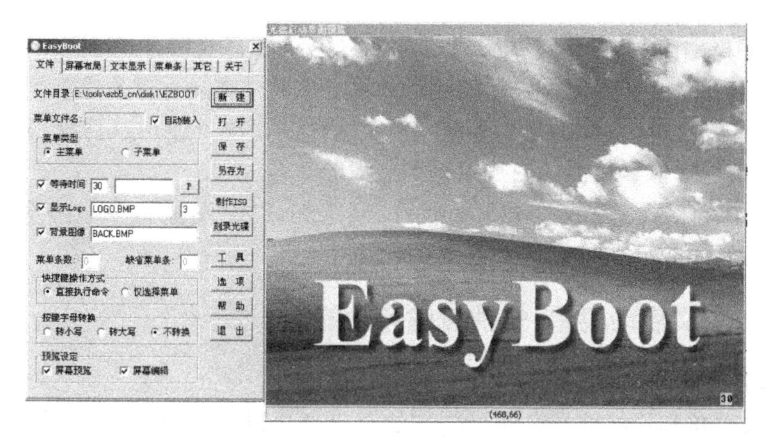

图 5-2　EasyBoot 新建界面

gram file\easyboot\disk\ezboot)，以方便以后制作过程中程序的选用。

4. 如何选择适用于自己的启动盘属性

新建完自己的启动界面后，我们可以通过控制菜单下的“文件”标签来设置它的属性，一般是不改变原先的属性，如图 5-3 所示。

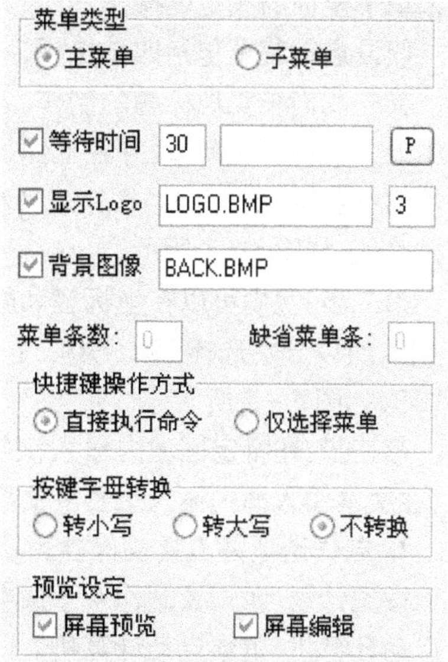

下面对一些常用的属性作简略介绍。

(1)菜单类型。分为主菜单和子菜单，主菜单指的是启动盘进入使用后的第一个画面，也是主要的提纲。子菜单可以是主菜单的下一级菜单，也可以是子菜单的下一级菜单，具体可以通过软件自带的命令去实现这个功能。

(2)等待时间。指的是进入主界面所需要的时间，单位是秒(s)。

(3)显示 LOGO。指一些以纪念意义和赢利为

图 5-3　“文件”标签

目的的图片会插在主界面之前,时间的确定是在后面的输入栏去实现。

(4)背景图像。可以选择自己的图片作为背景图片。

(5)快捷键操作方式。主要分为:直接执行命令和仅选择命令,此项命令为二选一。

(6)按字母大小写转换。主要分为:转小写、转大写和不转换。这里我们保持原先的设置,为“不转换”。

(7)预览设定。主要分为:屏幕预览和屏幕编辑,两个都选上,以便我们在编辑的时候能从预览窗口中观察到效果。

(8)密码设置。它的位置处在等待时间后面的空白处,它的输入栏内可以键入密码。

按照上述界面属性的分析,可以选择自己所需的属性来对应我们的设计要求,让启动盘呈现出自己的特点。

5.1.2 制作启动界面的LOGO、背景图像

Easyboot在制作启动盘的过程中可以加入具有自己特色的开机LOGO和背景图片,大大丰富了我们的界面,美化了整体的运行环境。该软件在显示像素上有严格的要求,一般为640×480或者800×600,由于系统一般在瘫痪的情况下使用启动盘,显卡驱动并未安装,所以我们选择像素较低的图片以得到最大的兼容。

LOGO图片的格式是:640×480大小的256色的BMP图像文件 。背景图像的格式是:640×480大小的256色的BMP图像文件。

5.1.3 制作中文启动菜单、快捷按键和功能键

1. 制作启动菜单的标题

制作中文菜单和功能键是启动盘制作的重点部分,Easyboot将原来用许多程序来实现的东西,只需用鼠标在界面上操作,大大节省了制作时间,特别是开放式的思路让计算机知识不全面的人也能操作。

假设启动菜单包括四个选项、一个标题和一个落款。

首先我们来实现标题的制作。单击Easyboot的“屏幕布局”标签,我们需要在界面的正中上方实现一块区域,并在上面显示文字“计算机系统维护启动盘”。

第一步:单击“添加”按钮或者在预览窗口右键(确立生成区域)、左键拖动区域、最后右键确认,如图5-4所示。

第二步:我们可以在坐标栏和颜色栏内选择所需的种类。为了左右对齐,横坐标一共是640,所以分别选择150、490。主体颜色选择“亮青”。为使图标有立体感,在边宽内选择“3”,如图5-5所示。

第三步:在特定区域内输入汉字(图5-6)。单击“文本”标签,同样单击“添加”按钮,在文本输入框内键入想要的文字并设置它的坐标。

2. 制作选项并设置快捷键和功能键

按照计划,我们要制作4个选项,分别是:一键GHOST恢复系统、常用装机软件、从硬盘启动计算机、重新启动计算机。

第一步:单击“菜单条”标签,同样单击“添加”按钮,此时会在预览窗口看到生成了一块区域,如图5-7所示。

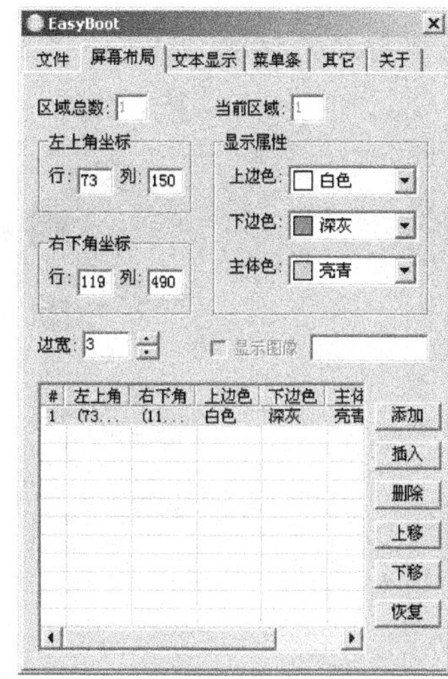

图 5－4　确立生成区域　　　　图 5－5　屏幕布局

图 5－6　特定区域内输入汉字

图 5－7　预览窗口

第二步：编辑菜单的文字、颜色、坐标。这里我们为了整体的美观，将菜单的底色去掉，坐标对齐标题，如图5-8所示。

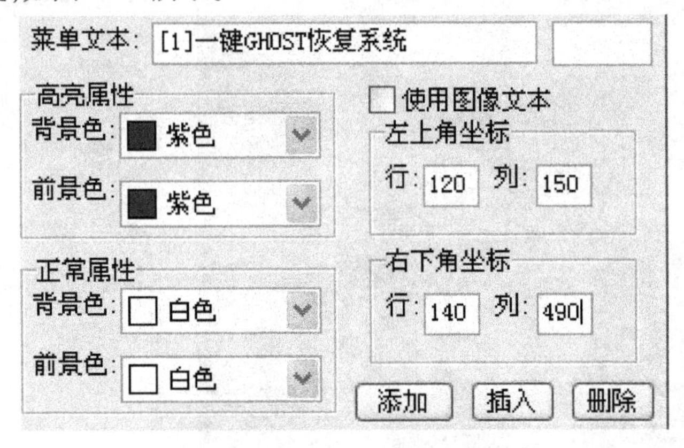

图5-8　编辑菜单

制作好所有的菜单之后，我们的主体界面就大体完成（图5-9），之后我们来为这些菜单设置快捷键（图5-10）。

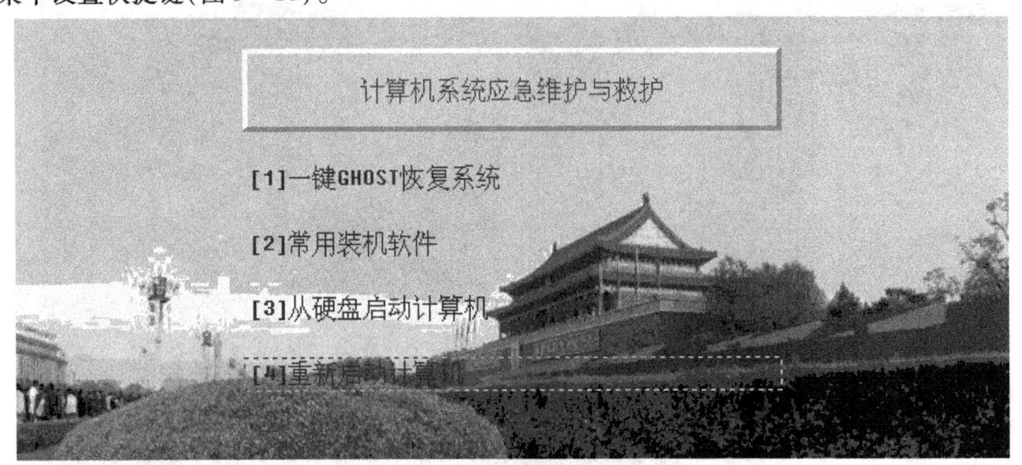

图5-9　完成界面

图5-10　设置快捷键

单击所要设置的菜单，然后在快捷键内输入所选的数字键，这样菜单快捷键就设置好了。

最后，我们来做文件的链接，这是启动盘中非常关键的部分，具有很强的专业性。例如:一键 GHOST 在执行命令框内输入“run ghost11.0.exe”,要求该文件已经存放入 D:\Program Files\EasyBoot\disk1\ezboot 内。这样在启动盘打开时可以通过选择直接运行。常用装机软件的命令为:run zcd.ezb(此项目为启动子菜单);从硬盘启动的命令为:boot 80;重新启动计算机命令为:boot 0。

5.1.4 制作启动盘的子菜单

做完了主界面,我们的启动盘并不完美,在第二菜单中,按计划制作一个子菜单,可以让启动盘的层次感更强,思路更加清晰。

建立子菜单的方法跟主菜单一样,只是在文件属性栏内选择子菜单,如图 5-11 所示。

再把该项目保存为 zcd.ezb 于默认文件夹内。注意所需工具软件全部放入 D:\Program Files\EasyBoot\disk1\ezboot 内。

子菜单的界面制作大体与主菜单的界面制作相同,这里就不具体介绍。

制作完子菜单的界面和内容之后,我们来解决它和主菜单的连接。首先打开主菜单 qdp.ezb,然后在其“菜单栏”下选中第二项菜单“常用装机软件”,最后在其运行框内输入制作完成的子菜单的文件名“run cyrj.ezb”,如图 5-12 所示。

这就是我们制作子菜单的全过程,如果需要还可以做出第三级菜单,方法类似。其中要注意的是文件的软盘引导要做好。

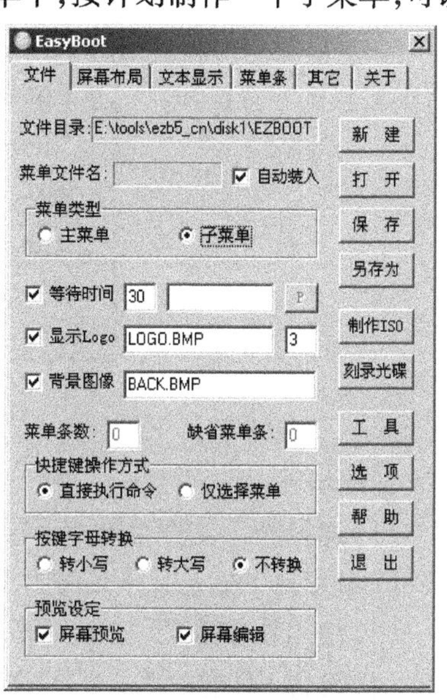

图 5-11 文件属性

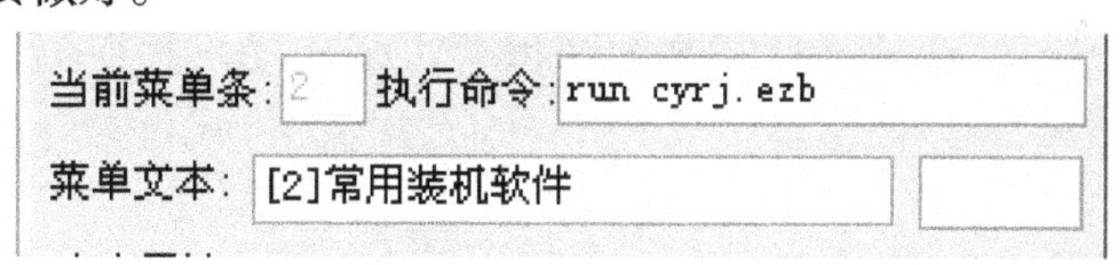

图 5-12 执行命令

5.1.5 将所有文件打包成 ISO 镜像

无论光盘还是 USB 启动盘,都需要把文件制成 ISO 镜像文件,这样才能自动运行,下面我向大家介绍,如何在 Easyboot 下直接制作镜像文件并刻录出来。

第一步:光盘文件准备

(1)将要刻录原盘所有文件拷贝到 D:\EasyBoot\disk1 目录。(说明:Windows NT/2000/XP 必须包含原版光盘根目录和 I386 目录下的文件,Windows 98 需要 setup 目录下的文件,制作 N 合 1 光盘还需要专门制作的启动文件,并配置相关路径。)

(2)将相应的启动文件,如 dos98.img、w2ksect.bin 拷贝到 D:\EasyBoot\disk1\ezboot 目录,减少根目录下文件数量。

第二步:制作 ISO

按“制作 ISO”按钮，弹出对话框，如图 5－13 所示。

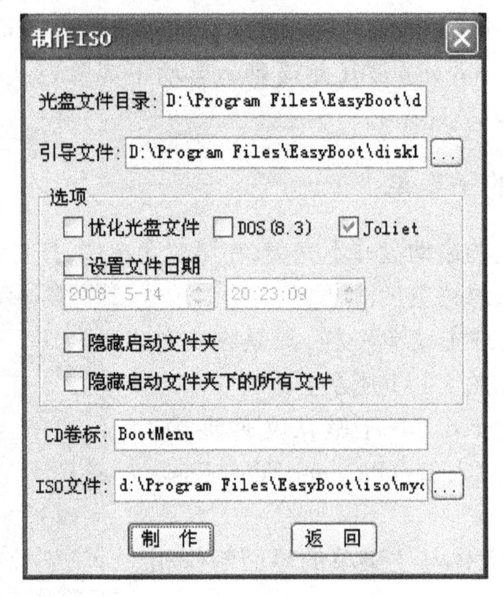

图 5－13　制作 ISO 对话框

制作步骤：

（1）选择光盘文件目录为：D：\EasyBoot\disk1

（2）（必须）设定引导文件为 D：\EasyBoot\disk1\ezboot\w2ksect. bin

（3）使用缺省选项，如果需要支持小写文件名，请选择“使用 Joliet”

（4）设置 CD 卷标为：WINXP

（5）设置输出 ISO 文件名为：D：\EasyBoot\iso\winxp. iso

（6）按“制作”按钮，即可生成可启动的光盘 ISO 文件。

设置光盘文件目录、选项、CD 卷标和输出 ISO 文件，按“制作”按钮，即可生成 ISO 文件。

注意事项：

（1）“优化光盘文件”，将相同内容的文件在光盘上只存储 1 次，主要用于做 N 合 1 光盘。

（2）“DOS（8. 3）”，将强制 ISO9660 文件名为 DOS 8. 3 格式，以便可以在 DOS 下访问。

（3）“使用 Joliet”，可保持文件名大小写，同时支持最多 64 个字符的长文件名。

（4）“设置文件日期”，将光盘所有文件日期改成设定值，制作出来的光盘更专业。

（5）“隐藏启动文件夹”，可试启动文件夹 ezboot 在 Windows 资源管理器和 DOS dir /a 命令下不显示。

（6）“隐藏启动文件夹下的所有文件”，功能同上，可隐藏启动目录 ezboot 下的所有文件。

5.1.6　将 ISO 文件刻录到光盘

用 EasyCD Creator、Nero Burning-ROM 或其他刻盘工具，将制作生成的 ISO 文件直接刻盘即可。这里我们使用 Nero 并在 Easyboot 下刻录。

单击文件标签下的“刻录”菜单，弹出对话框。

加入所要刻录的 ISO 镜像，单击“刻录”按钮，这样不过 3 分钟，一张计算机系统启动关盘就制作完毕了，如图 5 - 14 所示。

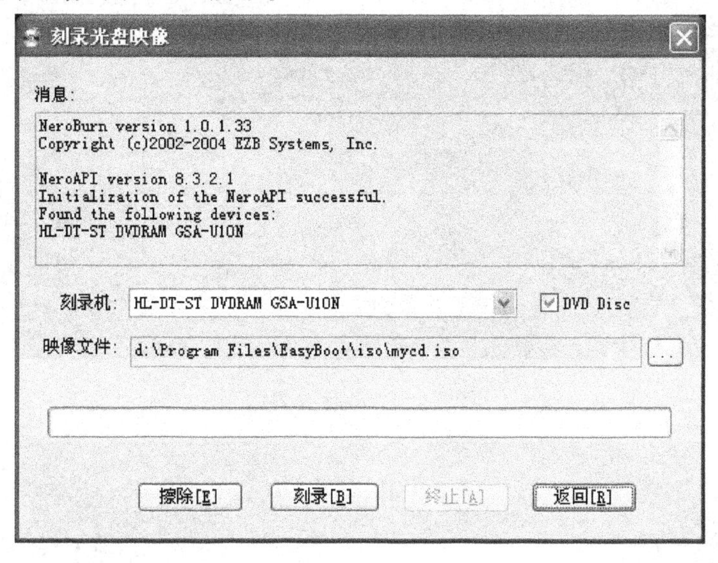

图 5 - 14　刻录光盘映像

5.2　Fdisk 的应用

随着第三方磁盘分区软件的异军突起，Fdisk 已经很少人使用。不过，因为 Fdisk 集成在 Windows 98 启动盘中，程序用起来比较容易，因此它还是拥有一定的用户群。另外，在使用第三方分区软件分区出错后，用 Fdisk/mbr 命令，可以恢复硬盘分区表。

5.2.1　创建分区

首先，进入 DOS 状态（最好是用启动盘进入），在提示符下键入 fidsk 回车，进入 fdisk 界面，如图 5 - 15 所示。

画面大意是说磁盘容量已经超过了 512MB，为了充分发挥磁盘的性能，让一个盘的分区超过 2GB，建议选用 FAT32 文件系统，输入“Y”键后按回车键。进入主界面，如图 5 - 16所示。

主界面的选项不多，但选项下还有一级目录，操作时请注意。

图中选项解释：

(1)创建 DOS 分区或逻辑驱动器。

(2)设置活动分区。

(3)删除分区或逻辑驱动器。

(4)显示分区信息。

在 Fdisk 主界面菜单中选择“1”后按回车键，进入创建分区界面，如图 5 - 17 所示。

图中选项解释：

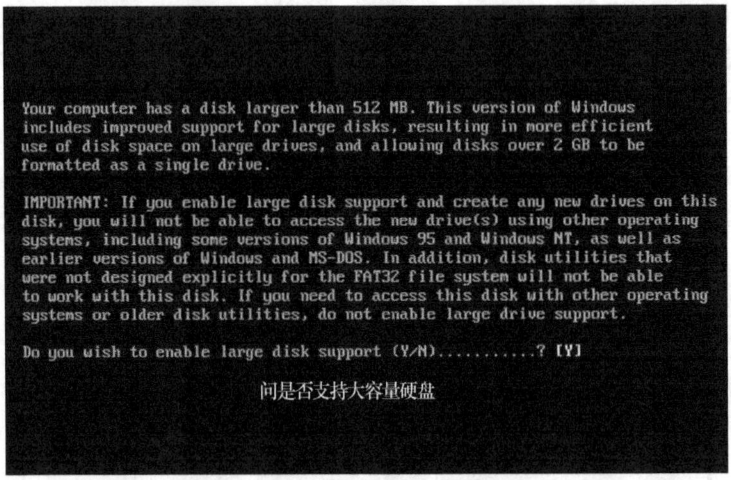

```
Your computer has a disk larger than 512 MB. This version of Windows
includes improved support for large disks, resulting in more efficient
use of disk space on large drives, and allowing disks over 2 GB to be
formatted as a single drive.

IMPORTANT: If you enable large disk support and create any new drives on this
disk, you will not be able to access the new drive(s) using other operating
systems, including some versions of Windows 95 and Windows NT, as well as
earlier versions of Windows and MS-DOS. In addition, disk utilities that
were not designed explicitly for the FAT32 file system will not be able
to work with this disk. If you need to access this disk with other operating
systems or older disk utilities, do not enable large drive support.

Do you wish to enable large disk support (Y/N)..........? [Y]
```

问是否支持大容量硬盘

图 5－15　fdisk 主界面

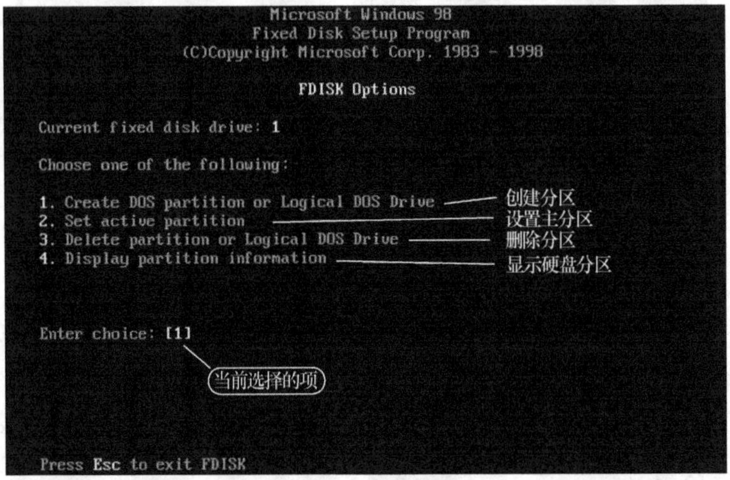

```
Microsoft Windows 98
Fixed Disk Setup Program
(C)Copyright Microsoft Corp. 1983 - 1998

FDISK Options

Current fixed disk drive: 1

Choose one of the following:

1. Create DOS partition or Logical DOS Drive
2. Set active partition
3. Delete partition or Logical DOS Drive
4. Display partition information

Enter choice: [1]

Press Esc to exit FDISK
```


图 5－16　FAT32 文件系统主界面

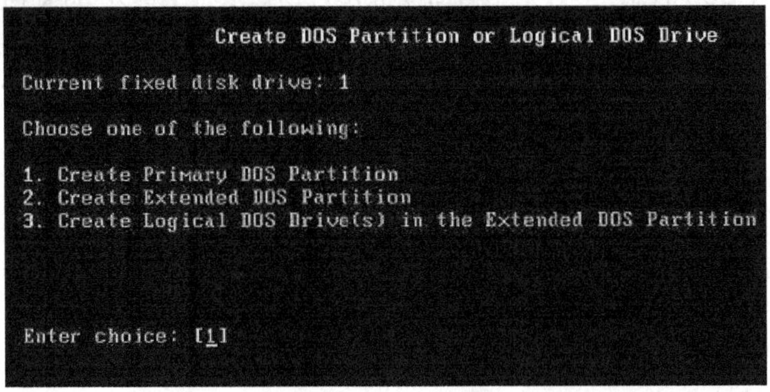

```
Create DOS Partition or Logical DOS Drive

Current fixed disk drive: 1

Choose one of the following:

1. Create Primary DOS Partition
2. Create Extended DOS Partition
3. Create Logical DOS Drive(s) in the Extended DOS Partition

Enter choice: [1]
```

图 5－17　创建分区界面

（1）创建主分区。

（2）创建扩展分区。

(3)创建逻辑分区。

硬盘分区遵循着“主分区→扩展分区→逻辑分区”的次序原则。一个硬盘可以划分多个主分区,但没必要划分那么多,一个足矣。主分区之外的硬盘空间就是扩展分区,而逻辑分区是对扩展分区再行划分得到的。

1. 创建主分区

在创建分区界面中选择“1”后回车确认,Fdisk 开始检测硬盘,如图5-18所示。

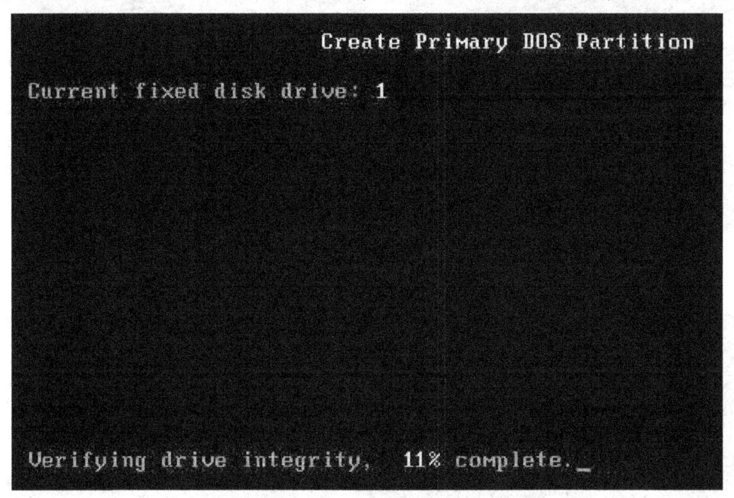

图5-18 创建分区界面

检测无误之后,出现选择:“你是否希望将整个硬盘空间作为主分区并激活?”,图5-19所示的主分区一般就是C盘,随着硬盘容量的日益增大,很少有人将硬盘只分一个区,所以这里选“N”并按回车。

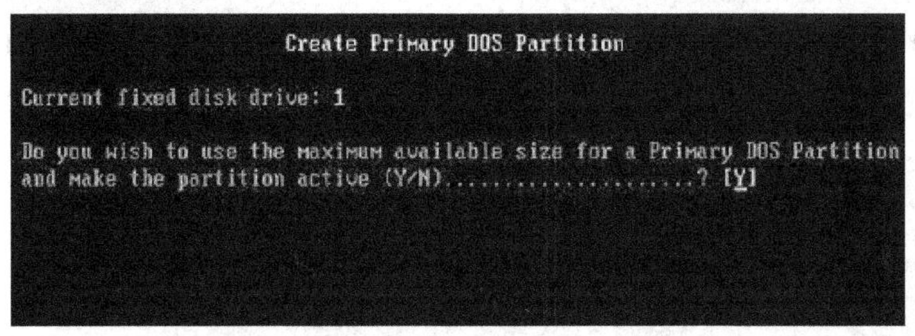

图5-19 激活分区

继续检测硬盘……此时会显示硬盘总空间(图5-20)。

检测完毕后,设置主分区的容量,可直接输入分区大小(以MB为单位)或分区所占硬盘容量的百分比(%),回车确认(图5-21)。

主分区C盘即被创建,按Esc键继续操作(图5-22)。

2. 创建扩展分区

在Fdisk主菜单,选择“1”,之后再选2进入创建扩展分区(Create Extended DOS Partition)界面。同样,首先是硬盘检验中,稍候……检测完毕后,会显示硬盘空间大小和剩余空间大小,并要设置扩展分区的容量,如图5-23所示。

一般我们会将除主分区之外的所有空间划为扩展分区,直接按回车即可(图5-24)。

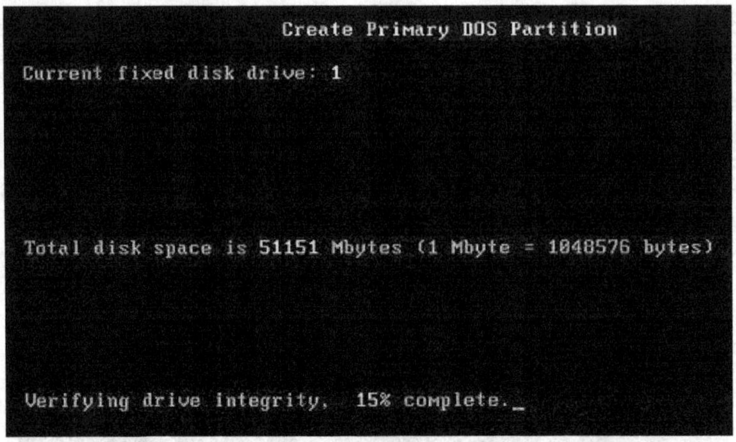

Create Primary DOS Partition

Current fixed disk drive: 1

Total disk space is 51151 Mbytes (1 Mbyte = 1048576 bytes)

Verifying drive integrity, 15% complete._

图 5-20　硬盘总空间

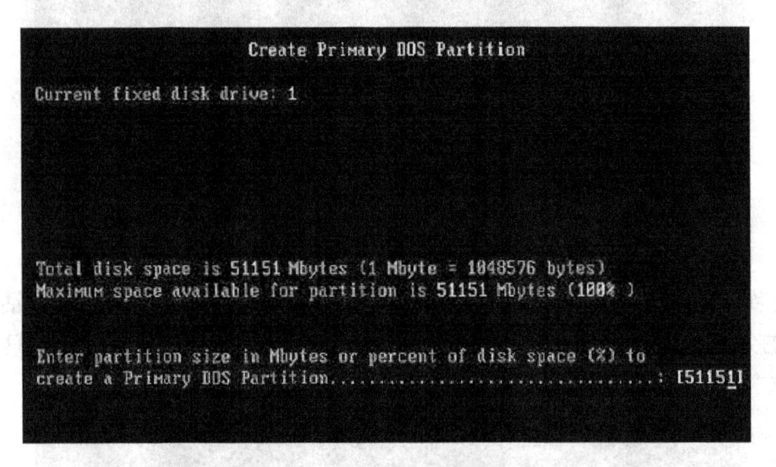

图 5-21　设置主分区的容量

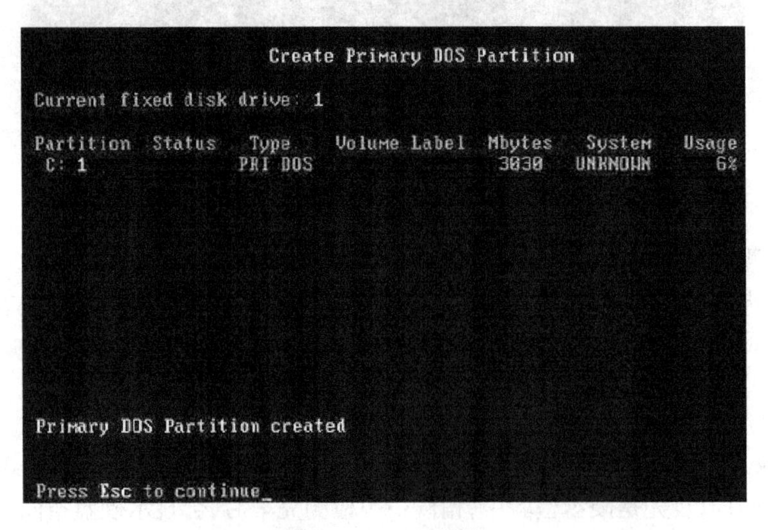

图 5-22　继续操作

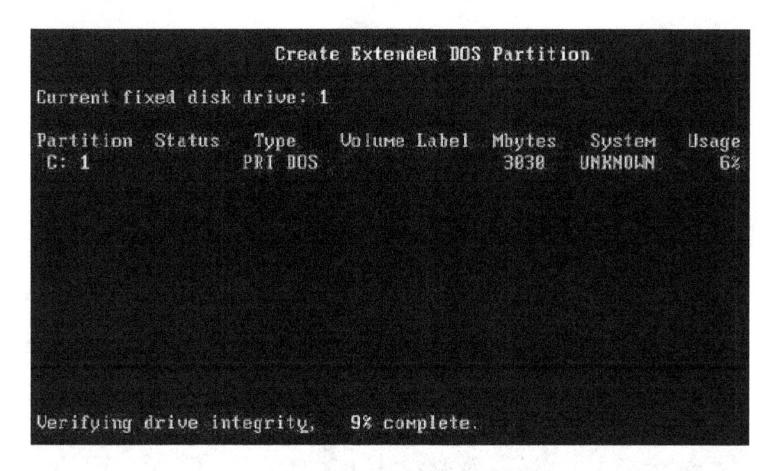

图 5－23　创建扩展分区

当然，如果你想安装微软之外的操作系统，则可根据需要输入扩展分区的空间大小或百分比。扩展分区即被创建，如图 5－24 所示。

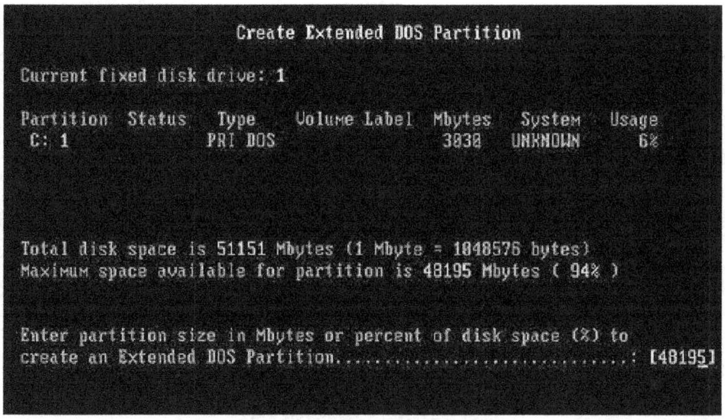

```
Create Extended DOS Partition

Current fixed disk drive: 1

Partition  Status   Type    Volume Label  Mbytes   System   Usage
 C: 1               PRI DOS                3030    UNKNOWN     6%

Total disk space is 51151 Mbytes (1 Mbyte = 1048576 bytes)
Maximum space available for partition is 48195 Mbytes ( 94% )

Enter partition size in Mbytes or percent of disk space (%) to
create an Extended DOS Partition.............................: [48195]
```

创建扩展分区(1)

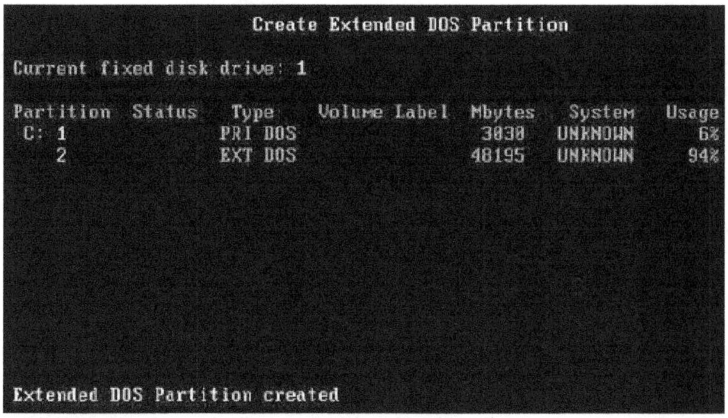

```
Create Extended DOS Partition

Current fixed disk drive: 1

Partition  Status   Type    Volume Label  Mbytes   System   Usage
 C: 1               PRI DOS                3030    UNKNOWN     6%
    2               EXT DOS               48195    UNKNOWN    94%

Extended DOS Partition created
```

创建扩展分区(2)

图 5－24　创建扩展分区

此时,按下 Esc 键后会直接进入创建逻辑分区界面。

3. 创建逻辑分区

由于已经进入创建逻辑分区过程,硬盘继续被检测。检测完毕后,会显示扩展分区所占空间大小(图 5 - 25),并要设置逻辑分区大小(5 - 26)。

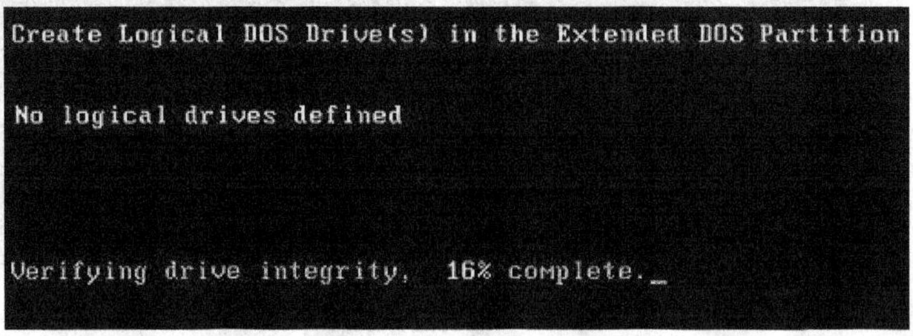

```
Create Logical DOS Drive(s) in the Extended DOS Partition

No logical drives defined



Verifying drive integrity,  16% complete._
```

图 5 - 25　创建逻辑分区

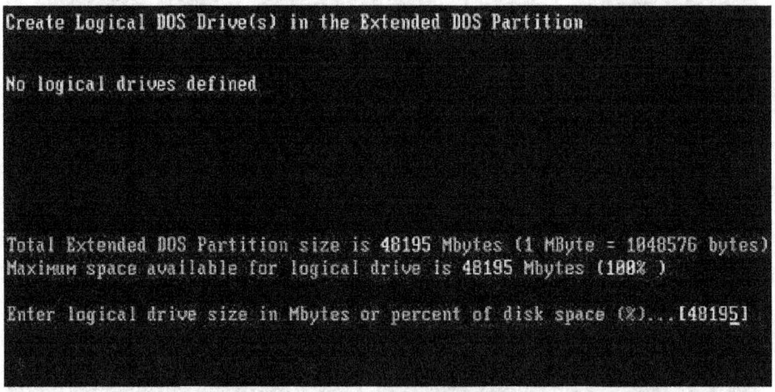

```
Create Logical DOS Drive(s) in the Extended DOS Partition

No logical drives defined




Total Extended DOS Partition size is 48195 Mbytes (1 MByte = 1048576 bytes)
Maximum space available for logical drive is 48195 Mbytes (100% )

Enter logical drive size in Mbytes or percent of disk space (%)...[48195]
```

图 5 - 26　设置逻辑分区

需要注意的是:如图 5 - 26 所示,在此输入的百分比,是指所占扩展分区空间大小的百分比。

如这里我们想创建 D、E 两个分区,在此时输入 D 盘的分区大小(这里是 10%),D 盘就会被创建,硬盘会再次被检测,以待创建其他的盘,如图 5 - 27 所示。

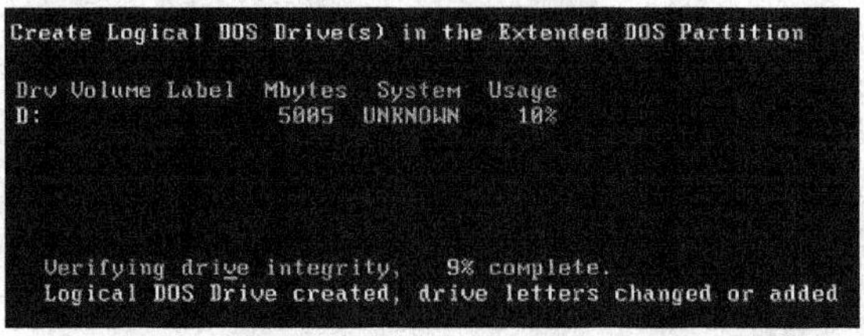

```
Create Logical DOS Drive(s) in the Extended DOS Partition

Drv Volume Label  Mbytes  System   Usage
D:                 5005   UNKNOWN    10%



  Verifying drive integrity,   9% complete.
  Logical DOS Drive created, drive letters changed or added
```

图 5 - 27　创建两个分区

硬盘检测完毕,会显示剩余空间大小,再次输入 E 盘的分区大小(这里是 90%),E 盘即被创建,如图 5 - 28 所示。

此时,所有分区已经创建完毕,下一步就是激活主分区。

```
Drv Volume Label   Mbytes   System   Usage
D:                   5005   UNKNOWN    10%
E:                  43190   UNKNOWN    90%

 All available space in the Extended DOS Partition
 is assigned to logical drives.
 Press Esc to continue_
```

图 5-28　创建 E 盘分区

5.2.2　激活主分区

回到 Fdisk 主界面菜单,选择 2(Set active partition),进入设置活动分区界面。只有主分区才可以被设置为活动分区,选择数字“1”,即设 C 盘为活动分区,如图 5-29 所示。

```
                    Set Active Partition

Current fixed disk drive: 1

Partition  Status   Type    Volume Label  Mbytes   System   Usage
 C: 1              PRI DOS                 3004   UNKNOWN     6%
    2              EXT DOS                48195   UNKNOWN    94%

Total disk space is 51199 Mbytes (1 Mbyte = 1048576 bytes)

Enter the number of the partition you want to make active...........: [1]
```

图 5-29　设置活动分区

此时,C 盘就会被激活,此时会看到 C 标志后会多一个“A”的标志,如图 5-30 所示。

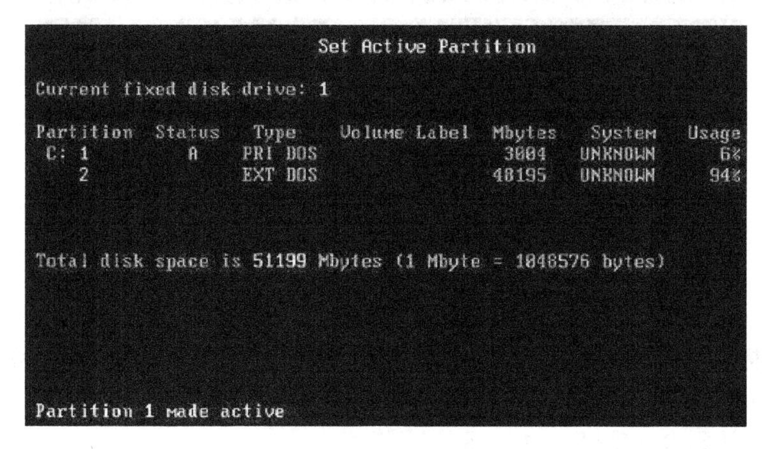

图 5-30　激活 C 盘

按 Esc 键返回主界面,在主界面再按 Esc 键,会有提示。分区后必须重新启动计算机,这样分区才能够生效;重启后必须格式化硬盘的每个分区,这样分区才能够使用。

5.2.3 删除分区

如果硬盘已经分过区,想重新分区,就要首先删除旧分区。选择图 5 - 16 中,主菜单中的第三项(3. Delete partition or Logical DOS Drive)进入删除分区操作界面,如图 5 - 31 所示。

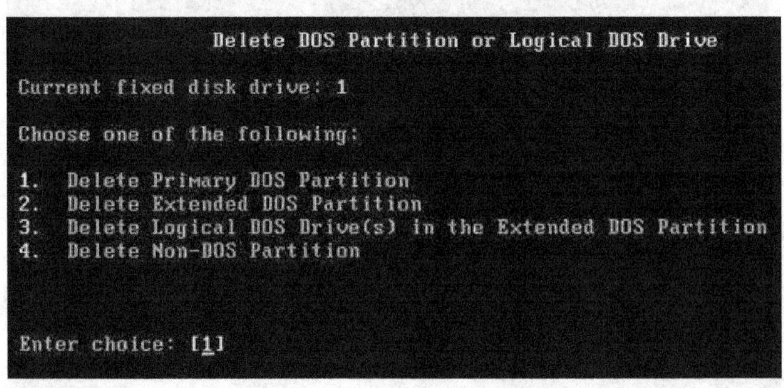

Delete DOS Partition or Logical DOS Drive
Current fixed disk drive: 1
Choose one of the following:
1. Delete Primary DOS Partition
2. Delete Extended DOS Partition
3. Delete Logical DOS Drive(s) in the Extended DOS Partition
4. Delete Non-DOS Partition
Enter choice: [1]

图 5 - 31 删除分区操作界面

图中选项解释:

(1)删除主分区。

(2)删除扩展分区。

(3)删除扩展分区中逻辑分区。

(4)删除非 DOS 分区。

删除分区的顺序从下往上,即“非 DOS 分区”→“逻辑分区”→“扩展分区”→“主分区”,与创建分区的顺序正好相反。

1. 删除扩展分区中逻辑分区

除非你安装了非 Windows 的操作系统,否则一般不会产生非 DOS 分区,所以在此先选“3”。进入删除逻辑分区界面,键入要删除分区的盘符,如图 5 - 32 所示。

```
Delete Logical DOS Drive(s) in the Extended DOS Partition

Drv Volume Label  Mbytes  System   Usage
D:                 5005   UNKNOWN   10%
E:                43190   UNKNOWN   90%

Total Extended DOS Partition size is 48195 Mbytes (1 MByte = 1048576 bytes)

WARNING! Data in a deleted Logical DOS Drive will be lost.
What drive do you want to delete.............................? [E]
```

图 5 - 32 删除逻辑分区界面

输入卷标,如果没有,直接回车。如果卷标为中文,可以退回到 DOS 提示符状态,格式化该盘,如图 5 - 33 所示。

按“Y”确认删除,如图 5 - 34 所示。

用一样的做法,将所有逻辑分区删除,见图 5 - 35。

2. 删除扩展分区

按 Esc 键返回到 Fdisk 主界面菜单,再次选“3”,之后进入删除扩展分区界面(Delete

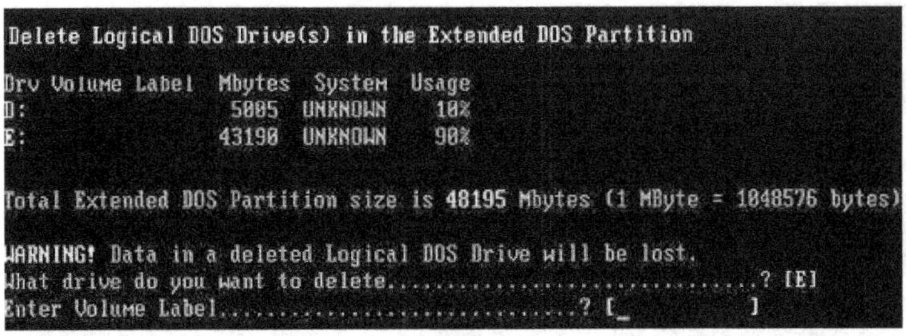

```
Delete Logical DOS Drive(s) in the Extended DOS Partition

Drv Volume Label  Mbytes  System  Usage
D:                  5005  UNKNOWN   10%
E:                 43190  UNKNOWN   90%

Total Extended DOS Partition size is 48195 Mbytes (1 MByte = 1048576 bytes)

WARNING! Data in a deleted Logical DOS Drive will be lost.
What drive do you want to delete...............................? [E]
Enter Volume Label.............................? [_          ]
```

图 5－33　格式化

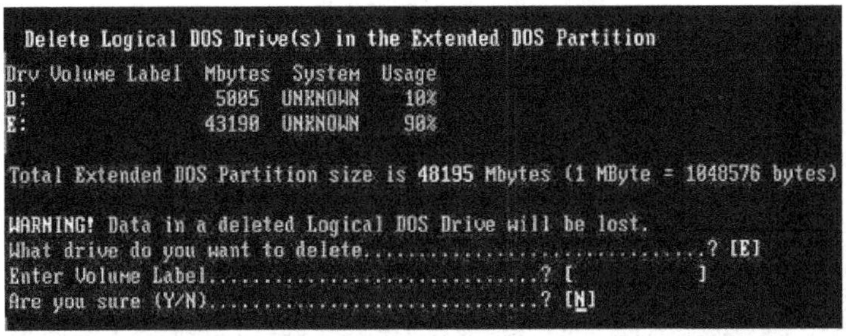

```
 Delete Logical DOS Drive(s) in the Extended DOS Partition
Drv Volume Label  Mbytes  System  Usage
D:                  5005  UNKNOWN   10%
E:                 43190  UNKNOWN   90%

Total Extended DOS Partition size is 48195 Mbytes (1 MByte = 1048576 bytes)

WARNING! Data in a deleted Logical DOS Drive will be lost.
What drive do you want to delete...............................? [E]
Enter Volume Label.............................? [           ]
Are you sure (Y/N).............................? [N]
```

图 5－34　确认格式化

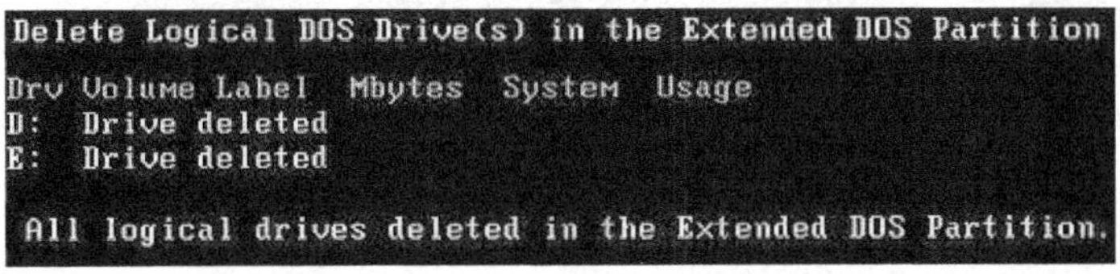

```
Delete Logical DOS Drive(s) in the Extended DOS Partition
Drv Volume Label  Mbytes  System  Usage
D:  Drive deleted
E:  Drive deleted

 All logical drives deleted in the Extended DOS Partition.
```

图 5－35　删除逻辑分区

Extended DOS Partition)。按“Y”确认删除，如图 5－36 所示。

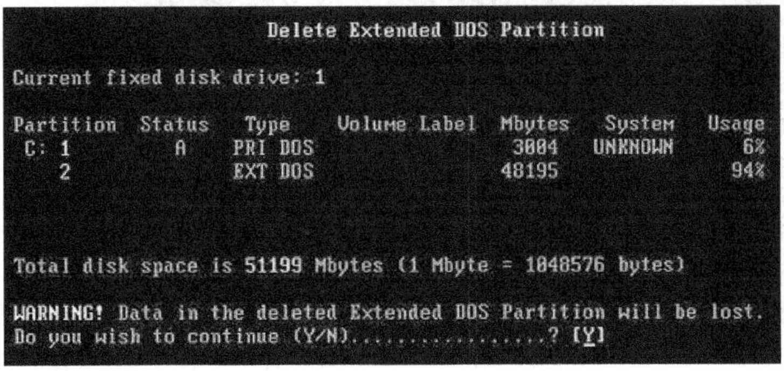

```
                     Delete Extended DOS Partition

Current fixed disk drive: 1

Partition  Status   Type    Volume Label  Mbytes   System   Usage
 C: 1        A     PRI DOS                  3004  UNKNOWN      6%
    2              EXT DOS                 48195              94%


Total disk space is 51199 Mbytes (1 Mbyte = 1048576 bytes)

WARNING! Data in the deleted Extended DOS Partition will be lost.
Do you wish to continue (Y/N)................? [Y]
```

图 5－36　删除扩展分区

扩展分区即被删除，见图 5－37。

3. 删除主分区

按“ESC”键返回到 fdisk 主界面菜单，再次选“3”，之后进入删除主分界面(Delete Primary DOS Partition)。按“1”，表示删除第一个主分区，见图 5－38。当有多个主分区时，需要分别删除。

输入卷标，按“Y”确认删除，如图 5－39 所示。

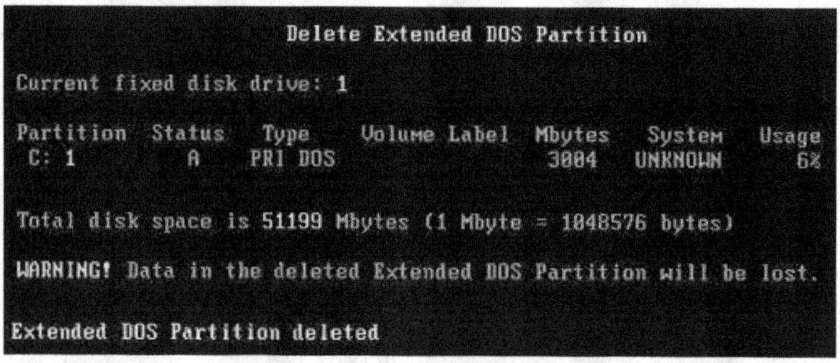

```
                    Delete Extended DOS Partition

Current fixed disk drive: 1

Partition  Status   Type    Volume Label  Mbytes   System   Usage
 C: 1        A     PRI DOS                  3004   UNKNOWN     6%

Total disk space is 51199 Mbytes (1 Mbyte = 1048576 bytes)

WARNING! Data in the deleted Extended DOS Partition will be lost.

Extended DOS Partition deleted
```

图5－37　完成删除扩展分区

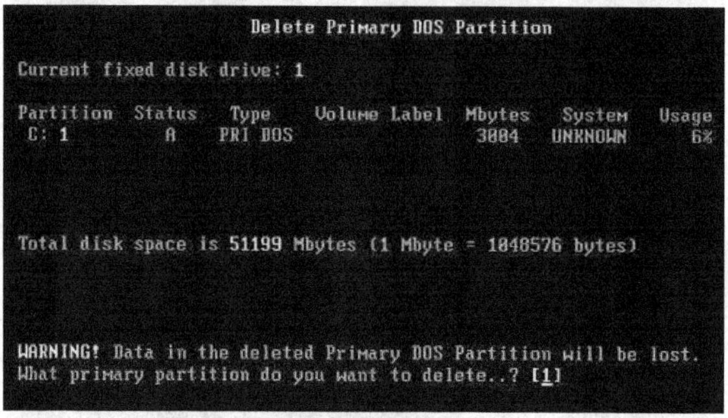

```
                    Delete Primary DOS Partition

Current fixed disk drive: 1

Partition  Status   Type    Volume Label  Mbytes   System   Usage
 C: 1        A     PRI DOS                  3004   UNKNOWN     6%

Total disk space is 51199 Mbytes (1 Mbyte = 1048576 bytes)

WARNING! Data in the deleted Primary DOS Partition will be lost.
What primary partition do you want to delete..? [1]
```

图5－38　删除主分区

```
                    Delete Primary DOS Partition

Current fixed disk drive: 1

Partition  Status   Type    Volume Label  Mbytes   System   Usage
 C: 1        A     PRI DOS                  3004   UNKNOWN     6%

Total disk space is 51199 Mbytes (1 Mbyte = 1048576 bytes)

WARNING! Data in the deleted Primary DOS Partition will be lost.
What primary partition do you want to delete..? [1]
Enter Volume Label.............................? [           ]
Are you sure (Y/N).............................? [Y]
```

图5－39　确认删除

主分区即被删除。即所有分区都被删除，按 Esc 键返回到 fdisk 主界面菜单。

5.2.4　显示分区信息

在 Fdisk 主界面选择第四项（Display partition information），进入显示分区信息界面，如图5－40所示。

图中显示硬盘主分区和扩展分区信息，以及它们所占空间的大小，同时，程序提示是

```
                Display Partition Information

Current fixed disk drive: 1

Partition  Status   Type    Volume Label  Mbytes   System   Usage
 C: 1         A    PRI DOS                 1200        A      19%
    2              EXT DOS                 3012               47%


Total disk space is  6400 Mbytes (1 Mbyte = 1048576 bytes)


The Extended DOS Partition contains Logical DOS Drives.
Do you want to display the logical drive information (Y/N)......?[Y]
```

图 5－40　显示分区信息

否要显示逻辑分区信息，点击“Y”，进入显示逻辑分区界面，并同时显示逻辑分区信息，如图 5－41 所示。

```
                Display Logical DOS Drive Information

Drv Volume Label  Mbytes  System  Usage
D:                 1404            47%
E:                 1545            51%


    Total Extended DOS Partition size is  3012 Mbytes (1 MByte = 1048576 bytes)
```

图 5－41　显示逻辑分区信息

5.3　分区魔术师 PQ-Magic 的使用

PartitionMagic 简称 PQ、PM，是诺顿公司出品的磁盘分区管理软件。它可以实现在 Windows 里不影响数据的情况下进行磁盘分区调节、重新分区、分区大小调节、合并分区、转换磁盘分区格式等功能。但使用时有一定的危险性，如果操作方法不当，可能造成分区丢失，资料丢失，所以在操作它的时候，一定要很清楚自己在干什么，需要很熟练的操作技巧来操作它，不然很容易使磁盘数据丢失。它有 DOS 版和 Windows 版两种，一般 DOS 版用在裸机的分区管理，Windows 版在 Windows 界面下操作完成重新分区、分区大小调节、合并分区、转换磁盘分区格式等功能。

5.3.1　调整分区容量

（1）启动 PQ8.0，在程序界面中我们看到硬盘没有调整前的一个分区，调整分区时先从当前分区中划分一部分空间。方法很简单，只要在分区列表中选中当前分区并单击右键，在右键菜单中选择“调整容量/移动分区”命令（图 5－42）。

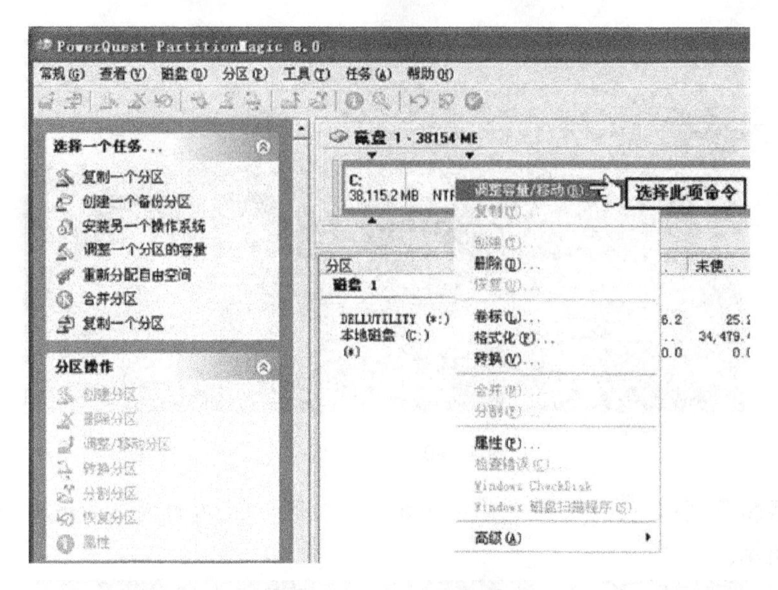

图 5-42　调整分区容量

(2)打开“调整容量/移动分区”对话框。在该对话框中的“新建容量”设置框中输入该分区的新容量。随后在“自由空间之后”设置框中会自动出现剩余分区的容量,该剩余容量即是我们划分出来的容量,调整后单击“确定”按钮即可(图 5-43)。

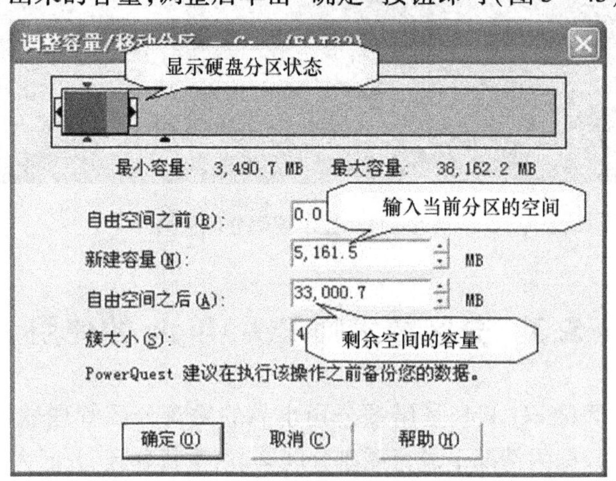

图 5-43　“调整容量/移动分区”对话框

注意:调整分区时,我们也可以用直接拖动该对话框最上面的分区容量滑块直接来调整。

(3)这时我们看到在 PQ 已经为我们划出了一段未分配的空间,要想使用这块剩余空间,单击左侧“分区操作”项中的“创建分区”命令,随后弹出一个“创建分区”对话框。在“分区类型”中选择分区格式,在“卷标”处输入该分区的卷标。在“容量”中输入配置分区的容量(图 5-44)。

提示:程序默认为整个未配置的空间大小创建为一个分区,如果你想将这块未配置的空间配置为多个分区,在此你可以输入配置分区的大小即可。

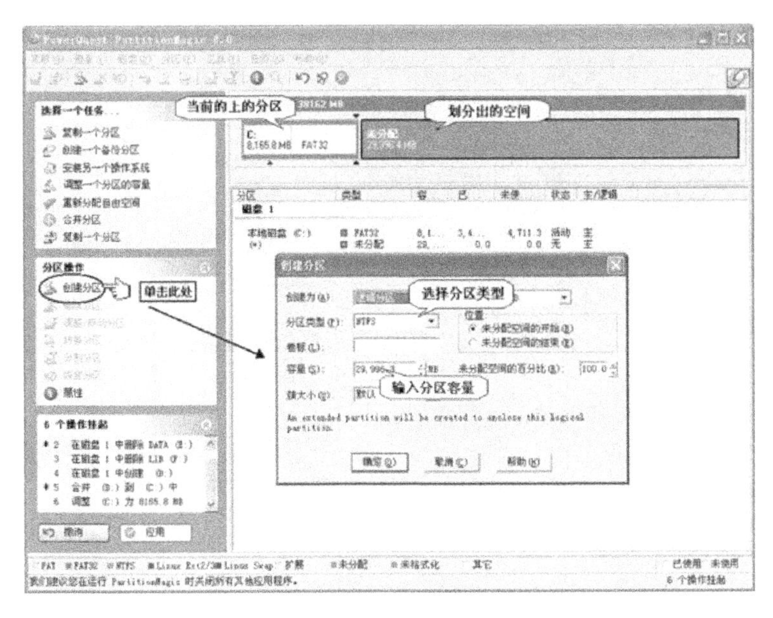

图 5－44　创建分区

(4)最后,单击“确定”按钮即可新创建一个分区(图 5－45),按照此方法可以继续创建其他分区。

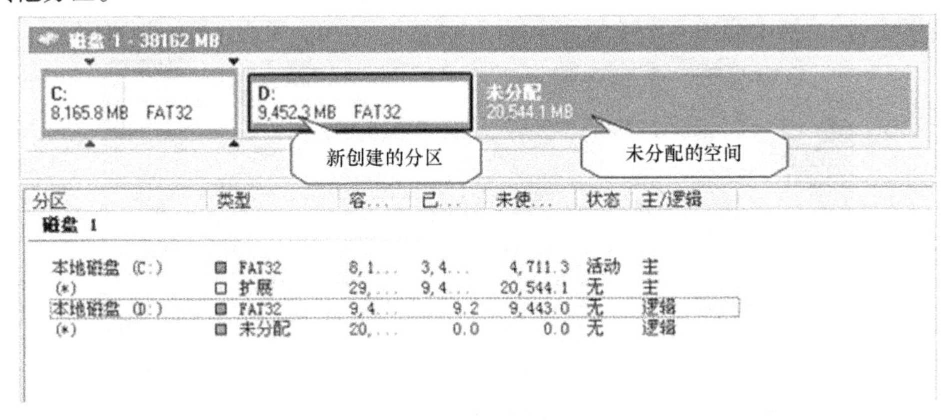

图 5－45　创建其他分区

5.3.2　格式化分区

分区创建成功后,新创建的分区要进行格式化才能使用,格式化时选择需格式化的分区,随后单击右键选择“格式化”命令,弹出一个“格式化分区”对话框,在此选择分区类型和卷标,随后单击“确定”即可(图 5－46)。

5.3.3　创建系统分区

分区调整后,有时我们还需要多安装一个操作系统,在 PQ 中我们可以为该系统重新划分一个新的分区,并确保它有正确的属性来支持该操作系统。下面以安装 XP 系统为例,来看看如何为操作系统划分分区。

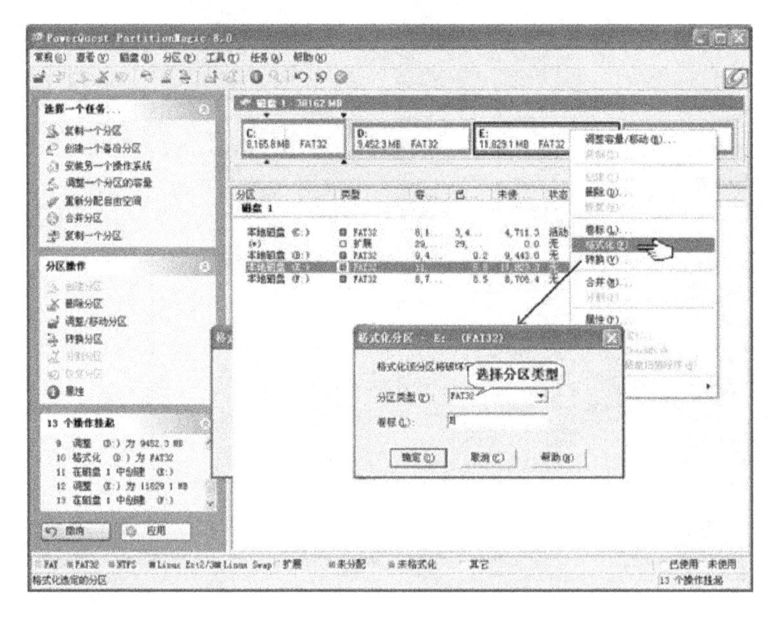

图 5-46 格式化分区

1. 安装另一个操作系统

首先单击左侧菜单栏中的“选择一个任务”选项，然后在该对话框中单击“安装另一个系统”命令，之后会弹出一个安装向导对话框(图 5-47)。单击“下一步”继续。

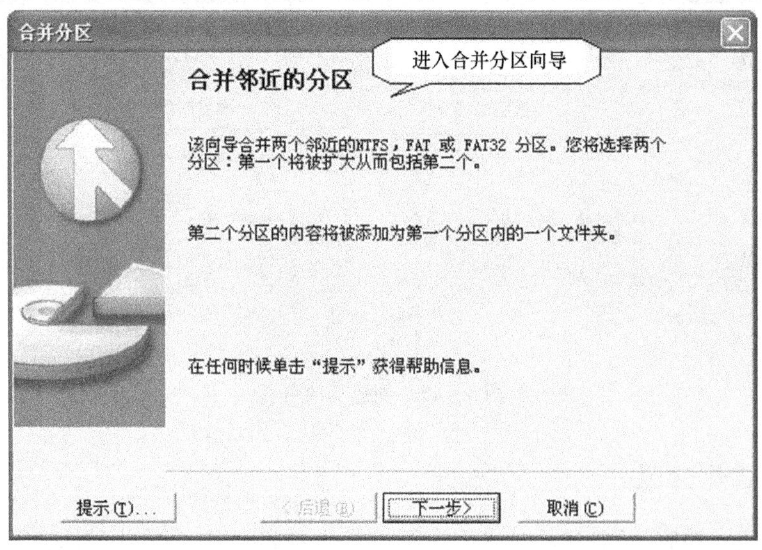

图 5-47 安装另一个操作系统

2. 选择操作系统

在我们进入到“选择操作系统”对话框中之后，我们需要在多种操作系统类型中先选择所需要安装的操作系统类型，比如 Windows XP(图 5-48)。然后再单击“下一步”继续。

3. 选择创建位置

在“创建位置”对话框中选择新分区所在位置，如：“在 C:之后但在 E:之前”等，主要

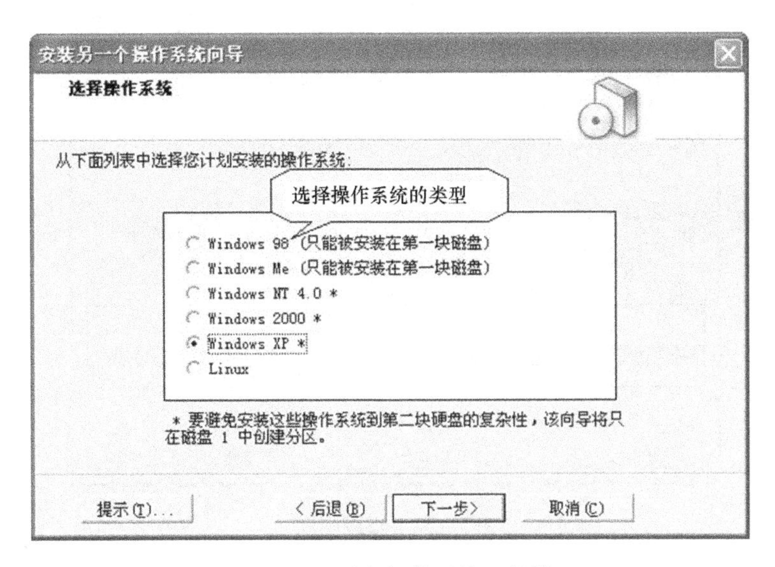

图 5 - 48 “选择操作系统”对话框

就可以在 C 盘和 E 盘之间直接创建一个新的系统分区(图 5 - 49)。单击“下一步”继续。

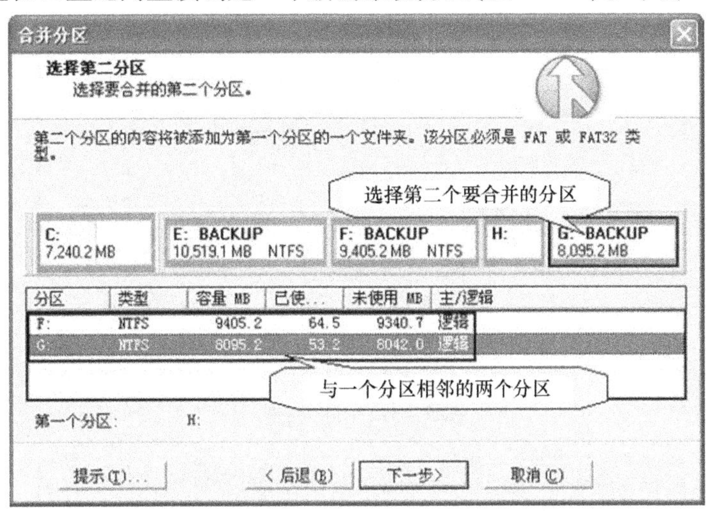

图 5 - 49 选择创建位置

4. 提取空间

进入到“从哪个分区提取空间”对话框之后，我们需要在下面的复选框中勾选所需要提取空间的分区，而且，程序支持同时从多个分区中提取空间(图 5 - 50)。选择好后，单击“下一步”继续。

5. 分区属性

在“分区属性”窗口中我们对分区的大小、卷标、分区类型等项进行设置(图 5 - 51)。单击“下一步”继续。

6. 设置分区

如果现在就需要安装操作系统在此选择“立即”单选项，如果你以后再安装系统，在此选择“稍后”项即可(图 5 - 52)。单击 “下一步”继续。

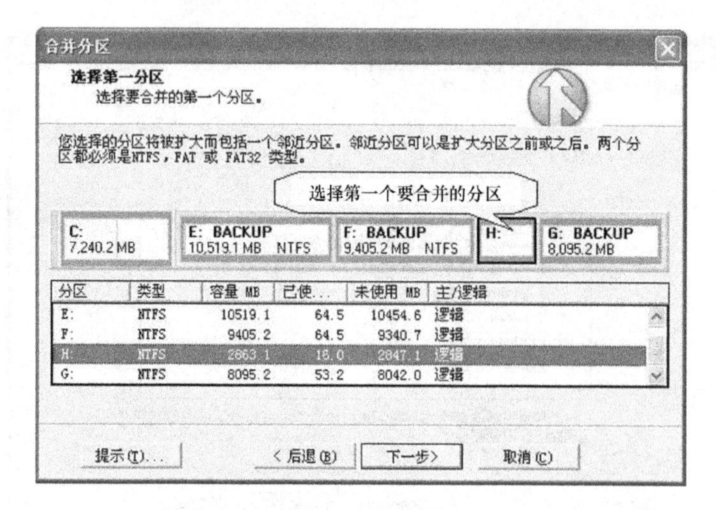

图 5－50　提取空间

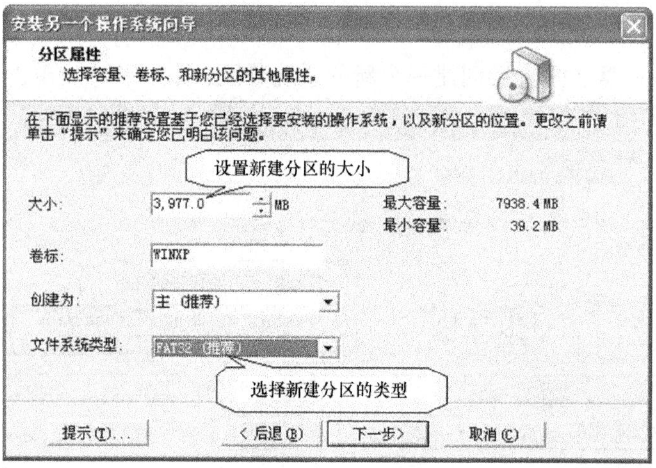

安装另一个操作系统向导

分区属性

选择容量、卷标、和新分区的其他属性。

在下面显示的推荐设置基于您已经选择要安装的操作系统，以及新分区的位置。更改之前请单击“提示”来确定您已明白该问题。

设置新建分区的大小

大小: 3,977.0 MB　　最大容量: 7938.4 MB

最小容量: 39.2 MB

卷标: WINXP

创建为: 主 (推荐)

文件系统类型: FAT32 (推荐)

选择新建分区的类型

提示(T)...　< 后退(B)　下一步>　取消(C)

图 5－51　分区属性

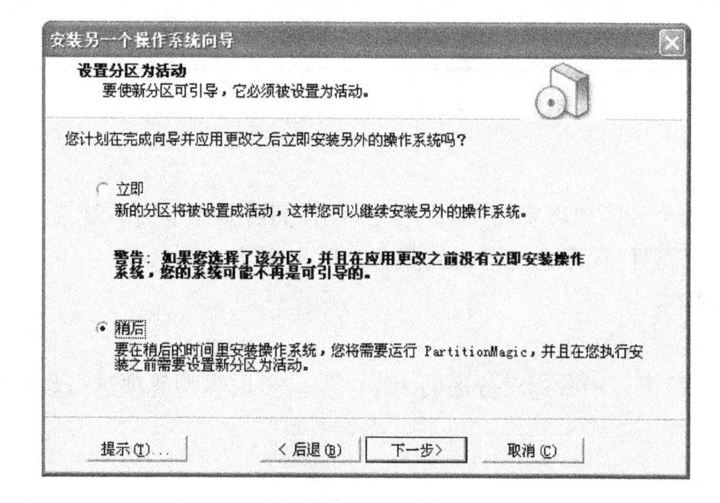

图 5－52　设置分区

7. 确认选择

进入“确认选择”窗口,在此程序给出了分区创建前后硬盘分区的对比图,确认无误后单击“完成”即可创建一个新的分区。以后我们就可以在该分区中安装系统了。以上几项设置后,重启计算机以上设置即可生效。

5.4 磁盘管理工具 Acronis Disk Director Suite 10 的使用

5.4.1 Acronis Disk Director Suite 10 的特点

Acronis Disk Director Suite 是一款强大的磁盘分区管理工具,是目前唯一的一款能在 Vista 和 WIN7 下完美工作的无损分区软件。

大家熟悉的 Partition Magic (分区魔术师) 无法读取 Vista 和 WIN7 特殊的 3 +1 分区方式,无法使用。而 Vista 本身的磁盘管理软件有很大的局限性,无法充分利用可分配空间,故不推荐使用。Acronis Disk Director Suite 10 具有以下特点。

(1)界面直观,操作方便。能够方便的无损调整、移动、复制、拆分、合并磁盘分区;只要按照正确的方法操作,不会有任何风险。

(2)分区操作不会破坏隐藏分区(拥有系统恢复功能的笔记本电脑一般都有隐藏分区),不会导致丢失任何数据。它对分区的操作不会破坏原系统,不会破坏硬盘上的文件,甚至连笔记本电脑 OEM 系统的恢复程序都能完美保留下来。当分区完成以后就可以卸载它,不会对电脑有任何影响。

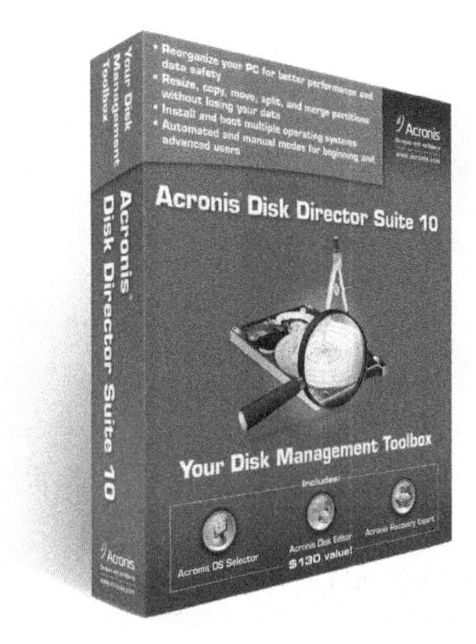

图 5 - 53 Acronis Disk Director Suite 10

(3)兼容 XP、Vista、WIN7 等几乎所有操作系统, 支持台式机、袖珍机、笔记本等各种机型。

(4)支持对大容量硬盘进行有效操作。

(5)集合“多重启动管理”、“丢失分区恢复”、“磁盘高级编辑”功能,对安装双系统非常有用。

该软件集合了四大工具包:

(1)Acronis Partition Expert:这个软件用来更改分区大小,移动硬盘分区,拷贝复制硬盘分区,硬盘分区分割,硬盘分区合并,绝对无损硬盘数据。

(2)Acronis OS Selector:硬盘安装多系统有福了,用它来控制多启动界面。

(3)Acronis Recovery Expert:强悍的工具,用来扫描和恢复丢失的分区。

(4)Acronis Disk Editor:硬盘修复工具,比较专业,允许对硬盘磁盘进行高级操作,利用硬盘引导记录表操作和 16 进制编辑。

5.4.2 Acronis Disk Director Suite 10 的使用

安装完后在桌面上会出现 Acronis 的图标，打开会出现使用界面，这个时候会出现两个选项：

1. 自动模式（Automatic Mode）

在置顶菜单的视图（View）里可以切换这两种模式。在自动模式下，能够对硬盘进行的操作很少，这个模式类似“我的电脑”，可以查看分区内容，增加分区容量等，不推荐用此模式（图 5－54）。

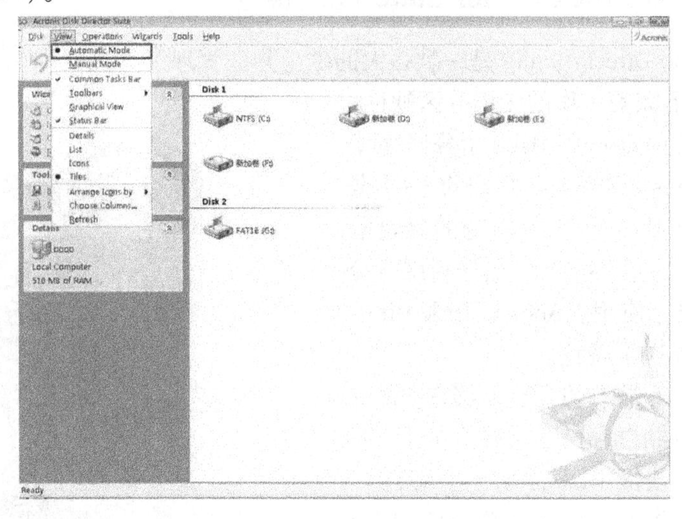

图 5－54 自动模式

2. 手动模式（Manual Mode）

在手动模式下可以对硬盘的分区进行删除、创建、移动、切割、更改类型、进行编辑等等（图 5－55）。

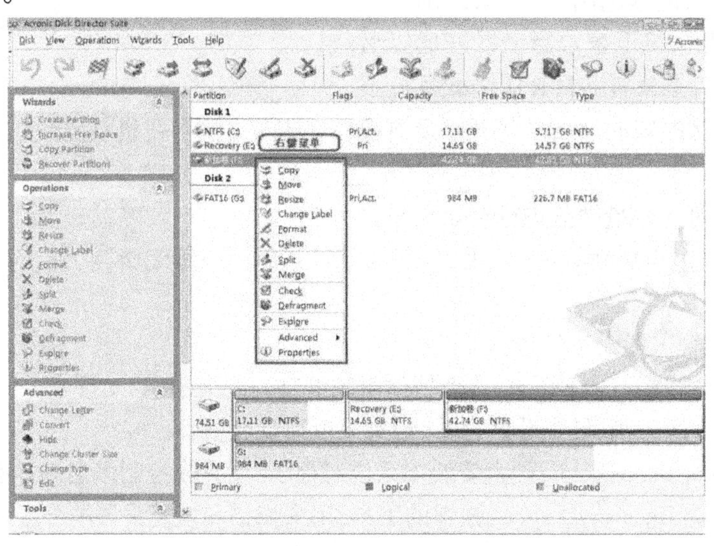

图 5－55 手动模式

此外，如图 5－56 所示，黄色的是主分区，蓝色的是逻辑分区，绿色的是未划分的空间。

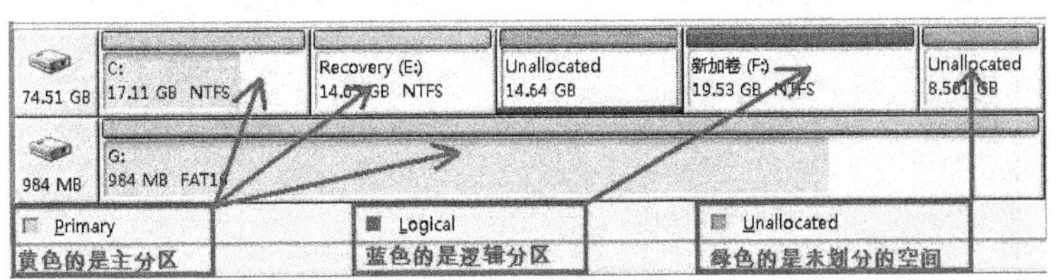

图 5－56　分区显示

下面就软件的使用作详细介绍。

1. 更改分区类型

众所周知 Vista 安装的时候分的区都是主分区，那么要怎么把除了 C 盘以外的主分区改成逻辑分区呢？Vista 自带的磁盘管理工具显然是不适合的，其一，它不能直接转换分区，其二，要第三个分区以后才能分成逻辑分区。用 Acronis. Disk 就可以很快速的安全转换。

在要转换的 D 分区上点右键，选择高级选项（Advanced），再选择里面的转换（Convert），或者是选定 D 分区后直接点左边任务条下面的转换（Convert）也可以，如图 5－57 所示。

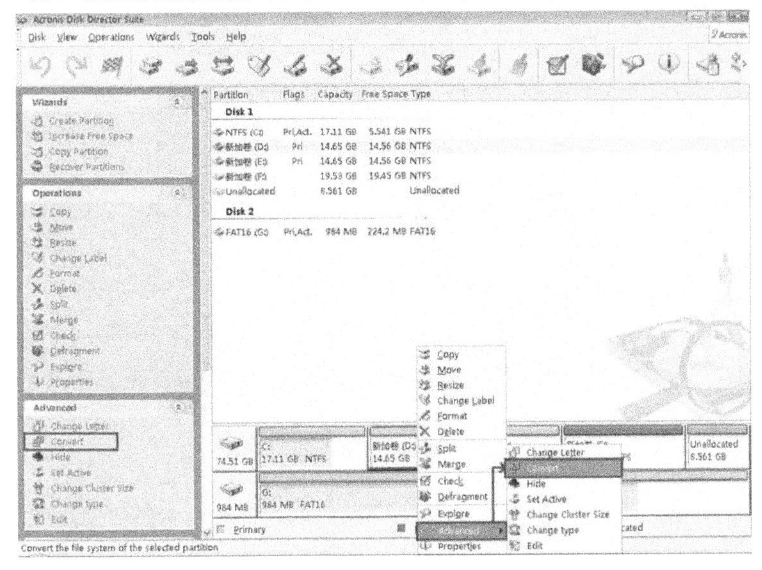

图 5－57　更改分区类型

将其转换成逻辑分区（Logical Partition）按“OK”，如图 5－58 所示。

不过这样有可能会在分区前面留出一些空间，要注意这个空间是无法合并到其他分区，通过调整大小（Resize）功能可以了解详细信息。从图 5－59 可看出 D 分区已经转换成逻辑分区了，不过这个操作还没有实际被应用，需要点上方的花格旗子样的提交（Commit）按钮来执行这个操作。

2. 删除和创建分区

1）删除分区

在需要删除的分区上点右键，再点删除（Delete），或者选中分区后直接点左边任务栏中的删除按钮，如图 5－60 所示。

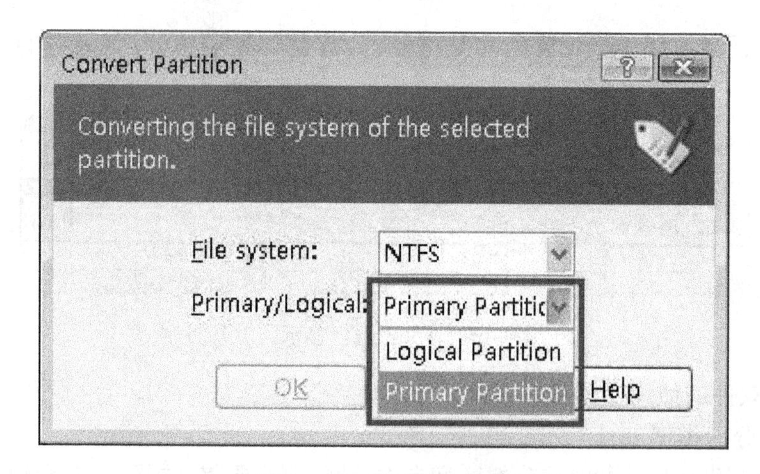

图 5－58　设置逻辑分区

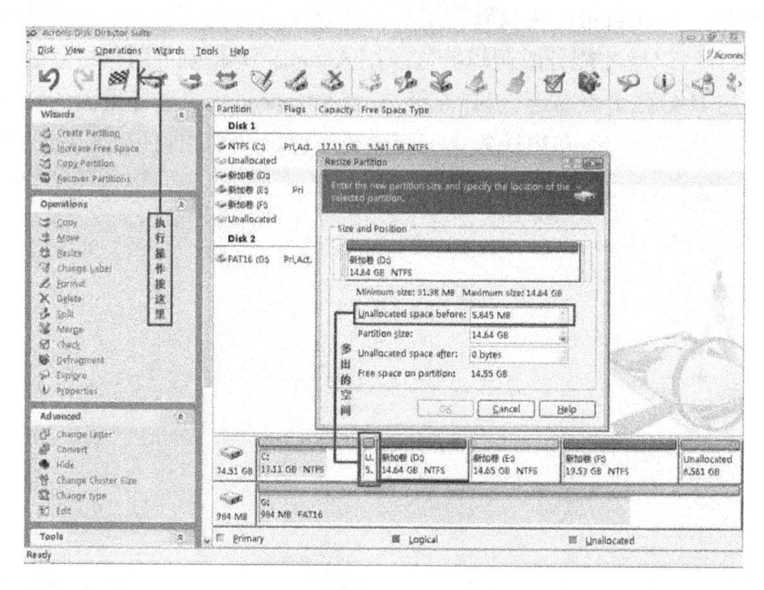

图 5－59　调整大小(Resize)功能

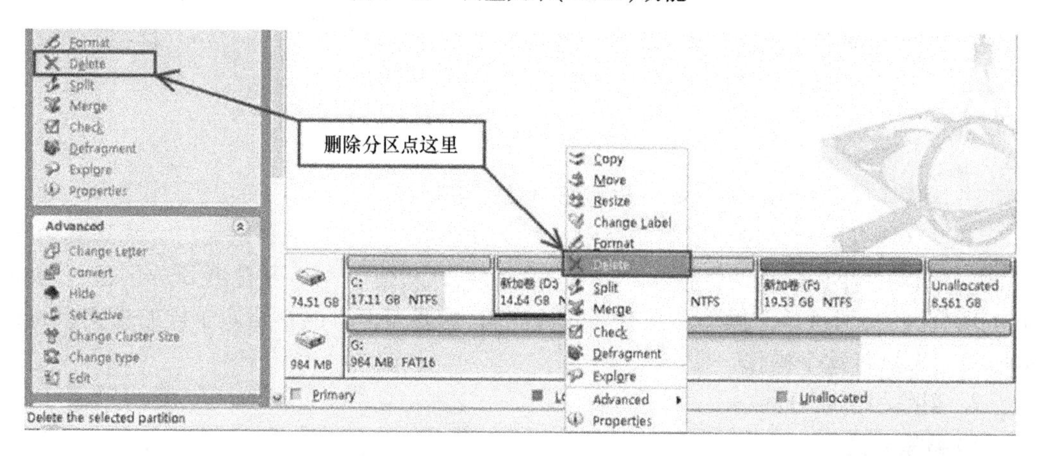

图 5－60　删除分区

点删除按钮以后会弹出删除分区的确认框，这里有个贴心的设计就是有彻底摧毁数据的功能，可以手动设置覆盖数据（Over-Write）的次数来达到保护数据不外流的目的，如图 5-61 所示。

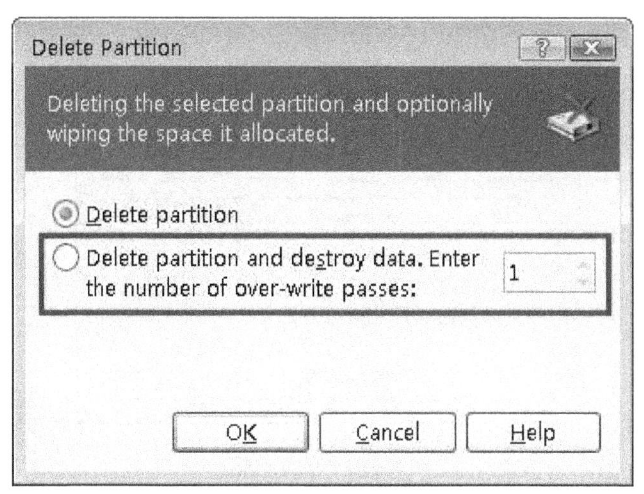

图 5-61 手动设置覆盖数据

2）创建分区

在绿色的未划分的分区（Unallocated）上点右键，再点创建分区（Create Partition），或者选中未划分的分区后直接点左边任务栏中的创建按钮，见图 5-62。

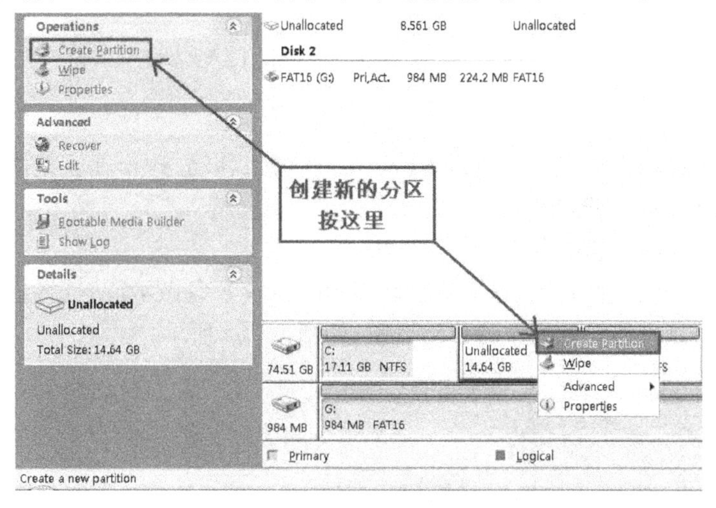

图 5-62 创建分区

点创建分区按钮以后会弹出创建分区选项界面，这里可以设置分区的卷标（Partition Label），分区的文件系统（File System），分区类型（Create as）（主分区/逻辑分区），此分区前部剩余空间（Unallocated Space Before），分区大小（Partition Size），此分区后部剩余空间（Unallocated Space After），见图 5-63。

3. 移动分区

这个功能主要是用于把一个重要的分区完整的移动到其他的空间，从而让不同位置

图 5-63 创建分区

的未划分空间可以合并到一起,方便统一创建分区。如图 5-64 所示,删除了 D 盘后,未划分的空间被 E 盘和 F 盘隔开了,需要移动 E 盘和 F 盘以达到空间合并的目的。

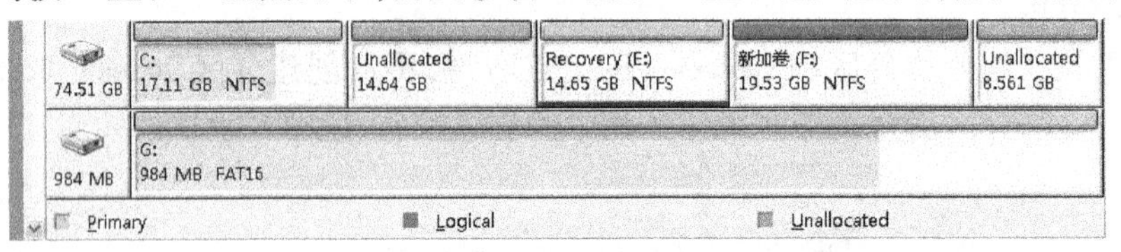

图 5-64 移动分区

这里有两种移动方法,其一、用移动(Move)选项来移动,这个是正统的移动方法,其二、用调整大小(Resize)选项来移动。

(1)用移动(Move)选项来移动分区方法:

在要移动的分区上点右键(这里以恢复盘 Recovery E 盘做示范)选择移动(Move),或者是选中分区后点左边任务栏中的移动按钮,如图 5-65 所示。

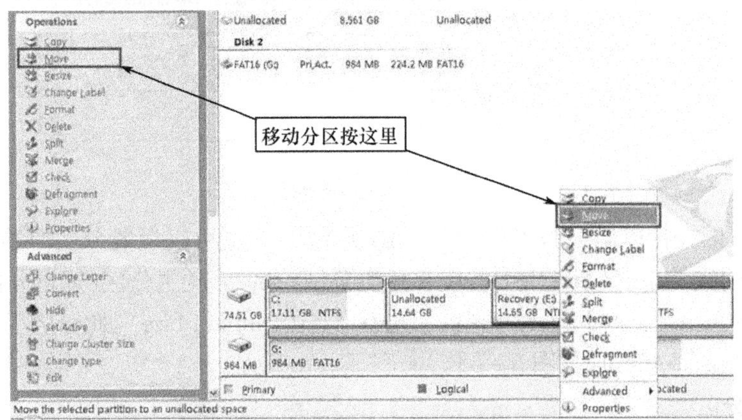

图 5-65 移动(Move)选项

在弹出的移动分区选项框中选中要移动的位置(必须是未划分的空间),然后按Next,要注意的是,图5-66中在F盘后还有一个未划分的空间,这个空间也是可以移动的,不过如果E盘里的资料要是超过了未划分空间大小的话是不能移动的,移动分区不会损坏分区资料。

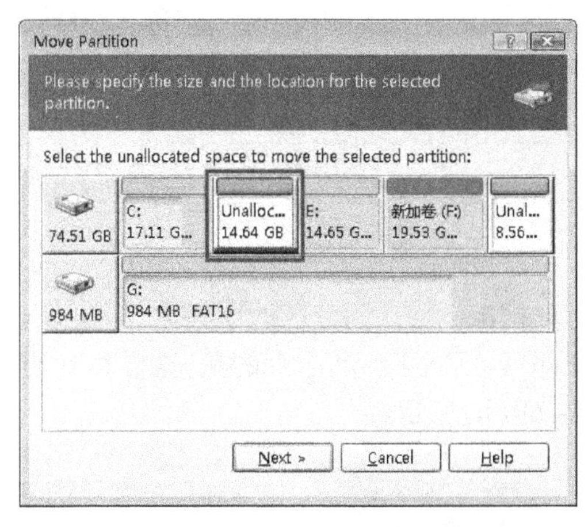

图5-66　移动分区选项

按了Next以后,可以看见更详细的信息,同时也可以改变分区的类型,选择好后按OK就完成移动了,如图5-67所示。

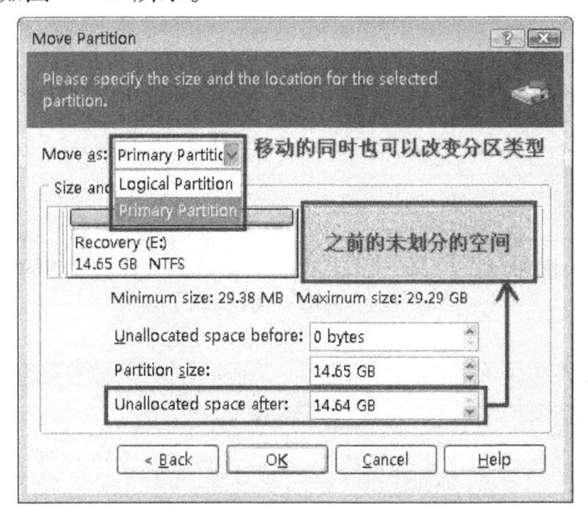

图5-67　详细信息

当E盘移动完以后,再把F盘也同样的往左移动就可以让剩余的空间全部合并了。全部操作完成后,需要按提交(Commit)按钮才能执行命令。

特别注意:

如果分区呈零散状况,要把F盘移到最后一个未划分的空间的话,那么F盘的大小会自动变为目标分区的大小,只要是跨一个已经分好的分区来移动原有分区的话,那个要移动的分区大小就会自动变为目标分区的大小。不过分区里的资料会完整保留。

(2)用调整大小(Resize)选项来移动分区方法:

在要移动的分区上点右键，选择调整大小(Resize)，如图5-68所示。

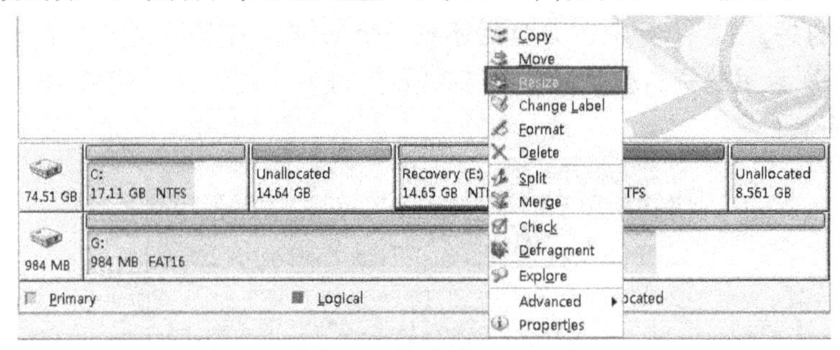

图5-68　调整大小(Resize)选项

在弹出来的调整框里，把鼠标移动到分区的图案上，当出现十字型时，按住鼠标左键不放，把整个分区往左拖即可，不同于移动命令的是，这样移动的话不能同时改变分区类型，如图5-69(a)、图5-69(b)所示。

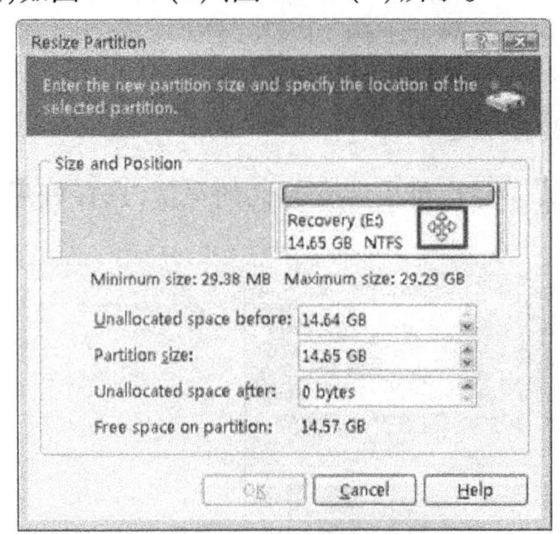

(a)调整框1

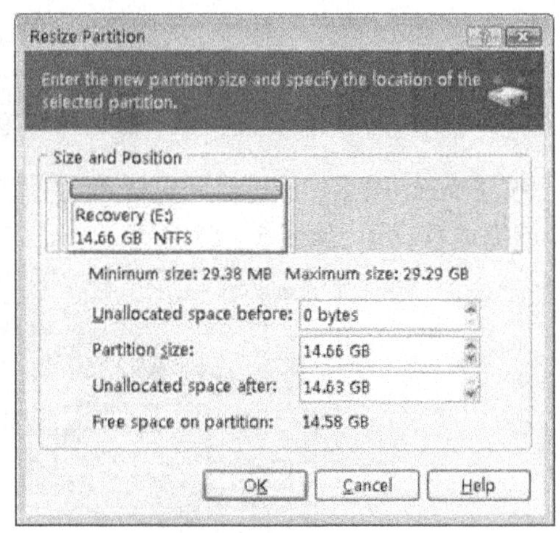

(b)调整框2

图5-69　调整框

特别注意：如果移动了C盘的话，如图5-70所示，C盘被往后移动了。

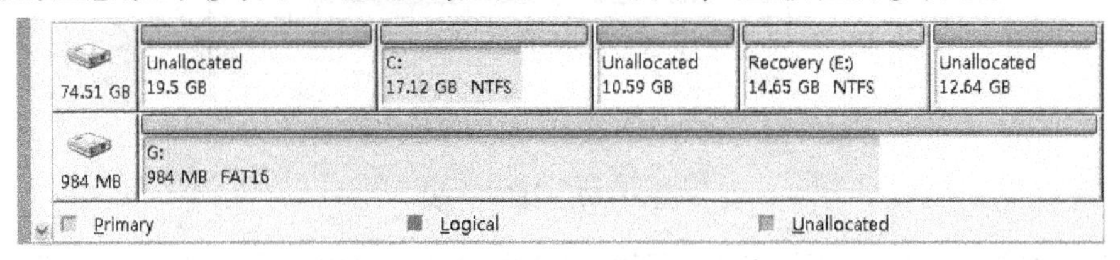

图5-70　移动完成

在点提交(Commit)按钮时候，软件会要求重新启动，此时需要点击重启(Reboot)以完成操作。移动C盘多用于磁盘0磁道附近出现不可修复的坏道，如图5-71所示。

4. 调整分区容量

调整分区容量(Resize)这个功能可以很方便地增加或减少分区的大小，当然也可以移动分区到特定的位置。如图5-72所示，F盘在两个未划分的分区中间，通过调整大小

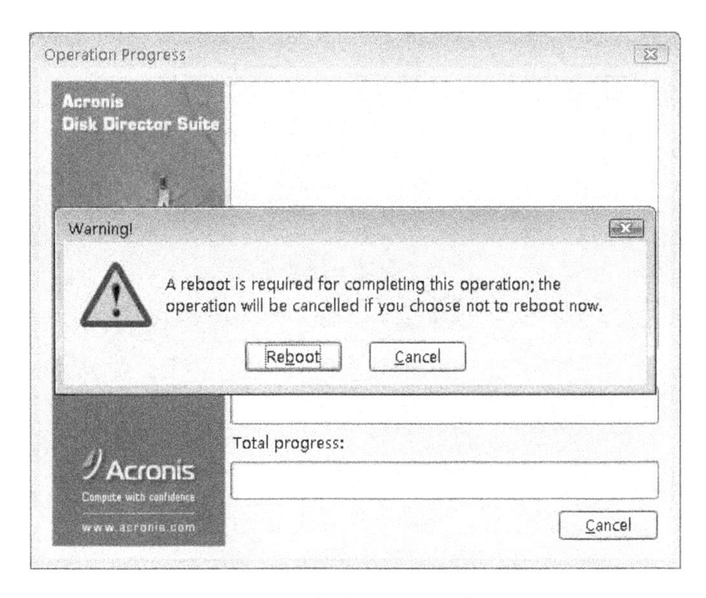

图 5－71　提交(Commit)按钮

功能就可以很方便地把两个未划分的分区合并到 F 盘。在 F 盘上点右键,选择调整大小(Resize)或者选中分区点左边任务栏中的调整大小按钮。

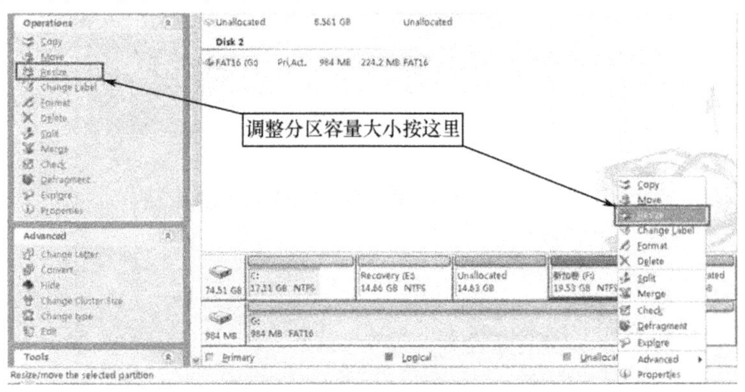

图 5－72　调整分区容量

在弹出的界面里把鼠标指针移动到分区的边缘,当出现如图 5－73 所示的左右箭头时按住鼠标左键不放,然后往左拖到头即可把前面的未划分空间归入 F 盘,同理把右边也往右拉到头即可。当然还有个更快速的方法,在分区大小(Partition Size)右边的输入框里输入一个足够大的数字后按一下回车就会自动扩大分区容量,不过这个仅用于把所有空间都归入 F 盘的场合。

调整前,如图 5－74 所示。

调整后,如图 5－75 所示。

调整完大小后按提交按钮,修改成功。

5. 提交(Commit)功能

在此软件中所有的操作都不会马上执行,也就是说可以任意修改而并不影响当前硬盘的数据和状态,只有按了提交(Commit)按钮以后才会执行之前的操作。

Resize Partition
Enter the new partition size and specify the location of the selected partition.
Size and Position
新加卷 (F:)
19.53 GB NTFS
Minimum size: 31.38 MB Maximum size: 42.73 GB
Unallocated space before: 14.63 GB
Partition size: 19.53 GB
Unallocated space after: 8.564 GB
Free space on partition: 19.45 GB
OK
Cancel
Help

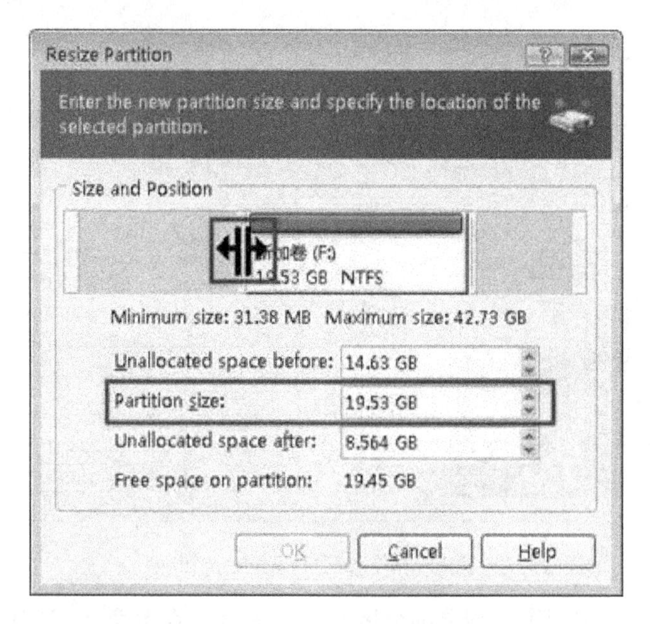

图 5－73　扩大分区容量

Resize Partition
Enter the new partition size and specify the location of the selected partition.
Size and Position
新加卷 (F:)
42.73 GB NTFS
Minimum size: 31.38 MB Maximum size: 42.73 GB
Unallocated space before: 0 bytes
Partition size: 42.73 GB
Unallocated space after: 0 bytes
Free space on partition: 42.64 GB
OK
Cancel
Help

图 5－74　扩大分区容量

74.51 GB
C:
17.11 GB NTFS
Recovery (E:)
14.66 GB NTFS
新加卷 (F:)
42.73 GB NTFS
984 MB
G:
984 MB FAT16
Primary
Logical
Unallocated

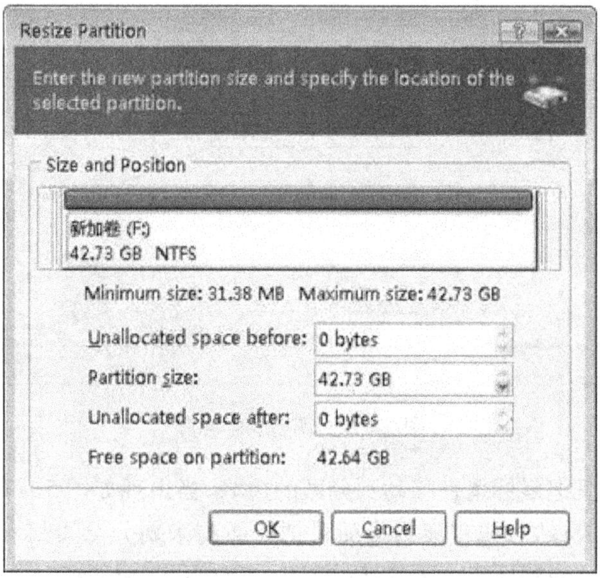

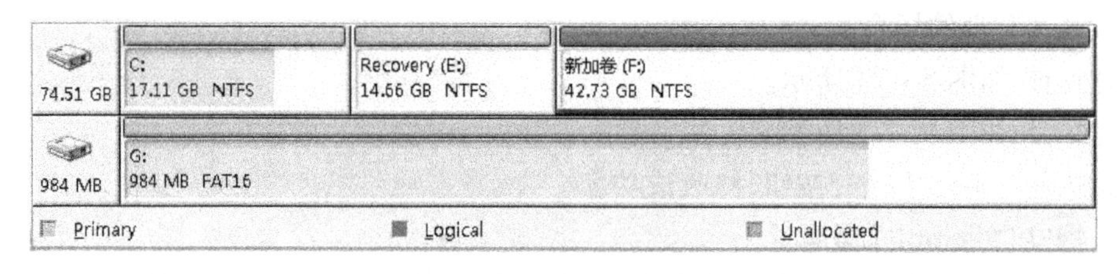

图 5－75　扩大分区容量

以上面调整分区大小为例，调整完以后点左上方花格旗子样的提交按钮，就会弹出未决定的操作(Pending Operation)列表，列表中间是做过的所有操作，点下方的进行(Proceed)就可以执行操作，如图5-76所示。

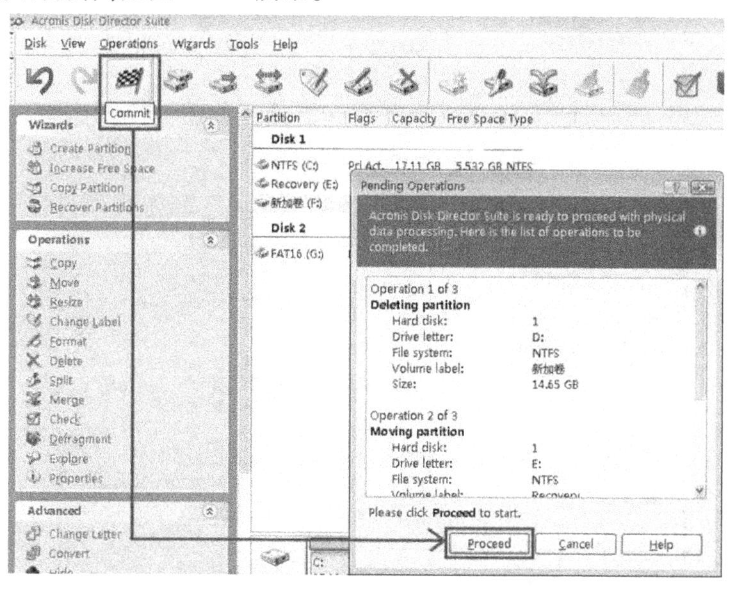

图5-76　提交(Commit)功能

之后会出现操作进度表，从里面可以知道做到哪个步骤，如果临时想取消操作的话可以点取消(Cancel)按钮，但是之前已经执行完的操作不会被取消，如图5-77所示。

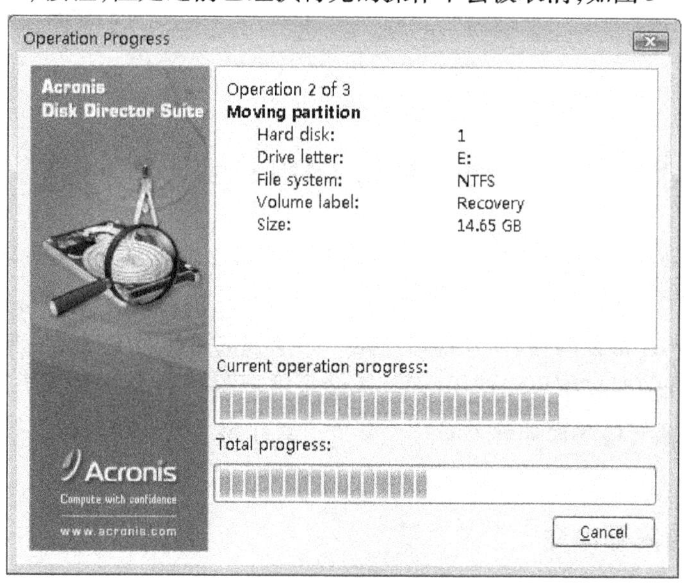

图5-77　操作进度表

所有操作完成后会给出确定信息，到此所有分区就已分完，如图5-78所示。

但有的时候机器会需要重新启动电脑来完成分区操作，这个时候按重启(Reboot)即可，如图5-79所示。

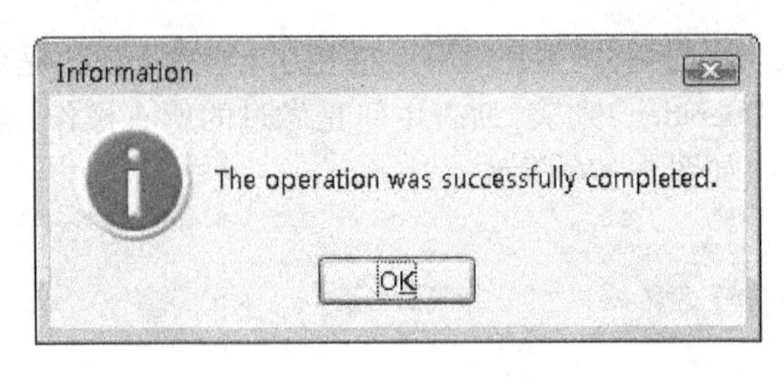

图5-78　确定信息

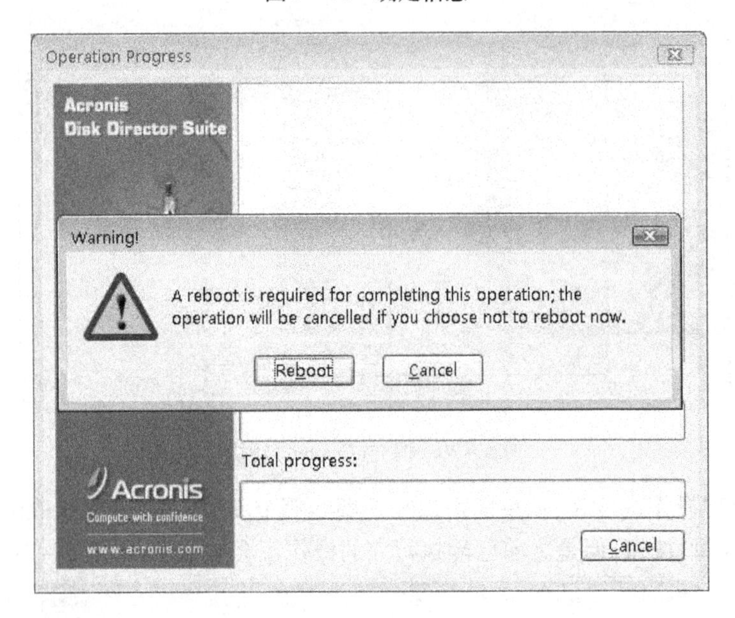

图5-79　完成分区操作

5.5　常用DOS命令

DOS和Windows最大的不同在于DOS命令方式操作,所以使用者需要记住大量命令及其格式使用方法,DOS命令分为内部命令和外部命令,内部命令是随每次启动的COMMAND.COM装入并常驻内存,而外部命令是一条单独的可执行文件。在操作时要记住的是,内部命令在任何时候都可以使用,而外部命令需要保证命令文件在当前的目录中,或在Autoexec.bat文件已经被加载了路径。本节主要介绍一些在数据恢复领域常用的DOS命令。

5.5.1　常用的内部命令

DOS的内部命令是DOS操作的基础,下面就来介绍一些常用的DOS内部命令。

1. 显示目录命令:DIR

含义:显示指定路径上所有文件或目录的信息

格式:DIR [盘符:][路径][文件名] [参数]

参数:

/W:宽屏显示,一排显示 5 个文件名,而不会显示修改时间,文件大小等信息;

/P:分页显示,当屏幕无法将信息完全显示时,可使用其进行分页显示;

/A:显示具有特殊属性的文件;

/S:显示当前目录及其子目录下所有的文件。

举例:DIR /P

将分屏显示当前目录下文件。在当前屏最后有一个“Press any key to continue . . .”提示,表示按任意键继续。

2. 改变或显示当前目录命令:CD

含义:进入指定目录

格式:CD [路径]

举例:CD DOS

CD 命令只能进入当前盘符中的目录,其中“CD\”为返回到根目录,“CD. .”为返回到上一层目录。

3. 建立子目录命令:MD

含义:建立目录

格式:MD [盘符][路径]

举例:MD TEMP

表示在当前盘符下建立一个名为 TEMP 的目录。

4. 删除子目录命令:RD

含义:删除目录

格式:RD [盘符][路径]

举例:RD TEMP

表示删除当前路径下的 TEMP 目录,需要注意的是,此命令只能删除空目录。

5. 文件复制命令:COPY

含义:拷贝文件

格式:COPY [源目录或文件] [目的目录或文件]

举例 1:COPY C:\ *. COM D:\

表示将 C 盘根目录下所有扩展名为 COM 的文件拷贝到 D 盘根目录中。

举例 2:COPY C:\autoexec. bat C:\autoexec. bak

表示将 autoexec. bat 文件复制成为扩展名为 BAK 的文件。输入 DIR 命令,可以发现此变化。

6. 删除文件命令:DEL

含义:删除文件

格式:DEL [盘符][路径][文件名] [参数]

举例:DEL C:\ *. BAK /P

表示删除当前目录下所有扩展名为 BAK 的文件,参数/P 表示可以使用户在删除多个文件时对每个文件都显示删除询问。

7. SYS

含义:传递系统文件命令。

格式:SYS [源盘符][目的盘符]

举例:SYS C: A:

此命令将为 A 盘传送系统,传送成功后,A 盘将成为系统启动盘。

5.5.2 常用的外部命令

DOS 的外部命令就是一些应用程序,这些外部命令都是以文件的形式存在,Windows 系统的 DOS 外部命令保存在 Windows 主目录下的 Command 目录中。下面来介绍几个常用的 DOS 外部命令。

1. EDIT

含义:简单的编辑软件,可以用它来编辑一些程序和批处理文件。

格式:EDIT [盘符][文件名]

举例:EDIT C:\Autoexec. bat

输入此命令后将打开编辑器。在编辑状态下输入文件内容后,按 Alt + F 键激活 File 菜单,按向下的箭头选择退出(Exit),提示是否要保存刚才输入的内容,如果要保存,只需输入 Y 或者直接回车即可。

2. FORMAT

含义:格式化命令,可以完成对软盘和硬盘的格式化操作。

格式:FORMAT [盘符] [参数]

举例:FORMAT A: /S/Q

此命令将格式化 A 盘,其中参数/Q 表示进行快速格式化,/S 表示完成格式化后将系统引导文件拷贝(复制)到该磁盘,这样软件就可以作为 DOS 系统启动盘了。格式化过程中,屏幕上会显示已经完成的百分比。格式化完成后,会提示为磁盘起一个名字,最后还会报告磁盘的总空间和可利用空间等。

3. XCOPY

含义:拷贝命令

格式:XCOPY [源路径][源目录/文件名] [目的目录/文件名] [参数]

举例:XCOPY C:\ABC D:\ /s

执行此命令后,将把 C:\ABC 目录及其目录中的文件全部拷贝到 D 盘根目录下,XCOPY 是 COPY 的增强命令,可以实现对多个子目录进行拷贝。最常用的参数是/S,它可以对一个目录下的所有子目录进行拷贝。

4. DELTREE

含义:删除目录树

格式:DELTREE [盘符][路径]

举例:DELTREE ARE

表示删除当前路径下的 ARE 子目录,执行后会提示是否确认删除,按下 Y,即可删除。

第6章　系统分区的修复

6.1　主引导记录的恢复

当系统能够通过自检并检测到硬盘,但是即将进入操作系统之前提示“DISK BOOT FAILURE,INSERT SYSTEN DISK AND PRESS ENTER”。使用外置软盘启动并直接在DOS下查看C盘分区时,发现其中的数据都完好无损。一般为主引导记录损坏。

6.1.1　使用Fdisk恢复主引导记录

对于这一类软件故障,大家可以用软盘启动系统。然后键入“C:”,看看能否读取C盘的内容。造成这一情况比较复杂,根据主引导区破坏程度的不同,C盘能 否被读取也不能确定。如果C盘中的数据可以读出的话,那么大家只要使用Fdisk/mbr命令进行无条件重写主引导区一般都能成功,而且可以保留原有的数据,如图6-1所示。值得注意的是,运行Fdisk/mbr命令时系统是没有任何反应的,但实际上它已经起了作用,因为硬盘分区表的数据量很小,写入时间几乎让人感觉不到。

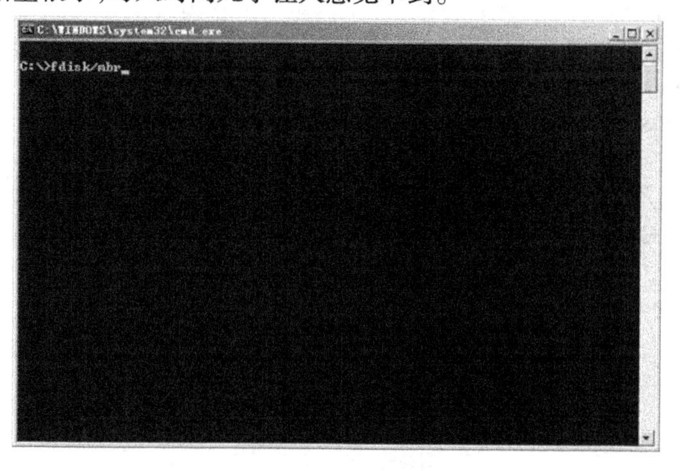

图6-1　DOS界面

当然,即便不能读取C盘,我们也可以使用Fdisk/mbr命令。可见Fdisk/mbr的也能解决一些因主引导区病毒引起的硬盘故障。当硬盘在BIOS中可以识别而DOS下无法操作时,可以用这条命令来试下。

6.1.2　使用Fixmbr恢复主引导记录

在Windows 2000/XP中,我们一般会用到故障恢复控制台集成的一些增强命令,比如Fixmbr用于修复和替换指定驱动器的主引导记录、Fixboot用于修复知道驱动器的引导扇区、Diskpart 能够增加或者删除硬盘中的分区、Expand 可以从指定的 CAB 源文件中提取出丢失的文件、Listsvc 可以创建一个服务列表并显示出服务当前的启动状态、Disable 和 Enable 分别用于禁止和允许一项服务或者硬件设备等，而且输入“help”命令可以查看到所有的控制命令以及命令的详细解释。

比如输入“fixmbr”命令可以让控制台对当前系统的主引导记录进行检查，然后在“确定要写入一个新的主启动记录吗?”后面输入“Y”进行确认，这样就完成了主引导记录的修复。

6.2 分区的恢复

在分区表被破坏后，启动系统时往往会出现“Non - System disk or disk error, replace disk and press a key to reboot”、“Error Loading Operating System”或者“No ROM Basic, System Halted”等提示信息。恢复分区表可以手动恢复，也可以使用自动恢复的方式。自动恢复分区表，操作简单，恢复比较准确，但一些特殊情况下，用自动恢复的方法不能正确地恢复分区表，就需要手动的方法修改分区表数据。手动恢复分区表需要用户有丰富的相关知识和经验，通过计算或者同正确的分区表做对比来修改分区表。

6.2.1 手动重建分区表

在部分情况下，可能任何软件都无法找到备份的分区表，此时只能手动修改。手动修改将完全凭借经验，在 WinHex 等软件下直接操作分区表数据。由于各个硬盘的分区表都不尽相同，没有一个统一的操作方法，这里只做简单介绍。

使用 WinHex 打开磁盘后看到图 6 - 2 所示界面。其中从“80”开始到“55AA”结束的 DPT 硬盘分区表相当关键。

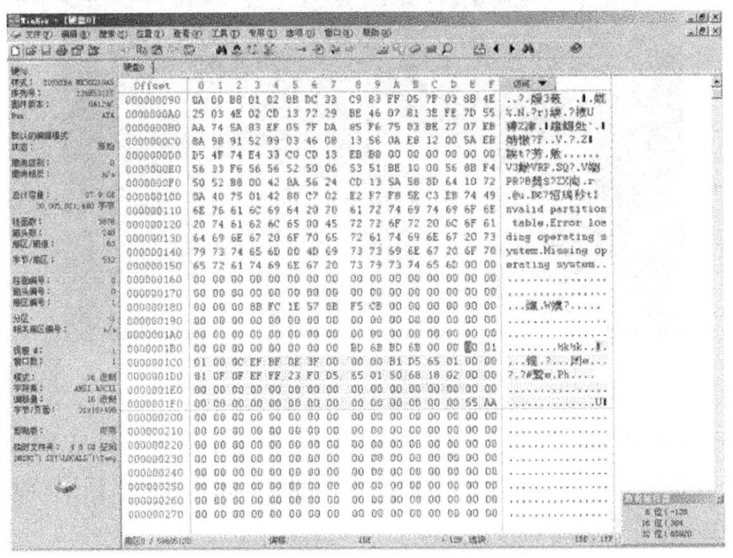

图 6 - 2 WinHex 中打开磁盘

我们这里截图展示的硬盘分区表是完好的，因此并不需要修改。但是对于一个已经被破坏的分区表而言，其结束位置可能完全错乱，可以通过寻找下一个 “55AA”标志来确定，因为下一个分区开始的位置向前推移一个扇区就是上一个分区的结束的位置。根据所得到的磁头、扇区和柱面数字再折算成16进制，然后使用WinHex回写即可。此外，在寻找下一个"55AA"的过程中可能会碰到很多干扰项，需要用户根据硬盘分区的容量结合判断。手写恢复分区表的整个过程需要拥有大量的基础知识与实战经验。

6.2.2 使用工具软件自动重建分区表

自动修复分区表的操作一般就是通过查找备份的分区表并复制相应扇区。这里推荐使用DiskGenius软件。该软件可以直接在纯DOS环境下运行，而且采用直观的中文界面。将DiskGenius软件复制到DOS启动盘之后可以直接运行，进入DiskGenius的主界面后，按下F10就能轻松地自动恢复硬盘分区表，而且这一招非常有效。

DiskGenius将首先搜索0柱面0磁头从2扇区开始的隐含扇区，寻找被病毒挪动过的分区表。然后搜索每个磁头的第一个扇区，其中搜索过程可以采用"自动"与"交互"两种方式进行。自动方式适用于大多数情况，建议用户选择这种方案。

6.3 DBR的恢复

6.3.1 使用Format恢复DBR

如果损坏的分区没有什么重要数据，或数据可以从其他存储介质中找回，则可直接进行覆盖操作。恢复DBR的最好方法为直接高级格式化。用"Format"命令或其他硬盘格式化软件对损坏的硬盘进行格式化操作。

6.3.2 使用WinHex恢复DBR

直接使用WinHex改写DBR模板。使用时建议将存在问题的硬盘作为从盘挂接。随后直接打开WinHex时选择该磁盘，而不要选择分区，这样就能使用硬盘中分区表信息来处理分区，从而巧妙绕过DRB信息。接下来的任务就非常简单了，直接在右上方的"访问"下拉列表中选择DBR故障的分区，然后打开"起始扇区模板"。对于FAT32和NTFS分区，其标准模板都是不同的，可以根据图6-3或图6-4所示一一加以对应，这样就能很轻松地解决问题。图6-3所示为NTFS分区的DBR信息，图6-4所示为FAT32分区的DBR信息。

6.3.3 使用DiskEdit恢复DBR

操作系统引导记录即DBR，位于硬盘的0柱面1磁头1扇区。当DBR损坏后，就无法正常引导系统。DiskEdit主要是对DBR进行备份和恢复。对于Windows NT/2000/XP操作系统，如果事先没有对DBR进行备份，而DBR损坏后，需要从其他系统上复制NTLDR、Boot.ini这几个文件到损坏系统上，即可引导。

选择"域"中输入需要备份的"柱"、"面"和"扇"数，如DBR为0柱1面1扇区，并在"扇区数"中输入"1"个扇区。然后在"工具"菜单中选择"写对象至"选项，在"写"界面中选择"对文件"，最后在"保存"界面中输入盘符和文件名，如dmbr.bin，将DBR备份下来。

Boot Sector NTFS, 基础偏移量：7E00

Offset	标题	数值
7E00	JMP instruction	EB 52 90
7E03	SystemID	NTFS
7E0B	Bytes per sector	512
7E0D	Sectors per cluster	8
7E0E	Reserved sectors	0
7E10	(always zero)	00 00 00
7E13	(unused)	00 00
7E15	Media descriptor	F8
7E16	(unused)	00 00
7E18	Sectors per track	63
7E1A	Heads	240
7E1C	Hidden Sectors	63
7E20	(unused)	00 00 00 00
7E24	(always 80 00 80 00)	80 00 80 00
7E28	Total sectors	20487536
7E30	Start C# $MFT	786432
7E38	Start C# $MFTMirr	1280471
7E40	Clusters per FILE rec	-10
7E41	(unused)	0
7E44	Clusters per INDX blc	1
7E45	(unused)	0
7E48	32-bit serial number	7E D0 EB B0
7E48	32-bit SN (hex, rever	B0EBD07E
7E48	64-bit serial number	7E D0 EB B0 02 EC B0 2C
7E50	Checksum	0
7FFE	Signature (55 AA)	55 AA

图 6-3　NTFS 格式 DBR 信息

Boot Sector FAT32, 基础偏移量：2CBAC5E00

Offset	标题	数值
2CBAC5E00	JMP instruction	EB 58 90
2CBAC5E03	OEM	MSWIN4.1
BIOS Parameter Block		
2CBAC5E0B	Bytes per sector	512
2CBAC5E0D	Sectors per cluster	32
2CBAC5E0E	Reserved sectors	32
2CBAC5E10	Number of FATs	2
2CBAC5E11	Root entries (unused)	0
2CBAC5E13	Sectors (on small volumes)	0
2CBAC5E15	Media descriptor (hex)	F8
2CBAC5E16	Sectors per FAT (small vol.)	0
2CBAC5E18	Sectors per track	63
2CBAC5E1A	Heads	240
2CBAC5E1C	Hidden sectors	23451183
2CBAC5E20	Sectors (on large volumes)	35153837
FAT32 Section		
2CBAC5E24	Sectors per FAT	8581
2CBAC5E28	Flags	0
2CBAC5E2A	Version	0
2CBAC5E2C	Root dir 1st cluster	2
2CBAC5E30	FSInfo sector	1
2CBAC5E32	Backup boot sector	6
2CBAC5E34	(Reserved)	00 00 00 00 00 00 00 00 00 00 00 00
2CBAC5E40	BIOS drive (hex, HD=8x)	80
2CBAC5E41	(Unused)	1
2CBAC5E42	Ext. boot signature (29h)	29
2CBAC5E43	Volume serial number (decimal)	876350714
2CBAC5E43	Volume serial number (hex)	FA 0C 3C 34
2CBAC5E47	Volume label	NO NAME
2CBAC5E52	File system	FAT32
2CBAC5FFE	Signature (55 AA)	55 AA

图 6-4　FAT32 格式 DBR 信息

当 DBR 损坏后，同样可以使用 DiskEdit 来恢复。运行 DiskEdit，在“对象”菜单中选择“文件”，在“选择文件”界面中选择 DBR 备份文件和路径，然后使用“工具”菜单中的“写对象至”，在“写”界面中选择“物理扇区”选项，在“写对象的物理驱动器”界面中选择“硬盘”。最后在“写对象至物理扇”中写入需恢复的“柱”、“面”和“扇”数，如 MBR 为 0 柱 0 面 1 扇区，确认即可。

6.4 FAT 表的恢复

FAT 文件分配表出错，会造成文件簇链空间分配错误等现象。硬盘文件分配表庞大，无法手工修复，只能依靠工具。文件分配表有两个，平时使用的是 FAT1，FAT2 作为备份，一旦 FAT1 遭到破坏，就可以用 FAT2 来更新 FAT1，大多数具有扇区读写功能的软件都可以进行更新。

FAT 表记录着硬盘数据的存储地址，每一个文件都有一组 FAT 链指定其存放的簇地址。FAT 表的损坏意味着文件内容的丢失。庆幸的是 DOS 系统本身提供了两个 FAT 表，如果目前使用的 FAT 表损坏，则可用第二个进行覆盖修复。但由于不同规格的磁盘其 FAT 表的长度及第二个 FAT 表的地址也是不固定的，所以修复时必须正确查找其正确位置，一些工具软件如 NU 等本身具有这样的修复功能，使用也非常方便。采用 DEBUG 也可实现这种操作，即采用其 m 命令把第二个 FAT 表移到第一个表处即可（不建议这样做）。如果第二个 FAT 表也损坏了，则也无法把硬盘恢复到原来的状态，但文件的数据仍然存放在硬盘的数据区中，可采用 CHKDSK 或 SCANDISK 命令进行修复，最终得到 *.CHK文件，这便是丢失 FAT 链的扇区数据。如果是文本文件则可从中提取出完整的或部分的文件内容。

6.4.1 使用 WinHex 恢复 FAT

一硬盘启动后打开“我的电脑”时非常慢，驱动器 E 打不开，提示“文件或目录损坏且无法读取”，初步判断为 FAT 表损坏，如果仅仅是 FAT1 表损坏而 FAT2 表正常，则用 WinHex 恢复比较简单。

运行 WinHex，如图 6－5 所示。

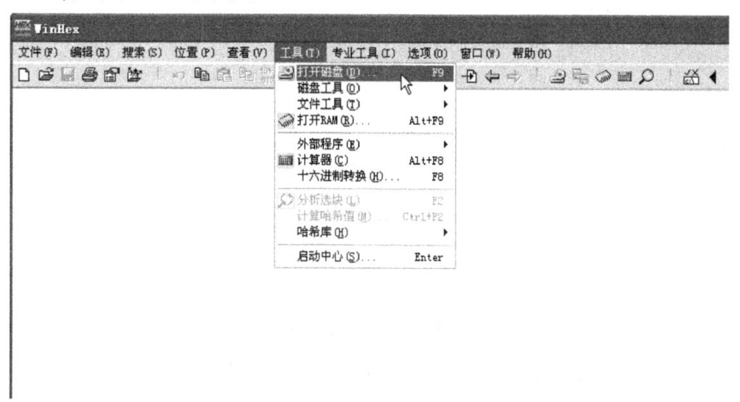

图 6－5　WinHex 主界面

选中“工具”菜单中的“打开磁盘”选项。弹出“编辑 磁盘”对话框,如图 6-6 所示。

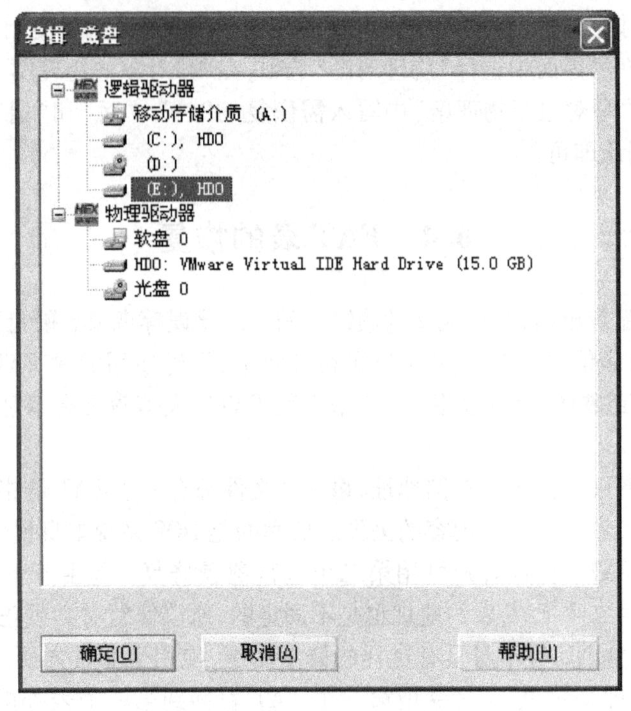

图 6-6　选择要编辑的磁盘

选择出现问题的 FAT 分区,点击“确定”。打开如图 6-7 所示界面。

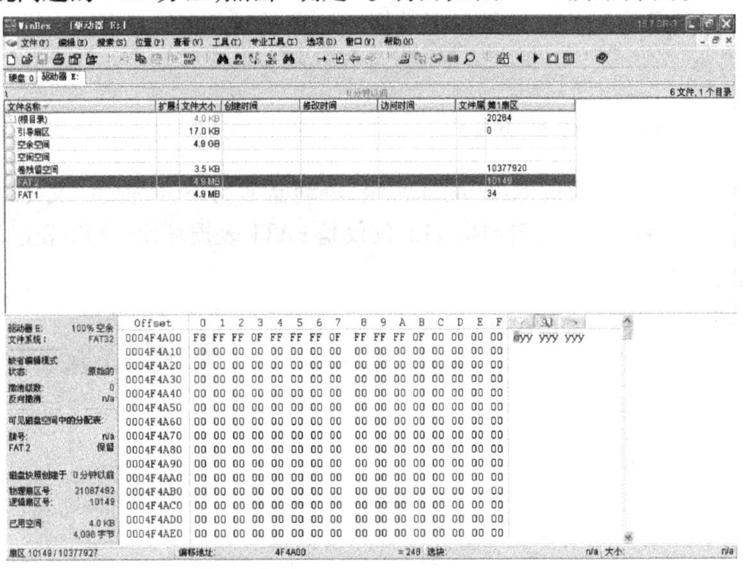

图 6-7　磁盘的 FAT1

在“文件名称”栏中点击“FAT1”“FAT2”可以看到下方数据框中除 Offset(偏移地址)外其它数据有没有变化。如有变化,一般是 FAT1 表出错,如没有变化,可能是 FAT1 表和 FAT2 表没有出错或都出错了。这时根据硬盘数据存储的相关知识分析 FAT 表中的数据来确定是哪一种情况,如两个 FAT 表都出错就只能根据相关知识分析是哪些数据出错后手动改正,这个过程非常复杂,如只是 FAT1 表损坏,用鼠标左键双击"FAT2"。弹出如图 6－8 所示界面。

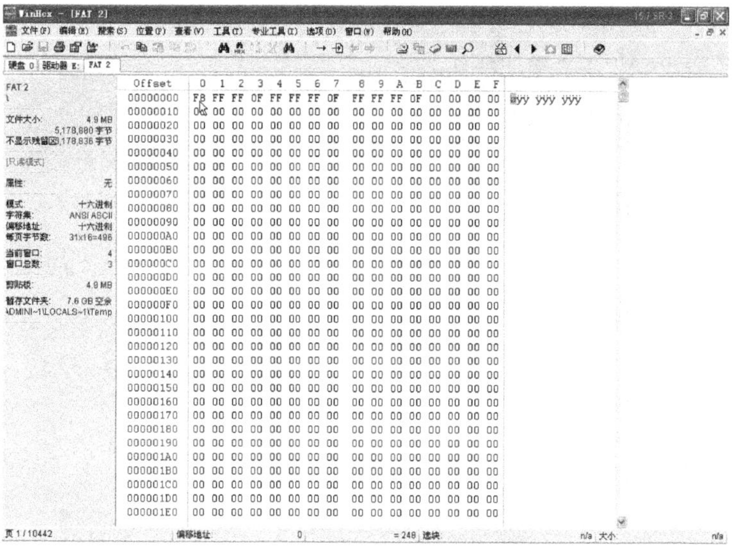

图 6－8　FAT1 界面

在第一个字节,在图中数据为"FB"位置点击鼠标右键,如图 6－9 所示。

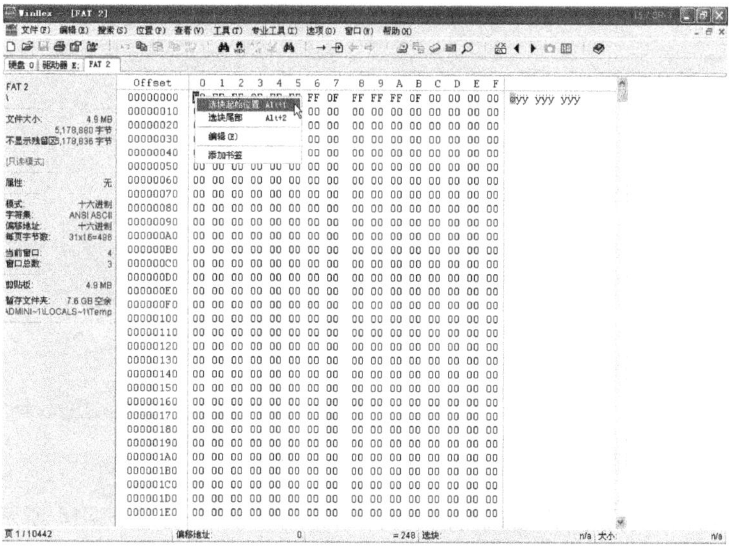

图 6－9　FAT 表第一字节

选择"选块起始位置"后拖动右侧滚动条找到数据最下方,在数据的最后一个字节点击鼠标右键,如图 6－10 所示。

点击"选块尾部",再在选定的数据上点击招标右键,如图 6－11 所示。

选择"编辑"选项,可看到如图 6－12 所示界面。

选择"复制选块"中的"正常"选项。点击"驱动器 *(* 代表要修改的盘符)"如图 6－13所示。

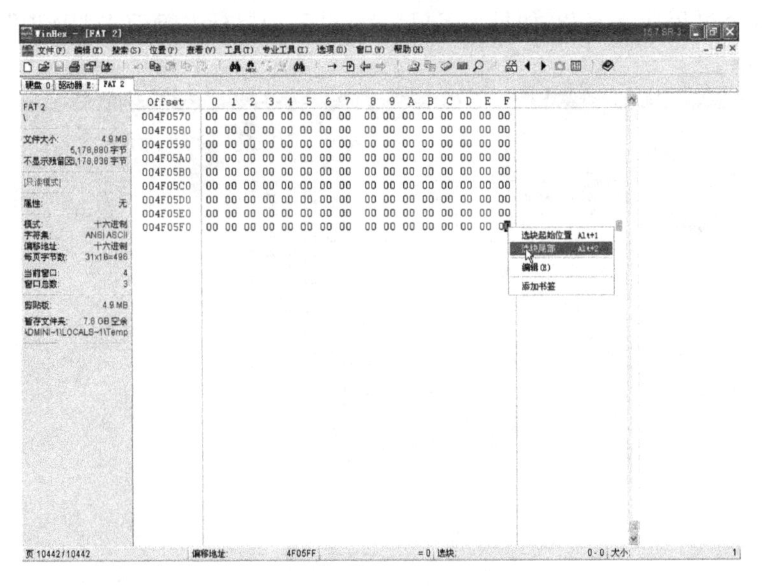

图 6-10　FAT 表最后一字节

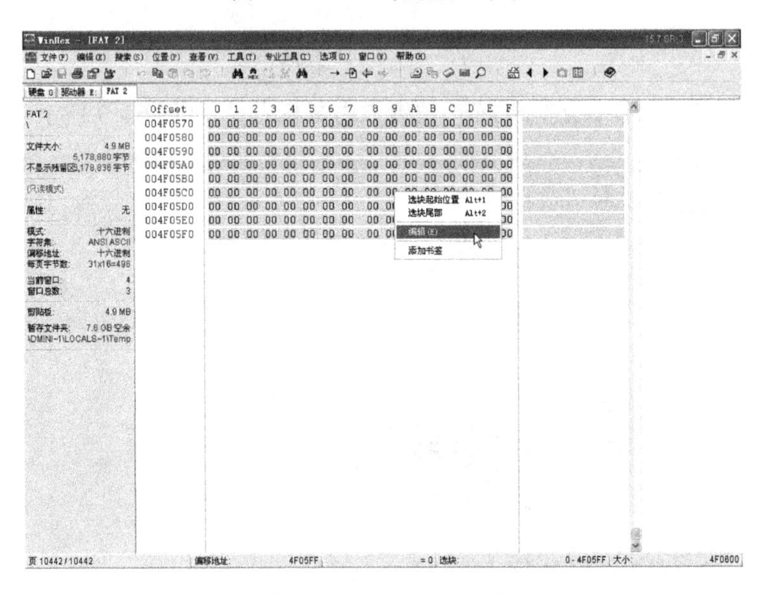

图 6-11　FAT 表点右键

选择“FAT1”回到图 界面后，选择数据中的第一个字节，如图 6-14 所示。

点击“FAT1”，如图，使光标停在 FAT1 的首字节。在 FAT1 的首字节上点击鼠标右键，选择“编辑”，如图 6-15 所示。

在扩展的鼠标右键菜单中选择“剪贴板数据”中的“写入”，如图 6-16 所示。

这时可以看到 FAT1 中的数据已经更改了（图 6-16）。在磁盘 FAT 表出错的情况下，Winhex 的操作会很慢，要有耐心。

6.4.2　使用 DiskEdit 恢复 FAT

Diskedit 是 Symantec 公司推出的诺顿系列工具之一，Symantec 公司是世界著名的工

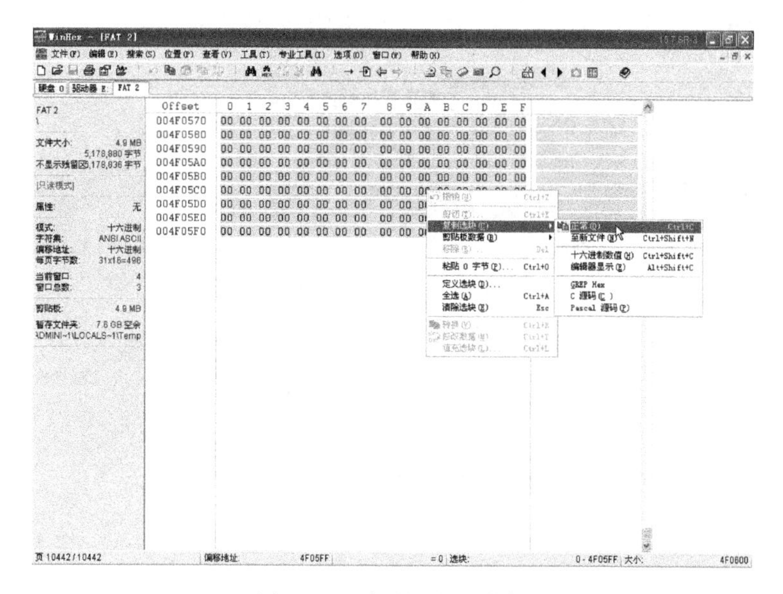

图 6-12　复制选择的数据

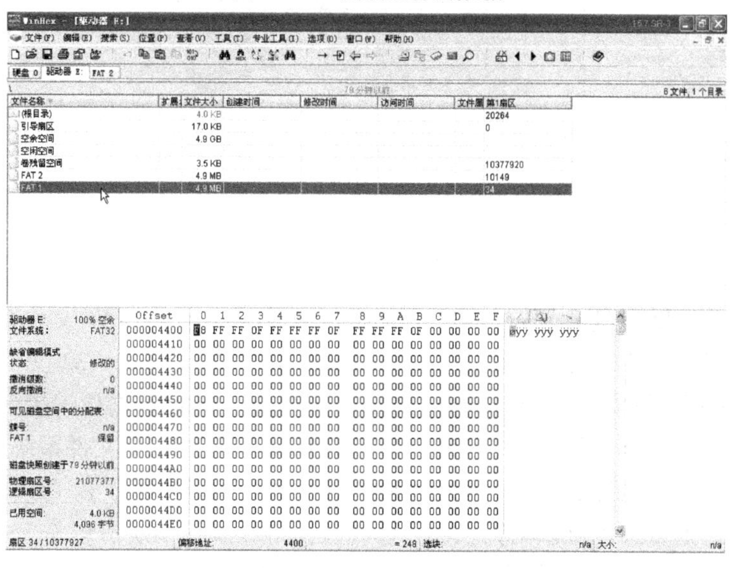

图 6-13　FAT2 内容

Offset	0	1	2	3	4	5	6	7	8	9	A	B	C	D	E	F	
000004400	F8	FF	FF	0F	FF	FF	FF	0F	FF	FF	FF	0F	00	00	00	00	øÿÿ ÿÿÿ ÿÿÿ
000004410	[illegible]	[illegible]	[illegible]	[illegible]	[illegible]	[illegible]	00	00	00	00	00	00	00	00	00	00	
000004420	[illegible]	[illegible]	[illegible]	[illegible]	[illegible]	[illegible]	00	00	00	00	00	00	00	00	00	00	
000004430	[illegible]	[illegible]	[illegible]	[illegible]	[illegible]	[illegible]	00	00	00	00	00	00	00	00	00	00	
000004440	[illegible]	[illegible]	[illegible]	[illegible]	[illegible]	[illegible]	00	00	00	00	00	00	00	00	00	00	
000004450	00	00	00	00	00	00	00	00	00	00	00	00	00	00	00	00	
000004460	00	00	00	00	00	00	00	00	00	00	00	00	00	00	00	00	
000004470	00	00	00	00	00	00	00	00	00	00	00	00	00	00	00	00	
000004480	00	00	00	00	00	00	00	00	00	00	00	00	00	00	00	00	
000004490	00	00	00	00	00	00	00	00	00	00	00	00	00	00	00	00	
0000044A0	00	00	00	00	00	00	00	00	00	00	00	00	00	00	00	00	
0000044B0	00	00	00	00	00	00	00	00	00	00	00	00	00	00	00	00	
0000044C0	00	00	00	00	00	00	00	00	00	00	00	00	00	00	00	00	
0000044D0	00	00	00	00	00	00	00	00	00	00	00	00	00	00	00	00	
0000044E0	00	00	00	00	00	00	00	00	00	00	00	00	00	00	00	00	

选块起始位置　Alt+1
选块尾部　Alt+2
编辑(E)
添加书签

图 6-14　FAT2 第一字节

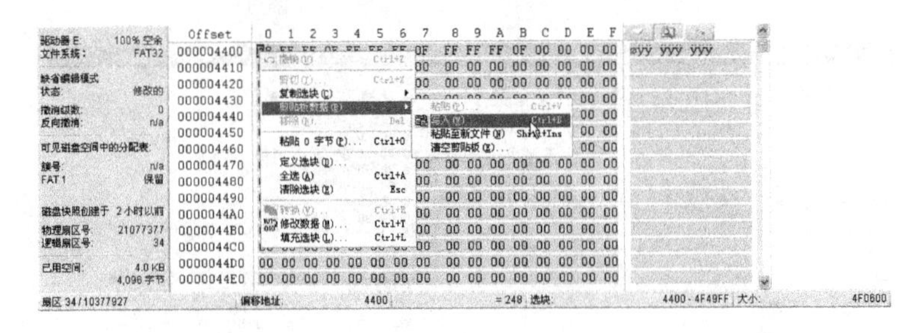

图 6－15　粘贴数据

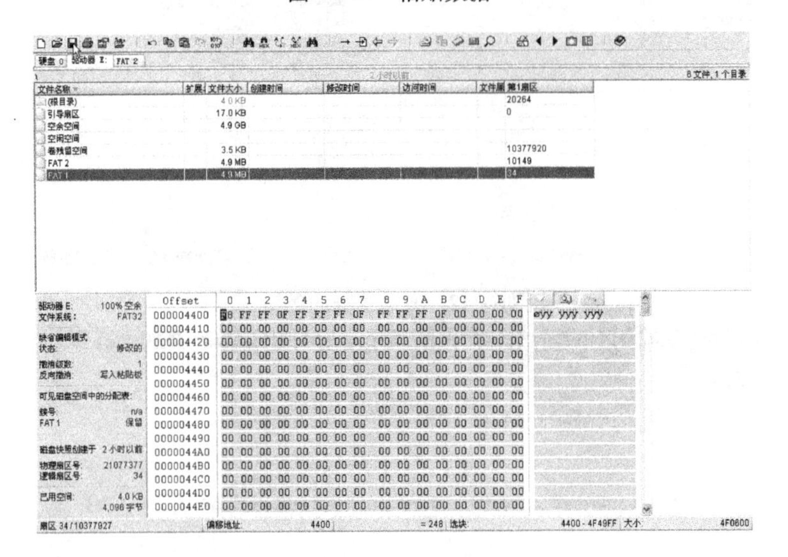

图 6－16　粘贴后数据

具软件公司，Diskedit 磁盘工具从字面上看是磁盘编辑工具，它是 FAT 文件系统上最方便的磁盘编辑工具。我们现在所用的是 Norton Utilities 2002，支持 FAT32 文件系统的剖析编辑。如果将一个磁盘看作一个个扇区的话，一个磁盘工具可以剖析编辑任何一个文件系统，因为不论是 NTFS（NT），HPFS（NT），EXT2（Linux）还是 FAT 文件系统，他们归根到底都是由一系列的扇区构成的，只不过扇区的组织方式不同罢了。在 Diskedit 中如果使用观察物理扇区的方式也可以浏览、观察、修改任何一种文件系统。但是 Diskedit 在逻辑层次上只对 FAT 文件系统提供了方便的浏览所以说 Diskedit 是 FAT 文件系统的浏览修改工具。

用 FAT2 覆盖 FAT1 时 DiskEdit 要比 DEBUG 容易得多。在 DOS 操作系统，输入“diskedit”后，出现主界面，如图 6－17 所示。

选择要操作的分区后按键盘“Enter”键，显示如图 6－18 所示界面。

在如图 6－18 所示界面，同时按键盘“ALT”和“G”两个键，出现如图 6－19 所示界面。

在如图 6－19 所示界面，选择“1st FAT”，查一下起始扇区，在 1 扇区，偏移 0x0000 的字节：F8 FF FF FF（FAT32 的）。该项显示表明 FAT2 没坏。如 FAT1 已经被破坏了，可以选择“2nd FAT”选项，如图 6－20 所示。

可以看到 FAT2 所在扇区为“237”，偏移量为“0x0000”这时可计算 FAT 表的长度了，

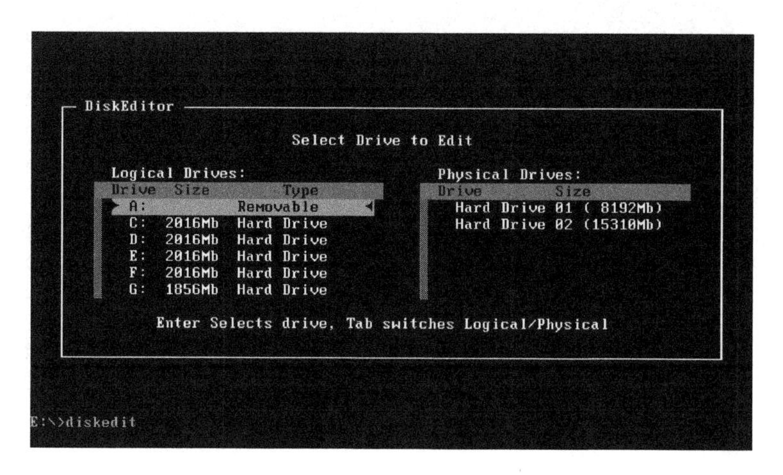

图 6-17　进入 DiskEdit

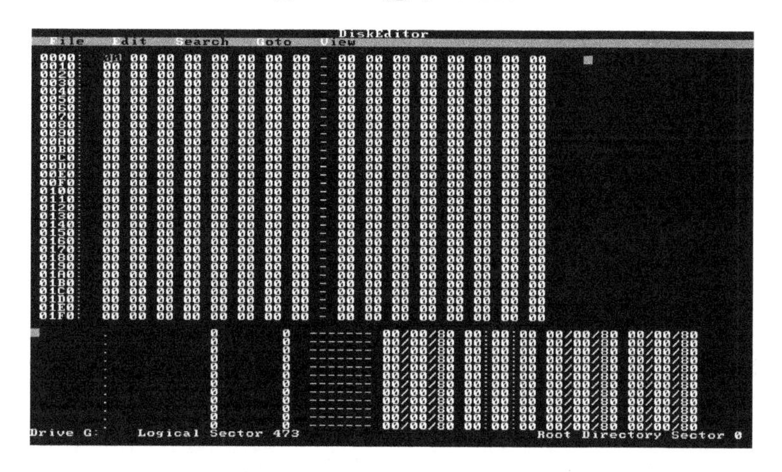

图 6-18　用 DiskEdit 打开分区后

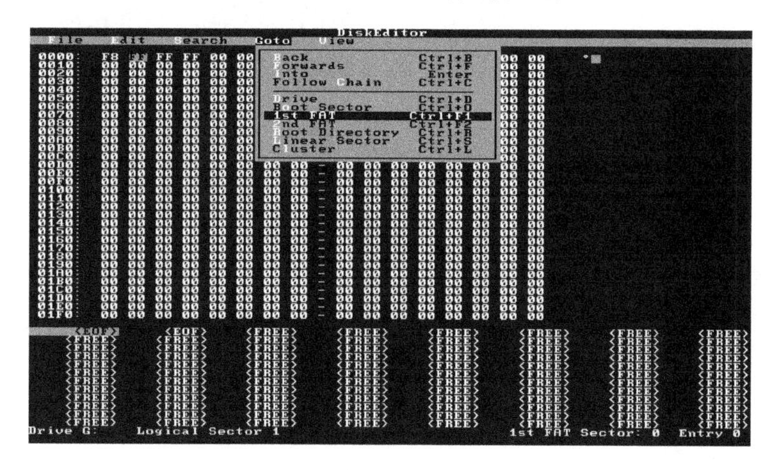

图 6-19　在 DiskEdit 中找 FAT1

因为 FAT2 的前面就是 FAT1，且 FAT1 和 FAT2 的长度相同，可以用"237 - 1"算出，也就是 FAT2 第一个数据的位置的扇区及偏移量值减去 FAT1 第一个数据所在位置的扇区及偏移量值，可得到 FAT 表大小为"236"。然后用 FAT2 覆盖 FAT1，用 DiskEdit 可以标记

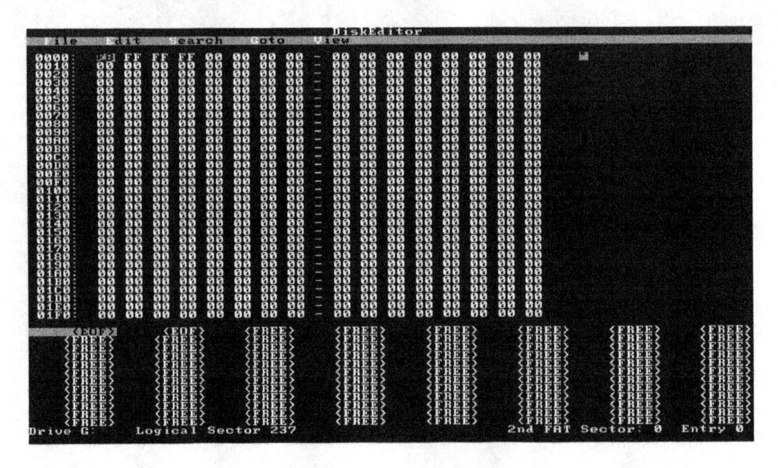

图 6 – 20　FAT2 数据

FAT2 的内容,然后复制下来,再写到 FAT1。

第7章　数据的恢复

本章主要介绍不同系统下数据的恢复,以及一些恢复软件的应用。

7.1　删除数据

7.1.1　FAT32 文件系统下的恢复

运用 DiskMan(DiskGen)恢复被删除的分区

分区恢复,实际上是最基本、最高速的事情,也是”底层”的运用 ,须要掌握一定的知识、具备一定的能力才可执行。一个 10GB 的硬盘执行数据恢复,可能需要 3h ~ 4h 的时间,但一个 250GB 的硬盘,执行分区恢复,不会用到 10min 的时间。下面通过分区恢复软件 DiskMan(DiskGen)介绍恢复删除分区的方法。

DiskMan(DiskGen)是国人开发的一款优秀的分区恢复软件,它以中文界面、菜单操作、运用基本直观的特点为计算机用户所喜爱,是一款免费软件。产品经过了多年的改良,功能也得到了不断发展,它不仅提供了基本的硬盘分区功能(如建立、激活、删除、潜藏分区),还具有强大的分区维护功能(如分区表备份和恢复、分区参数修改、硬盘主引导记录修正、重建分区表等);此外,它还具有分区格式化、分区无损调整、硬盘表面扫描、扇区拷贝、彻底清理扇区数据等实用的功能。虽然 DiskGen 功能强大,但它自身软件的大小只有 143KB。并且该软件已经推出 Windows 版本,但对于分区恢复来说,运用 DOS 版本恢复更加快捷,本文介绍 DOS 版本中恢复分区的使用。

1. 运用 DiskGen 修正硬盘分区

运用 DiskGen 可以修正丢失或损坏了分区表的硬盘,例如一个硬盘的分区表被病毒破坏了,可以执行下面的操作步骤对硬盘的分区表执行恢复。

将要修正的硬盘接到计算机上,然后用带有 DiskGen 软件的光盘或软盘启动计算机,进入 DOS 后,启动 DiskGen,可见软件检测到分区丢失,如图 7-1 所示。

使用启动盘启动到纯 DOS 下,注意这时最好使用装在软盘上面的 Disk Genius,因为刻在光盘上的 Disk Genius 虽然也可以正常使用,但由于光盘是只读的,所以软件会提示“打开文件 LOOKBACK. DAT 时出错,不能使用“回溯”功能”,如图 7-2 所示,“回溯”功能提供了所有磁盘操作的记录,并记录了操作前的原始信息,所以当操作失误的时候它可返回上一步操作,所以强烈建议在软盘上使用 Disk Genius,以便可以使用回溯功能。

然后从“工具”菜单中选择“重建分区表”命令,如图 7-3 所示。

在弹出的对话框中,单击“继续”按钮,如图 7-4 所示。

接着会弹出如图 7-5 所示的对话框,在这个对话框中选择分区表的重建方式,一种是自动方式,运用这种方式时,DiskGen 会自动按照硬盘上的柱面执行搜索,搜索完成后

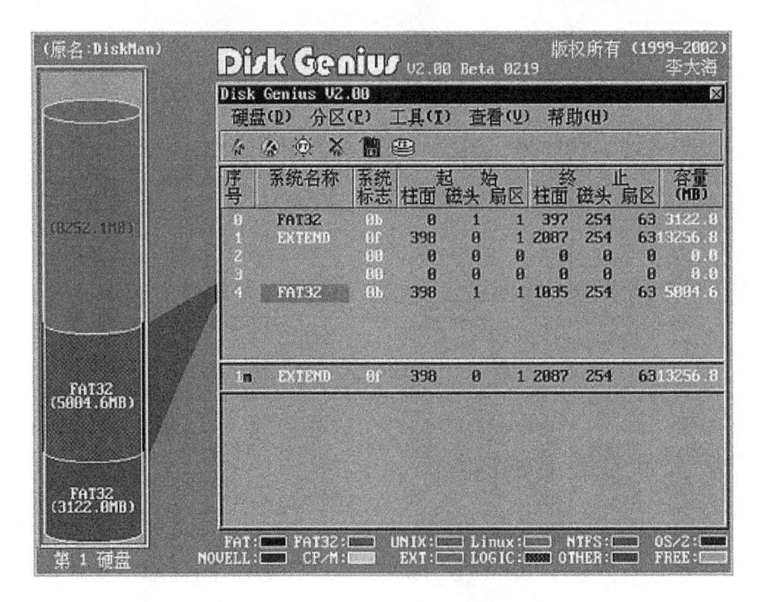

图 7－1　DiskGen 引导界面

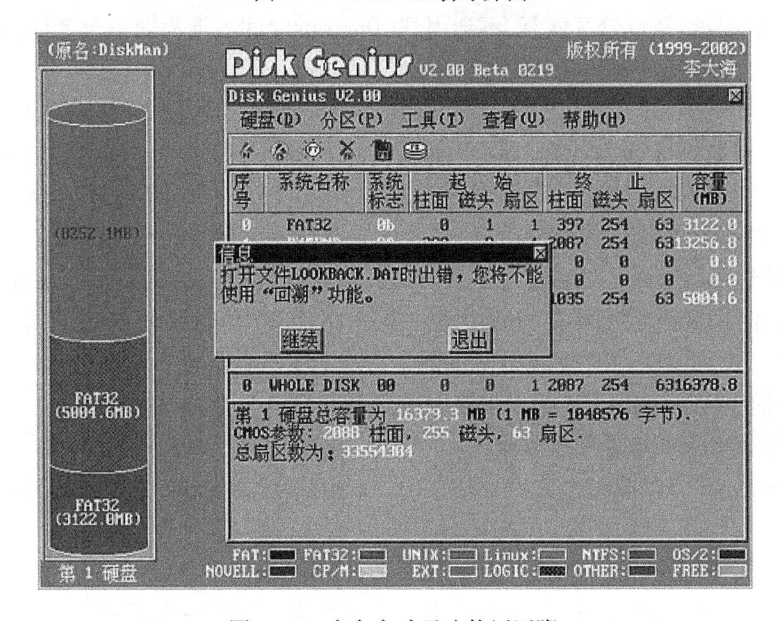

图 7－2　光盘启动无法使用回溯

自动恢复分区表。另一种为交互方式,运用这种方式重建分区表时,DiskGen 也同样按照柱面搜索硬盘,在搜索流程中每发觉一个分区都会提示用户能不能保存搜索到的这个分区,待用户选择完后继续向下搜索,直到完成。

建议在此选择“交互方式”重建分区表,选择完后,DiskGen 开始扫描硬盘。

当 DiskGen 扫描到一个分区后,会停止对硬盘的扫描,然后弹出对话框,如图 7－6 所示,提示用户发觉了一个分区,并显示分区的大小,如果分区信息正确则单击”保留”按钮,否则单击”跳过”按钮。

无论选择那个 DiskGen 都会继续扫描硬盘的其他柱面,等到全部扫描完毕后,弹出

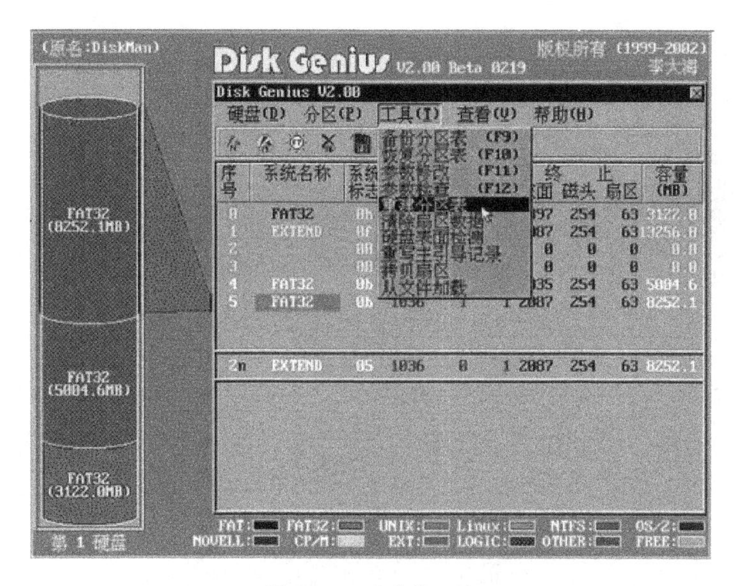

图 7-3　重建分区表

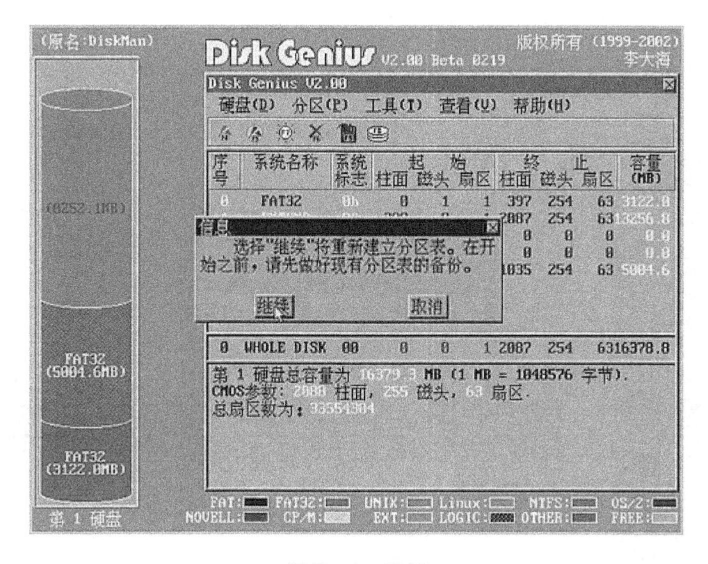

图 7-4　继续

一个对话框，提示分区表重建完毕，然后保存扫描后的分区信息，如图 7-7 所示。

扫描完成后，选择“硬盘”菜单下的“存盘”命令，保存已经修正好的分区表，然后重新启动计算机，此时大多数硬盘的数据都会被成功找回。

如果在扫描硬盘时没有扫描到分区信息，可以尝试运用自动方式查找分区，有时在交互方式下找不到的分区信息用自动方式可以找到。

如果在“自动方式”下找到的硬盘有疑问，请运用 “交互方式”执行查找，在查找的过程中，有选择性地“跳过”找到的分区，而选择认为合适的分区，并可以多次查找，直到找到正确的分区信息为止。

2. 运用 DiskGen 恢复分区的注意事项

在把认为信息不对的分区跳过时，在运用这一功能时，须要有一定的体会。在恢复分

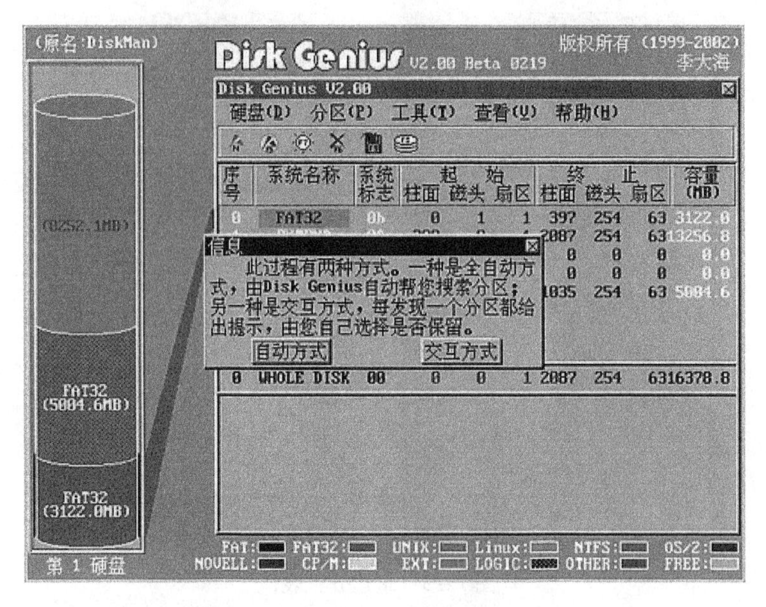

图 7-5　交互方式

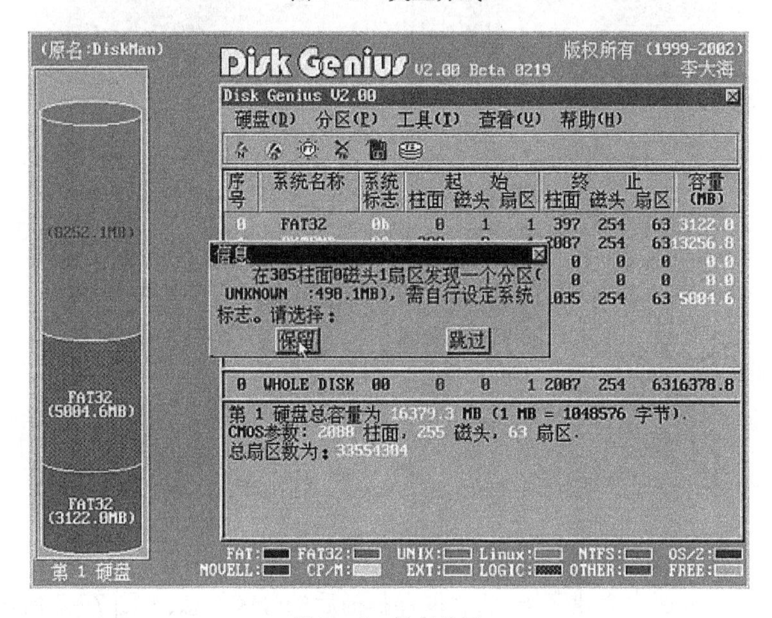

图 7-6　保存分区

区时，至少应该知道想要恢复的硬盘有多个分区、分区格式和每个分区的大概大小，在知道这些的情况下，恢复分区的概率在 90% 以上。

在恢复分区后，可以运用 Windows PE 的启动盘，或者运用 DOS 启动盘，尝试列出分区上的目录，只有看到恢复后分区中的目录，表示恢复正确；如果分区是 NTFS 文件系统，则可以用 DOS 启动后，加载 NTFS For DOS 程序，来列出 NTFS 分区的文件，此时，还可以加载 CCDOS 等中文系统以列出中文的目录。当目录基本正确后，可以确认，分区恢复完成，然后执行后续的工作。

通常情况下，仅仅丢失硬盘的分区后，没有对硬盘执行低格、安装操作系统等操作，运

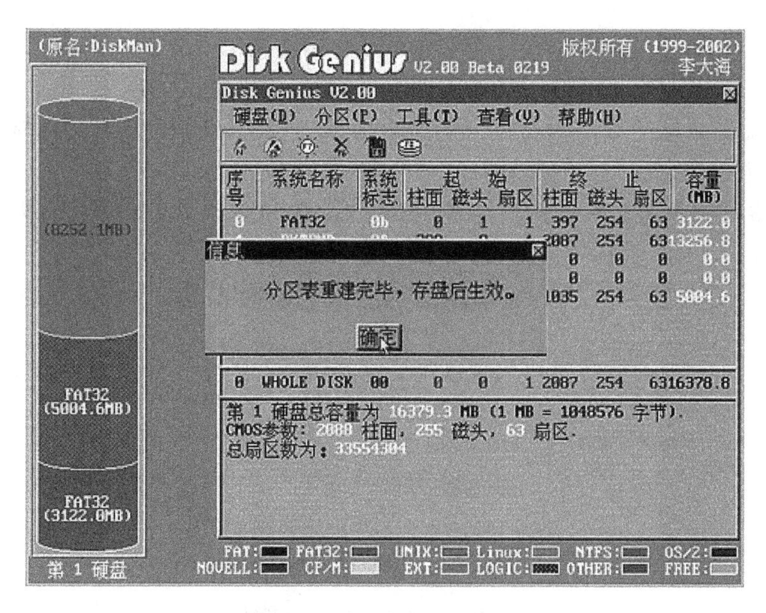

图 7-7　重建分区表完成

用 DiskMan 或 DiskGen 恢复分区后，硬盘上的数据不会丢失；如果对硬盘执行了重新分区、重新安装操作系统的操作，则原来硬盘上第 1 个分区的数据将会丢失，但第 2 个分区及其后面的分区数据丢失的可能性要视原来硬盘的大小以及原来第 1 分区的大小而定，如果硬盘比较小并且第 1 分区也比较小，则第 2 分区数据丢失的可能性比较大。所以，一个良好的习惯就是：将主要的数据保存在硬盘的第 2 个或者第 3 个甚至更加“靠后”的分区，并且第 1 个分区要足够大。因为病毒也好，误操作也好，总是对硬盘的第 1 个分区的损害比较大。

7.1.2　NTFS 文件系统下的恢复

1. NTFS 文件系统硬盘故障的修复原理

NTFS 是随着 Windows NT 操作系统而产生的，全称为"NT FileSystem"，中文译为 NT 文件系统，如今已是 Windows 类操作系统中的主力分区格式了。它的优点是安全性和稳定性极其出色，在使用中不易产生文件碎片，NTFS 分区对用户权限作出了非常严格的限制，每个用户都只能按着系统赋予的权限进行操作，任何试图越权的操作都将被系统禁止，同时它还提供了容错结构日志，可以将用户的操作全部记录下来，从而保护了系统的安全。

NTFS 文件系统利用 clusterremapping 技术来减小磁盘的坏扇区对 NTFS 卷的影响。NTFS 可以对硬盘上的逻辑错误和物理错误进行自动侦测和修复。

在 FAT16 和 FAT32 时代，需要借助 Scandisk 这个程序来标记磁盘上的坏扇区，但当发现错误时，数据往往已经被写在坏的扇区上了，损失已经造成。NTFS 文件系统则不然，每次读写时，它都会检查扇区正确与否。当读取时发现错误，NTFS 会报告这个错误；当向磁盘写文件时发现错误，NTFS 将会十分智能地换一个完好位置存储数据，操作不会受到任何影响。在这两种情况下，NTFS 都会在坏扇区上作标记，以防今后被使用。这种工作模式可以使磁盘错误可较早地被发现，避免灾难性的事故发生。

在 FAT 或 HPFS 下，只要位于文件系统的特殊体中的一个扇区失效，简单扇区失效(single sectorfailure)就会发生。NTFS 在两方面阻止这种情况的发生：第一，不在磁盘上使用特殊数据体且跟踪并保护磁盘上的所有对象。第二，在 NTFS 下，会保存有多份(数量是由卷的大小决定的)主文件表。

2. NTFS 文件系统文件恢复软件 Runtime GetDataBack for NTFS 3.69.000

该软件(图 7-8)使用方便，通过三步就可以完成恢复。

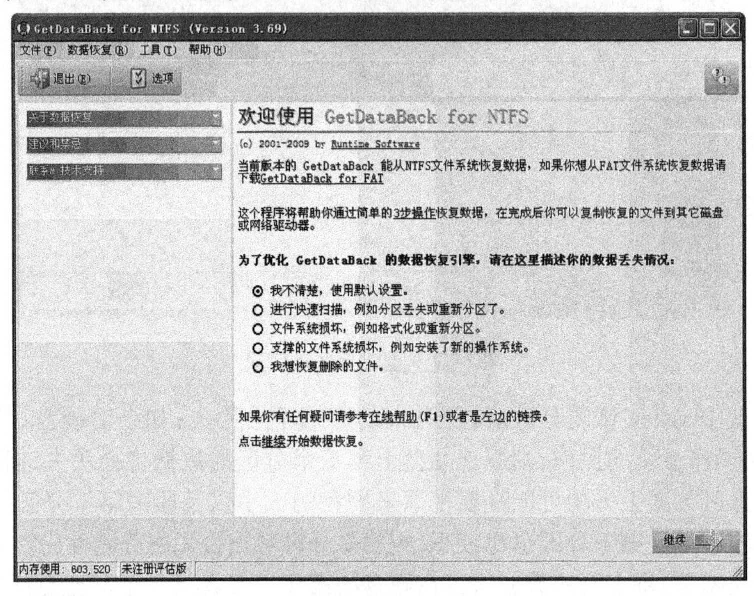

图 7-8　软件主界面

在"选项"中可以对数据恢复的选项进行设定，如图 7-9 所示。

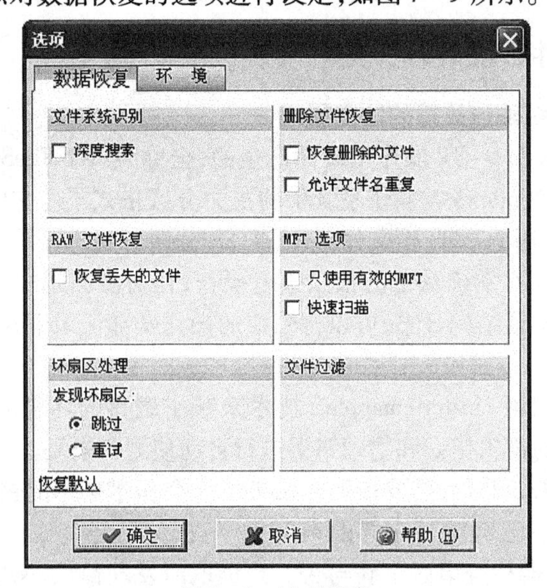

图 7-9　选项设定

在进行了相关选项的设定后，单击确定。返回上面的主页面点击"继续"进行恢复步骤第一步。

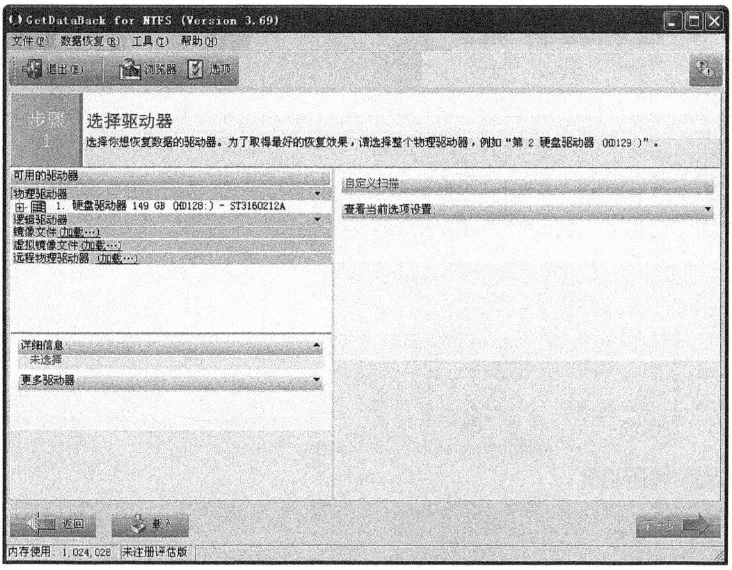

图 7 - 10　恢复步骤一

在此可以展开硬盘驱动器,确定需要恢复的物理分区,如果知道原文件所属范围,也可以使用自定义扫描,选择“扫描部分驱动器”,确定扫描范围,减少操作时间。如图 7 - 11所示。

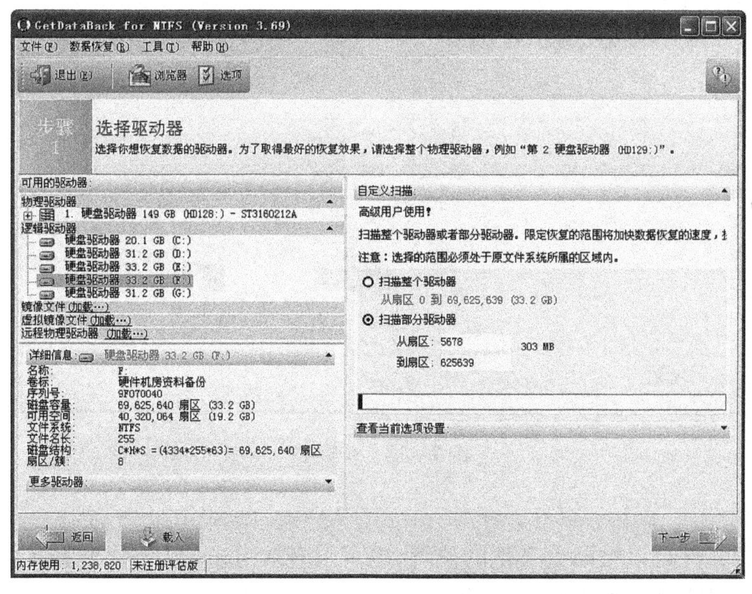

图 7 - 11　自定义扫描

下面开始扫描,如图 7 - 12 所示。

扫描完系统后,进入步骤 2,如图 7 - 13 所示。

在此可以看到找到的文件系统的详细信息,没有问题就进入步骤三(图 7 - 14),选择需要恢复的文件,并复制下来。

在复制界面中选好文件,可以通过右键点击在快捷菜单中选择复制,如图 7 - 15

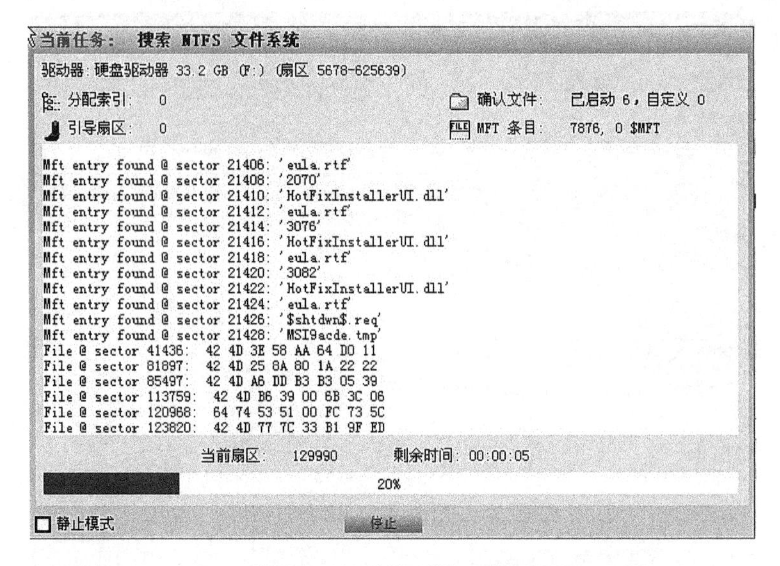

图 7-12 搜索 NTFS 系统

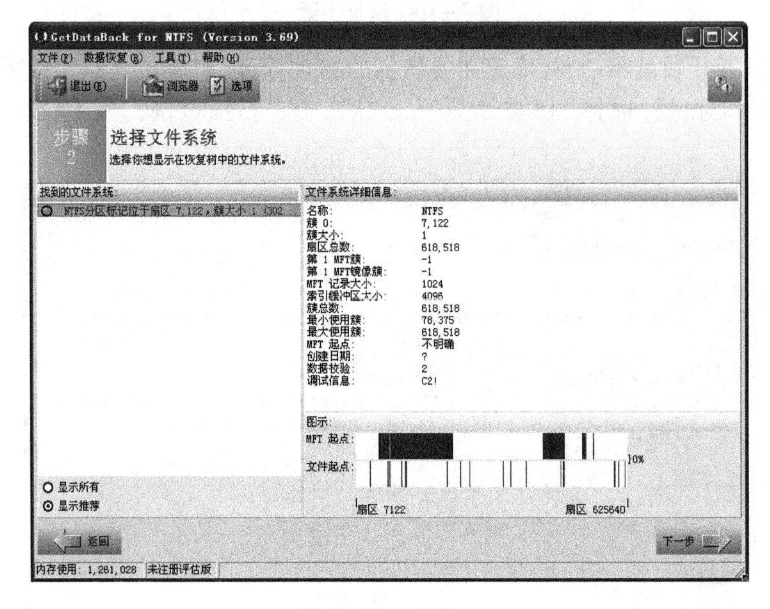

图 7-13 步骤二

所示。

复制完的文件可以粘贴到其他的位置，也可以直接点击"打开"，查看文件。

在系统的可靠性与可恢复性方面，NTFS 文件系统比以往的 FAT32 文件系统体现了极大的优势。自从 Windows2000 开始，微软开始推荐大家使用 NTFS 的磁盘格式，其后推出的 XP 更是要配合这种磁盘格式才能发挥其最大的性能优势。而且实际上随着海量硬盘的发展，使用 NTFS 的分区格式将越来越必要；在新一代的 Windows 系统中，FAT 系统也势必会被 NTFS 逐渐取代。NTFS 的安全性、可靠性与高效性即使与 ext3、reiserfs 等优秀文件系统相比也毫不逊色，相信如果将来微软能开放更多 NTFS 技术细节的话，NTFS 必将得到更广泛的应用，必将在文件系统世界里大放异彩。

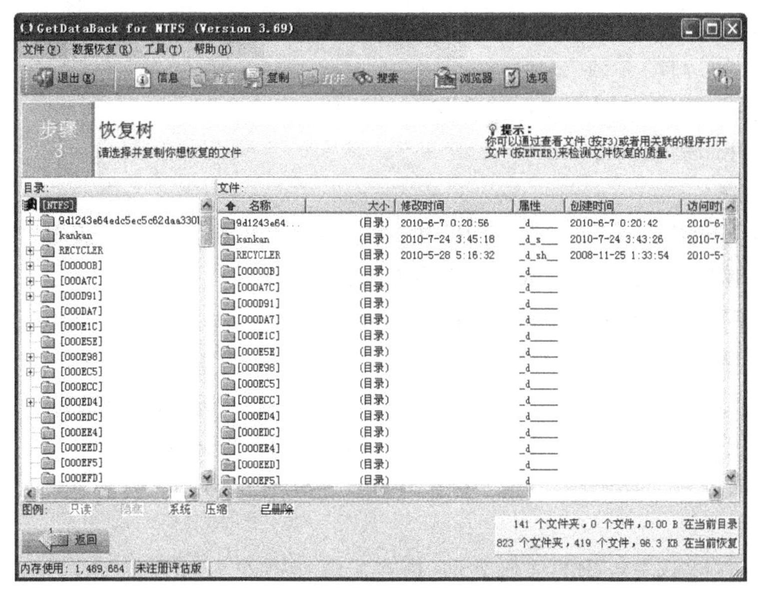

图 7-14 步骤三恢复树

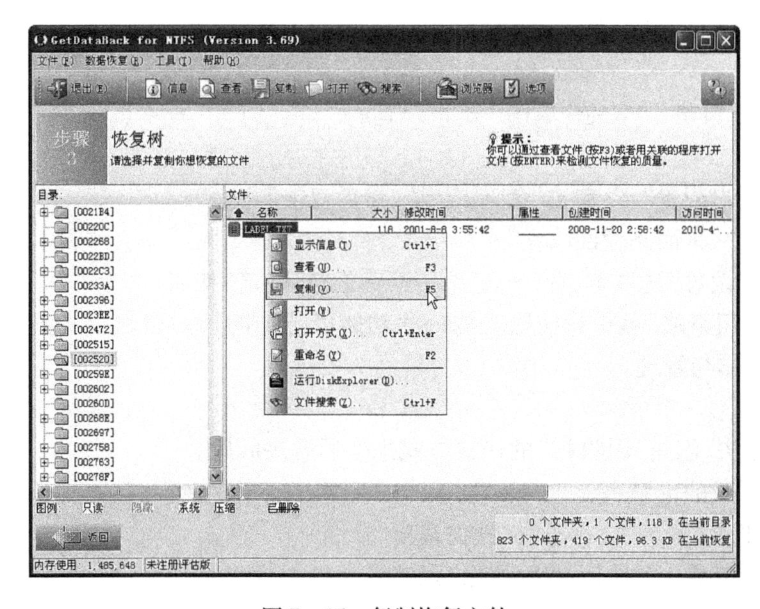

图 7-15 复制恢复文件

7.1.3 恢复 DELETE 及清空回收站删除的数据

1. 简单恢复回收站清空文件

在 Windows 环境下删除一个文件,只有目录信息从 FAT 或者 MFT(NTFS)删除。这意味着文件数据仍然留在磁盘上。所以,从技术角度来讲,这个文件是可以恢复的。

1)方法一

(1)单击"开始"\"运行",在"打开"中键入"regedit",运行注册表编辑器;

(2)依次展开注册表至:HKEY_CURRENT_USER\Software\\Microsoft\Windows\CurrentVersion\Explorer\HideDesktopIcons\NewStartPanel;

(3)在右窗格中,右键单击"? 645FF040 - 5081 - 101B - 9F08 - 00AA002F954E?" DWORD 值,然后选择"修改";

(4)在"数值数据"框中,键入数值"0",然后单击"确定";

(5)退出注册表编辑器。

2)方法二

(1)单击"开始"\"运行",在"打开"中键入"regedit",运行注册表编辑器;

(2)依次展开注册表至:"HKEY_LOCAL_MACHINE\
SOFTWARE\Microsoft\Windows\CurrentVersion\Explorer\Desktop\NameSpace"

(3)在右窗格中,右键点击 645FFO40——5081——101B——9F08——00AA002F954E 文件然后在右边会看到一个默认的文件,右键点默认文件……修改 然后把"Recycle Bin"改成回收站然后退出注册表。如没有 645FFO40——5081——101B——9F08——00AA002F954E 文件,请新建一个名为"645FF040 - 5081 - 101B - 9F08 - 00AA002F954E"的注册表项。

(4) 然后右键单击新建的注册表项,再在右窗格中双击"(默认)"项,在"数值数据"框中键入"Recycle Bin",单击"确定"。

(5)退出注册表编辑器。

3)方法三

(1)运行组策略,方法是:单击"开始"\运行",在"打开"框中键入"GPEDIT. MSC",然后"确定";

(2)在"用户配置"下,单击"管理模板",然后双击"桌面";

(3)双击"从桌面删除回收站";

(4)单击"设置"选项卡,选"未配置",然后单击"确定"按钮。

小贴士:"组策略"就是将注册表的一些功能以更加明朗的模块模式展现出来,便于用户更好地操作与管理。

4)方法四

此为变通法,创建"回收站"的快捷方式来变通解决问题。

(1)打开"我的电脑";

(2)在"工具"菜单中,单击"文件夹选项"命令;

(3)单击"查看"选项卡,然后革除"藏匿受保护的操作系统文件? 推荐?"复选框,出现警告消息时,单击"是"按钮;

(4)单击工具栏上的"文件夹"按钮;

(5)在左边窗口的"文件夹"下,找到"回收站"文件夹(即"Recycled"文件夹),然后将"回收站"文件夹,拖到桌面。

变通法尽管无法重建原来的"回收站"图标,但能恢复"回收站"的大部分功能,包括:通过将文件拖入桌面上的"回收站"图标来删除文件;通过双击桌面上的"回收站"图标,右键单击要找回的文件,接着单击"恢复",来找回已删除的文件;通过右键单击桌面上的"回收站"图标,然后单击"清空回收站"来清空"回收站"等。当然,你不能通过右键单击"回收站"快捷方式来访问"回收站"的属性。如要设置"回收站"的属性,请按下列步骤操作:双击桌面上的"回收站"快捷方式,在"回收站"文件夹的左上角,右键单击"回收站"图标,然后单击"属性"。如果,通过([Shift]-[Delete])等方式,没有删除到回收站,而是直接从硬盘上删除,或者直接清空回收站,Windows 没有任何机制可以将这些文件恢复回来。

7.2 使用数据恢复软件

7.2.1 数据恢复软件 FinalData

FinalData 又称超级数据恢复工具,其功能特性包括:支持 FAT16/32 和 NTFS,恢复完全删除的数据和目录,恢复主引导扇区和 FAT 表损坏丢失的数据,恢复快速格式化的硬盘和软盘中的数据,恢复 CIH 破坏的数据,恢复硬盘损坏丢失的数据,通过网络远程控制数据恢复等。另外,FinalData 可以很容易地从格式化后的文件和被病毒破坏的文件恢复。甚至在极端的情况下,如果目录结构被部分破坏也可以恢复,只要数据仍然保存在硬盘上。

FinalData 的操作下:首先打开 FinalData 的主程序,可以见到(图 7-16)程序的组成非常简洁,由菜单栏、工具栏、目录示图和目录内容示图组成。

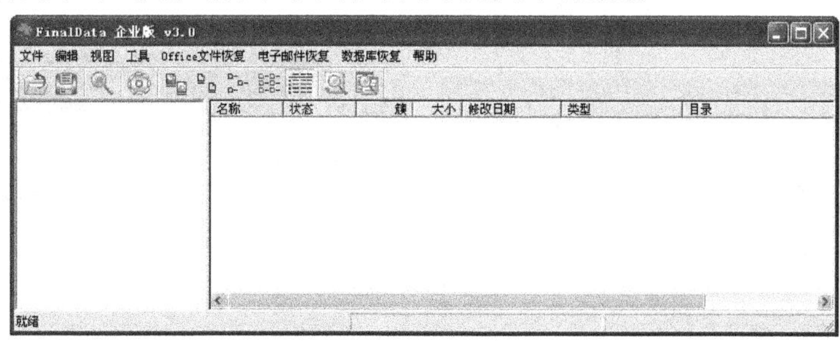

图 7-16 FinalData 的主界面

在主界面中,点击"文件",选择"打开"命令,选择需要恢复的驱动器。如图 7-17 所示。

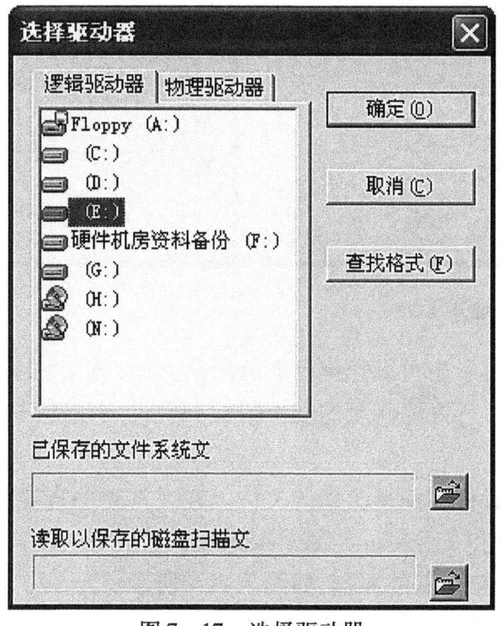

图 7-17 选择驱动器

此处，假设对 E 盘进行恢复。选中 E 盘点击“确定”打开，经过简单的查找，软件会把查找到的已删除文件简单列出来。如图 7－18 所示。

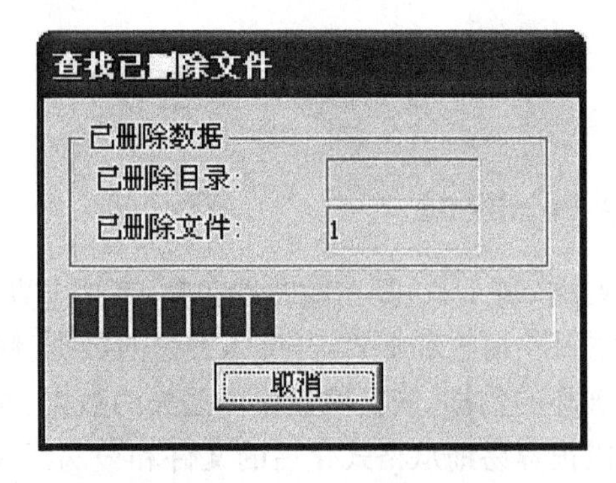

图 7－18　查找已删除文件

接下来，需要设置搜索范围，一般选择默认即可，如图 7－19 所示。

点击确定后，按簇开始进行扫描（图 7－20）。

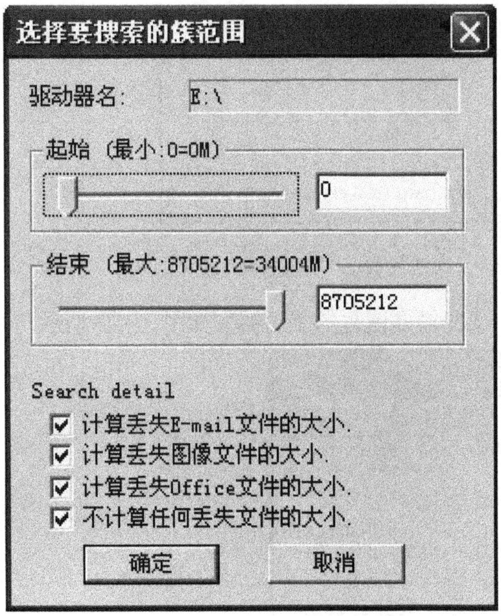

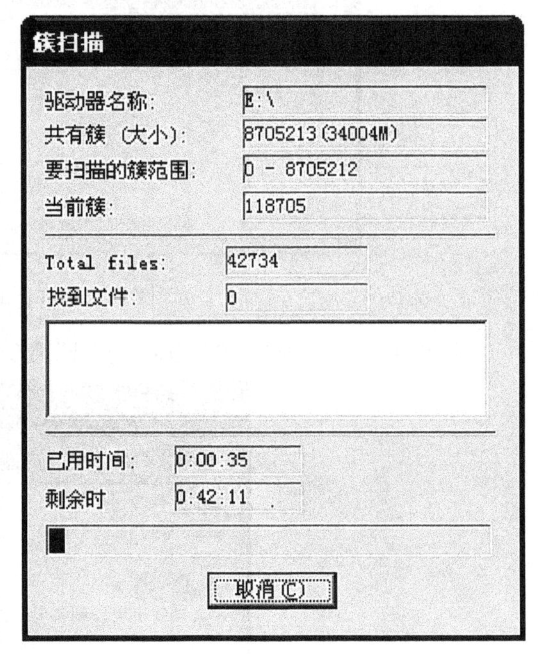

图 7－19　选择簇

图 7－20　簇扫描

扫描结束后，在根目录中可以找到已删除的文件，如图 7－21 所示。

在已删除的文件里，选好要恢复的文件或部分文件点右键，然后选择恢复，如图7－22 所示。

下面，选择一个位置存放恢复出来的文件。在文件夹中直接输入指定文件夹，或在下面选项中分别选择盘符和文件夹。如图 7－23 所示。

点击保存后开始恢复文件的保存，如图 7－24 所示。

接下可以到文件夹里，查看修复好的文件。如下图 7－25 所示。

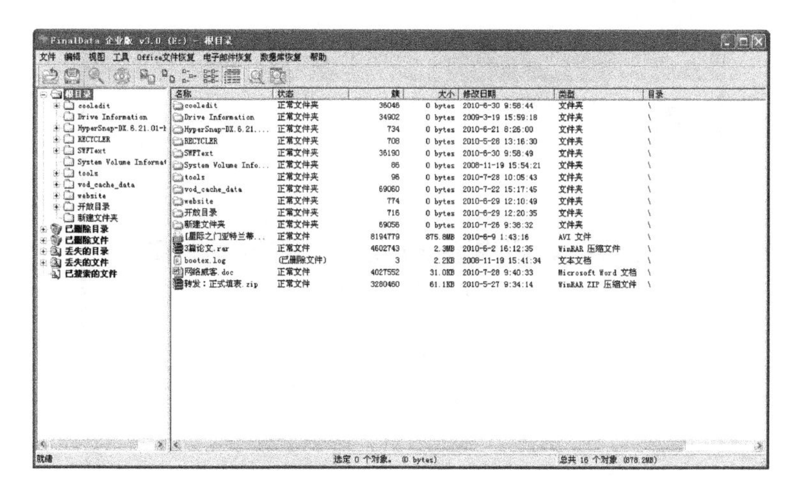

图 7-21　根目录

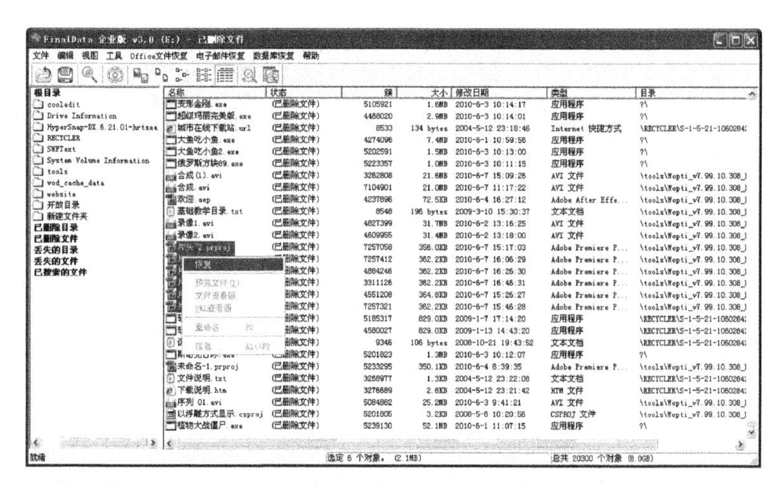

图 7-22　恢复文件

图 7-23　保存文件夹

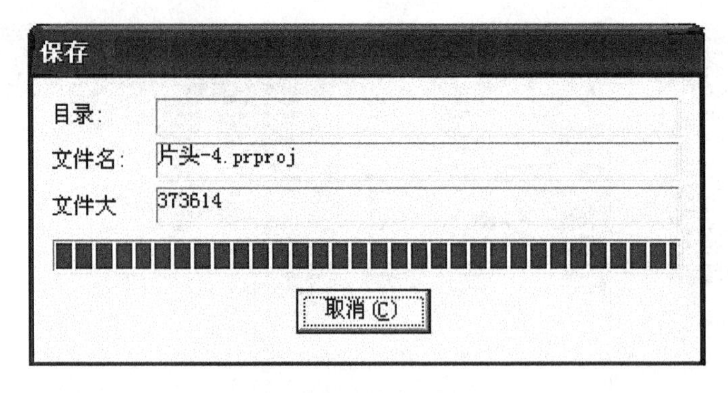

图 7-24　保存恢复文件

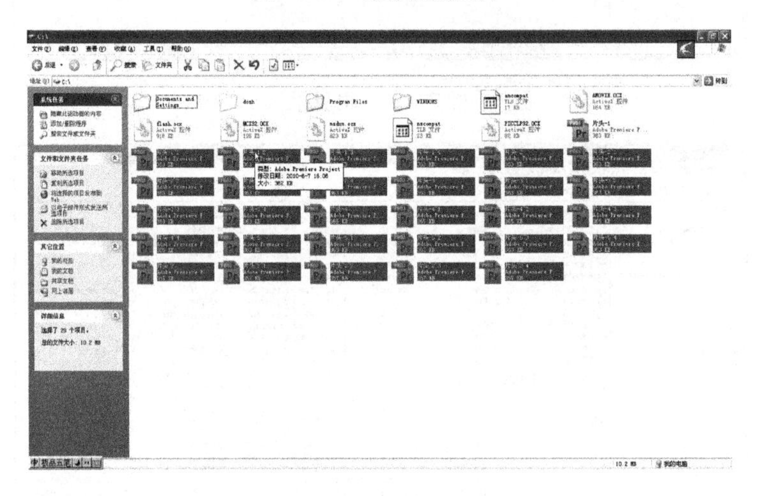

图 7-25　查看修复好的文件

7.3　使用数据恢复套装 R-Studio. complete. v5.0

7.3.1　R-Studio 软件功能简介

1. R-Studio 软件

R-Studio 是一个功能强大、节省成本的反删除和数据恢复软件系列。它采用独特的数据恢复新技术,为恢复 FAT12/16/32、NTFS、NTFS5(由 Windows 2000/XP/2003/Vista 创建或更新)、Ext2FS/Ext3FS(LINUX 文件系统)以及 UFS1/UFS2(FreeBSD/OpenBSD/NetBSD 文件系统)分区的文件提供了最为广泛的数据恢复解决方案。R-Studio 运行于本地磁盘和网络磁盘,即使这些分区已被格式化、损坏或删除。对参数进行灵活的设置,可以对数据恢复实施绝对控制。

2. R-Studio 功能

同时提供对本地和网络磁盘的支持,此外大量参数设置让高级用户获得最佳恢复效果。具体功能有:采用 Windows 资源管理器操作界面;通过网络恢复远程数据(远程计算机可运行 Win95/98/ME/NT/2000/XP、Linux、UNIX 系统);支持 FAT12/16/32、NTFS、NTFS5 和 Ext2FS/Ext3FS 文件系统;能够重建损毁的 RAID 阵列;为磁盘、分区、目录生成镜像文件;恢复删除分区上的文件、加密文件(NTFS5)、数据流(NTFS、NTFS5);恢复 FDISK 或其他磁盘工具删除过的数据、病毒破坏的数据、MBR 破坏后的数据;识别特定文件名;把数据保存到任何磁盘;浏览、编辑文件或磁盘内容,等等。

• 通过网络进行数据恢复。可以从运行 Win95/98/ME/NT/2000/XP/2003/Vista、Linux 以及 UNIX 的网络计算机上恢复文件。

• 支持的文件系统:FAT12、FAT16、FAT32、NTFS、NTFS5(由 Windows 2000/XP/2003/Vista 创建或更新)、Ext2FS/Ext3FS (Linux)、UFS1/UFS2 (FreeBSD/OpenBSD/NetBSD)。

• 识别和分析动态(Windows 2000/XP/2003/Vista)、基本和 BSD (UNIX) 分区布局方案。

• 损坏的 RAID 恢复。如果操作系统不能识别出您的 RAID,您可以从其组件创建一个虚拟的 RAID。这样的虚拟 RAID 可以当作真实的 RAID 处理。

• 创建镜像文件用于整个硬盘、分区或它的一部分。这类镜像文件可以作为常规的磁盘处理。

• 对被损坏或删除的分区、加密文件 (NTFS 5)、额外的数据流 (NTFS, NTFS 5) 进行数据恢复。

• 对如下情况进行数据恢复:

• Fdisk 或其他磁盘工具已经在运行;

• VIRUS 侵入;FAT 损坏;MBR 被破坏。

• 识别本地化名称。

• 被恢复的文件可以保存在主机操作系统可以访问的任何(包括网络)磁盘上。

• 文件或磁盘的内容可以在十六进制编辑器中查看或编辑。该编辑器支持 NTFS 文件属性编辑。

3. R-Studio 工具恢复范围

• 没有进回收站而被直接删除的文件,或者当回收站被清空时的文件;

• 因病毒攻击或电源故障被删除的文件;

• 文件分区被重新格式化后的文件(甚至是不同的文件系统);

• 硬盘上的分区结构被改变或损害时的文件。在这种情况下,R-Studio 工具可以扫描硬盘,尝试去找到以前存在的分区并从找到的分区恢复文件。

• 有坏扇区的硬盘的文件 R-Studio 数据恢复软件首先拷贝整个磁盘或者部分磁盘内容到一个镜像文件中,然后再处理该镜像文件。当新的坏扇区不断出现在硬盘上时,这一处理方式尤为实用,其余信息必须立即保存。

7.3.2 使用 R-Studio 查找并回复本地硬盘数据

步骤 1 扫描磁盘。要找到原来的分区,需要对整个磁盘进行扫描。因此,必须选择界面中的物理磁盘进行操作,而不能选择一个逻辑分区。

在磁盘上右击,然后在弹出的菜单中单击 Scan(扫描),如图 7-26 所示。

单击 Scan 后会弹出扫描配置对话框,如图 7-27 所示。

在扫描配置对话框中,可以配置扫描的起始位置和大小。程序默认从硬盘的起始位置开始对整个硬盘执行扫描。如果要寻找硬盘的所有分区,不须要改动 Start 和 Size 栏中

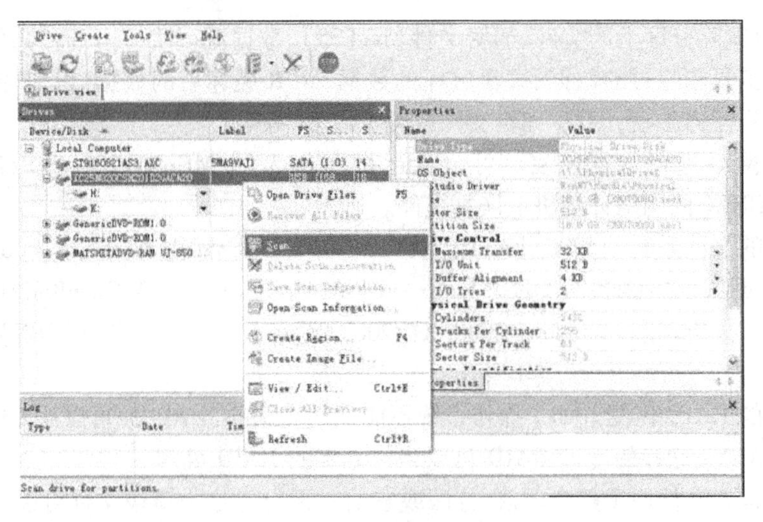

图 7－26　选择磁盘扫描

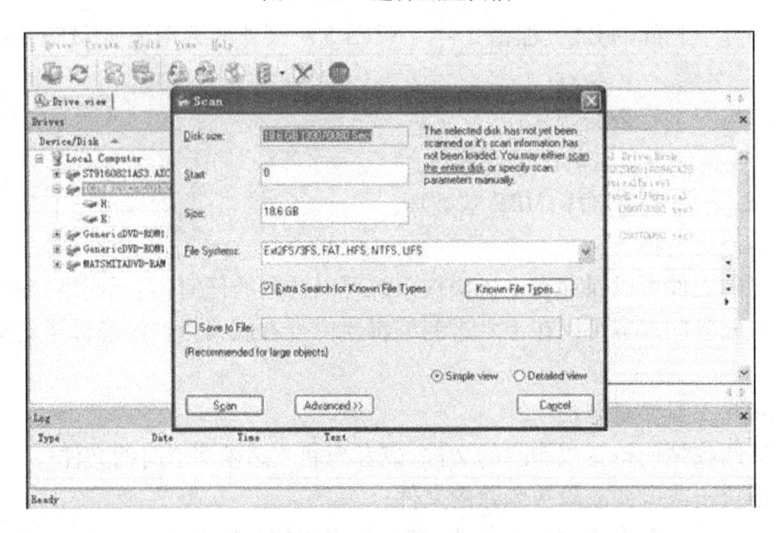

图 7－27　扫描配置

的数值。如果只是想恢复某个分区的数据，并且知道该分区的大致起始位置及大小的话，可以在 Start(起始)栏中输入扫描的起始位置，在 Size 栏中输入扫描的范围大小。输入数值时，如果以扇区为单位，须要在输入的数值后加"S"，以 MB 为单位则加"MB"，以 GB 为单位则加"GB"。"File Systems"栏中为支持的文件系统类型，可以支持的类型有 Linux 的 ExtX、Windows 的 FAT 和 NTFS、苹果机的 HFS 以及 Unix 的 UFS 文件系统。单击其后的向下箭头可以在下拉列表中选择想要寻找的文件系统类型。程序默认勾选所有的类型选项，应该根据实际情况只保留可能存在的文件系统类型，以降低计算机的负载并提高扫描速度。在下面的操作中，只有 FAT 及 NTFS 类型的文件系统，因此可以去掉其他的类型选项，只保留对这两种文件系统类型的勾选。

"Extra Search for Known File Types"选项默认被勾选，勾选此项时，程序在扫描的过程中会同时搜索已知文件类型的特征值，并在搜索结果中将搜索到的同类文件单独存放在一个目录中。单击其后的"Known File Types"按钮可以查看程序所支持的文件类型种类。

不过，只有在文件系统破坏非常严重，文件的元数据信息全部丢失的情况下才需要使用这种恢复方式。为了提高搜索速度，不建议勾选此项。扫描的时间长短根据硬盘容量的大小、接口、扫描配置以及计算机的运算速度不同而有所差异。

设置完毕并确认无误后，单击 Scan 按钮即开始扫描。如图 7－28 所示。

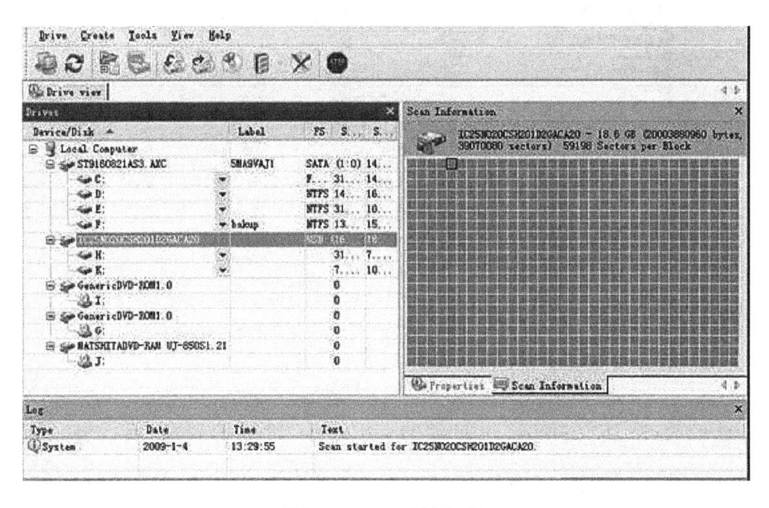

图 7－28　开始扫描

步骤 2　查验扫描结果。扫描结束后，程序即列出所有可能存在的分区，并给出每个分区的起始位置和大小。单击某个分区后，右侧的窗口中即会给出该分区的逻辑参数，如每 FAT 项大小、簇大小、根目录起始簇、FAT1 的起始位置及每 FAT 表的大小等。如图 7－29所示。

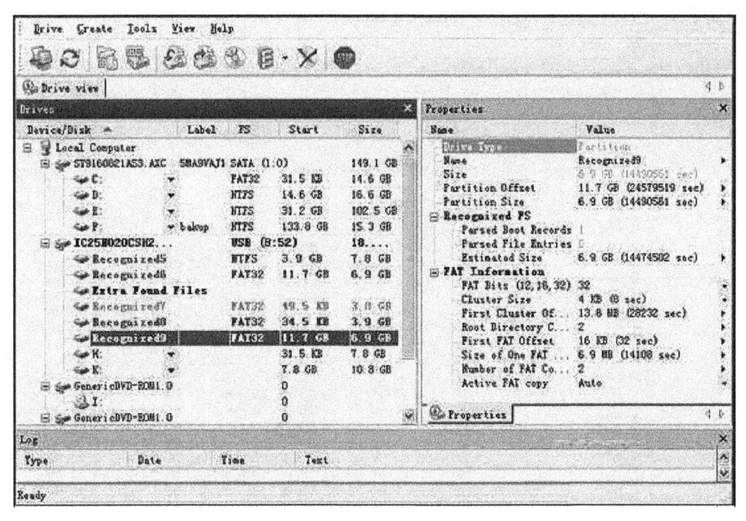

图 7－29　扫描结果

双击该逻辑硬盘后，程序即开始根据该分区的参数遍历整个分区，然后列表显示找到的目录及文件。如图 7－30 所示。

虽然程序列出了该分区内的目录和文件，目录名和文件名也正确，但这只是它根据搜索到的目录项列出的内容，因为扇区起始位置不正确，根据目录项中描述的子目录或文件

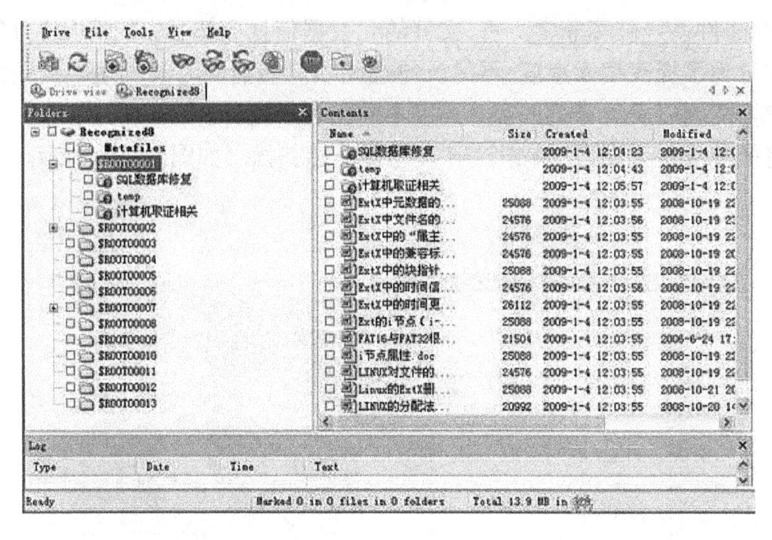

图 7－30　分区目录

的起始簇对其执行访问时,将不能访问到子目录或文件的正确起始位置。所以,子目录名的前面显示为问号图标,因为对该目录执行访问时并没有在其中找到正确的内容,在左侧窗口中单击一个带问号的子目录时,在右侧的窗口中将显示为空或乱码。右侧窗口中的文件也一样,右击一个文件,在弹出的快捷菜单中选择 View/Edit,可以在一个十六进制编辑窗口中打开该文件,如果对该文件类型的特征值比较熟悉的话,能够判断出该文件的文件头是否正确。如选择打开了一个 Word 文档,显示表明这不是一个正确的 Word 文档的文件头(如图 7－31 所示),因为 Word 文档的文件头的前 8 个字节在十六进制窗口中将显示为"D0CF11E0A1B11AE1"。

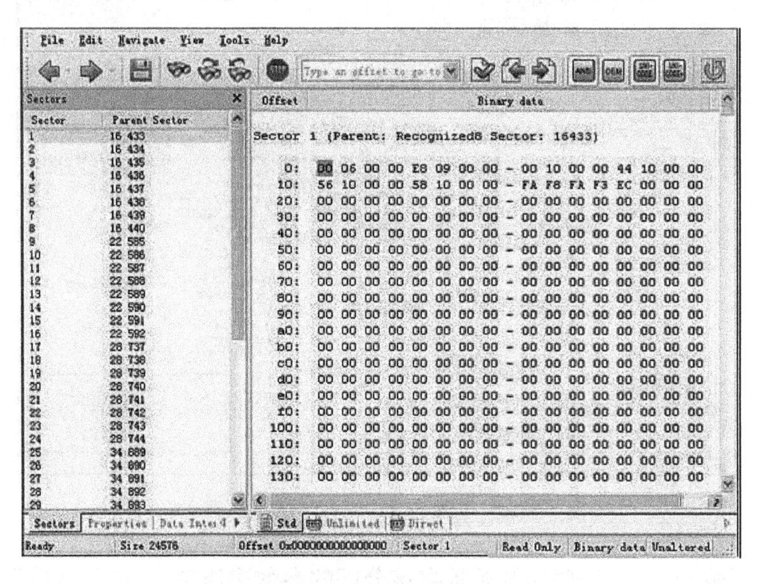

图 7－31　错误文件

步骤 3　恢复数据。在要恢复的目录或文件上右击,在弹出的快捷菜单中选择 Recover,或对要恢复的数据进行勾选后右击一个目录或文件,在弹出的快捷菜单中选择 Recover Marked(如图 7 - 32 所示),即可弹出保存路径选择对话框,选择好存放路径后单击 OK 按钮即可将数据恢复至指定的位置。

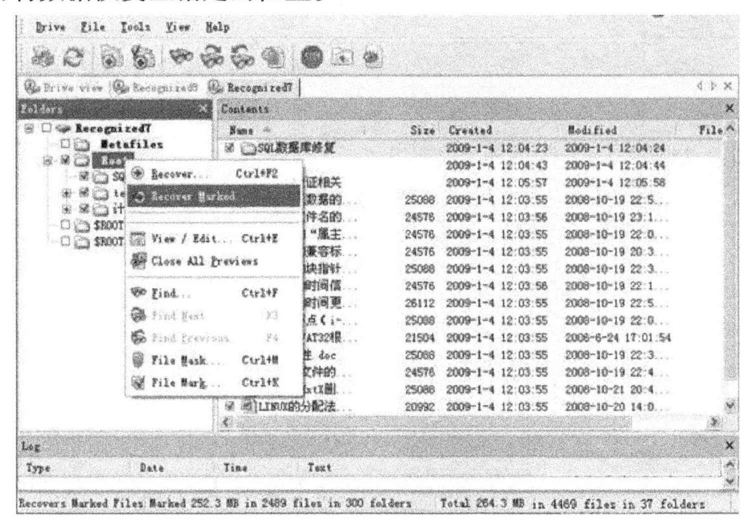

图 7 - 32 恢复保存

7.3.3 使用 R-Studio 通过网络恢复远程计算机数据

“远程主机磁盘映射”是 R-Studio 成熟的网络恢复技术,如图 7 - 33 的运行程序。

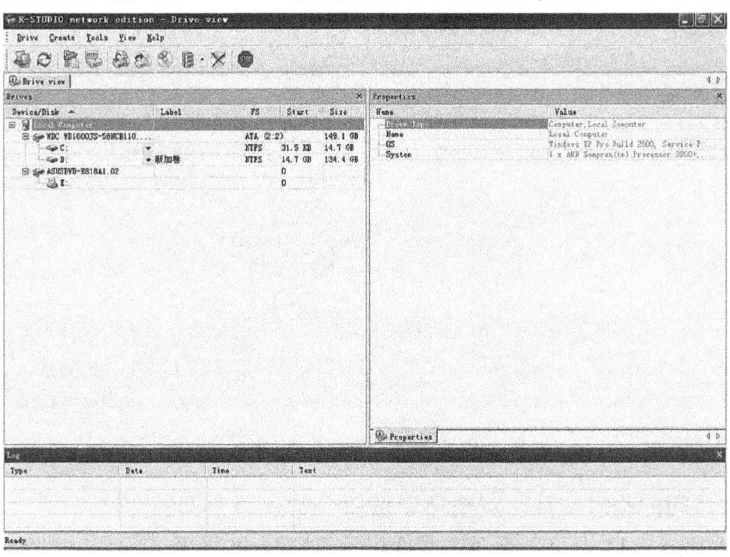

图 7 - 33 程序主界面

在下面执行的窗口中(图 7 - 34),从上至下应填入计算机 IP 地址或计算机名,映射端口(默认为 3174),远程计算机访问密码。注意在启动该功能时软件会自动扫描局域网同网段内开放相关端口的机器,点停止则可以结束搜索。

在搜索到的远程机器中,“展开一个分区目录树”选项(图 7 - 35)(快捷键 F5),可以看到该逻辑分区下的所有目录和文件,也可以进行简单的数据恢复。

在图(图 7 - 36)中,ROOT 以下的目录树全部展示出来,带红色叉号的是丢失、损坏、

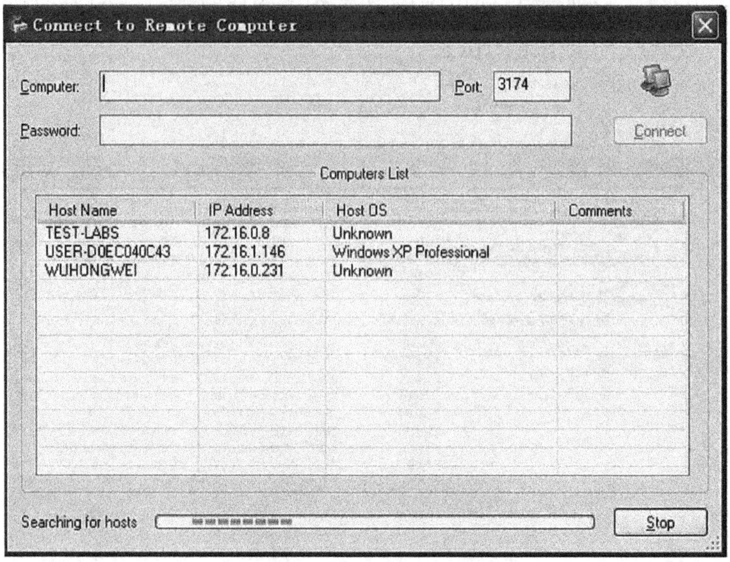

图 7－34 连接远程机器

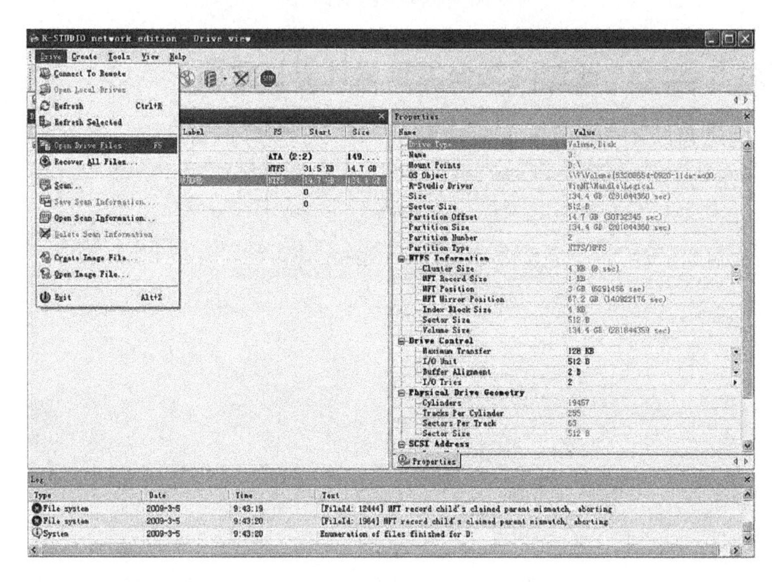

图 7－35 分区目录树

操作系统无法访问的临时文件。点击还原按钮开始还原全部的文件。

接下来，在图 7－37 中可以看见“文件恢复”控制台，在窗口上方空白处输入或选择本地保存路径。下面的选项框是一些恢复过滤功能。分别是在成功恢复出的数据中智能挑选最符合需求的文件、恢复目录结构、恢复元文件（MFT）、选择性恢复数据流、恢复文件自带的安全方案，如加密压缩等、恢复文件扩展属性和恢复时取消文件隐藏属性等。左下角可以定义文件掩码，实现更复杂更高级的过滤。如图 7－38 所示。

按照文件扩展名进行过滤（图 7－39），可以对多个扩展名进行过滤，同时输入多个扩展名时用“；”隔开。

图 7－40 是为了匹配“RO??”而编写的正则表达式，“\W”是匹配所有常用数字字母

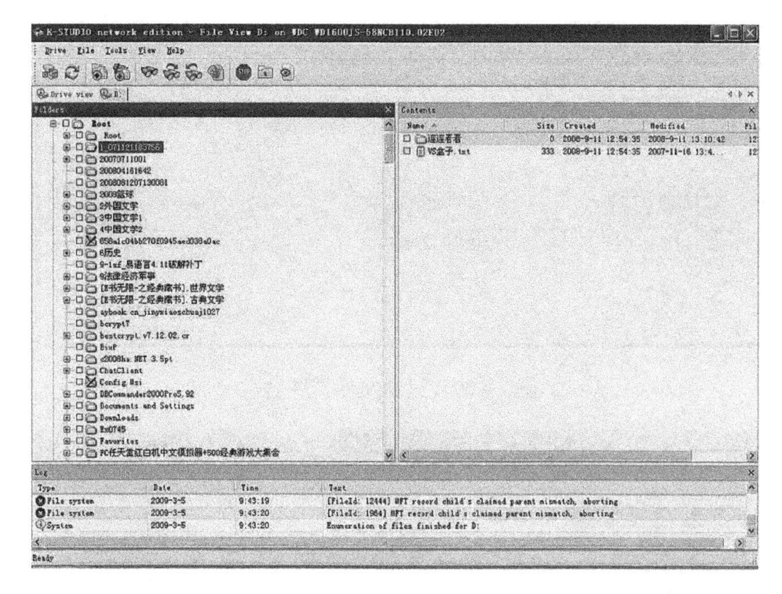

图 7－36　还原窗口

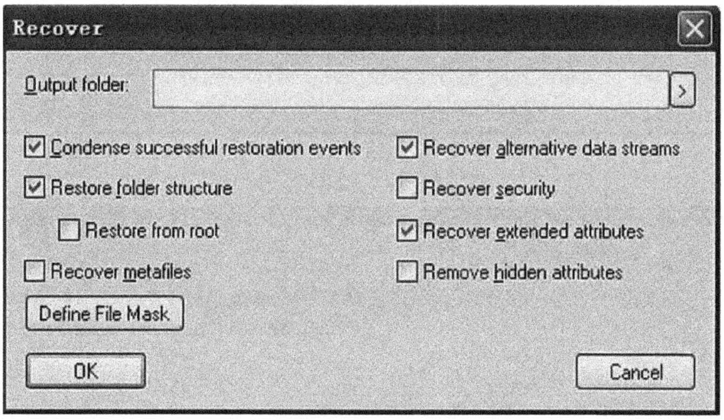

Recover

Output folder:

Condense successful restoration events

Restore folder structure

Restore from root

Recover metafiles

Define File Mask

OK

Recover alternative data streams

Recover security

Recover extended attributes

Remove hidden attributes

Cancel

图 7－37　文件恢复控制台

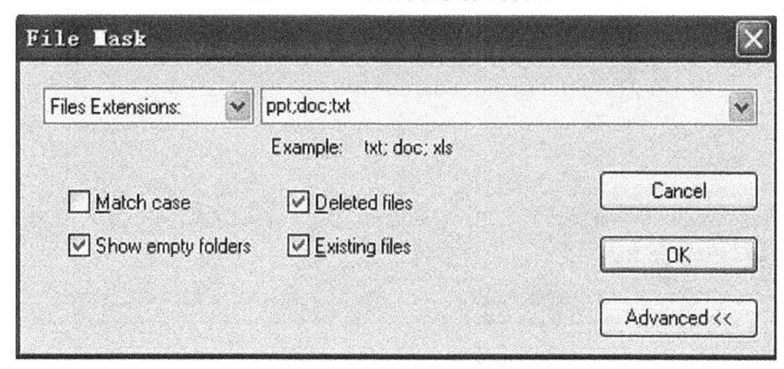

图 7－38　自定义文件掩码

的意思，“.”代表占位符。

经过过滤的结果如图 7－41 所示，所有以 ROOT 命名的目录和文件都被挑了出来。

如果在“自定义文件掩码”窗口选择高级过滤，出现时间和大小的选择，则按提示操作即可。如图 7－42 所示。

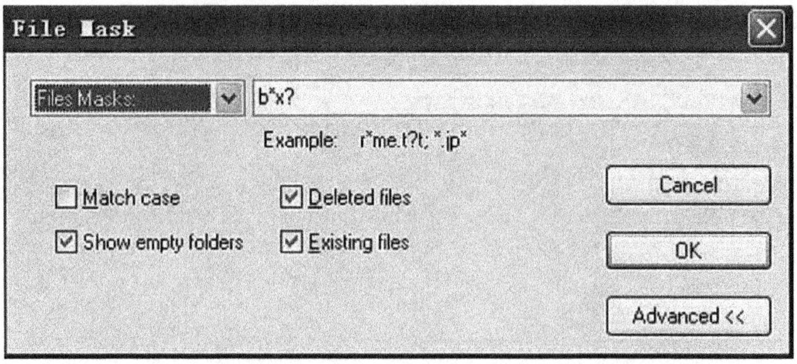

图 7－39　过滤文件扩展名

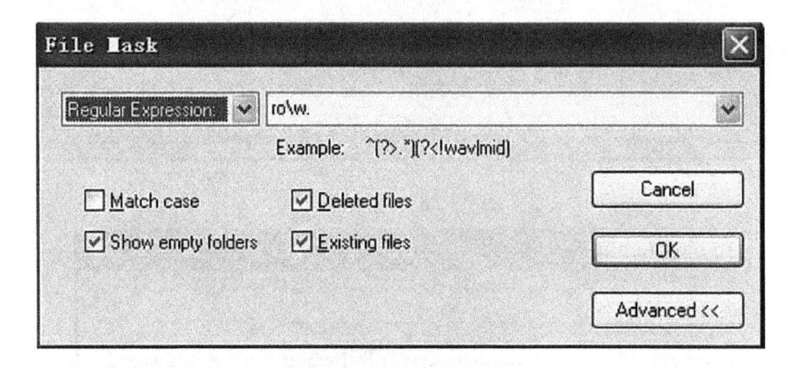

图 7－40　过滤举例

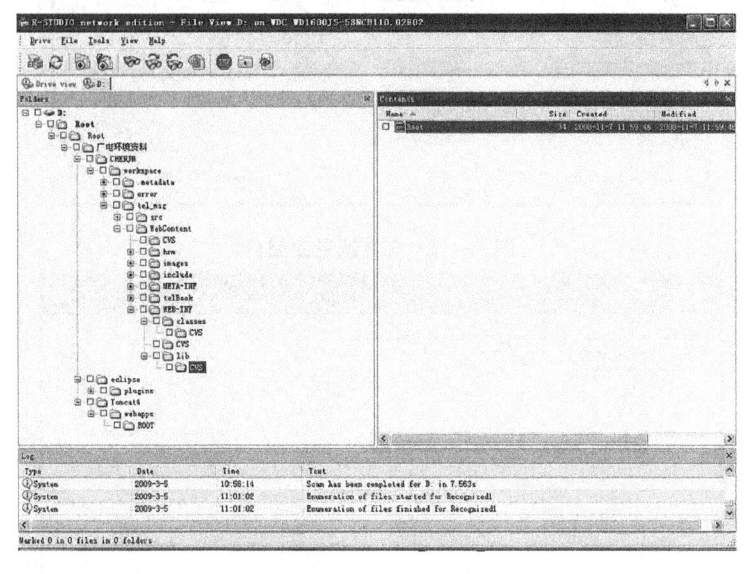

图 7－41　过滤结果

扫描是每个数据恢复工具的基本功能，该软件的扫描颇有特色，不仅视图丰富、选择灵活、还同时支持 RAW 恢复模式。图 7－43 由上至下分别是扫描对象容量、扫描起始位置、扫描结束位置、文件系统选择、文件签名类型选择、工程进度路径（建议选中）等。填入选择对象驱动器文件系统后开始扫描。

扫描后，可以看到不同颜色代表的不同文件的关键扇区，如引导扇区、子文件目录树、

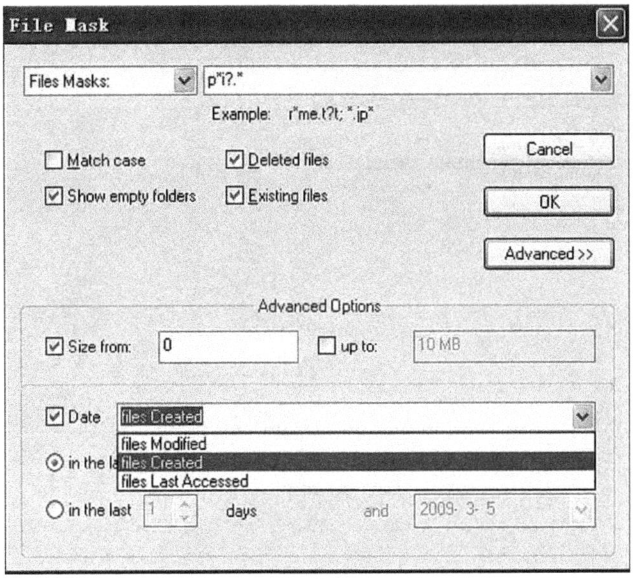

图 7－42　高级过滤

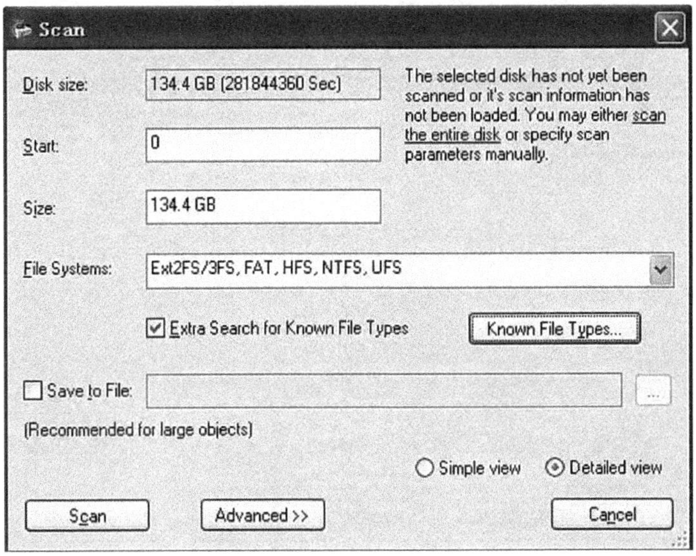

图 7－43　扫描设置

文件分配表、主控文件表、超级块等。最下方有日志，记录发生的错误和特殊事件，提供判断思路。红色标记就是寻找到的一种文件系统形态，红色代表文件系统破坏严重，绿色代表正常双击便可展开。如图 7－44 所示。

识别一遍后的结果。Save scan information 即保存扫描信息功能，可以将进度，识别结果纷纷保存下来，下次继续可以用”打开扫描信息”调用。如图 7－45 所示。

7.3.4　R-Studio 的其他功能使用

1. 制作镜像

R-Studio 软件还可以制作磁盘镜像文件，图 7－46 是镜像制作控制台，窗口上方是镜

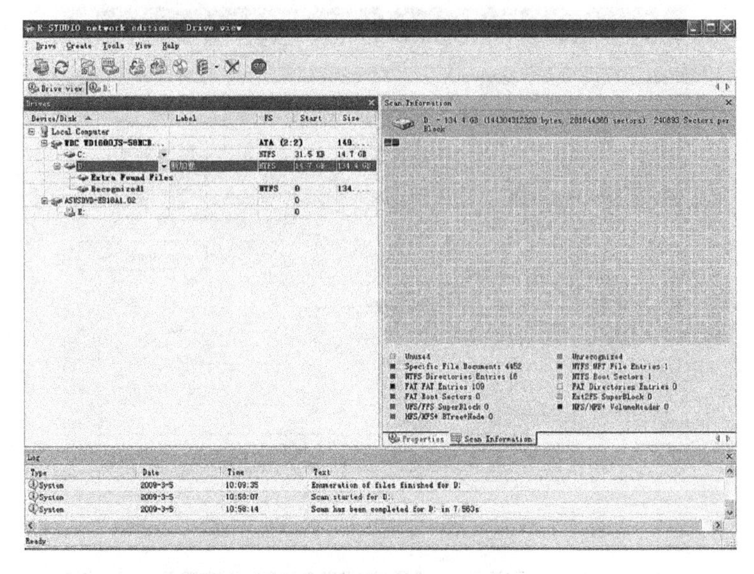

图 7－44　扫描后的文件扇区

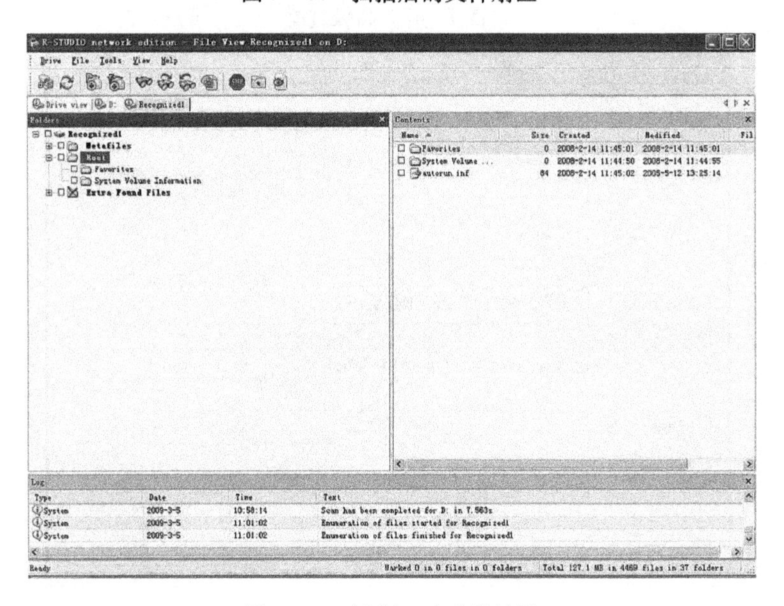

图 7－45　识别一遍后的结果

像保存路径，然后是压缩选项，“字节 to 字节”是不压缩的，也就是原始镜像的意思。另一个是“压缩镜像”，可以设密码，规定单个文件大小，调节压缩比率和压缩速度，节约空间和时间。

2. 创建区域

在“创建”主菜单中，第一个子项”创建区域”非常有用，可以在介质上指定范围然后划拨出来。在数据恢复时，先大致判断有用数据存在范围，用此功能可缩小范围，增加效率。假如某块硬盘分区丢失，而知道容量大概是 15GB，就可以按图 7－47，在“SIZE”输入 15GB。点击“CREAT”开始创建。

在驱动器中搜到一个 NTFS 分区，大小为 15GB，如图 7－48 点击展开就可以。

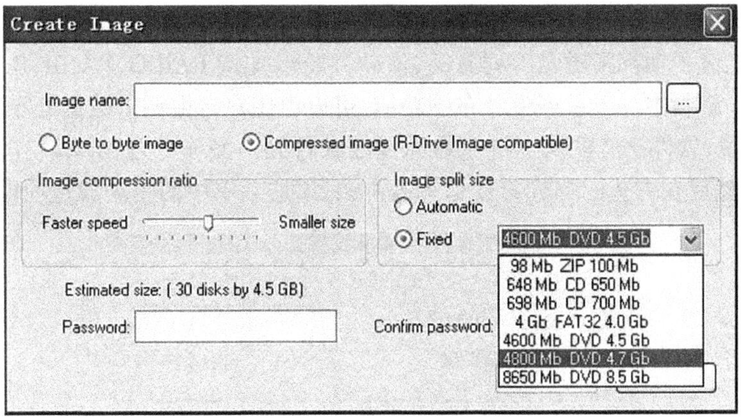

Create Image

Image name:

Byte to byte image　Compressed image (R-Drive Image compatible)

Image compression ratio

Faster speed　Smaller size

Image split size

Automatic

Fixed　4600 Mb DVD 4.5 Gb

98 Mb ZIP 100 Mb
648 Mb CD 650 Mb
698 Mb CD 700 Mb
4 Gb FAT32 4.0 Gb
4600 Mb DVD 4.5 Gb
4800 Mb DVD 4.7 Gb
8650 Mb DVD 8.5 Gb

Estimated size: (30 disks by 4.5 GB)

Password:　Confirm password:

图 7－46　镜像制作控制台

Create Region

Disk size: 149.1 GB (312581808 Sec)

Start: 63 sec

Size: 15 GB

Create　Cancel

图 7－47　创建区域

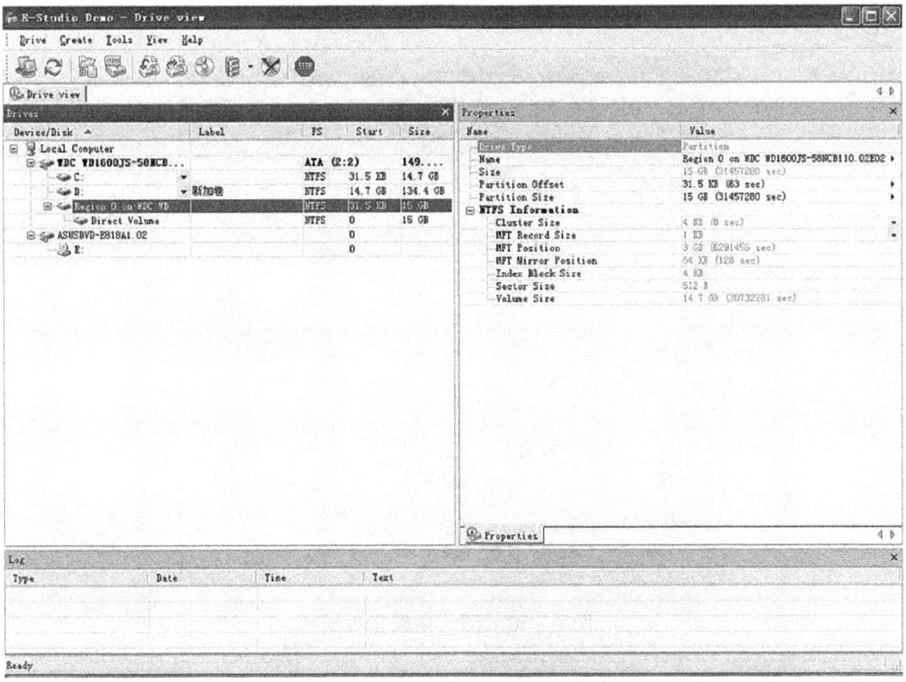

R-Studio Demo - Drive view

Drive　Create　Tools　View　Help

Drive view

Drives

Device/Disk	Label	FS	Start	Size
Local Computer				
WDC WD1600JS-58NCB...		ATA (2:2)		149....
C:		NTFS	31.5 KB	14.7 GB
D:	新加卷	NTFS	14.7 GB	134.4 GB
Region 0 on WDC WD...		NTFS	31.5 KB	15 GB
Direct Volume		NTFS	0	15 GB
ASUSDVD-E818A1.02			0	
E:			0	

Properties

Name	Value
Drive Type	Partition
Name	Region 0 on WDC WD1600JS-58NCB110.02E02
Size	15 GB (31457280 sec)
Partition Offset	31.5 KB (63 sec)
Partition Size	15 GB (31457280 sec)
NTFS Information	
Cluster Size	4 KB (8 sec)
MFT Record Size	1 KB
MFT Position	3 GB (6291456 sec)
MFT Mirror Position	64 KB (128 sec)
Index Block Size	4 KB
Sector Size	512 B
Volume Size	14.7 GB (30732281 sec)

Properties

Log

Type	Date	Time	Text

Ready

图 7－48　打开搜到分区

3. 其他功能

下面的二级子项都跟磁盘阵列有关,该软件可以支持 RAIDO、RAIDI、RAID5、跨区卷等阵列模式。新版中加入了条带分布图功能,可以由用户自由调节数据分布和校验走向。对 RAID5 来说,软件已经默认支持左右同异四种排列。操作非常简单,点击创建 RAID5(图 7-49),然后在右边的阵列容器里单击古键,添加菜单中的驱动器选项即可。

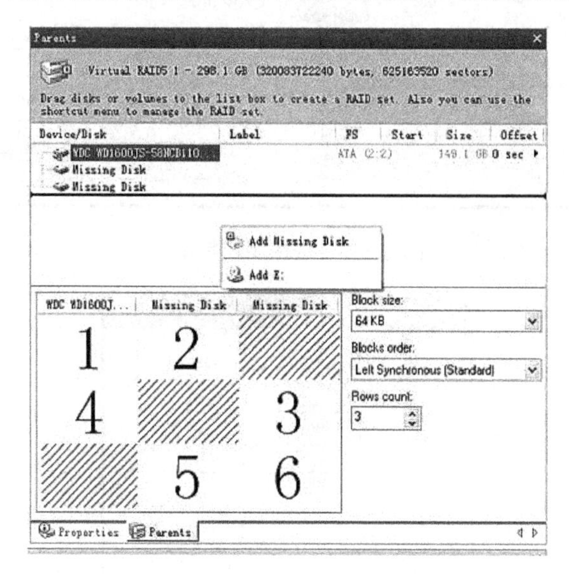

图 7-49　创建 RAID5

在条带分布图上点右键,可以调整区块和校验的排列,右边是条带大小和默认模式的选择(图 7-50)。

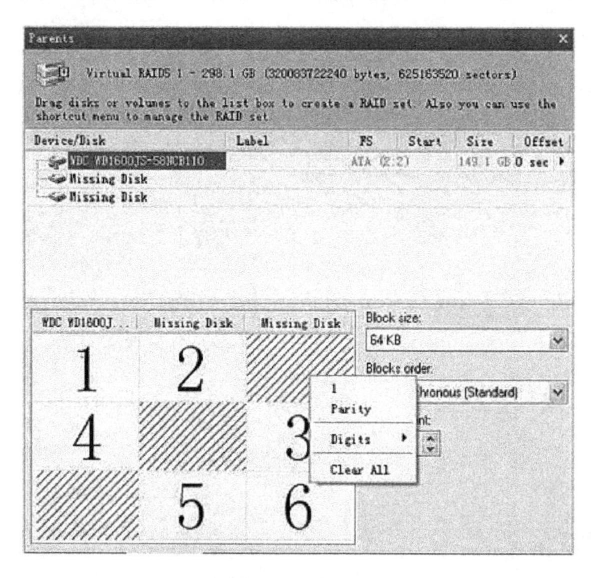

图 7-50　调整条带分布图

图 7-51 是用右键改变的条带编号,并将方案改变为"cv"。其他的操作可以配合磁盘阵列的基础知识学习。

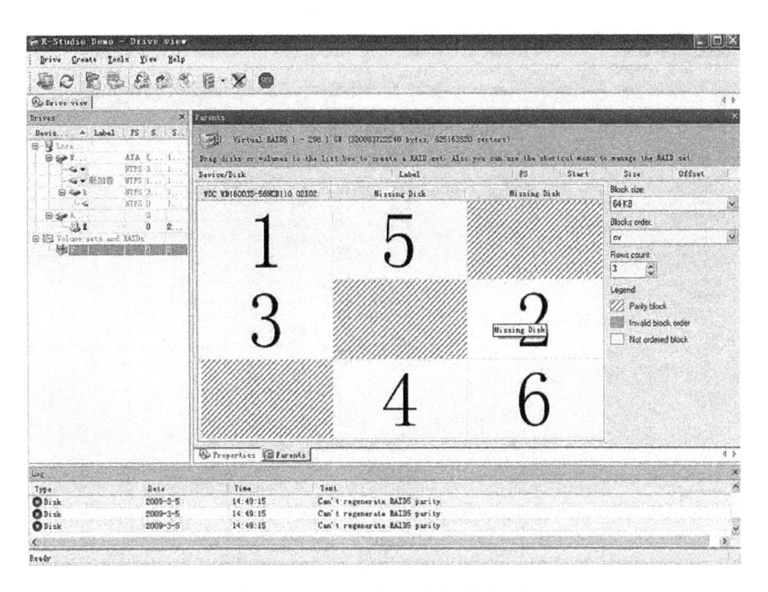

图 7－51　改变后的条带编号

4. 工具菜单

“工具”主菜单非常容易学习，依次是日志选项、清除日志、保存日志、删除创建的工程如 RAID 卷，空间等。图 7－52“日志选项”涉及数据恢复涉及的所有对象，非常详细。

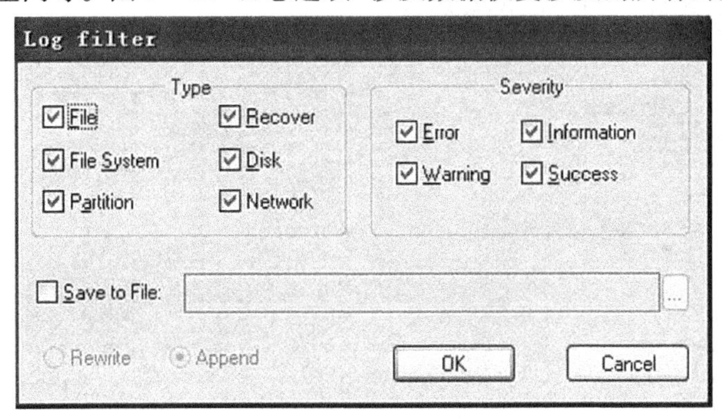

图 7－52　日志选项

5. 磁盘编辑器功能

磁盘编辑器是该软件的自带功能，比较强大，可以定位、修改、填充、解码磁盘和文件数据。从图 7－53 看出，软件布局和 WINHEX 布局非常相似，左边是定位控制台，可以搜索扇区、字节等，还有和 WINHEX 不相上下的详细的文件系统模板。右边是编辑阅览区，以 HEX 码的形式呈现。

图 7－54 显示出了模板的种类，分别为 MBR、EBR、FAT12116DBR、FAT32IDBR、NTFSDBR、FAT 目录项、FAT32 长文件名、MFT、LDM 私有头、LDM 内容表、LDM 数据库头、LDM 数据库内容、LDM 处理日志、AVI 视频和媒体列表等。最上方的文本框可以填入扇区或偏移量用来定位数据位置。上方的工具栏中的编码方式也可以自由调节。

在图中选择的模板的种类是 NTFS 引导扇区模板，则打开后窗口如图 7－55 所示。

在 NTFS 引导扇区模板窗口的右侧，四种文本字符集会同时显示，要取消单击即可。

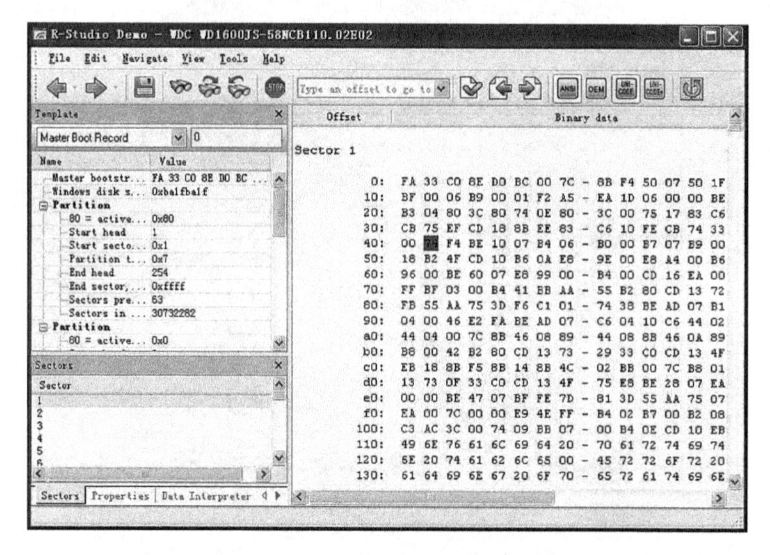

图 7 - 53　磁盘编辑器

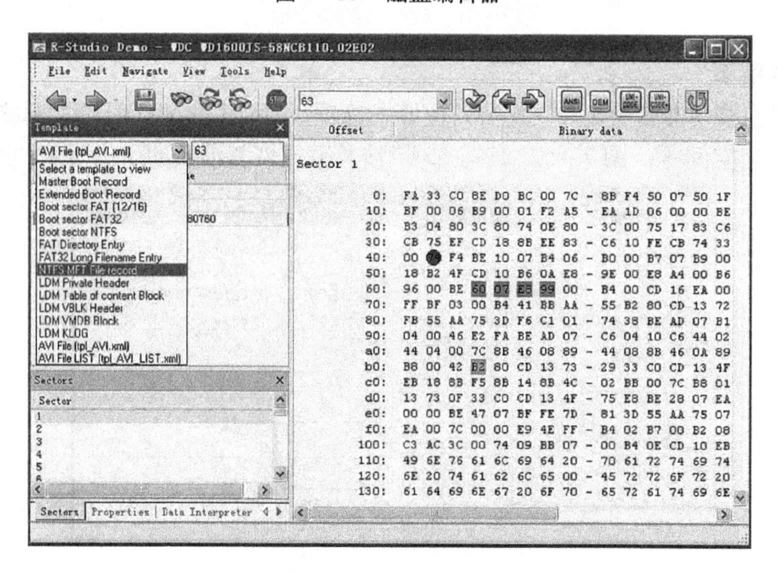

图 7 - 54　模板类型

如图 7 - 56 所示。

在编辑区点右键,出现磁盘编辑器管理菜单(图 7 - 57)。第一项"查看"主要控制字符集类型、具体显示内容等。第二项的含义是从当前位置导入模板,下图中是一个引导扇区,选择相应模板,再单击此项,就可以在模板中直观地查看参数了。第三项第四项是寻找同类型模板匹配标记的意思、一个向下找一个向上找。如果先将引导扇区模板设为当前选项,在磁盘起始处点击该键,编辑器会自动定位到 63DBR 扇区,MBR/MFT 超级块也是如此。

第四项第五项第六项都跟标记有关,如标记为"字节"选择第四项,则该字节被打上标记,如图 7 - 57 所示。剩下两项都是回到上一个标记或定位下一个标记的意思。第七项第八项都是打开新窗口的意思,一种以 HEX 方式打开新窗口,另一种只显示文本。

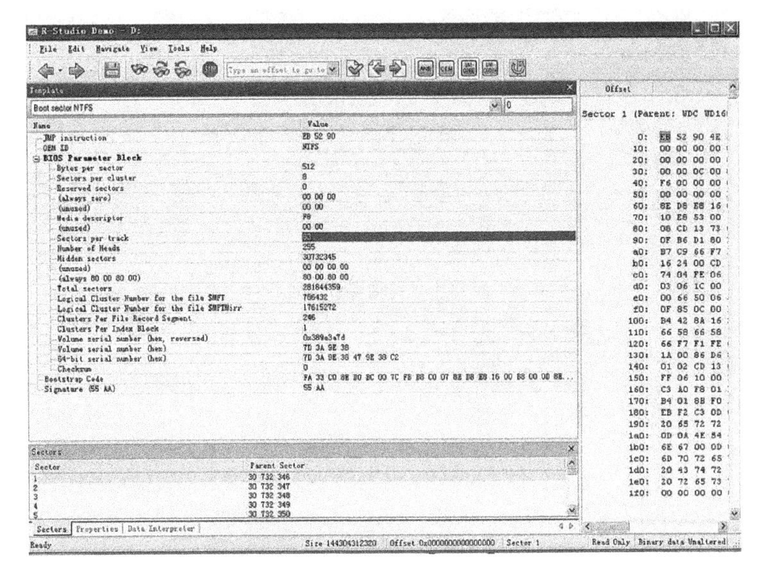

图 7－55　NTFS 引导扇区模板

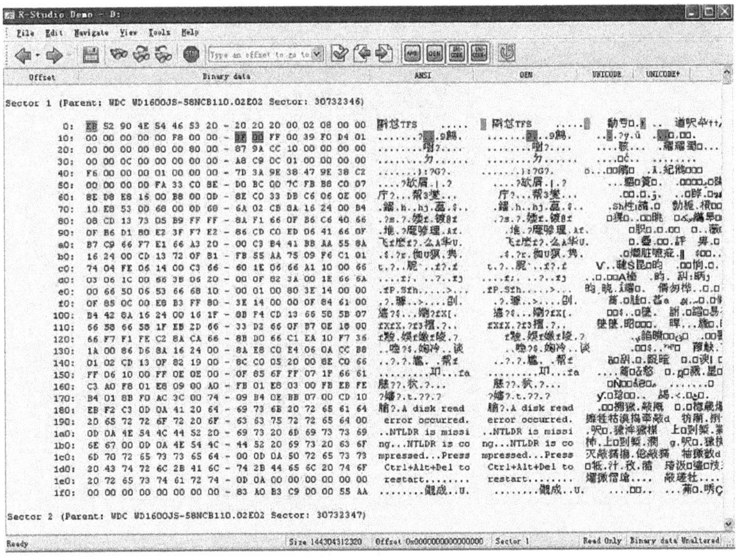

图 7－56　NTFS 引导扇区模板右半边

标记的去除方法，如图 7－59 所示。在“编辑”菜单下选择最后一项“标记”，在右侧的选项中选择“清除标记”。

磁盘编辑器也有自己的菜单，打开第二个主菜单”编辑”，可以发现右键菜单已经包含了其大部分功能，中间的“Find”和 WNHEX 中的查找如出一辙，支持 HEX、ASCII、UNICODE 等常用编码。从图 7－60 可以看出，右下角是搜索区域，分别是从当前位置开始搜索、从开头位置搜索、在输入的偏移量范围内搜索。右边是搜靠设置，分为全局设置、模糊偏移量（扇区内搜索故范围不能超过 512B 十六进制为 200H）、逆向和全部搜索。

在上方 HEX 栏中输入 55AA，选择区域为”从开头”，设置为“查找全部”，点“OK”。

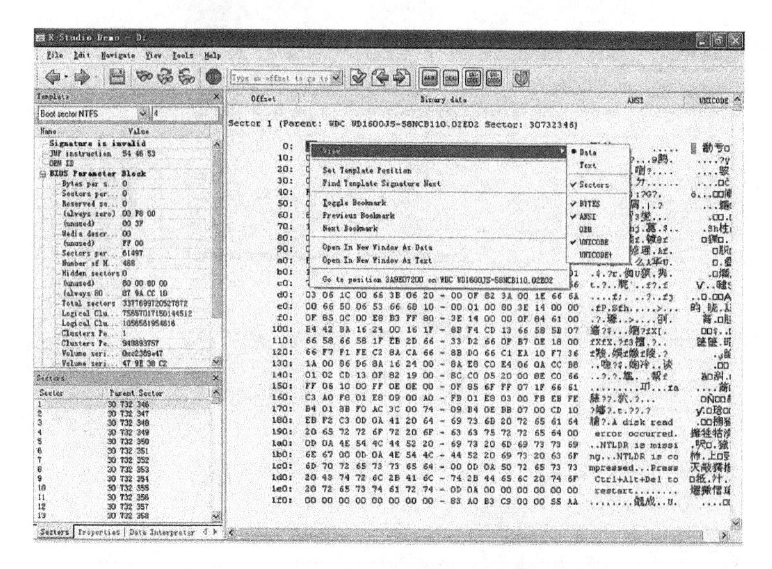

图 7-57　R-STUDIO 磁盘编辑器右键菜单

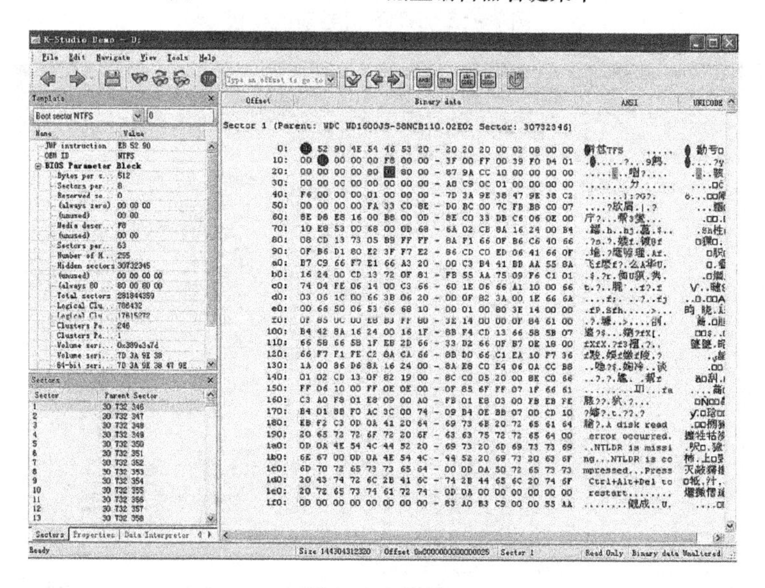

图 7-58　标记

搜索结果如图 7-61 所示。在下方的搜索结果列表内显示出所有 55AA 的定位点，甚至智能地分析出了相关扇区的特殊性质，如 MBR 等。此时点右键可以跳转到该扇区或清空列表。

“查看”主菜单主要用于磁盘编辑器界面布局的更改，如 HEX 和文本转换，编码的更改等。如图 7-62 所示。

该软件支持的文件签名类型很多(图 7-63)，具体分为系统文件、图片、邮件、多媒体视音频、字体、文档、数据库、可执行文件等大类，大类中又囊括小类，几乎包含了计算机领域涉及的常见文件格式。

该软件默认是只读的，但是如果打开写入模式或调试模式，就失去了安全保障，使用人员一定注意。

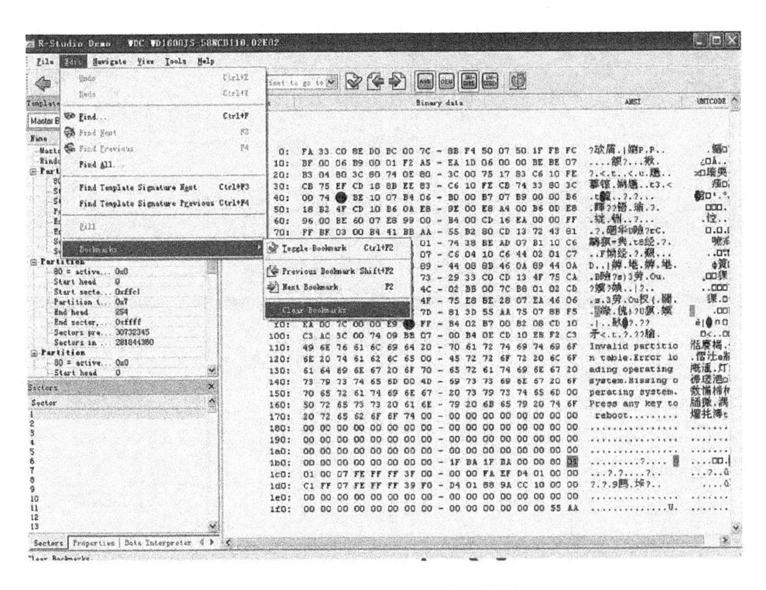

图 7-59　去除“标记”

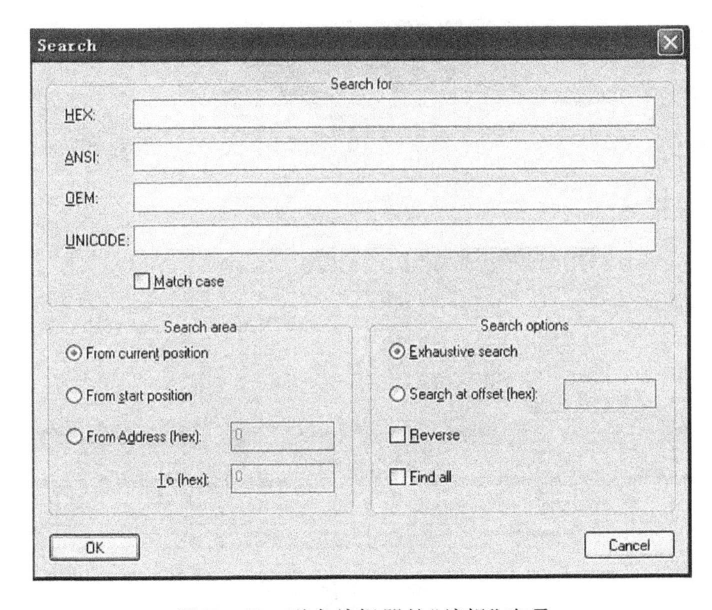

图 7-60　磁盘编辑器的“编辑”选项

7.3.5　R-Studio 的分区恢复

分区恢复的方法：R-Studio 可以通过对整个硬盘的扫描，运用智能检索技能搜索到的数据来确定现存的和曾经存在过的分区以及它的文件系统格式。下面，以一个 20GB 容量的硬盘分区恢复来介绍操作的过程。

步骤 1 扫描硬盘。选择界面中的物理硬盘对整个硬盘执行扫描，因为恢复的是硬盘，一定不能选择一个逻辑分区。在相应硬盘上右击，然后在弹出的菜单中单击 Scan（扫描），如图 7-64 所示。

接下来后会弹出扫描配置对话框，如图 7-65 所示。

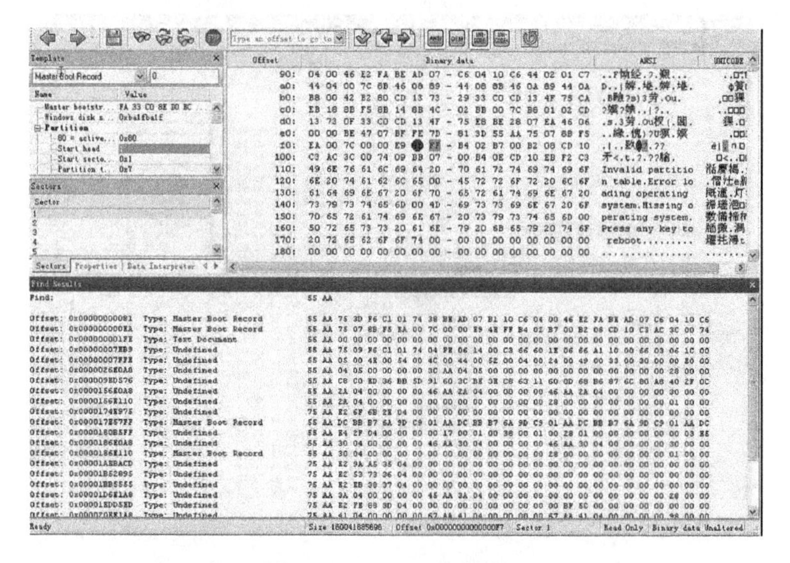

图 7-61　55AA 搜索结果

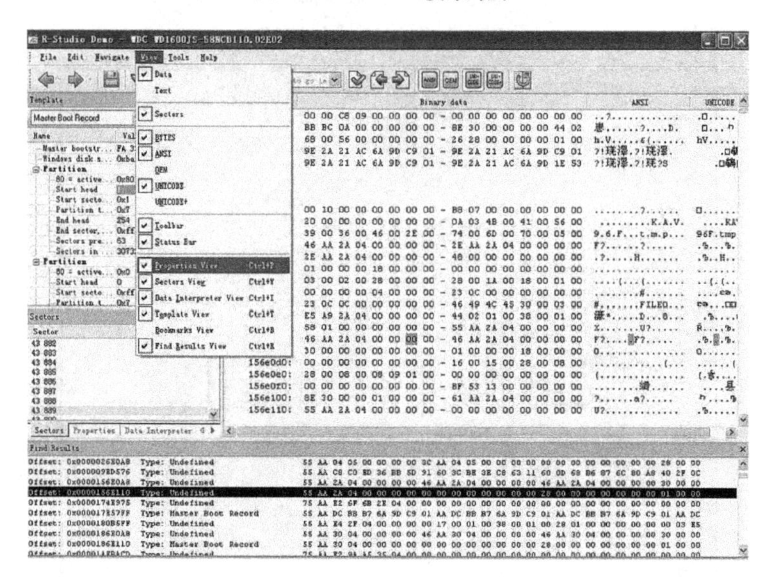

图 7-62　“查看”主菜单

在扫描配置对话框中,可以设置扫描的起始位置和大小。程序默认从硬盘的起始位置开始对整个硬盘执行扫描。如果要搜寻硬盘的所有分区,则不用改动 Start 和 Size 栏中的数值。如果想提高扫描速度,或只恢复某个分区的数据,并且知道该分区的大致起始位置及大小的话,可以在 Start(起始)栏中输入扫描的起始位置,在 Size 栏中输入扫描的范围大小。输入数值时,如果以扇区为单位,要在输入的数值后加“S”,以 MB 为单位则加“MB”,以 GB 为单位则加“GB”。

“File Systems”栏中为支持的文件系统类型,可以支持的类型有 Linux 的 ExtX、Windows 的 FAT 和 NTFS、苹果机的 HFS 以及 Unix 的 UFS 文件系统。单击其后的向下箭头可以在下拉列表中选择想要寻找的文件系统类型。程序默认勾选所有的类型选项,在实际情况中尽可能只保留可能存在的文件系统类型,以降低计算机的负载并提高扫描速度。

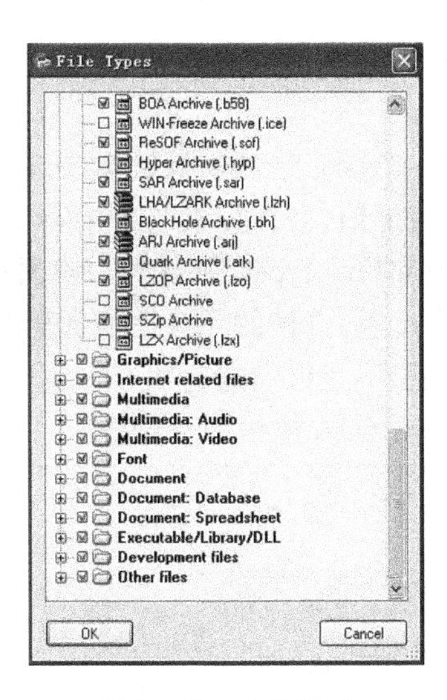

图 7－63　文件类型

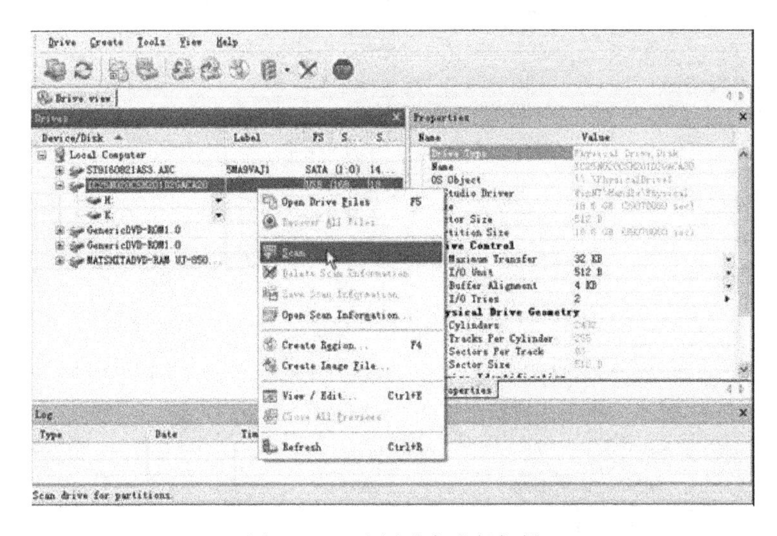

图 7－64　选择磁盘进行扫描

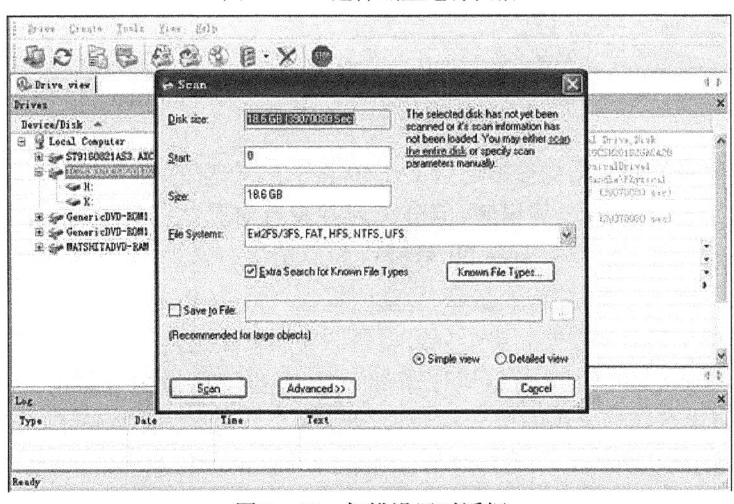

图 7－65　扫描设置对话框

下面的操作中只有 FAT 及 NTFS 类型的文件系统，所以对这两种文件系统类型的选项勾选。

“Extra Search for Known File Types”选项默认被勾选，勾选此项时，程序在扫描的流程中会同时搜索已知文件类型的特征值，并在搜索结果中将搜索到的同类文件单独存放在一个目录中。单击其后的“Known File Types”按钮可以查看程序所支持的文件类型种类。不过，只有在文件系统破坏非常严重，文件的元数据信息全部丢失的情况下才需要运用这种恢复方式。为了提高搜索速度，不建议勾选此项。

配置完毕并确认无误后，单击 Scan 按钮即开始扫描。如图 7－66 所示。

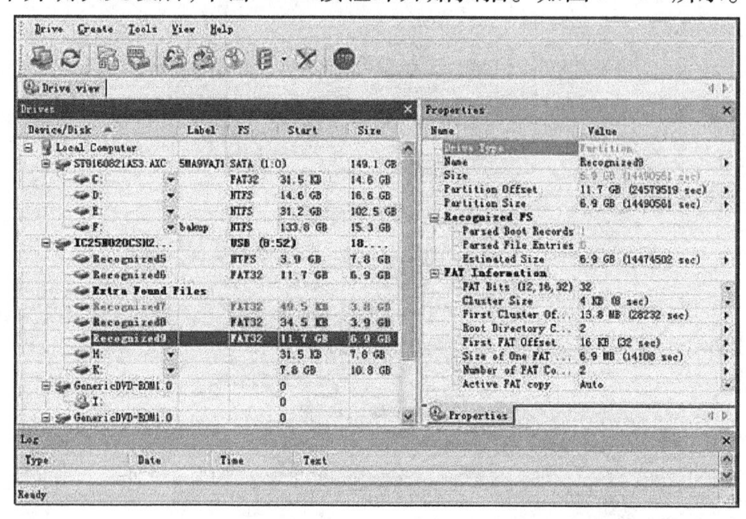

图 7－66　扫描结束

从图中可以看到，程序共搜索到了一个 NTFS 类型分区和四个 FAT32 分区。而实际上，FAT32 分区只是两个。产生这种情况的原因如图 7－67 所示。

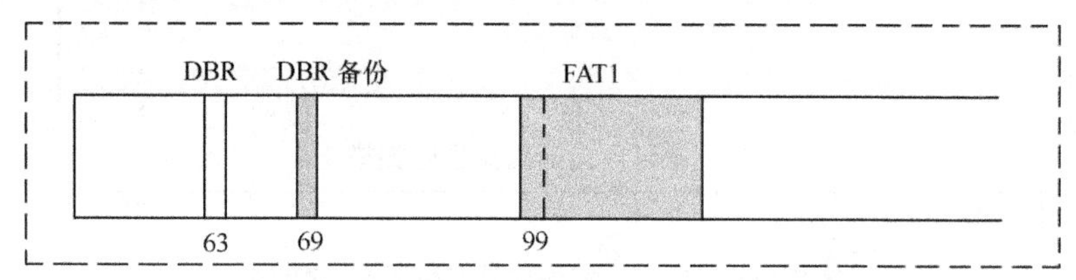

图 7－67　扫描结果分析

对于硬盘原来的分区结构被破坏后又新建了分区，新建的第一个分区与原来的第一个分区都是起始于硬盘的 63 号扇区，但分区后并没有对其执行格式化，这样，63 号扇区内就不会有任何内容。但位于硬盘 69 号扇区的原第一分区的 DBR 备份依然存在，FAT 表也完好无损。程序扫描时，首先在 69 号扇区找到一个 DBR，根据这个 DBR 中的参数虚拟一个分区并解释其中的数据。这个分区就是图 7－66 中显示的起始于 34.5KB 位置的 FAT32 分区 Recognized8。这个分区以原来的 DBR 备份扇区做为分区的起始位置，将运用 FAT 表、根目录等数据结构的位置相对地向后移 6 个扇区，也就不可能正确地解释其中的数据。双击该逻辑硬盘后，程序即开始根据该分区的参数遍历整个分区，然后列表显示找到的目录及文件。如图 7－68 所示。

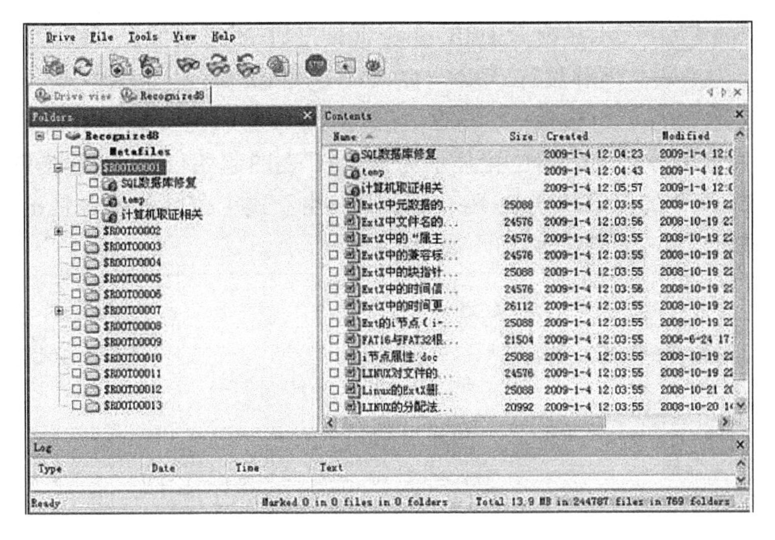

图 7 - 68　错误解释结果

从图 7 - 68 可以看到，程序列出了该分区内的目录和文件，目录名和文件名也正确，但这些只是它根据搜索到的目录项列出的内容，因为扇区起始位置不正确，根据目录项中描述的子目录或文件的起始簇对其执行访问时，将不能访问到子目录或文件的正确起始位置。所以，子目录名的前面显示为问号图标，因为对该目录执行访问时并没有在其中找到正确的内容，在左侧窗口中单击一个带问号的子目录时，在右侧的窗口中将显示为空或乱码。

右侧窗口中的文件也一样，右击一个文件，在弹出的快捷菜单中选择 View/Edit，可以在一个十六进制编辑窗口中打开该文件，如果对该文件类型的特征值比较熟悉的话，能够判断出该文件的文件头能不能正确。如果选择打开了一个 Word 文档，显示见图 7 - 69，这不是一个正确的 Word 文档的文件头( )，因为 Word 文档的文件头的前 8 个字节在十六进制窗口中将显示为“D0CF11E0A1B11AE1”。

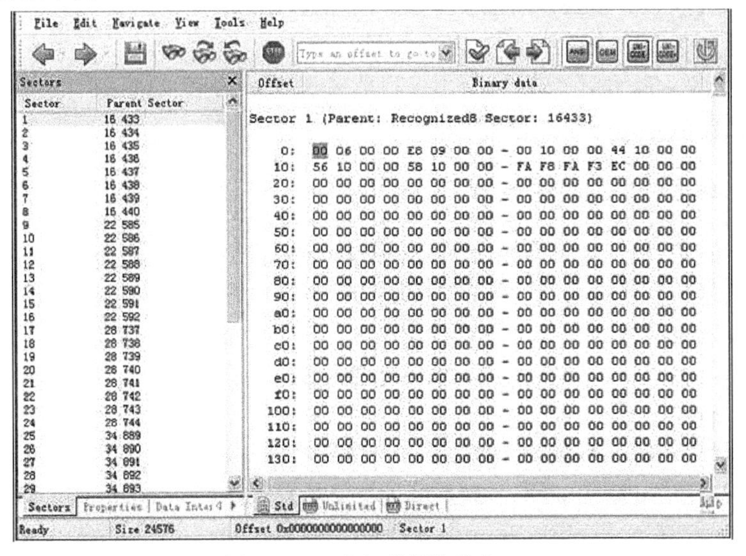

图 7 - 69　十六进制编辑窗口

程序搜索的流程中，不只搜索 DBR，还会搜索 FAT 的起始位置。因此，它在 99 号扇区搜索到一个 FAT 表。但并没有 DBR 与该 FAT 表相对应（与之对应的 63 号扇区的 DBR 被清空了），因此，程序就再虚拟一个分区，因为通过 FAT 表的位置并不能得知原 DBR 的位置，所以程序就将分区的起始位置显示为该 FAT 表的起始位置，这就是图 7－66 中显示的起始于 49.5KB 的 FAT32 分区 Recognized7。由于这个分区的位置是正确的，所以它可以正确地显示出其中的数据结构。如图 7－70 所示。

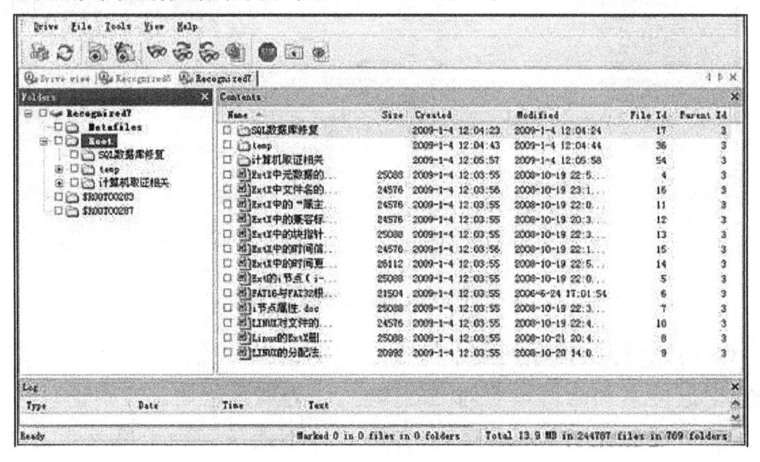

图 7－70　正确的解释结果

另外两个列出的 FAT32 分区是原三个分区的最后一个，与第一个分区不同的是，它的 DBR 扇区与 DBR 备份都是完好的，程序扫描到原始 DBR 后根据其参数虚拟一个分区，也就是图 7－66 中列出的 Recognized6 号分区。这个分区的参数完全正确，能够正确链接到 FAT1，所以不会将此分区的起始位置显示为 FAT 表的起始位置。Recognized9 号分区是程序根据扫描到 Recognized6 号分区的 DBR 备份后虚拟出的一个分区，这个分区也不能正确地解释其中的数据。

步骤 3 恢复数据。在要恢复的目录或文件上右击，在弹出的快捷菜单中选择 Recover，或对要恢复的数据执行勾选后右击一个目录或文件，在弹出的快捷菜单中选择 Recover Marked（如图 7－71 所示），即可弹出保存路径选择对话框，选择好存放路径后单击 OK 按钮即可将数据恢复至指定的位置。

7.3.6　R-Studio 的格式化恢复

在 R-Studio 中，格式化恢复与分区恢复的操作基本相同，唯一不同的是，由于格式化是针对一个特定的分区进行的，所以在恢复时只需要对该分区进行扫描即可。

在扫描设置对话框的文件系统栏中，如果了解文件类型，只保留相应类型即可，这样可以避免一些不必要的系统开销。如果不能确定原来的文件系统，则需要对多种文件系统类型都进行勾选。

扫描完成后，程序会列出找到的分区。实际上，格式化后的扫描恢复相当于限定一个扫描的范围，在这个范围内寻找可能存在的分区。如图 7－72 所示。扫描完成后显示有一个 FAT32 分区。

可以看到，程序显示 FAT32 文件系统起始于分区的 16KB 处，其实这也是一个 FAT

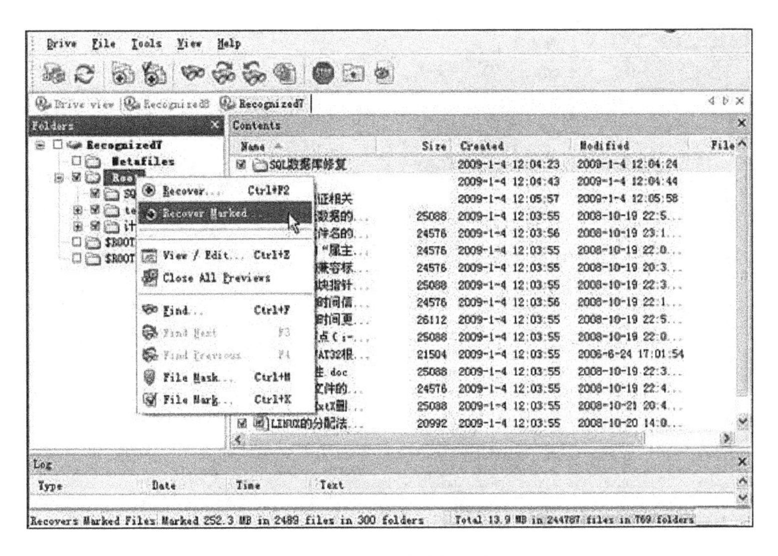

图 7－71　恢复数据

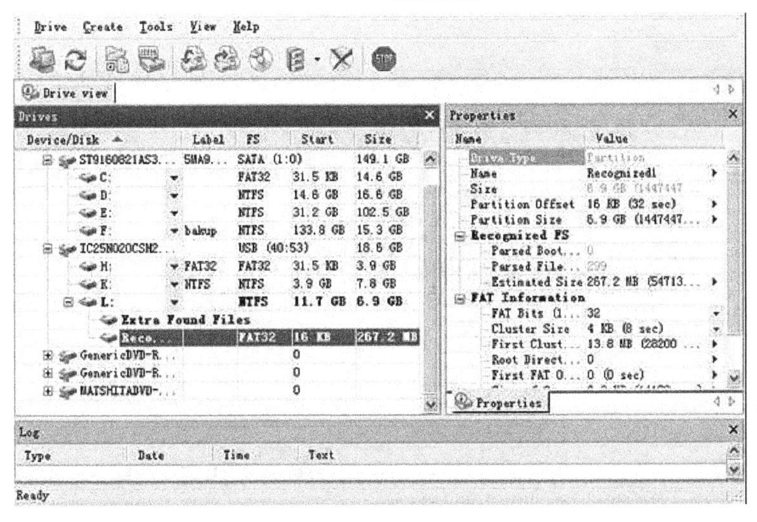

图 7－72　分区显示

表的起始位置。分区大小为 267.2MB。在搜索到的分区上双击即可将其打开,如图 7－73 所示。

经过验证分析,FAT32 文件系统格式化成高版本 NTFS 后,数据恢复的可能性比较大。FAT32 的数据通常位于分区前部,高版本 NTFS 的数据通常稍靠后一些,形成前后错开的情形。将 FAT32 格式化成 NTFS 时没有破坏掉原 FAT32 的 FAT 表、根目录和数据。重新格式化成 FAT32 时,基本不会破坏 NTFS 的数据,但却会破坏最初 FAT32 文件系统的 FAT 表和根目录。

如果格式化恢复的过程,是将原为 FAT32 的系统格式为 NTFS 格式,再恢复为 FAT32 格式,操作如下:

运行软件及选择分区方法同上,在进行扫描设置时应该同时保留 FAT 及 NTFS 文件系统类型选项。扫描结果如图 7－74 所示。

可以看到,程序找到了两个 FAT32 和一个 NTFS,其中一个 FAT32 是根据 DBR 备份

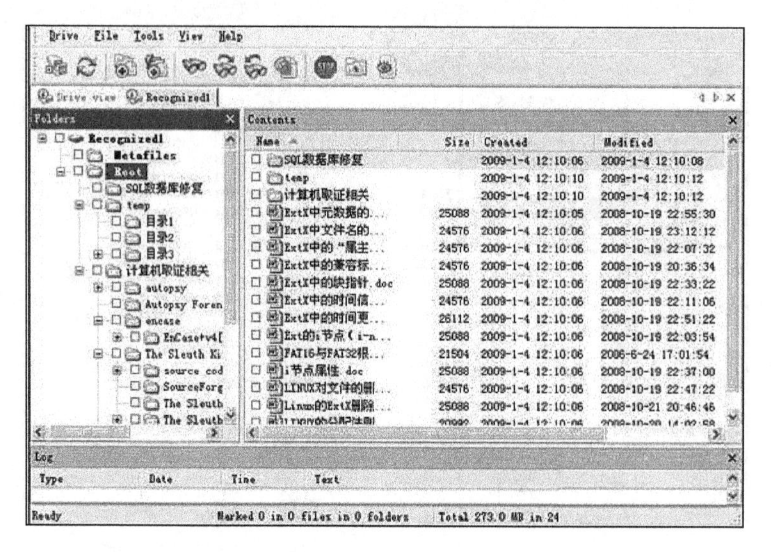

图 7－73　分区内容

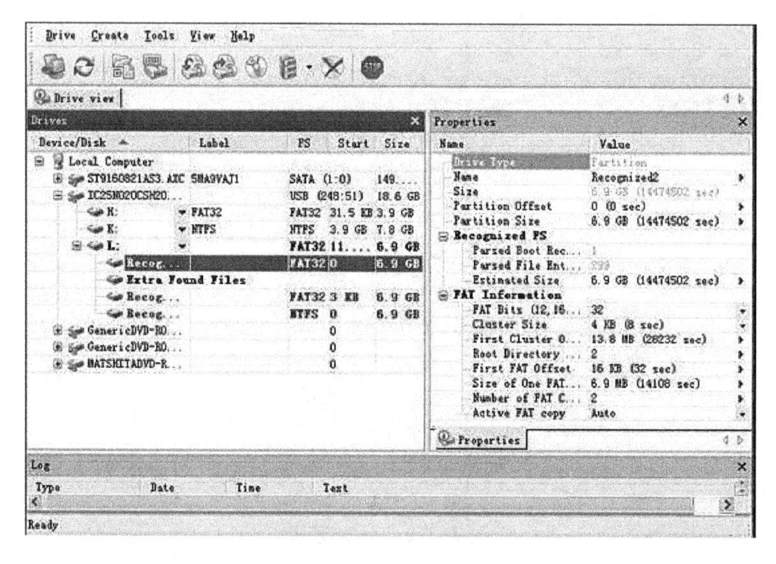

图 7－74　扫描结果

扇区的信息虚拟而成。双击起始位置为 0 的 FAT32，结果如图 7－75 所示。

可以看到，根目录下已经没有内容，因为使用与原 FAT32 分区相同的参数进行格式化时，新旧分区中的逻辑位置都是相同的，为根目录分配的簇恰好与原 FAT32 的根目录重合，因此原根目录内的内容被清空了，原来位于根目录中的子目录和文件的目录项都已经丢失。不过，子目录的簇空间还仍然存在，程序搜索到这种子目录空间后即为其建立一个目录，用号码作为它的目录名。子目录的簇空间中记录的下一级子目录及文件的目录项依然完好，所以可以列举出它们的名字。但如果要正确地恢复数据，依赖于它们的存储是否连续，因为 FAT 表已经不存在了。

最严重的破坏是，原来直接存放在根目录下的所有 Word 文档全部丢失了。因为它们的目录项直接存放在根目录的簇空间中，根目录被清空后，这些文件的目录项丢失，导致程序无法通过目录项得知它们的存在。这些文件只能通过 RAW 方式恢复。同样，它

图 7－75　文件系统显示

们能否被成功恢复也取决于存储的连续性。

再来看一下程序找到的 NTFS 文件系统，双击打开后如图 7－76 所示。

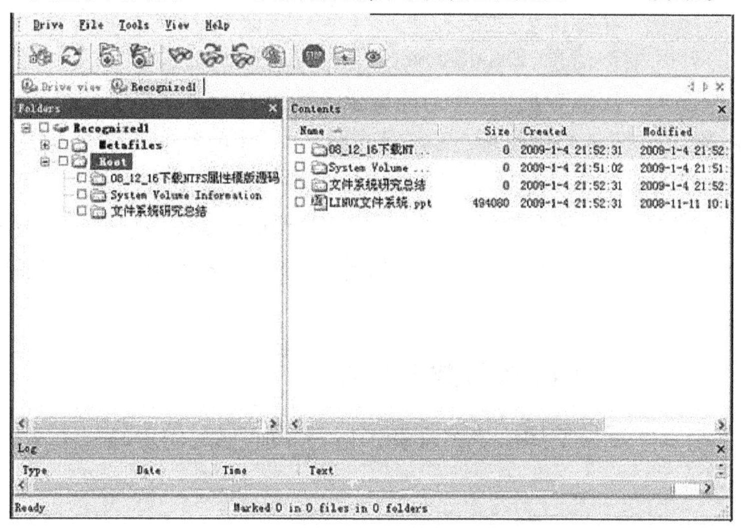

图 7－76　NTFS 系统

可以看到，NTFS 中的数据非常完好，说明一个高版本 NTFS 类型分区，如果数据量不是很大的话，格式化成 FAT32 后，数据被破坏的程度是有限的。最后，按照前面介绍的分区恢复方法将数据导出即可完成恢复。

7.4　使用 EasyRecovery Professional 恢复数据

7.4.1　EasyRecovery 简介

EasyRecovery Professional 恢复数据软件，其主要优点是在修复过程中不对原数据进行改动，只是以读的形式处理要修复的分区，不会将任何数据写入它正在处理的分区。软件可运行于 Windows 95、98、NT 和 2000，并且它还包括了一个实用程序用来创建紧急启动软盘，以便在不能启动进入 Windows 的时候在 DOS 下修复数据。

EasyRecovery 可从其开发公司 Ontrack 的主页 http://www. ontrack. com 下载最新的版本。本文以 EasyRecovery5. 10 Professional 为例介绍。

下载执行文件直接双击运行就可以开始 EasyRecovery 的安装过程。在安装过程的第一个窗口界面显示一些欢迎信息，接下来进入安装步骤。

安装程序会在开始菜单的程序组中建立"EasyRecovery Professional Edition"的快捷启动组。如果要卸载 EasyRecovery，可以由其程序组中的"Uninstall EasyRecovery Professional Edition"来卸载 EasyRecovery。

7.4.2 EasyRecovery 恢复原理

在使用 EasyRecovery 之前，先来了解一下数据修复的基础知识。当从计算机中删除文件时，它们并未真正被删除，文件的结构信息仍然保留在硬盘上，除非新的数据将之覆盖了。EasyRecovery 使用 Ontrack 公司复杂的模式识别技术找回分布在硬盘上不同地方的文件碎块，并根据统计信息对这些文件碎块进行重整。接着 EasyRecovery 在内存中建立一个虚拟的文件系统并列出所有的文件和目录。即使整个分区都不可见，或者硬盘上也只有非常少的分区维护信息，EasyRecovery 仍然可以找回文件。

能用 EasyRecovery 找回数据、文件的前提就是硬盘中还保留有文件的信息和数据块。但在删除文件、格式化硬盘等操作后，又在对应分区内写入大量新信息时，这些需要恢复的数据就很有可能被覆盖了。这时，无论如何都是找不回想要的数据了。所以，为了提高数据的修复率，就不要再对要修复的分区或硬盘进行新的读写操作，如果要修复的分区恰恰是系统启动分区，那就马上退出系统，用另外一个硬盘来启动系统（即采用双硬盘结构）。

7.4.3 使用 EasyRecovery 进行数据恢复

EasyRecovery 非常容易使用。该软件提供的 Wizard 通过简单的三个步骤就可以实现数据的修复还原。

1. 扫描

运行 EasyRecovery 后的初始界面如图 7-77 所示。

选择"磁盘诊断"的方法如图 7-78 所示，在多个选项中点击"磁盘诊断"按钮。

因为要知道进行数据恢复的的分区情况，所以先检查分区情况，进入如图 7-79 所示的"磁盘诊断"主界面，选择"分区测试"。

接下来，按"Next"按钮后，EasyRecovery 将会对系统进行扫描，这需要一些时间（图 7-80）。

点击"Next"按钮后，稍等一下就可以看到图 7-81 所示的界面，主窗口中显示了系统中硬盘的分区情况，选中需要修复的分区，再点击"Next"按钮进入第二步。

接下来，选择相应分区，点击下一步即可完成分区测试。

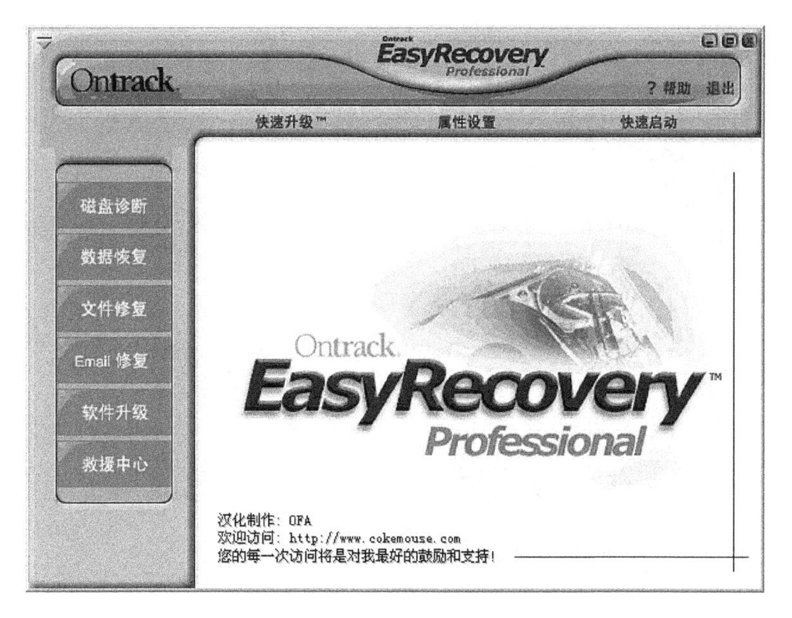

图 7－77 初始化界面

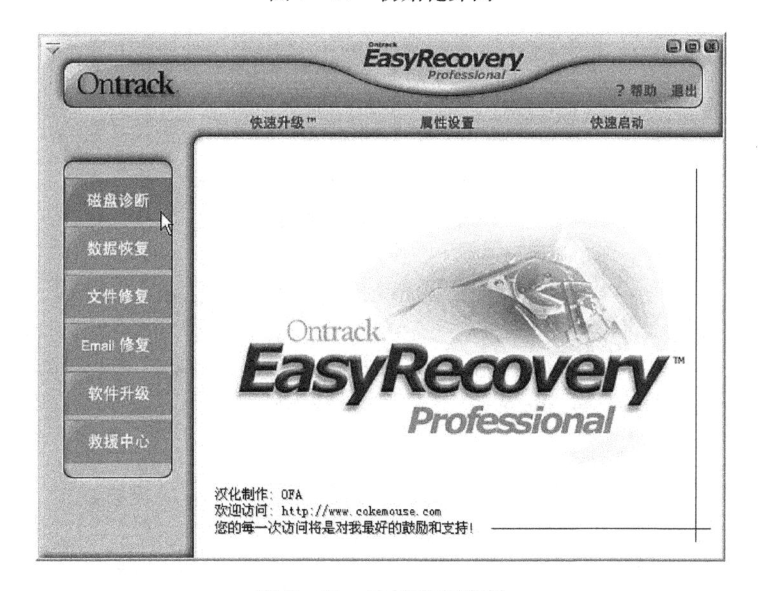

图 7－78 选择磁盘诊断

2. 恢复

在主窗口选择数据恢复,进入数据恢复界面,如图 7－82 所示,点击“Raw 恢复”对文件进行恢复。

该窗口显示了所选分区在整个硬盘中的分布情况,并且可以手工决定分区的开始和结束扇区。一般情况下不需要动这些数据,点击”Next”进入如图 7－83 所示文件扫描界面,扫描完成后,会提示选择与源文件位置不同的位置保存目标文件(图 7－84)。

接下来,在“Raw 恢复”窗口选择文件系统类型和分区扫描模式。文件系统类型有:FAT12、FAT16、FAT32、NTFS 和 RAW 可选。RAW 模式用于修复无文件系统结构信息的分区。RAW 模式将对整个分区的扇区一个个地进行扫描。该扫描模式可以找回保存在

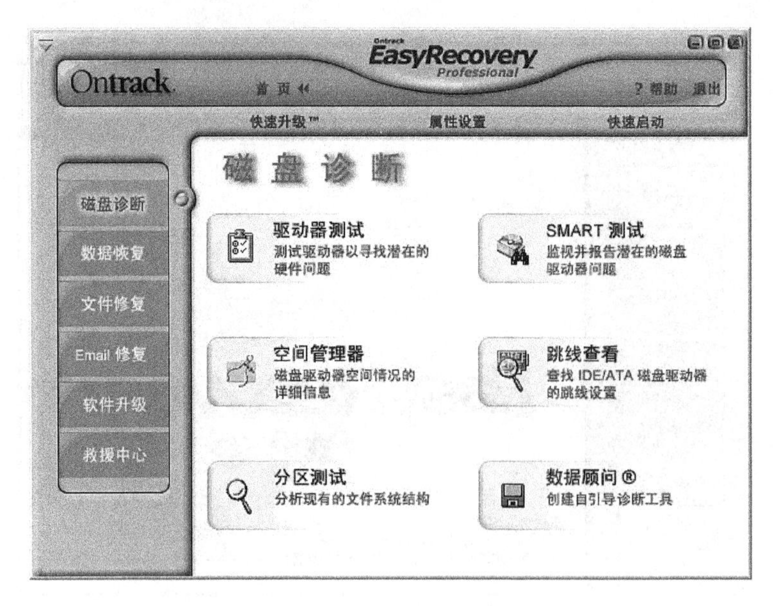

图 7－79　磁盘诊断

图 7－80　扫描系统

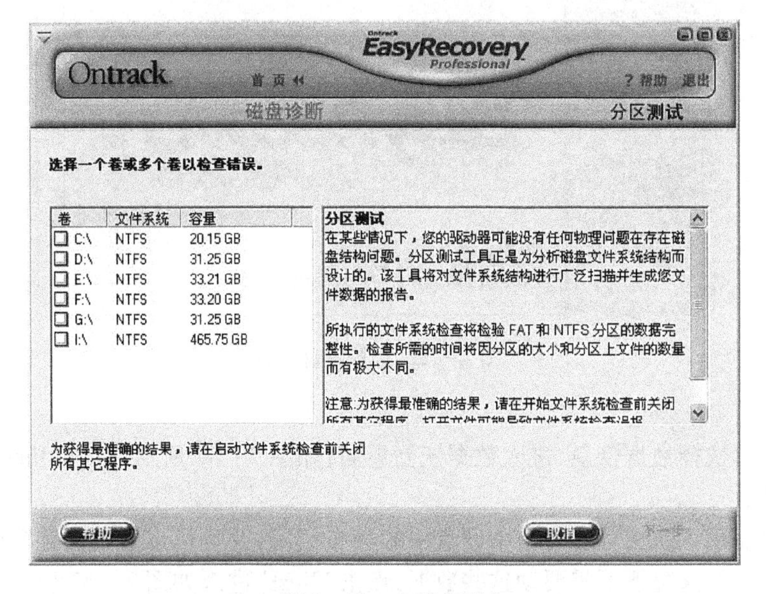

图 7－81　查看分区

一个簇中的小文件或连续存放的大文件。

分区扫描模式有"Typical Scan"和"Advanced Scan"两种。Typical 模式只扫描指定分区结构信息，而 Advanced 模式将穷尽扫描全部分区的所有结构信息，用的时间也要长些。

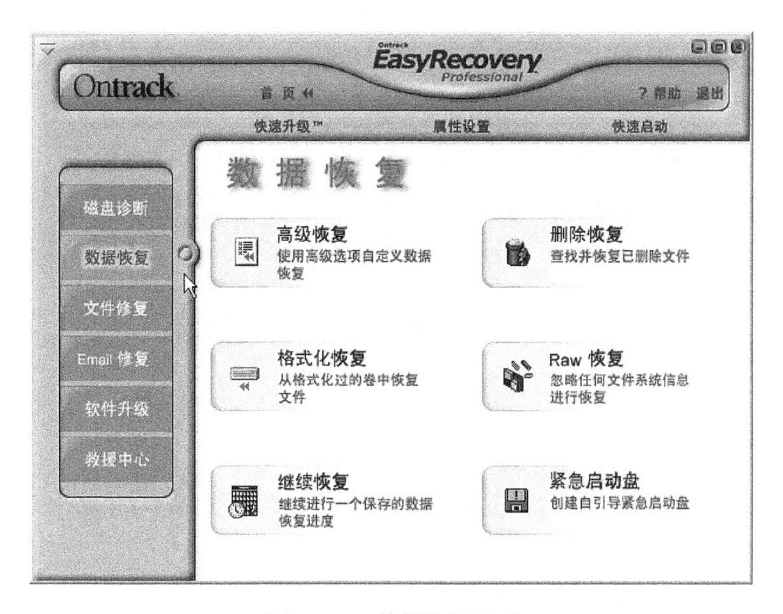

图 7-82　数据恢复界面

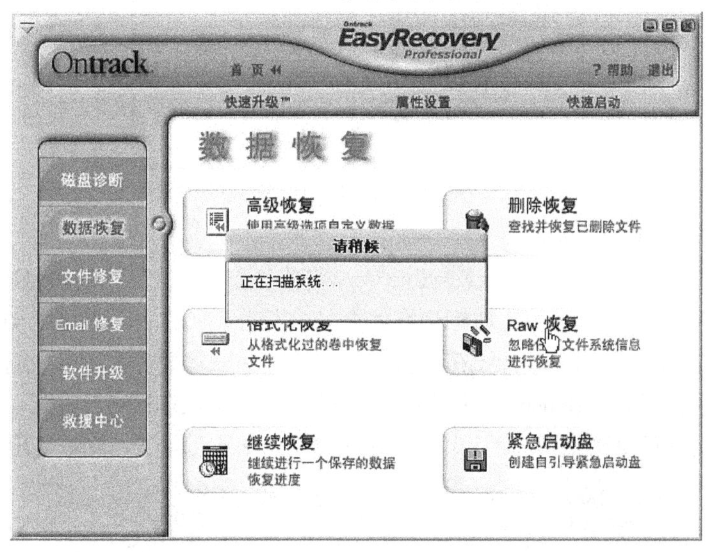

图 7-83　文件扫描

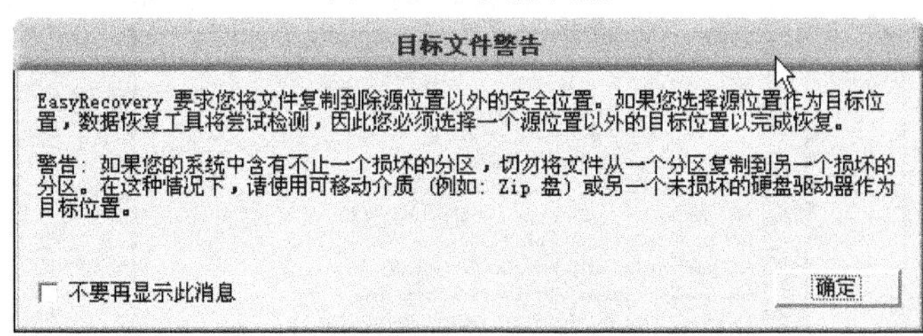

图 7-84　提示

在此选 RAW 和 Typical Scan 模式来对分区进行修复(图 7-85)。

点击"Next"按钮进入到对分区的扫描(图 7-86)和修复状态,这个过程的速度与计算机速度和分区大小有关。完成后就进入到了第三步。

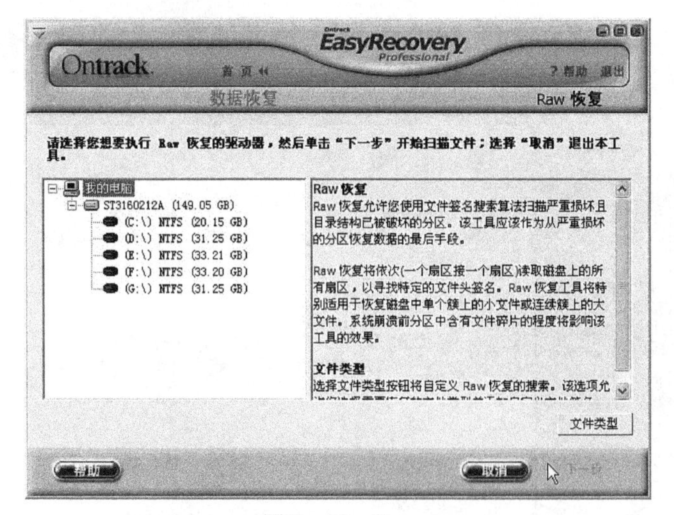

图 7－85　Raw

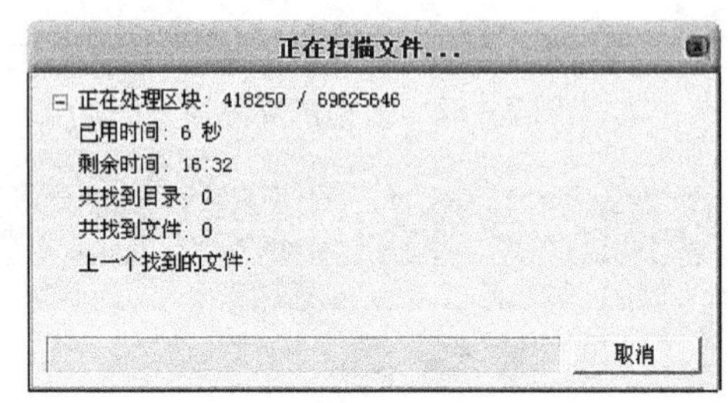

图 7－86　扫描文件

3. 标记和复制文件

从图 7－87 窗口中可以看得出，EasyRecovery 将修复出来的文件按后缀名进行了分类。可以对需要保存的文件进行标记，比如标记那些文档文件(.DOC)、图形文件(.DWG)等重要数据文件。在 Destination 框中填入要保存到的地方(非正在修复的分区中)。点击"Next"，会弹出一个窗口提示是否保存 Report，点击"Yes"并选中一个目录保存即可。

等标记过的文件复制完毕成后，就可以到 D:\Recovered 目录下找到修复出来的文件了。

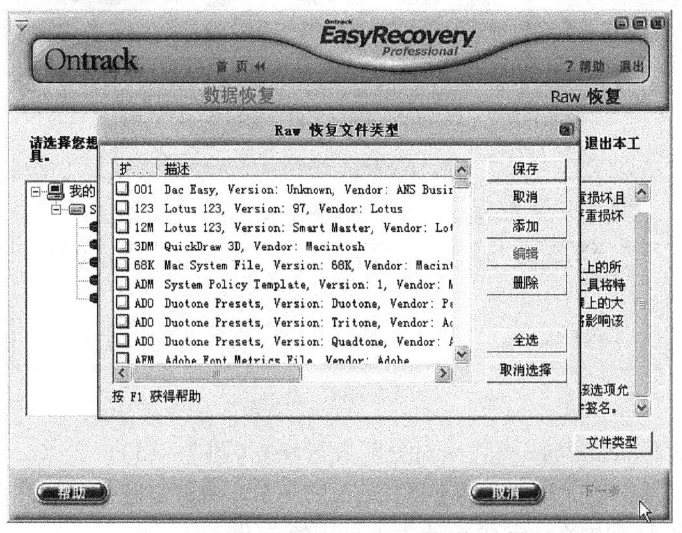

图 7－87　恢复文件类型

第 8 章　文档修复

Office 文档是应用广泛的文字处理系统,在这一章里,主要介绍各种文档的一些简便修复方法,以及相关修复软件的使用。

8.1　Word 文档修复

8.1.1　恢复丢失的文档

在试图打开一个 Word 文档,而系统没有响应时,那么可能是该文档已经损坏。此时,可以试试以下方法,或许能够挽回全部或部分损失,使损失减小。

方法一:利用 Word 功能来修复文挡。

1. 利用 Word2002/2003 的“打开并修复”

(1)启动 Word2002/2003,单击“文件”菜单下的“打开”,在“打开”对话框中选中要修复的 word 文挡。

(2)单击“打开”按钮右边的下三角按钮,在弹出的下拉菜单中选中“打开并修复”选项,即可对损坏的文挡进行修复,修复完成后,显示文挡内容。

提示:“打开并修复”是只有 Word2002 以上的版本才具有的功能。

2. 自动恢复尚未保存的修改

Word 提供了“自动恢复”功能,可以帮助用户找回程序遇到问题并停止响应时尚未保存的信息。实际上,在没有保存工作成果就重新启动电脑和 Word 后,系统将打开“文档恢复”任务窗格,其中列出了程序停止响应时已恢复的所有文件。文件名后面是状态指示器,显示在恢复过程中已对文件所做的操作,其中:“原始文件”指基于最后一次手动保存的源文件;“已恢复”是指在恢复过程中已恢复的文件,或在“自动恢复”保存过程中已保存的文件。

“文档恢复”任务窗格可以打开文件、查看所做的修复以及对已恢复的版本进行比较。此时可以保存最佳版本并删除其他版本,也可以保存所有打开的文件以便以后预览。不过,“文档恢复”任务窗格是 Word XP 提供的新功能,在以前的版本中,Word 将直接把自动恢复的文件打开并显示出来。

3. 手动打开恢复文件

在经过严重故障或类似问题后重新启动 Word 时,程序自动恢复文件。如果由于某种原因恢复文件没有打开,可以自行将其打开,操作步骤如下:

(1)在“常用”工具栏上,单击“打开”按钮;

(2)在文件夹列表中,定位并双击存储恢复文件的文件夹。对于 Windows2000/XP 操作系统,该位置通常为“C:\documents and settings\\Application Data\Microsoft\Word”文件

夹;对于 Windows98/Me 操作系统,该位置通常为“C:\Windows\Application Data\Microsoft\Word”文件夹;

(3)在“文件类型”框中单击“所有文件”。每个恢复文件名称显示为“‘自动恢复’保存 file name”及程序文件扩展名;

(4)单击要恢复的文件名,然后单击“打开”按钮。

4.“打开并修复”文件

如果使用的是 Word XP,该版本提供了一个恢复受损文档的新方法,操作步骤如下:

(1)在“文件”菜单上,单击“打开”命令;

(2)在“查找范围”列表中,单击包含要打开的文件的驱动器、文件夹或 Internet 位置;

(3)在文件夹列表中,定位并打开包含文件的文件夹;

(4)选择要恢复的文件;

(5)单击“打开”按钮旁边的箭头,然后单击“打开并修复”。

5. 从任意文件中恢复文本

Word 提供了一个“从任意文件中恢复文本”的文件转换器,可以用来从任意文件中提取文字。要使用该文件转换器恢复损坏文件中的文本,操作步骤如下:

(1)在“工具”菜单上,单击“选项”命令,再单击“常规”选项卡;

(2)确认选中“打开时确认转换”复选框,单击“确定”按钮;

(3)在“文件”菜单上,单击“打开”命令;

(4)在“文件类型”框中,单击“从任意文件中恢复文本”。如果在“文件类型”框中没有看到“从任意文件中恢复文本”,则需要安装相应的文件转换器。安装方法不做赘述;

(5)像通常一样打开文档。

此时,系统会弹出“转换文件”对话框,请选择的需要的文件格式。当然,如果要从受损 Word 文档中恢复文字,请选择“纯文本”,单击“确定”按扭。不过,选择了“纯文本”,方式打开文档后,仅能恢复文档中的普通文字,原文档中的图片对象将丢失,页眉页脚等非文本信息变为普通文字。

方法二:转换文挡格式来修复文挡。

如果使用的是 Word2002 以下的版本(如 Word2000),可以用下面的方法来修复文挡。

(1)启动 Word2000 后单击“工具—选项—常规”。在该选项卡中选中“打开时确认转换”复选框,并单击“确定”按钮。

(2)单击“文件—打开”,在弹出的“打开”对话框中选中要恢复的文件,并在“文件类型”框中选中“从任意文件中恢复文本”。

(3)单击“打开“按钮自动对转换文挡进行转换修复。

(4)如果显示的文挡内容混乱,单击“文件—另存为”,将文挡保存为“RTF 格式”或其他 word 所识别的格式。

(5)保存后关闭文挡,再次打开以“RTF 格式”保存的文挡即可看到完整的文挡。

(6)再将文挡保存为“DOC 格式”即可,这样就完成了对转换文挡的修复操作。

提示:此方法也同样可以在 Word2002 以上的版本中使用。

方法三:重设格式法

Word 用文档中的最后一个段落标记关联各种格式设置信息,特别是节与样式的格式

设置。这样就可以将最后一个段落标记之外的所有内容复制到新文档,就有可能将损坏的内容留在原始文档中。操作步骤如下:

(1)在 Word 中打开损坏的文档,选择"工具→选项"然后选择"编辑"选项卡,取消"使用智能段落选择范围"复选框前的勾。取消选中该复选框,选定整个段落时,Word 将不会自动选定段落标记,然后单击"确定"按钮。

(2)选定最后一个段落标记之外的所有内容,方法是:按"Ctrl + End"组合键,然后按"Ctrl + Shift + Home"组合键。

(3)在常用工具栏中,依次单击"复制"、"新建"和"粘贴"按钮。

方法四:禁止自动宏的运行

如果某个 Word 文档中包含有错误的自动宏代码,那么当打开该文档时,其中的自动宏由于错误不能正常运行,从而引发不能打开文档的错误。此时,请在"Windows 资源管理器"中,按住 Shift 键,然后再双击该 Word 文档,则可阻止自动宏的运行,从而能够打开文档。

方法五:创建新的 Normal 模板

如果,打开 Word 时出现发送错误报告和不发送报告,启动安全模式却什么也没有,只有再次把文档拖入打开的安全模式中才能显示文档内容。那么是 Normal 模板文件被损坏了,这种故障的原因是 Word 在 Normal. dot 模板文件中存储默认信息,模板丢失就引发无法打开 Word 文档的错误。此时,创建新的 Normal 模板即可,操作方法如下:

1. 重命名法

步骤如下:

(1)关闭 Word;

(2)使用 Windows"开始"菜单中的"查找"或"搜索"命令找到所有的 Normal. dot 文件,并重新命名它们。比如,在 Windows XP 中,请单击"开始",再单击"搜索",然后单击"所有文件和文件夹",在"全部或部分文件名"框中,键入"normal. dot",在"在这里寻找"列表框中,单击安装 Word 的硬盘盘符,单击"搜索"按钮。查找完毕,右键单击结果列表中的"Normal"或"Normal. dot",然后单击"重命名"命令,为该文件键入新的名称,例如"Normal. old",然后按 Enter 键;

(3)启动 Word。

此时,由于 Word 无法识别重命名后的 Normal 模板文件,它会自动创建一个新的 Normal 模板。

2. 删除 Normal. dot 文件。

具体操作步骤:

(1)"我的电脑"→点击"工具"菜单→点击"文件夹选项"→点击"查看"→选择"显示所有文件和文件夹"并去掉"隐藏受保护的操作系统文件(推荐)"前面的勾→确定。

(2)Normal 的路径:以系统盘是 C 盘、系统用户名为 Administrator 为例,Normal. dot 文件的具体路径是在 C:\Documents and Settings\Administrator\Application Data\Microsoft\Templates。

删除方法一:直接在电脑里查找到 C:\Documents and Settings\Administrator\Application Data\Microsoft\Templates 下的 Normal. dot 文件然后删除。

删除方法二：打开 Word，在 Word 中选择“工具”菜单→“选项”→“文件位置”→选择“用户模板”点击“修改”→出现的路径就是 Normal 的路径→直接删除 Normal. dot 文件→OK。

(3)“我的电脑”→点击“工具”菜单→点击“文件夹选项”→点击“查看”→选择“不显示隐藏的文件和文件夹”并将“隐藏受保护的操作系统文件(推荐)”前面的框打上勾→确定。

方法六：显示混乱的解决

在使用上面的方法打开受损 Word 文档后，如果文档的内容显示混乱，那么可以将最后一个段落标记之外的所有内容复制到一个新文档中，或许能够解决乱码问题，操作步骤如下：

(1)选定最后一个段落标记之外的所有内容，方法是：按下 Crtl + Home 组合键，然后按下 Crtl + Shift + End 组合键，最后按下 Shift + ←组合键；

(2)在“常用”工具栏上，依次单击“复制”、“新建”和“粘贴”按钮。

实际上，在 Word 文档中，系统用最后一个段落标记关联各种格式设置信息，特别是节与样式的格式设置。如果将最后一个段落标记之外的所有内容复制到新文档，就有可能将损坏的内容留在原始文档中，而在新文档中，重新应用所有丢失的节或样式的格式设置。

8.1.2 使用工具软件修复文档

当上面的方法不能修复文件时，就需要用到工具软件来修复。现在的 Word 文件修复工具有很多，如 Advanced Word Repair 、DocMechanic 等，在这里介绍的使用工具是 EasyRecovery 6.10。要修复的文档是名为“修复”的文档。如图 8-1 所示。

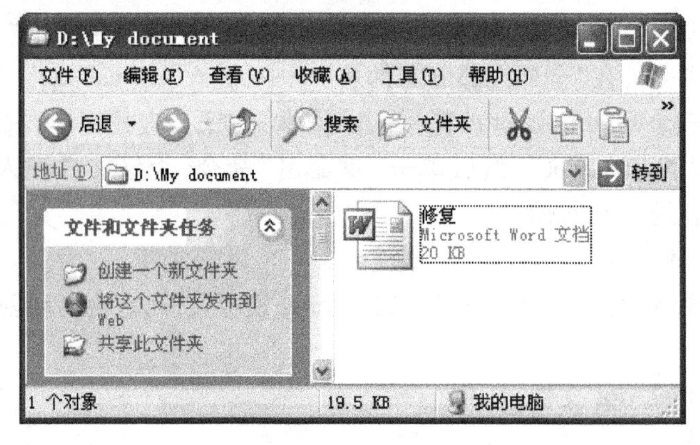

图 8-1 选择修复文档

打开文档后表现为乱码，于是打开 EasyRecovery 软件，主界面如图 8-2 所示，灰色方框区域为工具模块，因为要修复的是 office 系列文档和 zip 文档，所以鼠标点击方框使用“文件修复”模块。如图 8-2。

打开文件修复界面，可以见到 Access 修复、Excel 修复、PowerPoint 修复以及 Word 修复与 Zip 修复选项，因为要修复的是 word 文档，所以选择“Word 修复”。如图 8-3 所示。

图 8-2　主界面

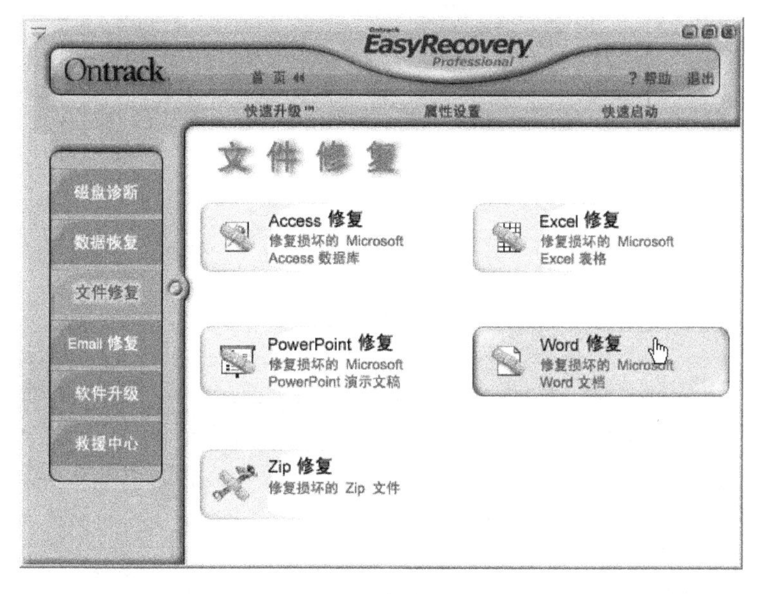

图 8-3　文件修复界面

单击“浏览文件”选择要修复的文档,在“打开”窗口查找修复文件,可以一次选择多个文档同时修复,点击打开。如图 8-4 和图 8-5 所示。

然后单击“浏览文件夹”选择修复后的文档的保存路径。此处最好不要把修复后的文档路径和原文档路径设为同一个,建议选择另一个分区存储修复后的文档。如图 8-6 所示。

点击下一步,开始修复,修复结果如图 8-7 所示。

文件已经修复完成了,现在打开文档可以看到文字都恢复了,最后面的一些文字是软件自动加上的,删除即可。

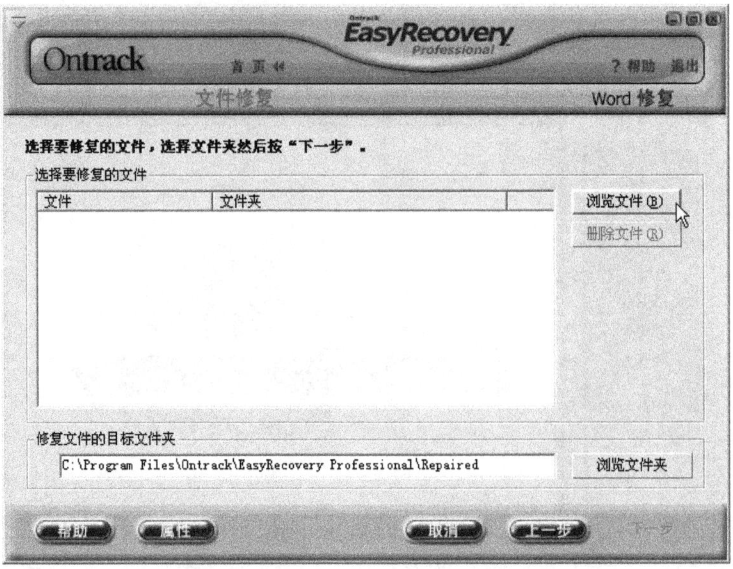

Ontrack　首页　EasyRecovery Professional　? 帮助　退出

文件修复　Word 修复

选择要修复的文件，选择文件夹然后按“下一步”。

选择要修复的文件

文件	文件夹

浏览文件(B)　删除文件(R)

修复文件的目标文件夹

C:\Program Files\Ontrack\EasyRecovery Professional\Repaired　浏览文件夹

帮助　属性　取消　上一步　下一步

图 8－4　选择文件

打开

查找范围(I): My document

修复

文件名(N):　打开(O)

文件类型(T): Word 文档 (*.doc)　取消

图 8－5　“打开”窗口

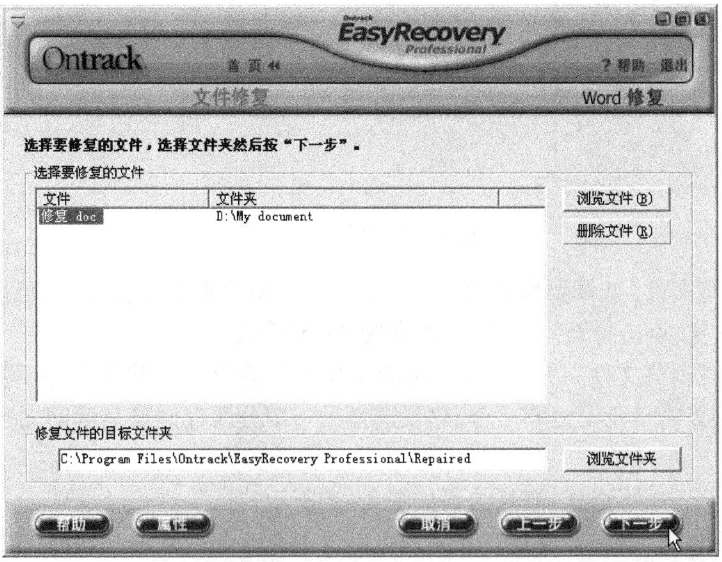

Ontrack　首页　EasyRecovery Professional　? 帮助　退出

文件修复　Word 修复

选择要修复的文件，选择文件夹然后按“下一步”。

选择要修复的文件

文件	文件夹
修复.doc	D:\My document

浏览文件(B)　删除文件(R)

修复文件的目标文件夹

C:\Program Files\Ontrack\EasyRecovery Professional\Repaired　浏览文件夹

帮助　属性　取消　上一步　下一步

图 8－6　选择保存路径

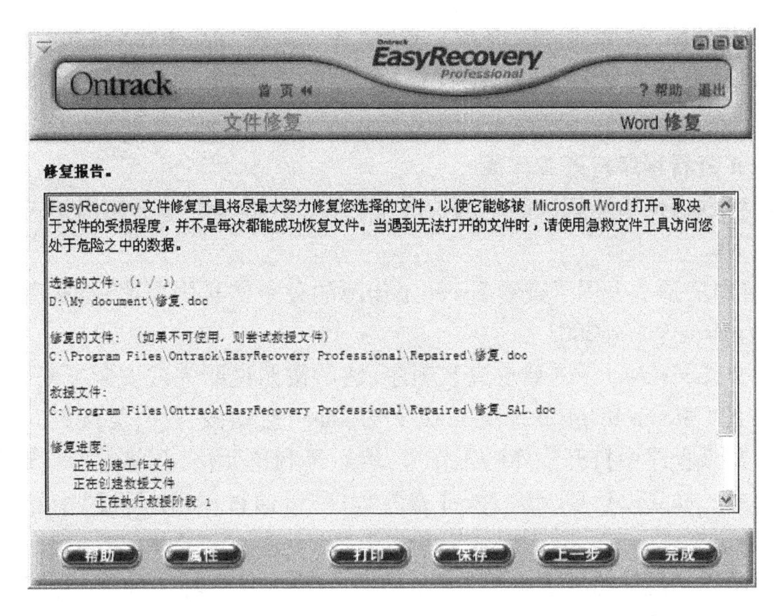

图 8-7 文件修复完成

8.2 Execl 文档修复

Excel 是个功能齐全的电子表格，它功能强大、操作方便，除了可以快速、方便地处理各种表格外，还可以对表格中的数据完成很多数据库的功能。

8.2.1 恢复丢失的文档

有时打开一个以前编辑好的 Excel 工作簿，却发现内容混乱，无法继续进行编辑，而且还不能够进行打印。这是在处理 Excel 文件时都可能会遇到的一个问题，出现上述情况的原因应该是该文件已经被损坏了，此时可以采取以下几种办法尝试解决。

1. 工作簿另存为 SYLK 格式

如果 Excel 文件能够打开，那么将工作簿转换为 SYLK 格式可以筛选出文档的损坏部分，然后再保存数据。

首先，打开需要的工作簿。在“文件”菜单中，单击“另存为”命令。在“保存类型”列表中，单击“SYLK(符号连接)(*.slk)”选项，然后单击“保存”按钮。关闭目前开启的文件后，打开刚才另存的 SYLK 版本即可。

2. 转换为较早的版本

如果由于启动故障而没有保存 Excel 工作簿，则最后保存的版本可能不会被损坏。当然，该版本不包括最后一次保存后对文档所作的更改。

关闭打开的工作簿，当系统询问是否保存更改时，单击“否”。在“文件”菜单中，单击“打开”命令，双击该工作簿文件即可。

3. 打开并修复工作簿

如果 Excel 文件根本不能够使用常规方法打开，那么可以尝试 Excel2003 中的“打开并修复”功能，该功能可以检查并修复 Excel 工作簿中的错误。

在“文件”菜单中，单击“打开”命令。通过“查找范围”框，定位并打开包含受损文档的文件夹，选择要恢复的文件。单击“打开”按钮旁边的箭头，然后单击“打开并修复”即可。

4. 用 Excel 查看程序打开工作簿

在用尽各种方法仍不能解决问题的情况下，大家不妨考虑一下使用第三方软件开展恢复工作。

Excel 查看程序是一个用于查看 Excel 工作簿的免费的实用程序，可从微软网站上得到，最新版本为 ExcelViewer2003。

双击下载文件 xlviewer. exe 启动安装程序，然后按照说明完成安装。安装完毕，单击“开始”菜单中的“MicrosoftOfficeExcelViewer2003”即可启动该软件，尝试打开损坏的工作簿。大家可以在该程序中打开损坏的工作簿，然后复制单元格，并将它们粘贴到 Excel 的一个新工作簿中。如果以后要删除 Excel 查看程序，可通过“控制面板”中的“添加/删除程序”进行删除。

希望上面的方法能够修复 Excel 文件。如果无法恢复损坏工作簿中的数据，那么就需要重新创建部分或整个文档了。

5. 手动处理

(1)进入 Word，在“文件/打开/文件类型”中，选“所有文件”，指定要修复的 . xls 文件，打开后，如果 Excel 只有一个工作表，会自动以表格的形式装入 Word，若文件是由多个工作表组成，每次只能打开一个工作表。

(2)将文件中损坏的部分数据删除。

(3)用鼠标选中表格，在“表格”菜单中选“表格转文字”，可选用“，”分隔符或其他分隔符。

(4)另保存为一个文本文件 . txt。

(5)在 Excel 中直接打开该文本文件，另存为其他名字的 Excel 文件即可。注意：这种修复的方法是利用 Word 的直接读取 Excel 文件的功能实现，该方法在文件头没有损坏，只是文件内容有损坏的情况下比较有效，若文件头已经损坏时的 Excel 文件，此方法可能不成功，必须借助于其他方法。

6. 显示错误信息

(1)在 Excel 中打开多个工作表时提示“内存不足，不能执行显示”。

这时首先关闭所有的应用程序，在桌面上单击鼠标右键，从弹出的快捷菜单中选择“属性”选项，在打开的“显示属性”对话框中单击“设置”选项卡，将“颜色”下拉列表框设置为 256 色，即可解决问题。

(2)在 Excel 中不能进行求和运算。

由于在操作中更改了字段的数值后，求和字段的所有单元格中的数值没有随之变化，造成不能正常运算。可以单击“工具→选项”命令，在打开的“选项”对话框中单击“重新计算”选项卡。在“计算”选项区中选中“自动重算”单选按钮，单击“确定”按钮，就可以进行自动计算并更新单元格的值了。

(3)在 Excel 中出现启动慢且自动打开多个文件。

进入 Excel 中后，单击“工具→选项”命令，在打开的“选项”对话框中单击“常规”选项卡，删除“替补启动目录”文本框中的内容，单击“确定”按钮即可。

(4)在 Excel 中出现“#NAME?”错误信息。

出现此情况一般是在公式中使用了 Excel 所不能识别的文本，比如：使用了不存在的名称。解决的方法是：单击“插入→名称→定义”命令，打开“定义名称”对话框。如果所需名称没有被列出，在“在当前工作薄的名称”文本框中输入相应的名称，单击“添加”按钮将其添加，再单击“确定”按钮即可。

(5)在 Excel 中出现“#NUM!”错误信息。

当函数或公式中使用了不正确的数字时将出现错误信息“#NUM!”。这时应确认函数中使用的参数类型的正确性，然后修改公式，使其结果在 -10307 到 +10307 范围内即可。

(6)在 Excel 中出现“#DIV/0!”错误信息。

若输入的公式中的除数为 0，或在公式中除数使用了空白单元格(当运算对象是空白单元格，Excel 将此空值解释为零值)，或包含零值单元格的单无格引用，就会出现错误信息“#DIV/0!”。只要修改单元格引用，或者在用作除数的单元格中输入不为零的值即可解决问题。

(7)在 Excel 中出现“#VALUE!”错误信息。

此情况可能有以下四个方面的原因之一造成：一是参数使用不正确；二是运算符使用不正确；三是执行“自动更正”命令时不能更正错误；四是当在需要输入数字或逻辑值时输入了文本，由于 Excel 不能将文本转换为正确的数据类型，也会出现该提示。这时应确认公式或函数所需的运算符或参数是否正确，并且在公式引用的单元格中包含有效的数值。

(8)Excel 无法排序。

无法对工作表中某区域进行排序，并出现“This operation requires the merged cells to be identically sized.”的错误提示。

解决方法：出现这个问题是由于该区域中的单元格有些已被合并，或是合并后的大小都不相同，Excel 无法正确地判断出如何排序。因此，要解决此问题只要将该区域内的所有单元格拆分，或是合并为大小相同的单元格即可。

8.2.2 使用工具软件修复 Excel 文档

宏宇 Excel 文件恢复向导、Advanced Excel Repair 文件修复工具还有前面介绍过的 EasyRecovery 都是比较不错的修复受损 Excel 文件的工具。因为 EasyRecovery 的使用方法在 Word 修复里介绍过了，修复过程中选择即可，其他流程一样。所以这里以另一款软件 Advanced Excel Repair(AER)，来介绍修复受损 Excel 文件的方法，该软件可以扫描 Excel 文件并尽可能恢复其中的数据，最小化数据损坏带来的损失。需要修复的文件名为“我的工作表”。如图 8-8 所示。

首先，运行软件，主界面如图 8-9 所示。在“选择修复的文件”处选择需要修复文件，在下面的输出文件保存位置选择修复好的文件的保存路径。然后，点击“开始修复”键，就可以开始修复了。

文件修复完后，会弹出下面的对话框，点击“确定”完成修复。如图 8-10 所示。

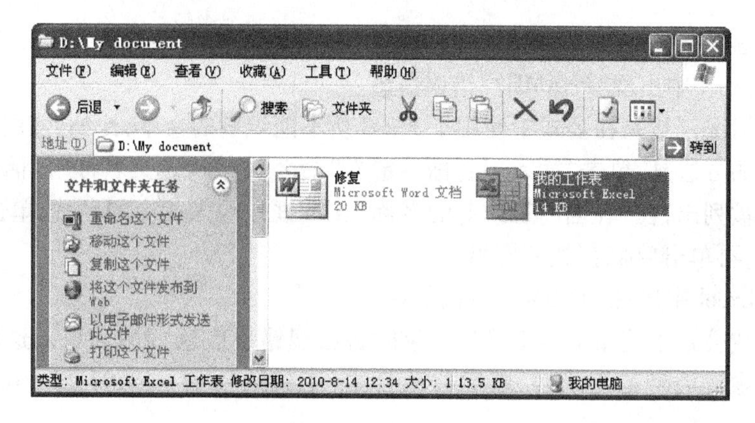

图 8－8　修复的文档

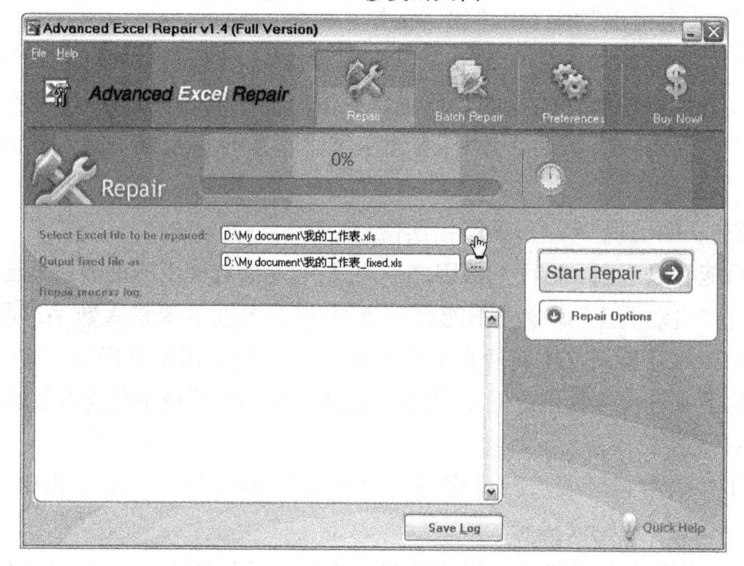

图 8－9　Advanced Excel Repair 主界面

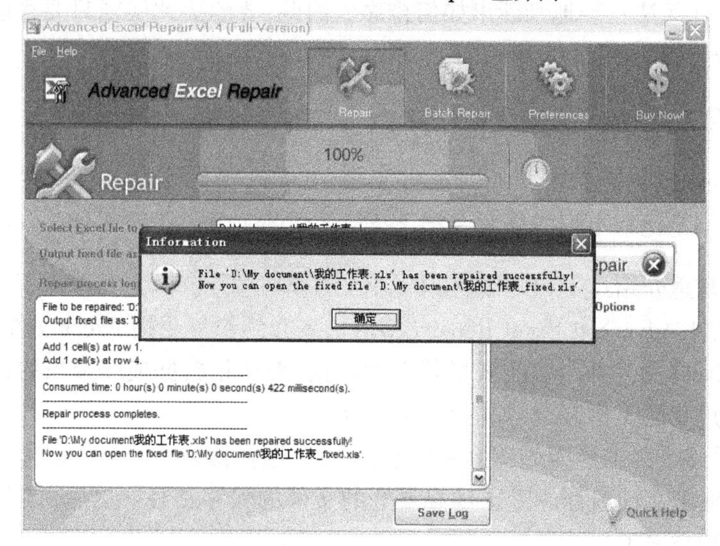

图 8－10　修复完成

接下来，会显示修复文件的信息，如图 8－11 所示。

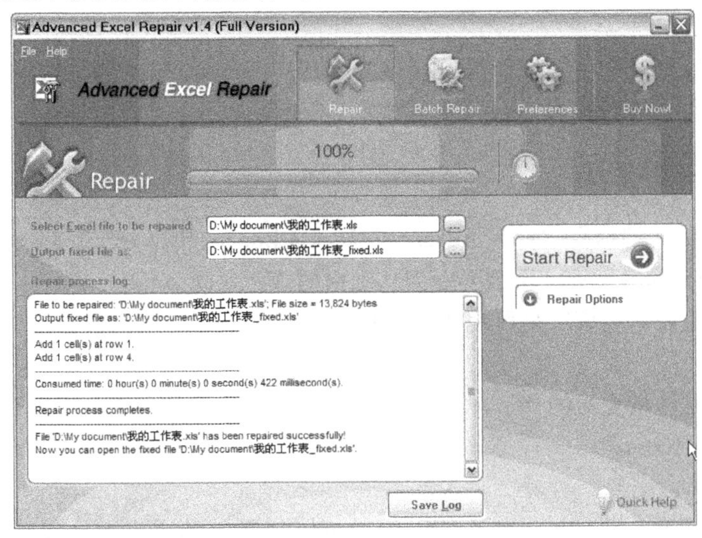

图 8－11 修复文件信息

在保存文件处可以看到修复完的文件“我的工作表 fixed”如图 8－12 所示。打开文件就可以进行编辑了。

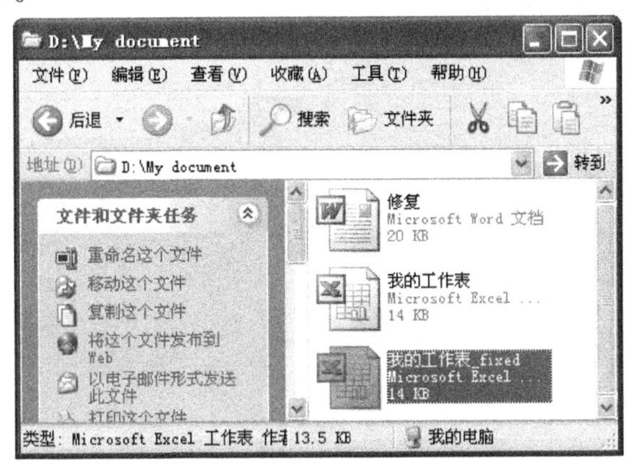

图 8－12 修复完的文件

8.3 Access 文档修复

8.3.1 简单的修复

如果将 Access 升级至更高版本，升级完成后出现问题，例如打开原有的文件后系统提示：“Access 2000 无法识别旧版本的数据库文件”。

对于这种情况，可以利用修复软件 AccessFix 来修复数据库。安装完成后点击按钮“Add file”将文件添加进去，点击“Next”后进行恢复和预览所选的文件，修复后再点击“Next”进行导出工作，这里提供了两种导出方案：一种是直接导出为 MDB 文件，另一种是导出扩展名为 . csw 的 Excel 文件格式，这里建议选择第一种。导出完成以后，系统会自动提示“File saved OK”，表明文件已经修复成功了。完成以上操作后，再利用 Access 打开它，就能正常操作了。

执行数据库修复和压缩操作可能会恢复损坏的 Access 数据库。假如以上方法不奏效可以再把对象导入新的 Access 文件试试。

8.3.2 使用软件修复

常用 Access 文档修复软件有 Advanced Access Repair、Recovery Toolbox for Access 等。Recovery Toolbox for Access（下载）专为从受损的 Microsoft Access. mdb、. accdb 数据库文件中恢复数据而设计。该工具可用于恢复原始表结构（索引和其它参数）及恢复表数据等操作。

下面以该软件从受损的 Microsoft Access 数据库文件中恢复数据的具体操作如下：

(1)在 D:\AccessRecovery 下有一个名为 db11. mdb 的受损数据库文件，下面对此文件进行修复。

Recovery Toolbox for Access 启动后，用户可以从弹出的窗口中选择一个源文件来进行修复。如图 8－13 所示打开文件。

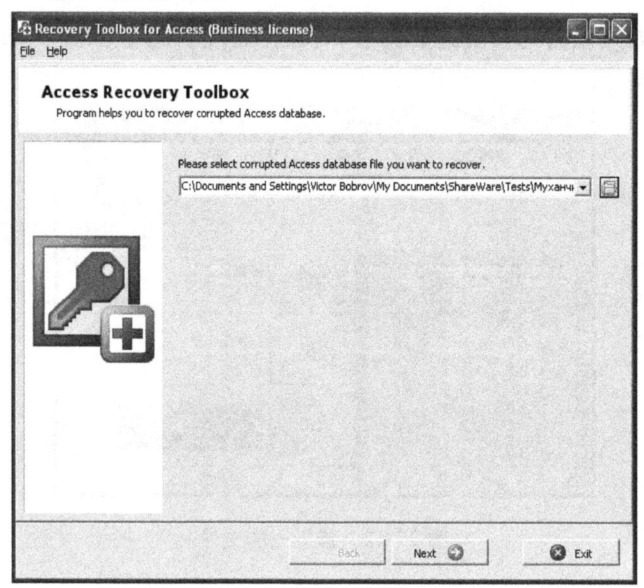

图 8－13 主窗口

源文件路径及其名称可使用键盘在输入字段中输入。也可通过按下按钮使用标准对话框选择。还可打开一个打开过的文档（列表会显示在字段中）。选择源文件后，按下 Next（下一步）按钮，继续下一步恢复流程。

(2)预览模式可帮助查看将会保存在表格中的文件结构。

在图 8－14 左侧，可看到数据库树形结构，并可查看每个数据库对象的详细信息。该树形结构由三大分支组成：关联、问题和表。还可以查看系统表格（MsysACEs、MSysObjects、MSysQueries 和其它 MSys 选项）、用户表格（地址、电话）、问题（电话问题）和关联（PhonesPhones Query、Reference、PhonesPhones、PhonesPhones Query1）。

选择一个表格后,窗口会出现截图上的表格。表名称和相应列等参数可在窗口顶部右侧窗格中找到。表记录可在窗口底部右侧窗格中查看。如果想查看所有表记录,请使用表格记录上面的复选框。

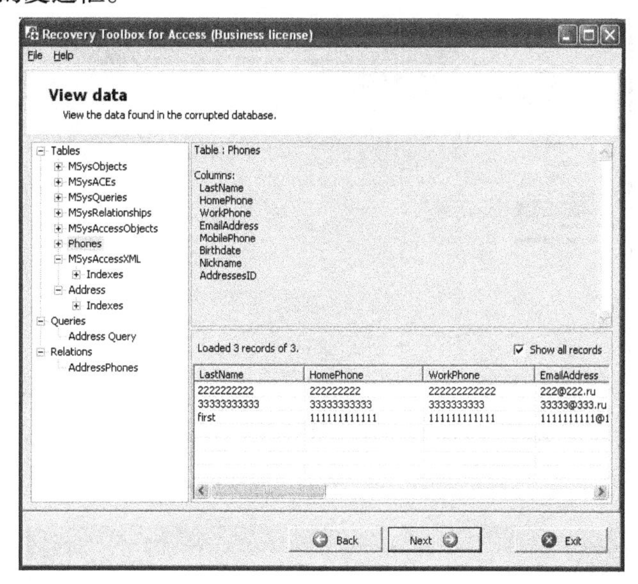

图 8-14　查看表结构

除此之外,可以打开 Indexes branch(索引分支)查看关键参数,以及根据名称显示的索引列。屏幕第二部分包含索引名和多个相关参数。需要特别指出的是,屏幕还将显示组成该索引的列数,显示指定列是否必须,是否应该具有专门唯一性及该列是否包含关键字。如果此表未创建索引,则 Indexes branch(索引分支)不包含任何值,显示为空。在这种情况下,选择索引时将不显示数据库记录。

如果选择了电话表格,还会看见 NickName(简称)、LastName(姓)、MobilePhone(移动电话)、HomePhone(工作电话)、WorkPhone(办公电话)、BirthDate(生日)、EmailAddress(邮件地址)、AddressID(地址 ID)等。只有 AddressID(地址 ID)、LastName(姓)、EmailAddress(邮件地址)和 BirthDate(生日)有索引。字段中的名称与相应索引中的相同。这些索引不具有唯一性,记录不是命令。关键点仅包含 AddressID (地址 ID)列。选择一个问题后,窗口底部右侧窗格将隐藏,顶部右侧窗格则包含所选问题的名称和相关 SQL 代码。如图 8-15 所示。

如果选择了一个关联,右侧顶部面板将显示相应关联的名称、参考表格和表格列如图 8-16 所示。按下 Next(下一步),继续进行数据库恢复配置过程。

(3)选择用于保存所提取数据的文件。

数据库结构预览完成后,应用程序将提示选择要保存恢复数据的文件名称和路径,如图 8-17 所示。

设置可保持不变,这种情况下,应用程序会将输出文件保存到原始数据库文件所在的文件夹中。文件名由原始文件名和 _repaired 后缀组成。

在空白处输入保存恢复数据的文件的路径和名称。另外,可以单击图标,使用标准对话框保存文件。按下 Recover(恢复)按钮,启动恢复过程。

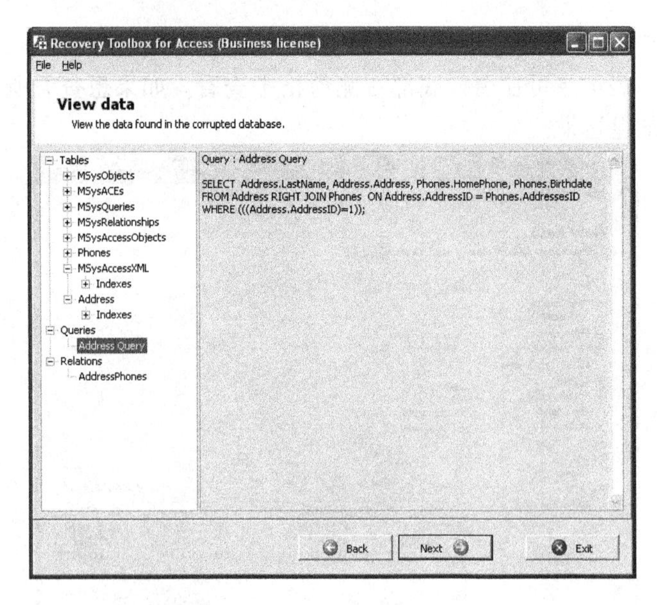

图 8 – 15　查看问题结构

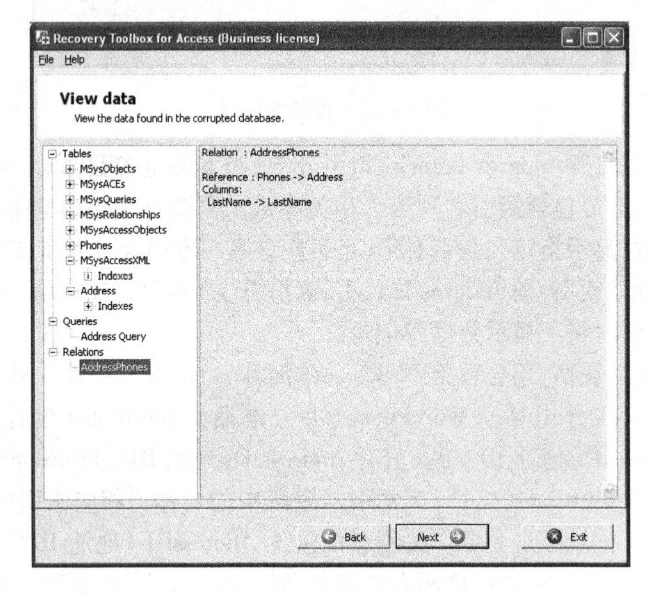

图 8 – 16　查看关联

如果指定位置中已存在所选文件名，将看到一条相应的警告消息。这时可返回上一步，指定其他文件名和/或位置。

(4)查看最终恢复报告。

恢复过程开始后，Recovery Toolbox for Access 将在日志窗口中显示消息。另外，这些消息会保存到 Recovery Toolbox for Access 文件夹中的 Err. log 文件中。如果该文件已经存在，新信息将会添加在内。添加新记录时，还会包含时间戳。如图 8 – 18 所示。

消息类型分为三种：

粗体表示已恢复一组数据。工具开始恢复类型相同的一组数据(例如表或问题)后，用户将看到该消息。

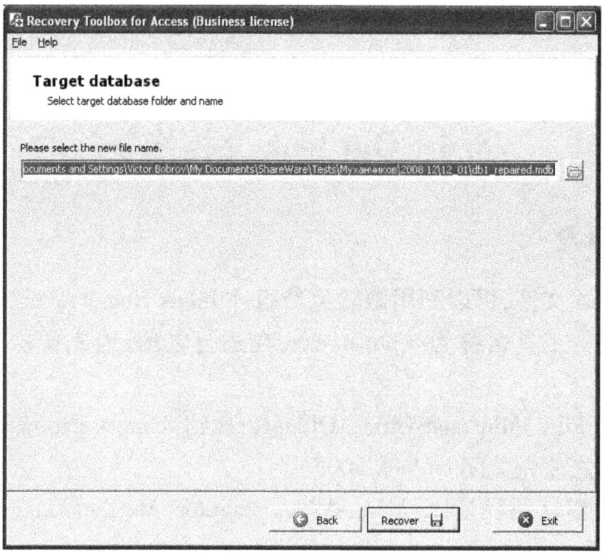

图 8－17　保存文件

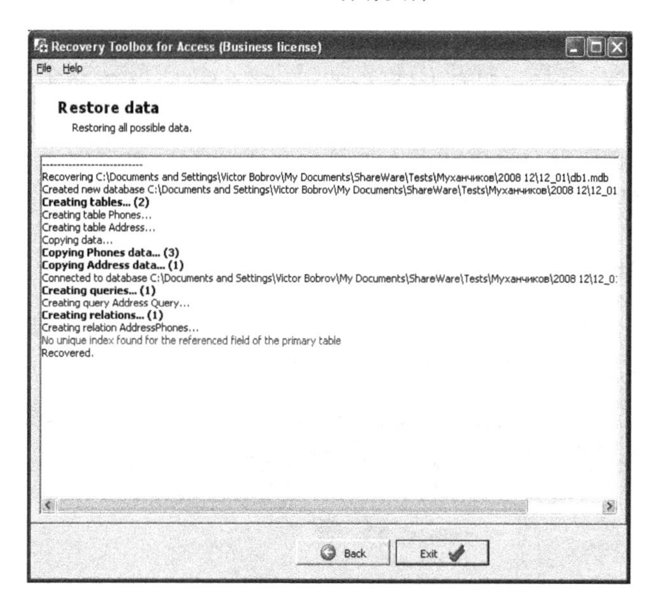

图 8－18　日志

元素恢复消息以普通字体显示。这些通知提示用户已恢复一组元素，例如表结构或问题。为简化日志结构，这些通知在表恢复期间不会显示。

红色字体表示出现错误。如果程序无法恢复特定数据或发生任何其它错误，日志中都将显示相应的通知。这些通知在 Err. log 文件中还将用 $Error$字符串标记。

Recovery Toolbox for Access 无法从加密文件中恢复数据。未加密的密码保护文件可恢复，但密码将会丢失。另外，软件无法恢复报表、页面、模块、宏、参考其它数据库的链接和字段，以及用于显示编辑器字段元素和价值选择限制的 Access 专用属性。

如果已经浏览过该日志，则可按下 Exit（退出）按钮或选择 File | Exit（文件|退出）结束该过程。还可使用 Back（返回）按钮返回上一步，指定其它文件进行处理。请注意，用

于存储的文件和文件夹不能自动更改,因此需要手动更改参数或使用标准 Browse(浏览)对话框进行更改。

8.4 Out look 文档修复

8.4.1 简单的修复

修复受损的 . pst 文件,可以利用微软免费组件 Inbox Repair Tool ,该工具就是被设计来修复 . pst 文件的。工具名称为 scanpst. exe,在运行之前,请先备份 . pst 文件。可以按照以下步骤进行:

在 C:\Program Files\Microsoft Office\Office12 找到 scanpst. exe 该程序,直接浏览找到源文件,点击开始(之前先关闭 outlook 2007)。

Outlook 的文件默认路径是:C:\Users\Administrator\AppData\Local\Microsoft\Out look\最后点修复就好了。

Out look express 无法正常启动接受邮件. 系统提示是:丢失 MSOE. DLL 文件. 无法启动 Out look express。

(1)找到一个网上邻居. 打开 C:Program FilesCommon Files 这个文件夹. 复制. 然后进入我的电脑—D 盘. 并粘帖.

(2)将我的电脑 D 盘设置成共享. 回到自己的电脑. 通过网上邻居复制共享文档 Common Files. 并粘帖于 C:Program FilesCommon Files. 如果出现重复选择全部替换。

8.4.2 使用软件修复

前面介绍的软件 EasyRecover 的 Email 修复项,该选项中包含了修复 Out look 文档的功能,使用方法和前面的操作一样,如图 8-19 所示。

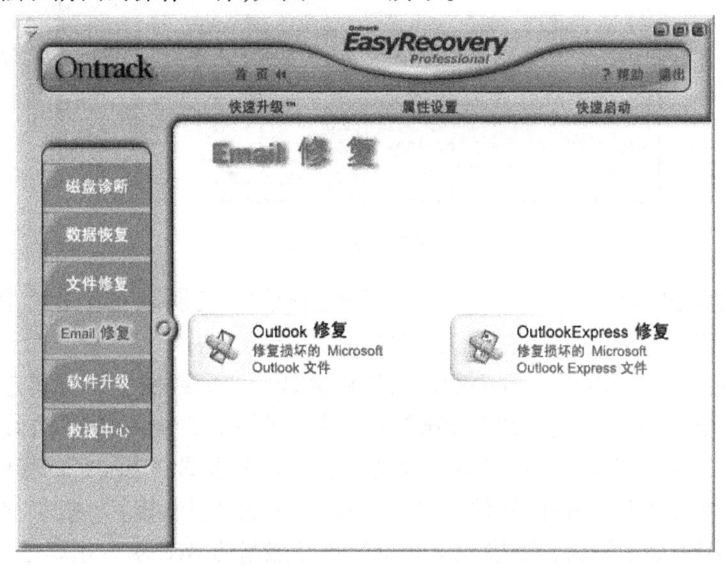

图 8-19 Outlook 修复

8.5 Office 综合文档修复工具集

8.5.1 简单的修复

1. 自动恢复

如果使用 Office XP/2003 时,突然出现蓝屏或是断电。重启,运行 Word,会发现一个“文档恢复”工具栏,单击相应文件即可打开,接下来另存一下即可,此技巧对于 Excel、PowerPoint 同样适用。如果使用 Office 2000 或者并没有见到窗口,可以打开断电前文件所在文件夹,选择“工具→文件夹选项→查看”,设置“显示所有文件和文件夹”,找到一些以 ~ 开头的隐藏文件,把它们按日期排列,试着用 Word 逐一打开最近的文件可以恢复。

Office XP 会把保存后的恢复文件的位置一般在文件夹下(在 Windows 98 中,保存在下)。而且,“自动恢复”在为自动保存功能有效地指定了时间间隔的情况下效果最好,默认为 10min,大家可以在“工具→选项→保存”下设置一个较小的数字。

2. 打开时恢复

在 Office 程序中的“打开”对话框中,选中一个文件,单击“打开”按钮旁边的下拉箭头,再选择“打开并修复”也可以修复选中的文档并再打开。

3. 使用 Office 工具恢复

如果 Office 程序不响应,且无法关闭,可以单击“开始→程序→Microsoft Office→Microsoft Office 工具→Microsoft Office 应用程序恢复”,然后从中选择相应的程序,单击“恢复应用程序”往往可以保存你的工作。

8.5.2 使用软件修复

以下软件如 OfficeFIX、office file recovery、宏宇 Office 文件恢复向导等,都是 Office 综合文档修复工具,可以完成对 Office 综合文档进行修复。图 8-20 为 EasyRecover 提供的 Office 综合文档修复工具。

图 8-20 EasyRecover

8.6 MP3 文件修复

8.6.1 使用 MP3 Repair Tool 修复 MP3 文件

使用 MP3 Repair Tool 工具软件的具体操作步骤如下：首先，启动 MP3 Repair Tool 程序，会出现如图 8－21 所示的主界面。选择要恢复的 MP3 文件。

图 8－21　选择要修复的 MP3 文件

单击“修复”按钮后，程序即开始自动修复，修复后的结果如图 8－22 所示。

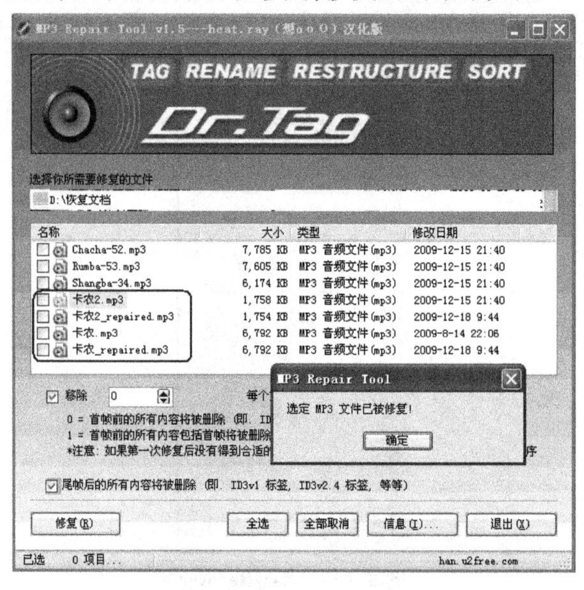

图 8－22　修复完成

说明:MP3 文件被修复完成后,会自动产生一个已修复的文件,其文件名为“XX_repaired. mp3”(与源文件“XX. mp3”在同一目录)。

如果要修改 MP3 文件的长度,需在移除栏中设置要删除的帧数,修复后的结果如图 8-23所示。

图 8-23　修复 MP3 文件的长度

接下来可以查看修复好的文件。

8.6.2　使用 Noncook 修复 MP3 文件

Noncook 是专门用来修复有破损的 MP3 文件的程序。有时,当从网路上传或下载文件时,文件会被加入一些杂讯,使用 NonCook 工具也可以消除这些杂讯使 MP3 文件恢复原状。

使用 Noncook 工具软件的操作步骤如下:

启动 Noncook 程序,会出现如图 8-24 所示的主界面。

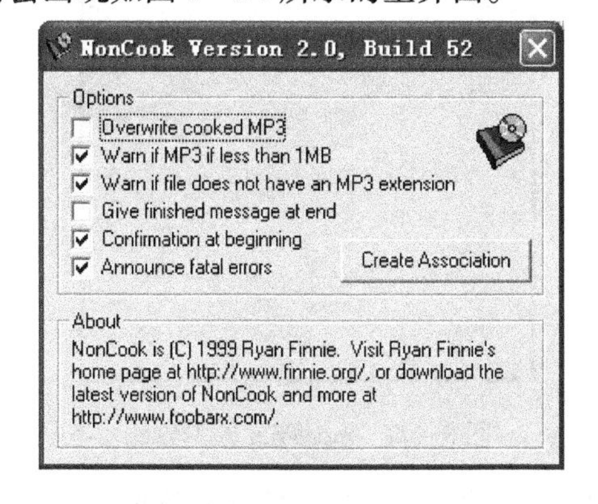

图 8-24　Noncook 主界面

单击 Create Association 按钮，创建该程序与 MP3 文件的关联。

右击要修复的 MP3 文件，会出现如图 8-25 所示的快捷菜单，选择“Noncook”命令，会出现如图图 8-26 所示的对话框。

单击“是”按钮，便开始进行修复，完成后会自动产生一个已修复的文件，其文件名为“XX. mp3. cooked”（与源文件“XX. mp3”在同一目录）。

右击已修复的“XX. mp3. cooked”文件名，将其重命名，并去掉“. cooked”字符。

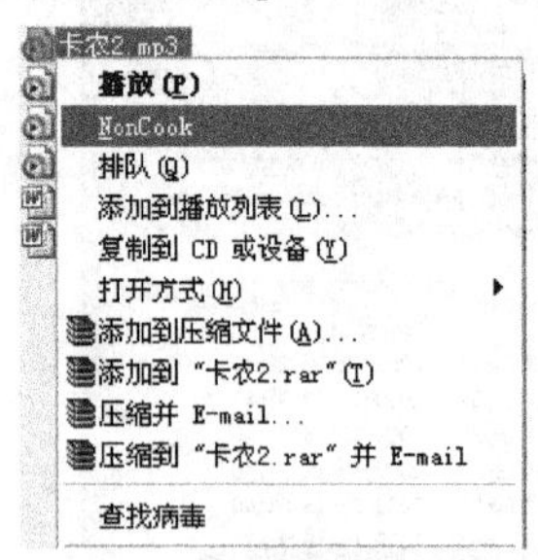

图 8-25 MP3 文件与 Noncook 关联

图 8-26 Noncook 的修复对话框

8.6.3 使用 mp3Trim 截取 MP3 文件

mp3Trim 是一个修整截取 MP3 文件的工具，其主要功能是对 MP3 进行清理、剪切、放大、淡出/淡入等效果处理。即可以将 MP3 中不要的部分（从头部或尾部）去掉，只保留需要的部分；另外，利用它的静音检测功能可以把 MP3 文件中多余的静音部分剪切掉；也可以用它对 MP3 文件进行淡出/淡入的音效处理；还可以对音量较小的 MP3 文件进行音量放大、更改 MP3 文件的 ID 标签等等。

使用 mp3Trim 工具软件操作步骤如下：

（1）启动 mp3Trim 程序，会出现如图 8-27 所示的主界面。

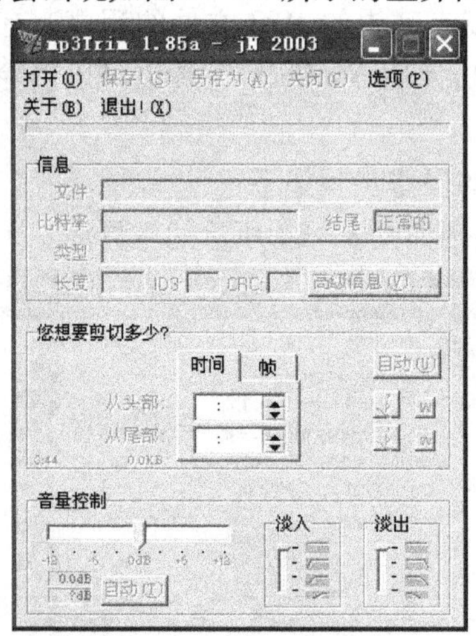

图 8-27 mp3Trim 的主界面

（2）单击菜单栏上的“打开”命令，从对话框中选择要修复的 MP3 文件。

（3）按如图 8-28 所示的界面设置参数，以裁剪尾部多余的部分和增加 MP3 文件的音量。

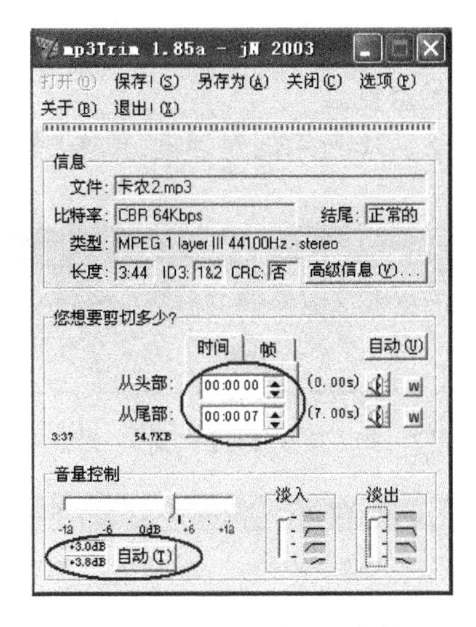

图 8-28 设置修复的参数

(4)单击“另存为”命令,将修复后的 MP3 文件保存到相应位置即可。

8.7 影音文件修复

视频文件在制作或传播过程中,往往会发生一些错误,不能正常播放,这时就需要进行修复。

下面通过 Rm 电影文件为例介绍介绍几种视频修复工具的使用。Rm 电影文件修复专家、Real 文件修复器以及 Divx Avi Asf Wmv Wma Rm Rmvb 修复器和 ASF - AVI - RM - WMV Repair。

8.7.1 使用 RM 电影文件修复专家修复

Rm 电影文件修复专家可修复受损的各类 REAL 格式文件,如不能播放或无法拖动播放时间条或其他问题,它可修复的文件类型有 rm、rmvb、ram、ra、rv、rf、rt、rp 等。该修复工具能够重新组建 Rm 文件结构,修复 Rm 文件内部故障,修复速度很快,修复率达到 95% 以上,而且不损坏源文件,功能完全开放。

其步骤如下:

(1)启动 Rm 电影文件修复专家程序。

单击 选择要修复的Rm文件 按扭,选择要修复的 RM 文件,会出现如图 8-29 所示的界面。

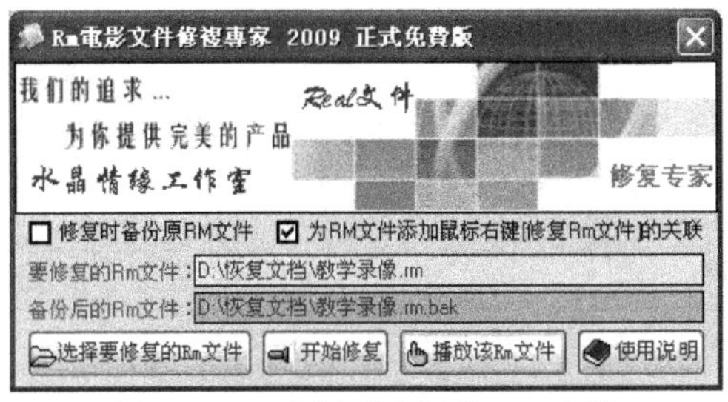

图 8-29 选择要修复的 RM 文件

单击[开始修复]按钮，会出现如图 8－30 所示的对话框。

(2)单击“是”按钮，便开始修复。

修复完成后，会出现如图 8－31 所示的对话框，单击“是”按钮即可立即播放修复后的文件。

图 8－30　修复文件的“确定”对话框

图 8－31　立即播放”对话框

8.7.2　使用 Real 文件修复器修复

Real 文件修复器用来修复不能播放或残缺的 Real 视频音频文件。其特点有：支持 rm、rmvb、ram、ra、rv、rf、rt、rp 等格式；操作简单快捷、修复速度快；支持批量文件修复；修复后的文件单独存放，文件名为“XX_ FixOK. rm”(与源文件“XX. rm”在同一目录)，且修复文件时不破坏源文件。

其步骤如下：

(1)启动 Real 文件修复器程序。

单击[添加一批文件(A)]按钮，选择需要修复的视频文件，如图 8－32 所示。

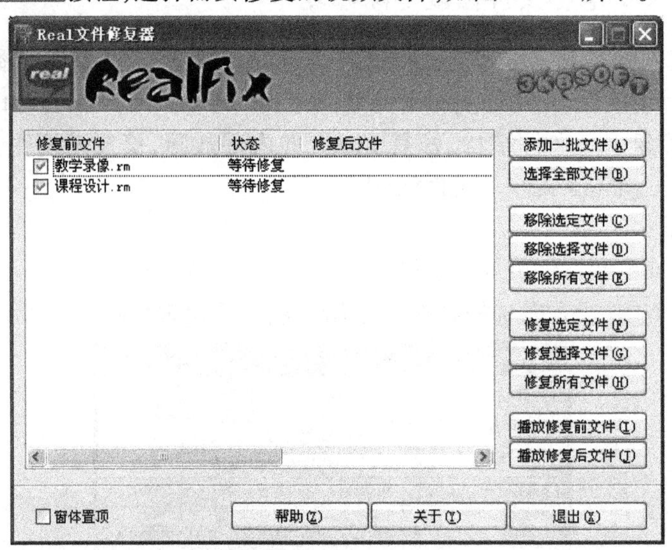

图 8－32　选择要修复的视频文件

(2)单击 修复选择文件(G) 按钮,便开始修复。

修复完成后,会出现如图 8 - 33 所示的对话框。

图 8 - 33　修复完毕对话框

(3)单击 播放修复后文件(J) 按钮,可以播放修复后的文件。

8.7.3　使用 Divx Avi Asf Wmv Wma Rm Rmvb 修复器修复

Divx Avi Asf Wmv Wma Rm Rmvb 修复器可以修复通过 http、ftp、mms、rtsp 协议下载的下载完全的或在播放过程中不能拖动的视频文件,它支持 divx、avi、asf、wmv、wma、rm、rmvb 等常用的视频文件格式文件。修复后的文件可以流畅地播放、自由地拖动。该修复器还可以强行修复部分损坏的 divx、avi、asf、wmv、wma、rm、rmvb 文件,修复后的文件可以跳过坏的数据块,继续播放。

其步骤如下:

(1)启动 Divx Avi Asf Wmv Wma Rm Rmvb 修复器程序。

单击 添加文件 按钮,选择要修复的视频文件,如图 8 - 34 所示。

(2)单击 修复文件 按钮,便开始修复。

修复完成后,会出现如图 8 - 35 所示的对话框。

8.7.4　使用 ASF - AVI - RM - WMV Repair 修复

ASF - AVI - RM - WMV Repair 是一个可以快速修复被意外损坏不能正常播放或者不能拖动的视频文件的工具,它支持 ASF、AVI、RM、RMVB、WMV、WMA、DIVX、XVID、MPEG - 4 等常用的视频文件格式。

其步骤如下:

(1)启动 ASF - AVI - RM - WMV Repair 程序。

单击“添加文件”按钮,选择要修复的视频文件,如图 8 - 36 所示。

图 8－34 Video Fixer 主界面

图 8－35 修复完毕的 Video Fixer 界面

单击“修复”按钮,便开始修复。

(2)修复完成后,会出现如图 8－37 所示的对话框。

图 8-36　ASF-AVI-RM-WMV Repair 主界面

图 8-37　修复完毕的 ASF-AVI-RM-WMV Repair 界面

8.8　压缩文件修复

EasyRecovery 的使用方法在 WORD 修复里介绍过了，同样在修复过程中选择 [Zip 修复 修复损坏的 Zip 文件] 也可以修复“zip 文件”，如果 RAR 压缩文档在解压过程中发生了解压错误，可以用两种方法进行修复：一是使用该压缩软件自带的修复功能；二是使用专门的修复工具（如 Advanced RAR Repair）。

8.8.1 使用 WinRAR 自带的修复功能进行修复

下面以解压一个不能解压的 RAR 压缩文档为例，了解修复这个文档的过程。

其步骤如下：

(1)启动 WinRAR 程序，打开 WinRAR 主窗口。

在地址栏中选择进入受损压缩文件所在的文件夹→选中受损的压缩文件，如图 8 - 38 所示。

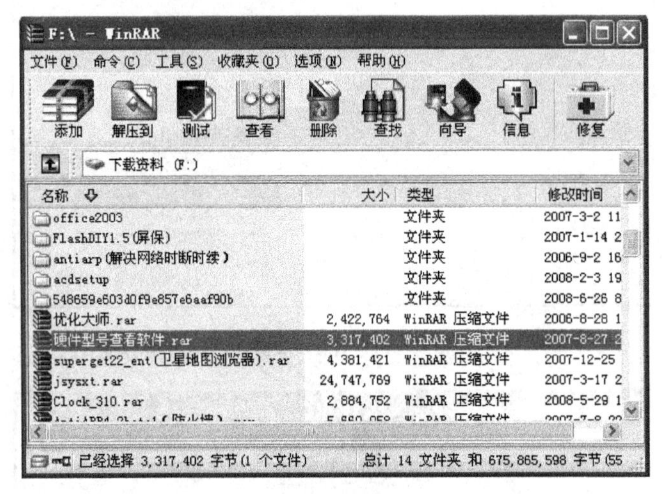

图 8 - 38　选择受损的压缩文档

单击工具栏上的【修复】按钮，会出现如图 8 - 39 所示的对话框。

选择修复后文件的存放路径，单击【确定】按钮即可对受损的压缩文件进行修复，如图 8 - 40 所示。

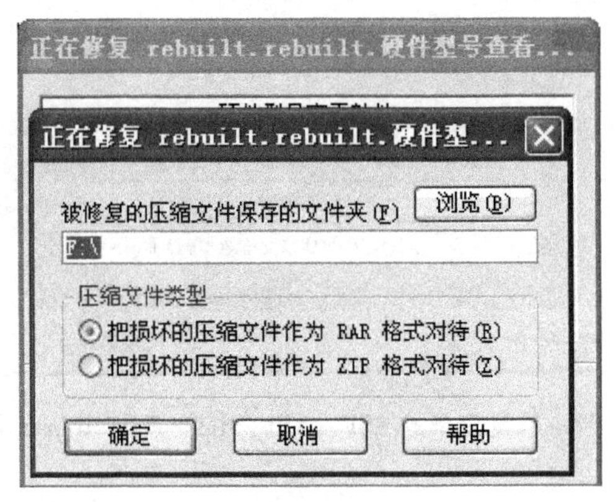

图 8 - 39　选择修复好的文件的存放位置

该方法适用于压缩文档的损坏程度不是很严重的情况，修复的成功率非常高。如果用该方法不能没有修复好的受损文档，可用专门的修复工具进行修复。

8.8.2 使用 Advanced RAR Repair 修复 RAR 文档

Advanced RAR Repair(ARAR) 是一个强大的修复错误的或损坏的 RAR 压缩文档的

图 8-40 文件修复完成

工具。它使用高级技术扫描错误或损坏的 RAR 压缩文档,尽最大可能恢复受损文件,减少文件破坏后所带来的损失。

ARAR 支持修复所有版本的 RAR 和自解压文档,支持修复多卷和固实压缩的压缩文档,它与 Windows 资源管理器整合,支持拖放操作和命令行参数,能更方便、快速地修复文件。

近日从网上下载了几个压缩包解不开,在解压时总是提示"CRC 校验错误,文件已损坏",使用 WinRAR 自带的修复功能进行修复但无效,以下为修复这个文档的过程。其步骤如下:

启动"Advanced RAR Repair"程序,会出现如图 8-41 所示的界面。

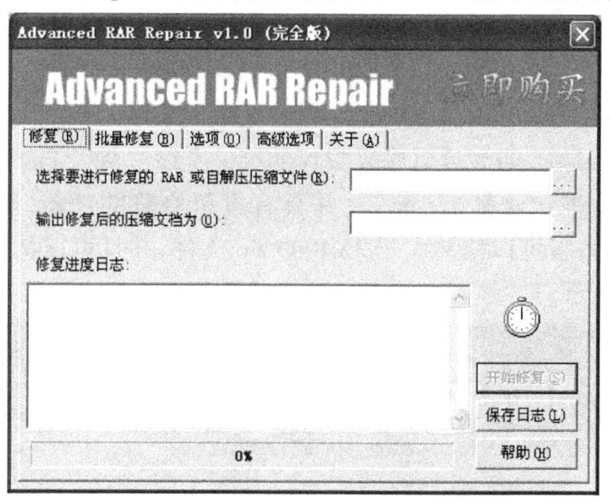

图 8-41 Advanced RAR Repair 主界面

(1)在"选择进行修复的 RAR 或自解压压缩文件"框中,单击…按钮,选择损坏的 RAR 文档。

(2)在"输出修复后的压缩文档为"框中,选择修复后要保存的位置(默认时与受损文档保存在相同位置,且自动在文件名后加上"_fixed")。

单击【开始修复】按钮,会出现如图 8-42 所示的界面。

修复完成后,会出现如图 8-43 所示的对话框,单击【确定】按钮即可打开修复后的压缩文档。

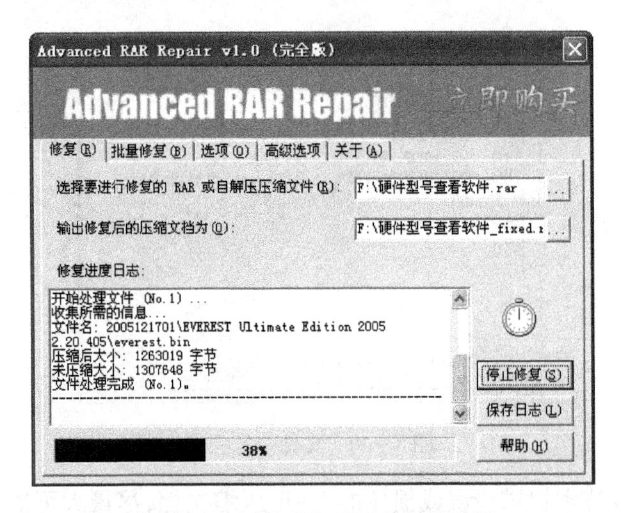

图 8 - 42　开始修复受损的压缩文档

图 8 - 43　修复完成

Advanced RAR Repair 还可同时修复若干个损坏的压缩文档,其修复方法与单个压缩文档的修复类似,可自行练习。

8.8.3　使用 Advanced Zip Repair

Advanced Zip Repair 1.6.2.1 Retail 绿色汉化版

advanced zip repairer(azr) 可以修复损坏的 zip 压缩文件及自解压格式文件,让损失减少到最小。它能检查和修复 crc 错误,并具有批量修复的功能,新版本支持最大 4GB zip 文件的修复。零售版可以修复大于 3MB 的 zip 文件,并且可以批量修复多于 10 个 zip 文件。如图 8 - 44 所示。

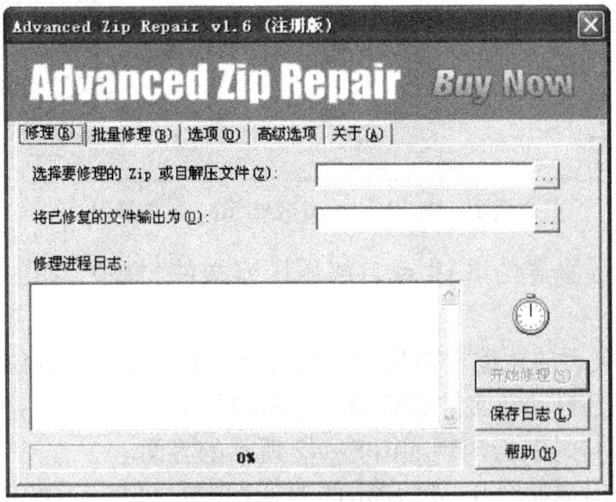

图 8 - 44　主界面

在“选择要修理的 zip 或自解压文件”和“将修复的文件输出为”处,设定修复文件源和保存位置,点击“开始修复”。如图 8－45 所示。

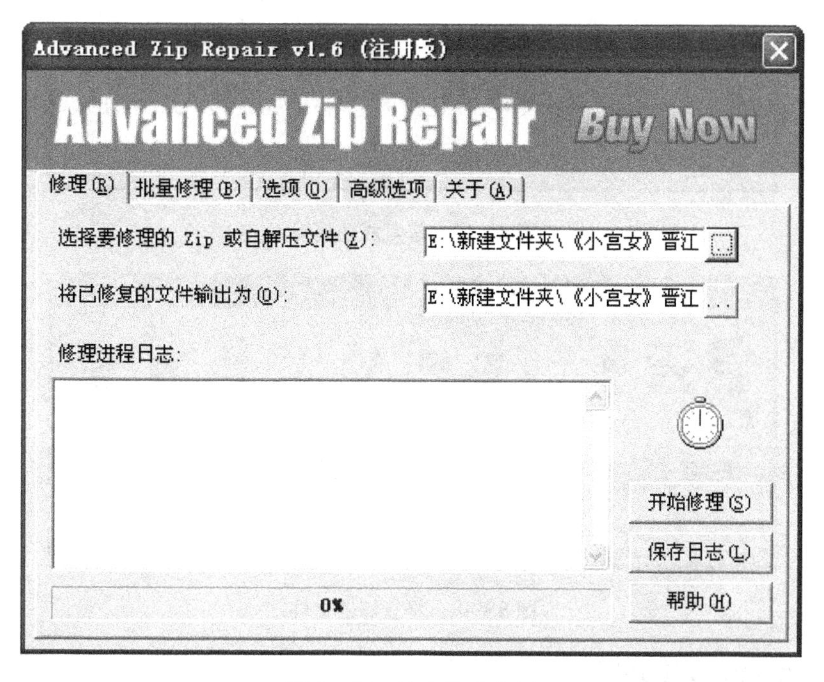

图 8－45　输入输出位置

在修复过程中还可以添加文件如图 8－46 所示。

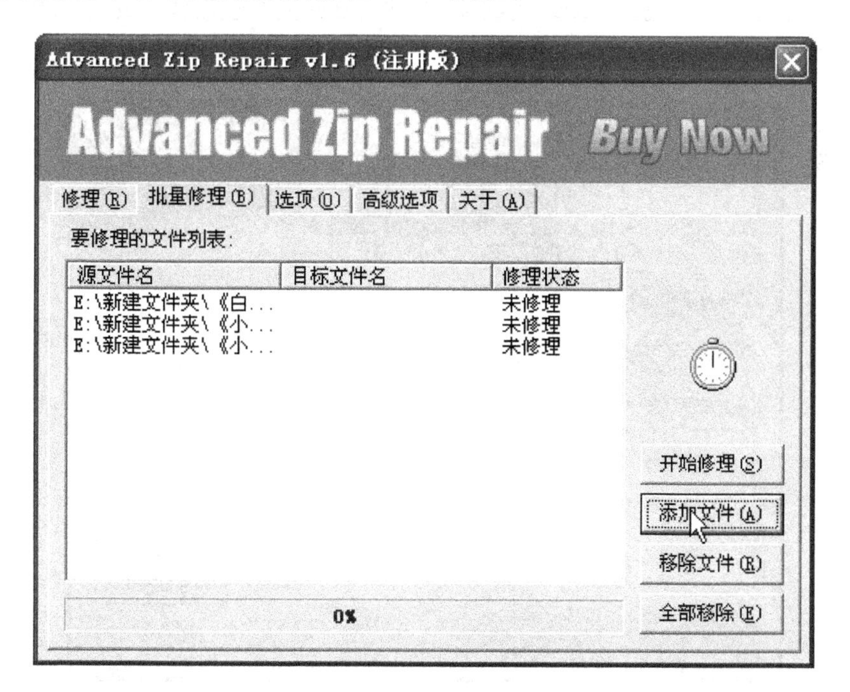

图 8－46　修复过程

修复完成后,如图 8-47 所示会有提示,点击“确定”完成修复。接下来就可以打开修复好的文件了。如图 8-48 所示。

图 8-47　修复成功提示

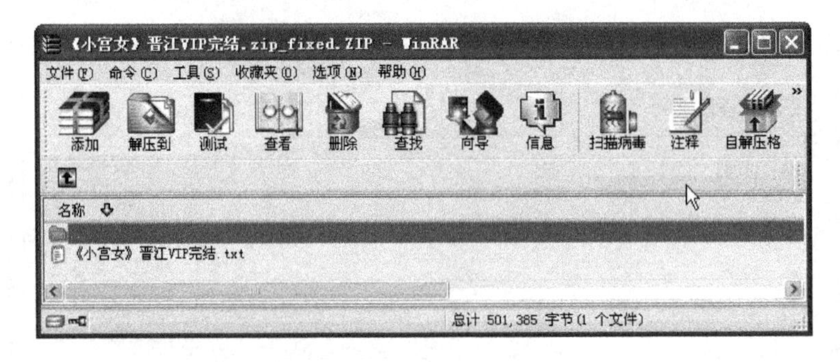

图 8-48　修复好的文件

8.8.4　Advanced TAR Repair

Advanced TAR Repair 是受损 tar 文件恢复工具。支持修复标准 unix 的 tar 文件。支持恢复受损存储介质(软盘、cdrom)上的 tar 文件。支持批处理操作。支持 2TB 大小的文件。如图 8-49 所示,打开程序主界面。

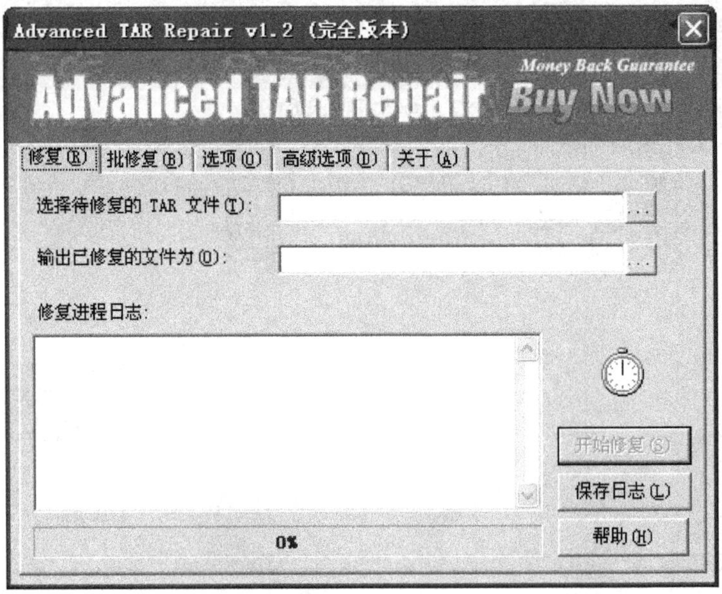

图 8-49　主界面

在“选择要修理的 TAR 文件”和“将修复的文件输出为”处，设定修复文件源和保存位置，点击“开始修复”。如图 8－50 所示。

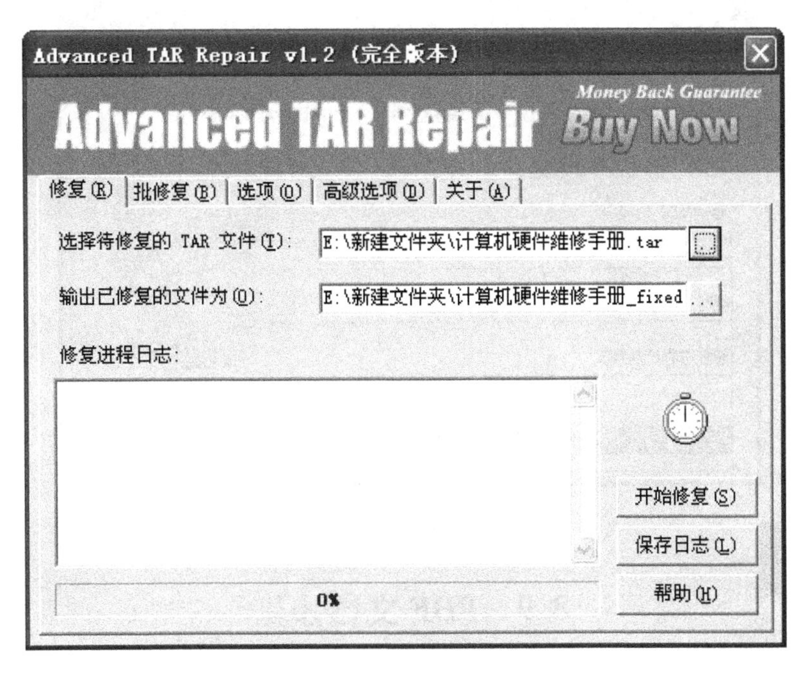

图 8－50　输入输出位置

点击“开始修复”，接下来就会看到如下图 8－51 所示，点击“确定”，修复完成。

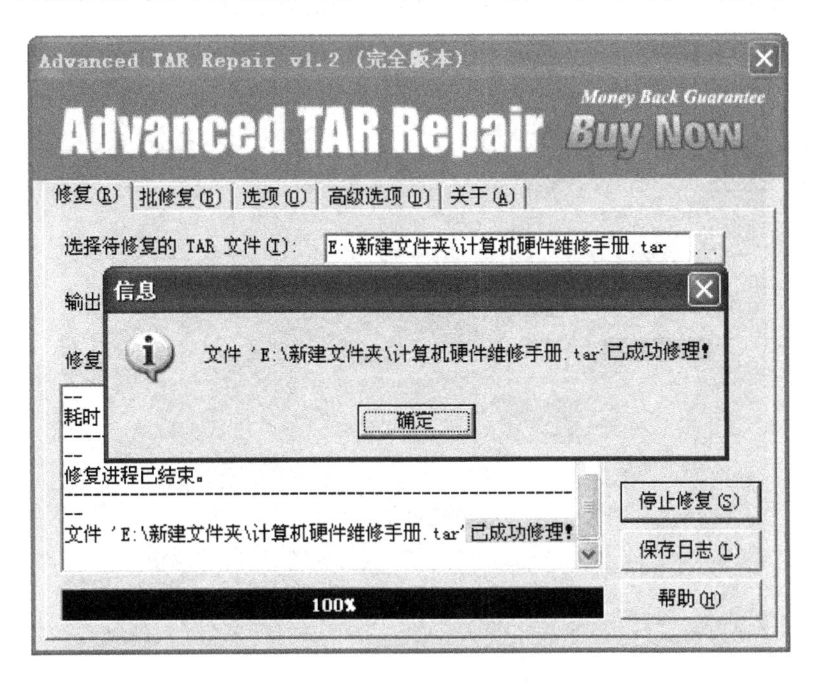

图 8－51　修复完成

接下来可以查看修复日志，了解修复文件的信息。如图 8－52 所示。

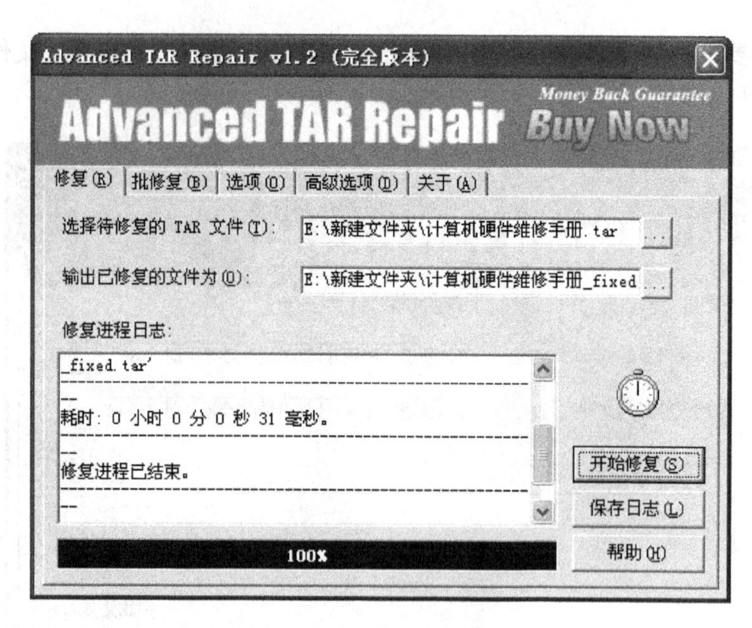

图 8-52　日志

8.9　PDF 文档修复

8.9.1　宏宇 PDF 恢复向导

下面以宏宇 PDF 恢复向导为例,介绍 PDF 文档的修复过程。如图 8-53 所示,在主界面中选择数据恢复类型。

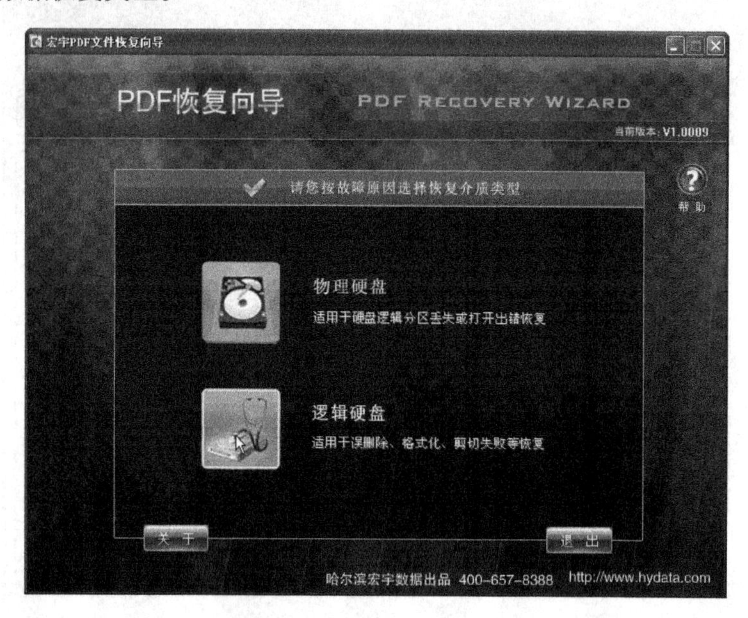

图 8-53　修复数据类型选择

接下来选定修复的分区,如图 8-54 所示。

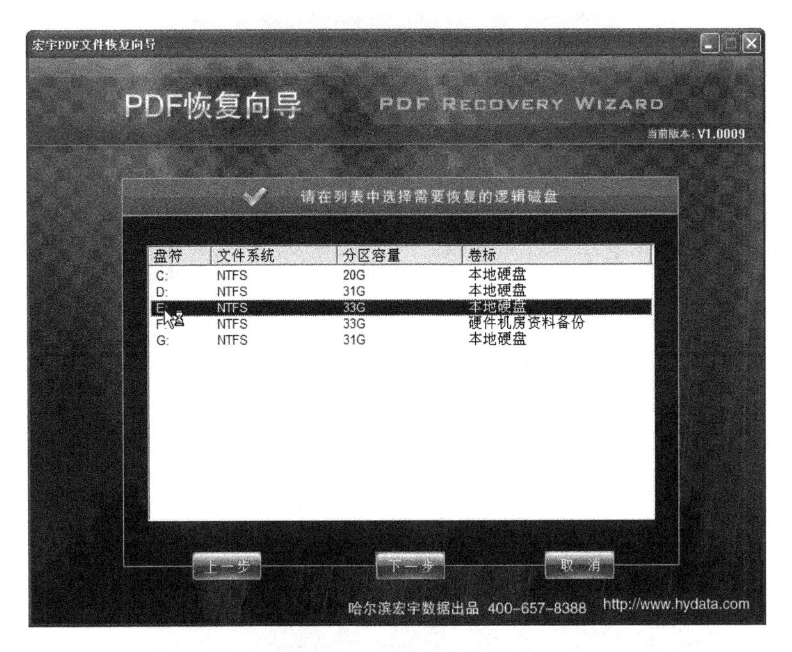

图 8－54　选定修复分区

接下来，选择修复文件输出的位置，如图 8－55 所示，点击“确定”。打开输出路径选择保存文件位置，如图 8－56 所示。

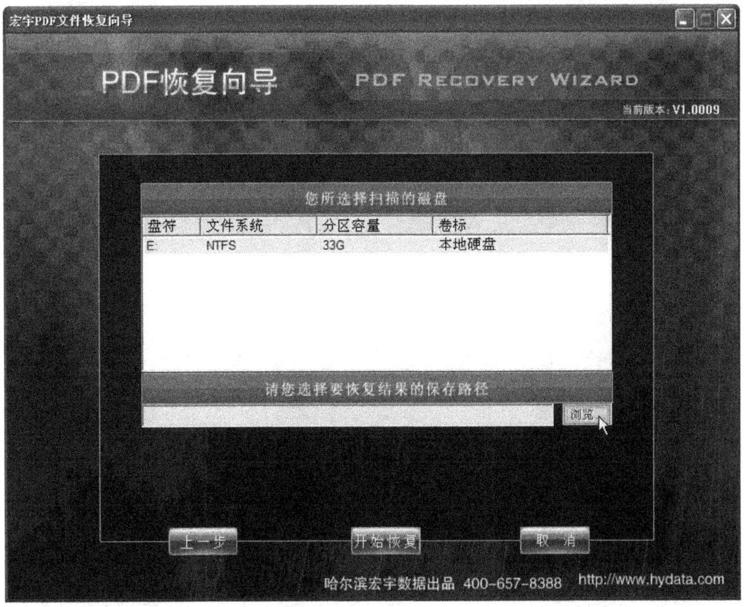

图 8－55　设置输出路径

然后点击“开始修复”，开始修复文件，如图 8－57 所示。

在恢复的过程中，可以看到相应的“时间”、“文件状态”、“进度提示”等修复信息。如图 8－58 所示。在修复完成后，会见到提示窗口如图 8－59 所示。

接下来，就可以查看完整的文件了。如图 8－60 所示。

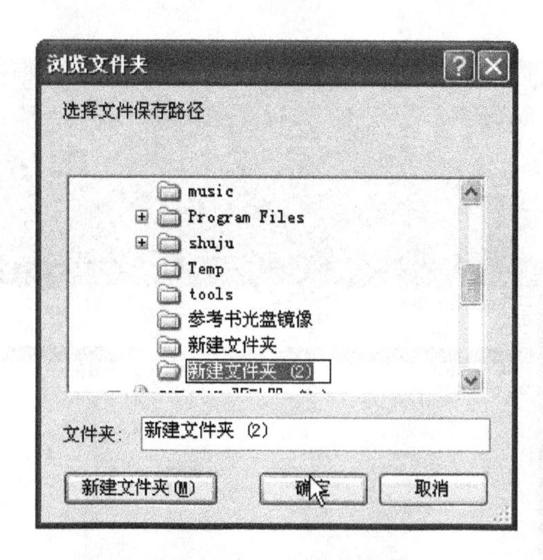

图 8 – 56　选择保存路径

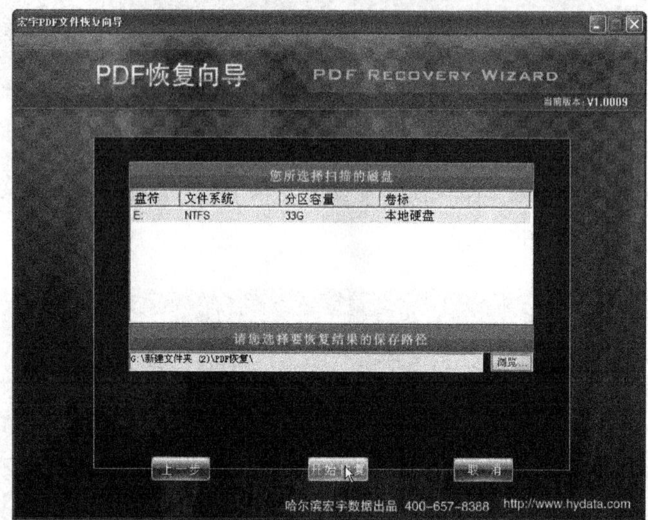

图 8 – 57　修复

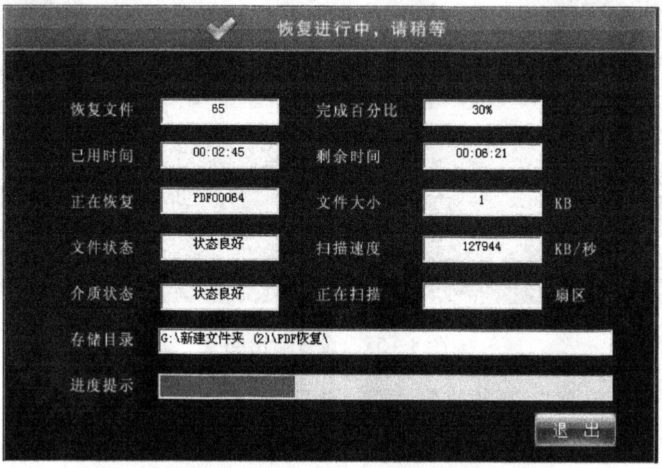

图 8 – 58　修复进度

图 8-59　修复完成

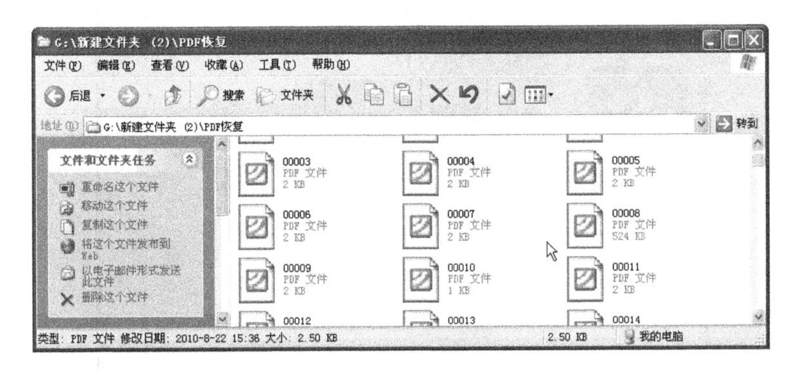

图 8-60　修复完的文件

8.9.2　Advanced PDF Repair

Advanced PDF Repair(APDFR)是一个强大的修复损坏的 PDF 文档的工具。它使用高级技术扫描被损坏的 Acrobat PDF 文件,并尽最大可能恢复损坏文件,最大程度地减少文件破坏后所带来的损失。当前 APDFR 支持恢复所有版本的 Adobe PDF 文档,它与 Windows 资源管理器整合,支持拖放操作和命令行参数,能更方便、快速地修复 PDF 文件。

1. 选择要恢复的受损文件

打开 Recovery Toolbox for PDF,即会看到一个 pdf 文件选择窗口。选择所需文件的所有方法,可以从中选择一种:

(1)在程序主工作区域中的 Source file name (.pdf)(源文件名 (.pdf))字段中输入文件名和文件路径。开始输入文件名和文件路径时,软件会使用已恢复过的文件列表中的信息帮助自动填充该字段。软件会使用与输入信息匹配上一个打开的文件。

(2)使用打开文件标准对话框选择要恢复的文件。该对话可以用 Source file name (.dbf) (源文件名称 (.dbf))字段右侧的 Open(打开)按钮调出。如果对话是第一次打开,会打开 Recovery Toolbox for PDF 安装文件夹。以后即会打开输入字段中指定的文件夹,如果不能打开此文件夹或输入字段为空,则会打开上一次打开的文件夹。

(3)从 Source file name (.pdf)(源文件名 (.pdf))字段的下拉列表中选择之前打开的文件。该软件会将用户打开的文件名和文件路径保存到设置中。如果需要,使用 Tools | Clear lists | Source files(工具 | 清除列表 | 源文件)命令清除最近打开的文件列表。

一旦选择了要恢复的文件,建议检查并更改程序的恢复设置。设置窗口可以使用 Tools | Options(工具 | 选项)命令打开。在屏幕下部有一个 Send a file to developers(发送文件至开发人员)按钮,也可以用其将 pdf 文件发送给 Recovery Toolbox for PDF 的作者。也可以使用 Tools | Send source file(工具 | 发送源文件)命令随时发送文件。

选择了文档并为其配置了恢复参数,请按下程序窗口底部的 Analyze(分析) 按钮。如果程序在指定位置找不到文档,会看到如下消息:Please select an existing file to recover(请选择已有文件进行恢复)。这种情况下,程序不会继续下一步操作。如图 8-61 所示。

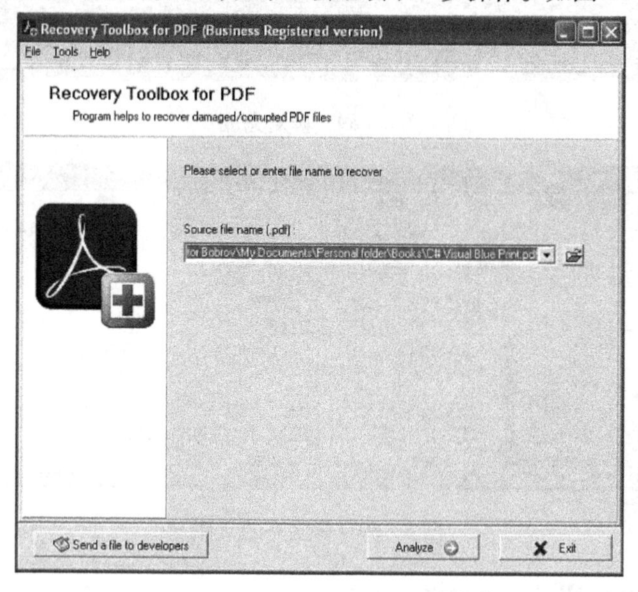

图 8-61 选择要恢复的受损文件

2. 配置默认程序设置

使用程序设置对话指定默认恢复参数。如果原始 pdf 文件不包含任何关于页面大小和页面方向的信息,就会用到这些参数。

在 Recovery Toolbox for PDF 中设置默认页面大小是可选步骤。程序设置对话可以使用 Tools | Options(工具 | 选项)命令调出。

程序设置窗口包含以下部分:

(1)Corrupted streams(损坏的流),该参数定义程序是否要从 pdf 文档中保存流数据。需要激活 Save corrupted streams in PDF file(保存 PDF 文件中损坏的流)选项,将损坏的流保存到输出文件。激活该选项会改善恢复效果。

(2)Paper format(纸张格式),如果正在恢复的页面没有特定大小,或文件的这部分内容已损坏,Recovery Toolbox for PDF 用户可以指定默认页面大小。可以通过该部分从下拉列表中选择最常用的大小 - A4(8.3×11.7 英寸)、Letter(8.5×11 英寸)或指定自定义格式(< User defined (用户自定义) >)。如果选择了标准大小,可以在右侧的下拉列表中选择页面方向为纵向还是横向。如果使用自定义页面大小,指定页面方向的选项将被禁用,需要输入宽度和高度这两个页面参数。这些参数决定了页面的尺寸,参数单位为英寸或厘米,可以在 Units(单位)下拉列表中指定。

如果需要恢复默认设置,可以使用 Set defaults(设为默认值)按钮。

一旦设置了以上参数,程序就会进行保存,并用于以后的恢复过程(即使重启后也有效)。

3. 分析原始文档的内容

选择了要恢复的文件,并按下 Analyze(分析)按钮,程序会转入文档分析阶段。如图 8-62 所示。

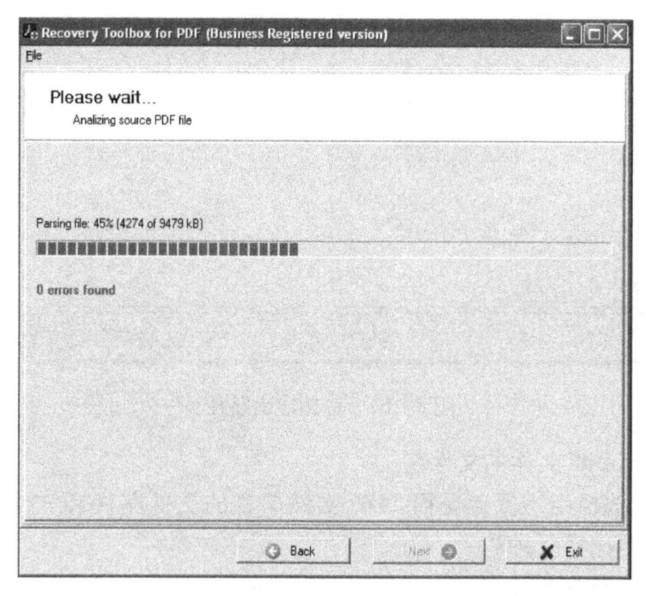

图 8-62　文档分析

Recovery Toolbox for PDF 会执行以下恢复操作:

(1)读取文档结构,检测标记内部交叉链接表起点的偏移量,进行识别,扫描并识别源文件中的其他对象。它也会识别 PDF 文档的其他参数。

(2)从文档中提取页面格式信息。如果该信息不能提取,软件会使用程序设置中指定的参数。

(3)读取内部交叉链接信息。内部交叉链接用于定义 PDF 文档的数据存储方式。

(4)识别保存在文档中的元数据。一些 PDF 文档包含嵌入式字体。程序需要提取这些数据,将其保存到输出文件中。

(5)读取文档中的文本数据。许多 PDF 文档包含大量的文本数据和超链接。

(6)从文档中提取图片和其他元数据。除了文本,PDF 文档还可能包含矢量图和位图、表格和多媒体组件。

以下与分析相关的信息会显示在程序窗口的主要部分中:

(1)文件分析进程进度条。除了文件分析进度条,程序还会在进度条头中显示分析百分比数值、处理的数据量及整个文件大小。

(2)在恢复过程中检测到的错误信息。如果文件中的所有记录都正确,您会看到绿色的 No errors found(未发现错误)消息,或红色的 X errors found(发现 X 个错误)消息,其中 X 代表检测到的错误数量。

一旦软件完成 PDF 文档分析,会自动转到下一步骤,提示选择输出文件的文件名和文件路径。如图 8-63 所示。

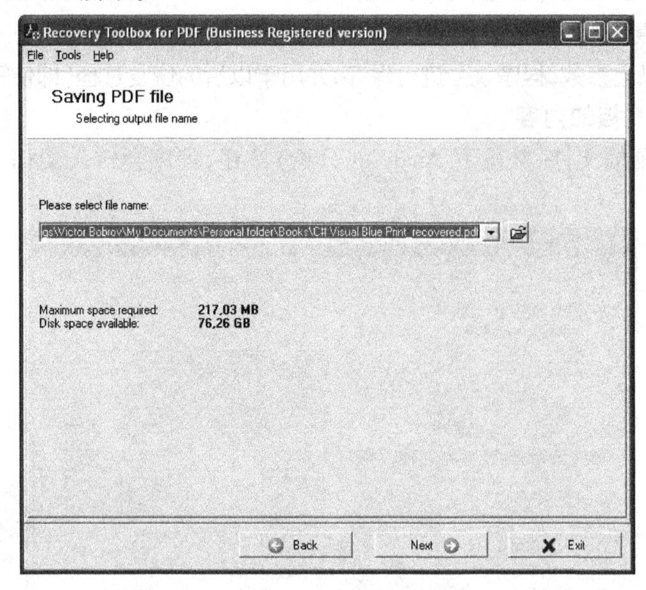

图 8-63　选择输出路径

4. 选择输出 *.pdf 文件的文件名

可以在该阶段选择用于保存受损 PDF 文件信息的文件路径和文件名。以下为三种选择方法,可以从中选择一种:

(1)在程序主工作区域中的 Please select file name(请选择文件名)字段中手动输入文件路径和文件名。窗口出现时,带下拉列表的该输入字段会自动补充以下信息:用于保存恢复结果的文件路径为源文件所在的文件夹。目标文件的文件名由源文件文件名和_repaired 后缀组成。例如,如果程序要恢复一个文件名为 example. pdf 的文件,它会建议将目标文件 example_repaired. pdf 与源文件保存在同一个文件夹中。

(2)使用对话选择文件。带下拉列表的输入字段右侧的 Open(打开)按钮可用于打开 Open File(打开文件)标准对话。如果对话已打开,程序会建议文件采用与下拉列表字段中相同的文件名,并保存在同一文件夹中。

(3)从 Please select file name(请选择文件名)字段的下拉列表中选择文件。程序会将之前已保存文件的信息保存到设置中,在文件选择窗口打开时填入带已保存数值(文件名和路径)的下拉列表中。如果需要,使用 Tools | Clear lists | Output files (工具 | 清除列表 | 输出文件)命令清除保存的文件列表。

窗口的主要部分还会显示已恢复文件可能需要的最大硬盘空间数量,以及所选硬盘上的可用空间。

如果必要,可以使用 Back(后退)按钮返回文件选择阶段,选择另一文件进行恢复。

为了继续使用程序,转入格式选择页面,请在选择文件名和文件路径后按下 Next(下一步)按钮。如果程序在目标文件夹中找到同名文件,会看到以下警告消息:Selected file already exists. (所选文件已存在。) Overwrite? (要覆盖吗?)选择 Yes(是),文件会以指定文件名保存。选择 No(否),程序会返回选择阶段。

5. 选择导出 *.pdf 文件的版本

Recovery Toolbox for PDF 可以从任意 PDF 格式的源文件中保存已恢复数据 - 从 1.0(Acrobat Reader 1.0)至 1.7(Acrobat Reader 8.0)。然而,请注意以旧版本保存文档可能导致某些与该格式不兼容的文档数据丢失或损坏。

可以在带下拉列表的 Select output PDF file version:(选择导出 PDF 文件版本:)字段中选择目标文件格式。

如果文件格式选择窗口出现,程序会自动建议将文档保存为与原始文档匹配的版本格式。如果源文件损坏过于严重,软件无法检测,则会建议以上一可能版本格式保存。

保存文件时也可进行压缩:如果进行压缩,获得的文件占用的硬盘空间会减少,但可能需要更多时间完成处理过程。可使用 Enable compression(进行压缩)复选框进行压缩。

完成输出文件格式配置后,按下程序屏幕底部的 Save file(保存文件)按钮,继续恢复并保存数据。如图 8 - 64 所示。

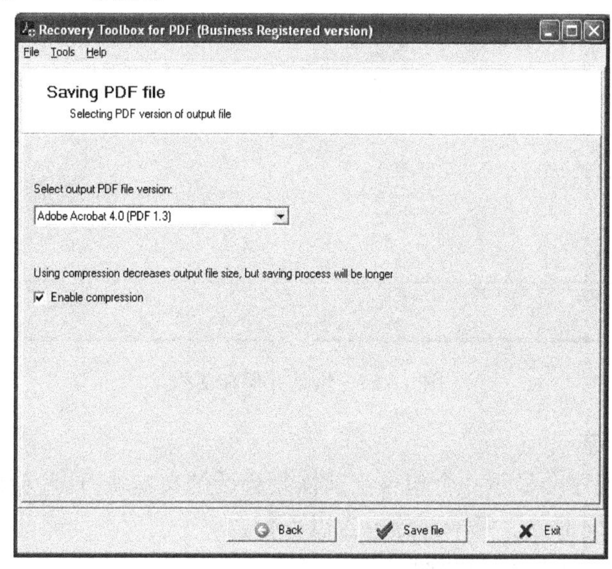

图 8 - 64　选择导出

6. 恢复并保存文档

恢复并保存数据的过程为全自动操作,不需用户采取任何行动。程序会执行以下操作:

(1)检查并恢复。软件会检查之前识别出的文档结构,与数据一起复制到电脑存储器中,并修复任何检测到的错误。

(2)检查过时的对象。检查文档中保留的对象,将其写入目标文档。

(3)压缩并保存对象。对象被压缩(如果用户激活该选项)并保存至目标文件。窗口底部的 Abort(中止)按钮激活。可以用其停止将数据保存至目标文件的过程。按下该按钮时,程序会显示以下警告文本:Cancel file saving? (中止文件保存?)如果您按下 No(否),保存过程会继续。如果您按下 Yes(是),对象保存过程会中断,程序会跳过当前未完成的步骤,继续下一步操作。

(4)保存 XRef 部分。保存内部交叉链接部分。

(5)保存终结器。保存文档终结器。

以上每个过程都会显示在程序主工作区域的进度条上。进度条上有一个显示其他进度参数的静态栏(取决于程序当前执行的操作):保存文件消息、文档处理阶段信息(正在处理第 X/5 个,X 代指当前阶段)、整个过程的百分比值等。进度条下是恢复阶段列表,绿色对号标记的为完成的文档。如果对象保存过程中断,压缩和保存对象阶段将以红色对号标记。

恢复阶段完成,程序会自动生成恢复日志。如图 8－65 所示。

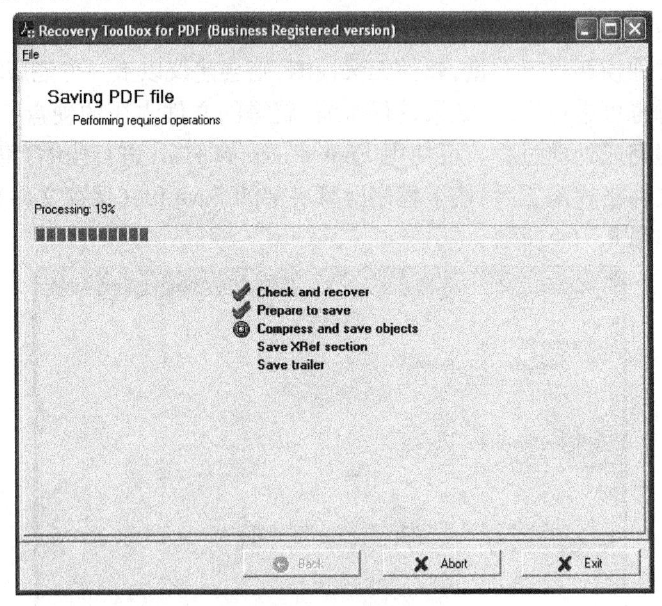

图 8－65　恢复并保存文档

7. 修正恢复日志

在该阶段中,程序会显示一个包含当前恢复会话的文本块,这些会话根据程序恢复的每个文件划分为不同部分。每个部分包含以下行:

(1)恢复过程开始的日期和时间。

(2)源文件文件名及文件路径、处理的文件;

(3)处理的对象数量,Read . objects(读取的对象);

(4)生成文件的文件名及文件路径,目标文件;

(5)保存的对象数量,Saved . objects(保存的对象)。

(6)文件处理报告:文件成功恢复时保存成功,由于用户按下 Abort(中止)按钮或错误说明导致保存取消。

(7)恢复过程结束的日期和时间。

查看恢复报告后,可以按下 Back(返回)按钮返回文件选择窗口,或使用程序的 Finish(完成)按钮停止。按下 Finish(完成)按钮时,程序会显示以下警告文本:Do you want to finish recovery? (想结束恢复吗?)如果选择 Yes(是),程序将会退出。如果选择 No(否),可以继续查看报告。

返回顶部

补充：Program(程序)菜单

Program(程序)菜单包含以下选项：

File(文件) 该选项包含子菜单：

Exit(退出)您可以选择该选项,退出程序。

Tools(工具) 该选项包括三个子菜单：

Send source file(发送源文件) 该选项用于将 pdf 文件发送至程序作者,进行分析。

Clear lists(清除列表) 包含两个子菜单：

Source files(源文件)用于清除源文件列表。

Output files(导出文件) 用于清除导出文件列表。

Options(选项)用于配置与正在恢复的文档相关的程序参数。

Help(帮助) 菜单包含以下选项：

Recovery Toolbox for PDF 帮助 打开帮助文件。

网络 Recovery Toolbox for PDF 在浏览器中打开网络版程序。

Buy now(立即购买) 用于打开订购页面,购买程序。

About(关于),用于打开 About the program(关于程序)页面。

可以通过选择 File - > Exit(文件 - > 退出),按下程序窗口右下角的 Exit(退出)键,或在窗口头中单击 Close(关闭)标准按钮在任意阶段退出程序。如果在第 1 -4 个阶段退出程序,恢复过程将会结束,恢复文档会被保存。如果使用 Exit(退出)按钮,程序会显示带以下文本的确认窗口:Do you want to finish recovery?(结束恢复吗?)如果选择 Yes(是),程序将会退出。如果选择 No(否),可以继续操作。如果使用了其他退出方法(菜单或窗口头中的关闭按钮),程序会不经确认直接退出。

如果恢复 . pdf 的文件已进行到第 7 步,可以按下 Finish(完成)按钮退出程序。也可以按下任意阶段(选择文件的第 1 阶段除外) Exit(退出)按钮左侧的 Back(后退)按钮,返回一步,查看或更改之前指定的参数。该按钮还可用于恢复不同的 pdf 文件。如图8 -66所示。

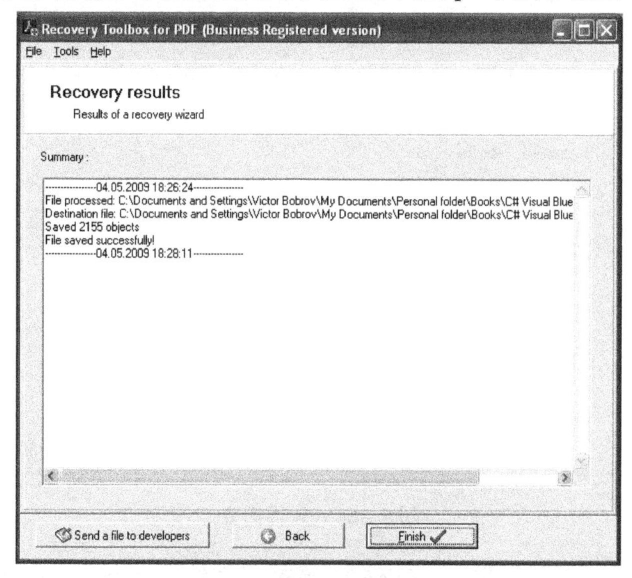

图 8 -66 修正恢复日志

8.10　Exchange 文档修复

ExchangeRecovery 工具软件能够修补损坏的 Exchange 文件，使用上相当简单，它能在 Exchange 的菜单里加入“Recover”选项。运行主界面如图 8－67 所示。

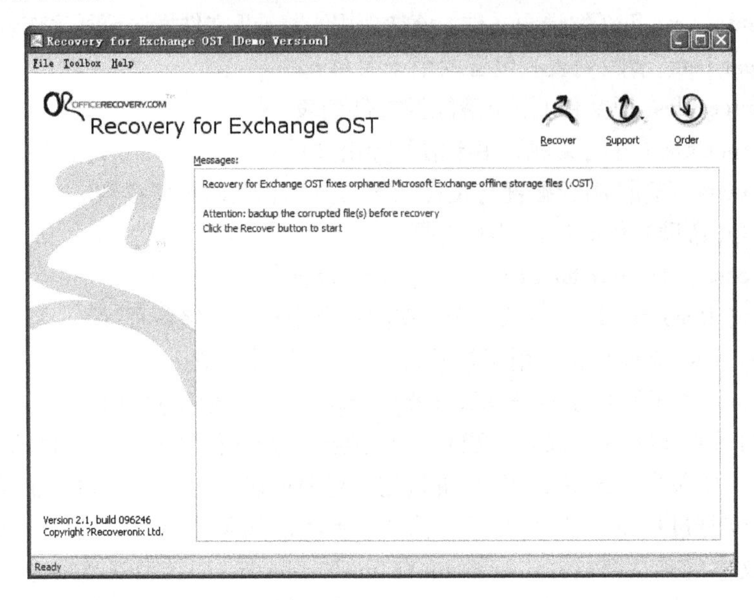

图 8－67　主界面

接下来，可以看到自检界面，及软件使用简介。如图 8－68 所示。

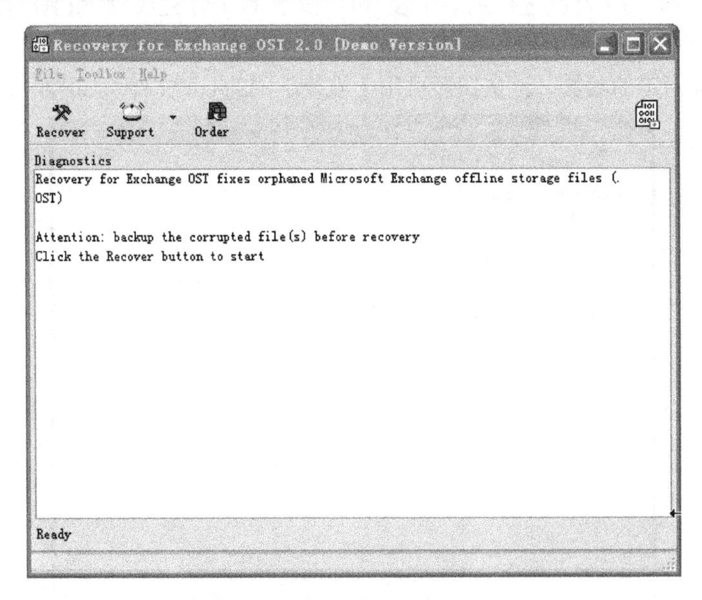

图 8－68　软件简介

接下来，在查找范围对话框输入文件名，选择好文件后点击“Recover”，开始修复。如图 8－69、图 8－70 所示。完成修复。

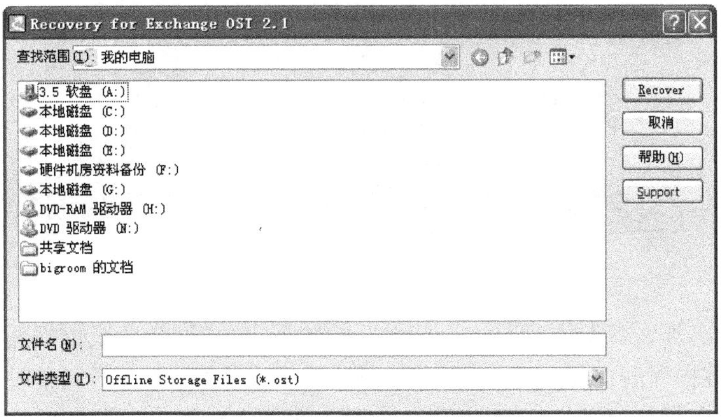

图 8－69　输出路径

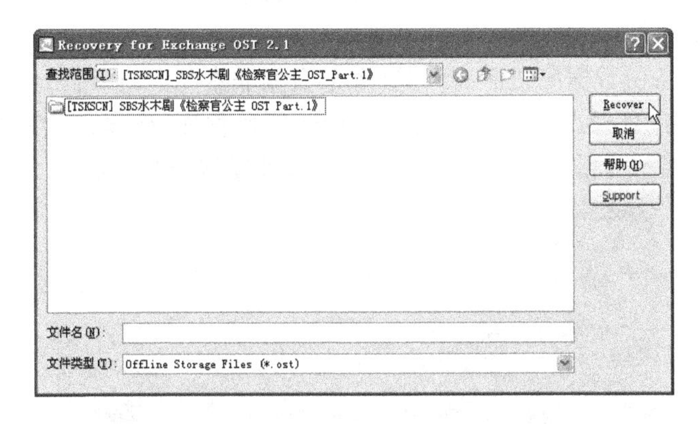

图 8－70　修复

8.11　SQL Server 数据库修复

8.11.1　SQL Server 数据库修复分析

SQL 数据库在现在的中小型企业中运用是非常多,但它的损坏也是很常见地。遇到硬盘坏道,RAID 阵列坏盘或 SCSI 硬盘出现逻辑性、物理性的坏扇区,遇到数据库文件损坏无法读取,大致会有以下几种 SQL 数据库损坏的状况、原因及应急方案分析。

1. 在还原数据库和附加数据库时出错

SQL 备份有两种方法:一是直接复制 MDF 和 LDF 文件,二是利用 SQL 备份机制创建备份文件,但无论是那种备份都会出现无法附加或无法还原的情况。下面就分析一下出错的原因。

(1)在利用备份出来的数据库文件和日志文件附加时会报“错误:823”和“一致性错误”。如图 8－71 所示。

这种错误出现的原因有:

①在数据库读写过程中突然死机或重启,重启后数据库有时会出现“置疑”,这时利用 MDF 和 LDF 文件附加时就会出现“一致性错误”,有的会出现“错误:823”,这种错误出现的原因是在数据库读写过程中,机器突然死机或重启,由于缓冲数据丢失,数据库无法

图 8-71　报错信息

写入正确的数据,那么数据库会写入一些无关的数据,这样就会造成数据库出错。

②在备份数据库时由于磁盘中有坏道,备份出来的 MDF 文件不完整时也会出现这种错误,这种情况必须地修复损坏 MDF 文件中损坏的页,但有时会丢失几条数据!如果出现上面的错误,且对 MDF 文件结构不是很清楚的话,请不要对原文件进行胡乱修改,这样会适得其反,会造成更大的损失。

(2)因为 SQL 备份数据库机制有问题(如果数据非常庞大时,备份出来的文件有时会有问题),当用户利用备份出来的备份文件进行还原数据库,数据库会报"发和内部一致性错误"和无任何提示的错误,其中"发和内部一致性错误"最为常见。如图 8-72 所示。

图 8-72　报错误信息

出现这种情况大部分都是因备份文件损坏造成的,有部分备份文件备份时一切正常,但还原时就会提示"发和内部一致性错误",这种错误的修复比较复杂,因为不能用任何 SQL 语句进行修复。如果损坏不是很严重时,可以在还原数据时选择"恢复完成状态"中的"使数据库不再运行,但能还原其它事务日志",这样就可以用命令来修复,常常这种情况用命令修复完后,数据会丢失一部分。

2. 附加还原数据库后,检测数据库时出现一致性错误和分配错误

因为数据库每个页面都有序号进行读取和编号,引起这种错误一般是因为数据库某个页被改写或清 0 了,所以会发生一致性错误和分配错误。

对象 ID 0,索引 ID 0:未能处理页 (1:39)。详细信息请参阅其它错误。IAM 页 (0:

0)(对象 ID 10,索引 ID 0)的下一页指针指向了 IAM 页 (1:39),但在扫描过程中未检测到该页。

3. 最为常见的"未能读取并闩锁页 (1:4234)(用闩锁类型 SH)"

这种"未能读取并闩锁页 (1:4234)(用闩锁类型 SH)"错误常常会出现在系统表中:sysobjects、sysindexes、syscolumns 等中,这种错误出现的原因是因为系统表被破坏,因为 SQL 的效验比较严密,只要稍改一个关键字节,都出报这个错误,但有时可以导出部分数据。

4. 误删除或误格式化后 SQL 数据库的恢复

在很多情况下,用户会误删除或误格式化掉 SQL 数据库,出现这种情况后用户会用市面上软件 FinalData 和 EasyRecovery 来恢复数据库,虽然用这些数据库软件可以恢复出 MDF 和 LDF 文件来,但 100% 都会无法附加(除非数据库不使用),即使附加成功,但错误会很多,数据库也无法使用,因为数据库在日常中经常增加和删除记录,这样就会出数据库文件存储不连续的情况,而市面上的软件都是连续取数据,所以会造成数据库无法附加。出现这种错误时,用户应尽量不要使用本计算机,更不要安装软件和写任何数据。由于市面上的软件还没有完全智能地恢复数据库,所以只能手工恢复这种误删除的数据,这样就必须了解 SQL 数据库文件的结构

8.11.2 MS SQL Server 数据库修复工具

SQL Server 修复,SQL 恢复,误删除表,SQL 数据恢复,SQL Server 数据库恢复修复,SQL 找回业务。使用数据库的过程中,由于断电或其他原因,有可能导致数据库出现一些小错误,比如检索某些表特别慢,查询不到符合条件的数据等。出现这些情况,往往是因为数据库有些损坏,或索引不完整。该软件可完成该种数据库的修复任务。如图,在数据库连接设置中,填入相应"服务器名"、"用户名"、"密码"以及"数据库名",然后点击"修复"即可完成。如图 8-73 所示。

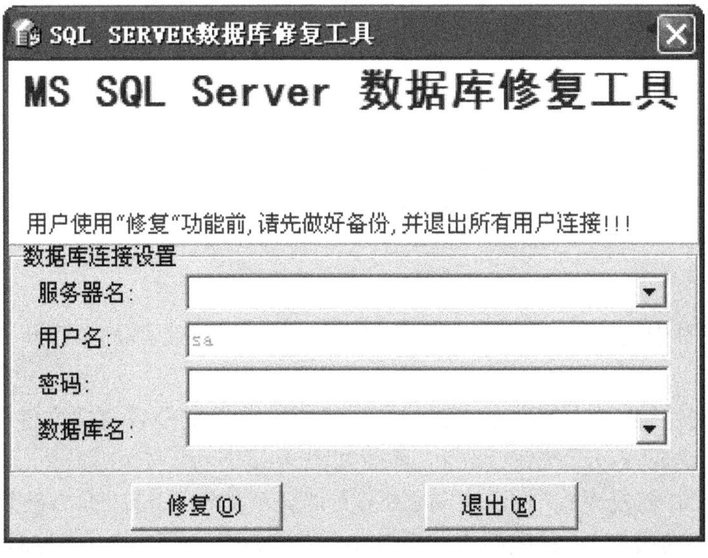

图 8-73　SQL SERVER 数据库修复工具

第9章　密 码 修 复

本章涉及的密码，是指软件本身自带加密功能对文档等文件加密，一般为一类口令保护，加密强度非常低，不包括用 AES，3DES 等加密算法加密的文件使用的密钥。

9.1　Office 密码恢复

Office 密码丢失后要想找回密码，一般使用软件破解，几款软件的操作非常类似，本节就以 OfficePasswordUnlocker 这款软件为例做一个介绍。

打开 OfficePasswordUnlocker 软件后可看到界面如图 9－1 所示。

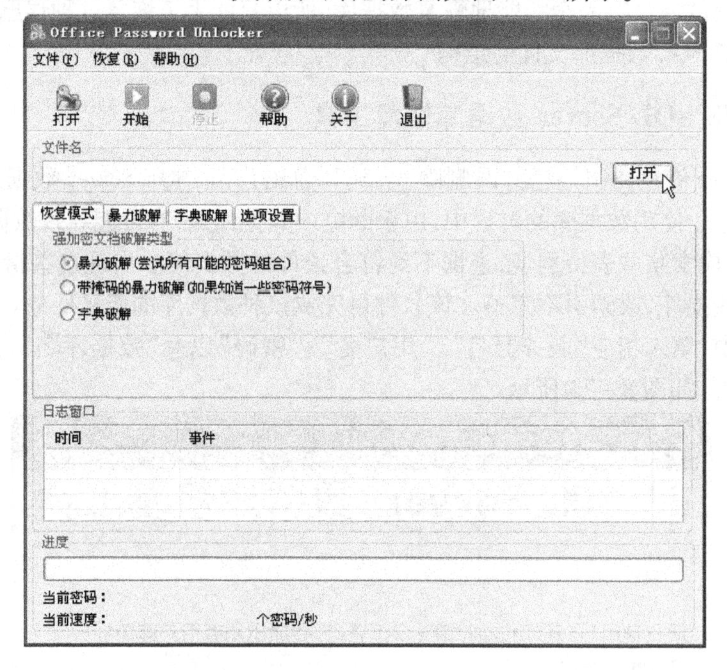

图 9－1　软件主界面

在这个界面中，点击“打开”按钮来查找文件，这时会弹出“打开文件”界面，如图 9－2所示。

在“打开文件”界面中找到要破解的 office 文档，点击文件后，在“文件名”栏中会显示文件名称之后点击“打开”按钮，回到主界面如图 9－3 所示。

在主界面的“恢复模式”标签中“强加密文档破解类型”里有“暴力破解”、“带掩码的暴力破解”、“字典破解”三种破解方式。其中“字典破解”需要有一个按软件规定的格式来存储文本的文件，在这个文件中存储了各种用户认为有可能的密钥或做为密钥使用比

图 9－2　打开文件

图 9－3　选择破解方式

较频繁的各种字符组合。“字典破解”就是用这个文本文件中的各种组合去试，最终找到正确密码。这种方法在有一个好“字典”的情况下，破解速度非常快，但建一个好的“字典”要求使用者要有非常丰富的相关经验，一般使用者不太适用，不过这种方式也适用于常常使用多个固定密码，但又不能确定是哪一个的用户。“暴力破解”方式，在理论上是100% 可以破解密码的，使用时也不用设置参数，但要破解一个长度较长的密码时所用的时间令人无法接受。“带掩码的暴力破解”这种方式是用户最常用的一种方式，用户可以通过具体情况设置一些参数来减少字符排列种类，加快破解速度。本节中要破解的文档密码为 8 个数字，根据情况点选“带掩码的暴力破解”模式，再点选“暴力破解”标签出现图 9－4 界面。

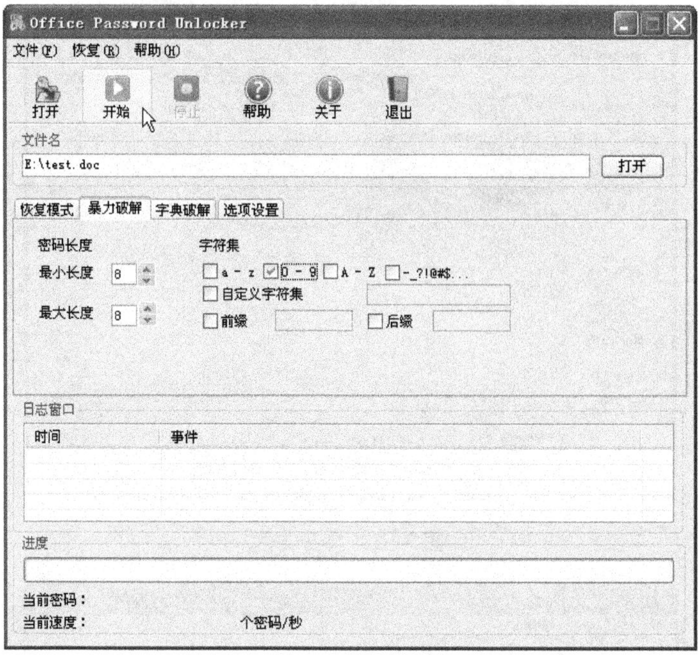

Office Password Unlocker
文件(F)　恢复(R)　帮助(H)
打开　开始　停止　帮助　关于　退出
文件名
E:\test.doc　打开
恢复模式　暴力破解　字典破解　选项设置
密码长度　字符集
最小长度 8　a-z　0-9　A-Z　-_?!@#$...
自定义字符集
最大长度 8　前缀　后缀
日志窗口
时间　事件
进度
当前密码：
当前速度：　个密码/秒

图 9－4　设置“暴力破解”参数

在这个界面中,可以设置“密码长度”“字符集”等参数根据密码是 8 个数字这个情况把“密码长度”“最小长度”和“最大长度”都设成“8”,“字符集”中只勾选了“0－9”。操作后点击“开始”按钮,出现图 9－5 界面。

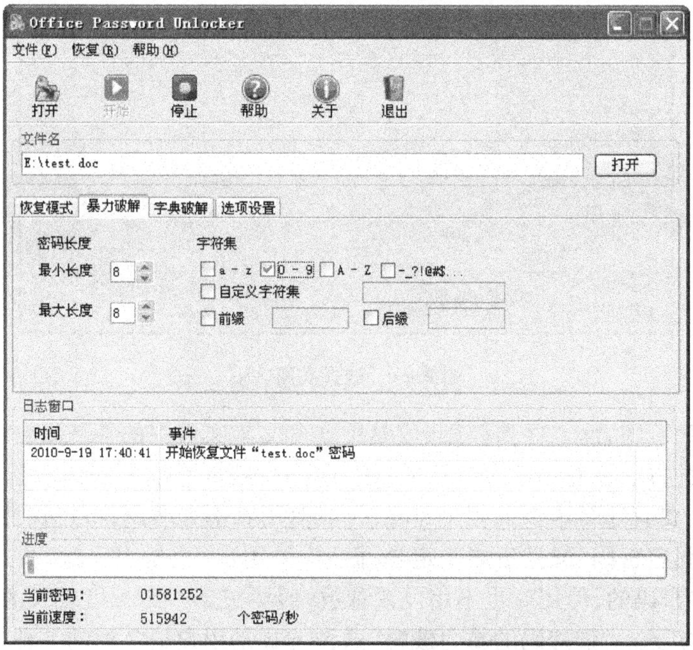

Office Password Unlocker
文件(F)　恢复(R)　帮助(H)
打开　开始　停止　帮助　关于　退出
文件名
E:\test.doc　打开
恢复模式　暴力破解　字典破解　选项设置
密码长度　字符集
最小长度 8　a-z　0-9　A-Z　-_?!@#$...
自定义字符集
最大长度 8　前缀　后缀
日志窗口
时间　事件
2010-9-19 17:40:41　开始恢复文件“test.doc”密码
进度
当前密码：　01581252
当前速度：　515942　个密码/秒

图 9－5　破解过程中

在“进度”项下面的进度条显示了破解的进度,当查找到密码后会弹出图 9－6 界面。

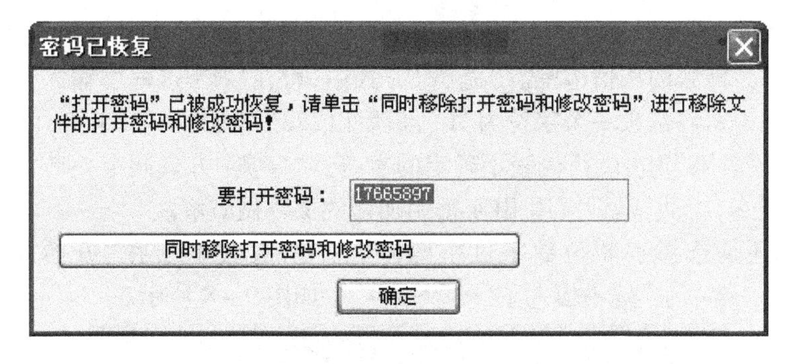

图9－6　破解完成

"要打开密码"显示了office文档的密码，如点击"同时移除打开密码和修改密码"按钮后，文档会恢复为无密码状态。如果还想使用原密码，在记住密码后点击"确定"完成破解。

9.2　去除PDF密码与取消PDF文件限制

PDF全称Portable Document Format，可译为可移植文档格式，是一种电子文件格式。这种文件格式与操作系统平台无关，也就是说，PDF文件不管是在Windows，Unix还是在苹果公司的Mac OS操作系统中都是通用的。它成为在Internet上进行电子文档发行和数字化信息传播的理想文档格式。PDF格式文件目前已成为数字化信息事实上的一个工业标准，用途非常广泛。

本节介绍Advance PDF Password Recovery软件。Advanced PDF Password Recovery（APDFPR）是用来解密受保护的Adobe Acrobat PDF文件的程序。

打开软件的主界面，如图9－7所示。

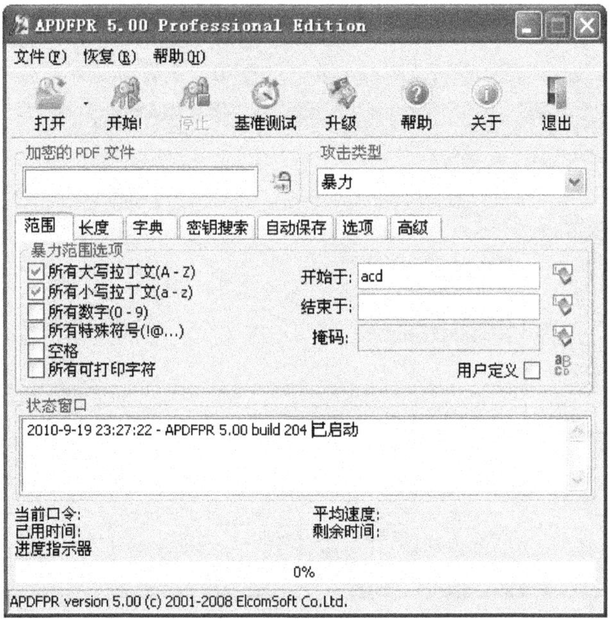

图9－7　软件主界面

在“攻击类型”中有“暴力”、“掩码”、“字典”、“密钥搜索”四个选项。“暴力”方式中，可以选择暴力破解的选值范围。“掩码”方式中，可在“掩码”框中输入带掩码的字符串，如用户还记得密码是头一个字符为“1”，最后以“78”结尾的 8 个字符，可以在“掩码”框中输入“1????? 78”其中“?”代表不确定的字符。“字典”方式同上一节中的使用方法相同。“密钥搜索”方式，是针对用 RC4 密钥加密的文件做破解。

本节我们还是选择了 8 位数字做密码，点选“所有数字”，在“开始于”框中填入“00000001”，在“结束于”框中填入了“99999999”。如图 9-8 所示。

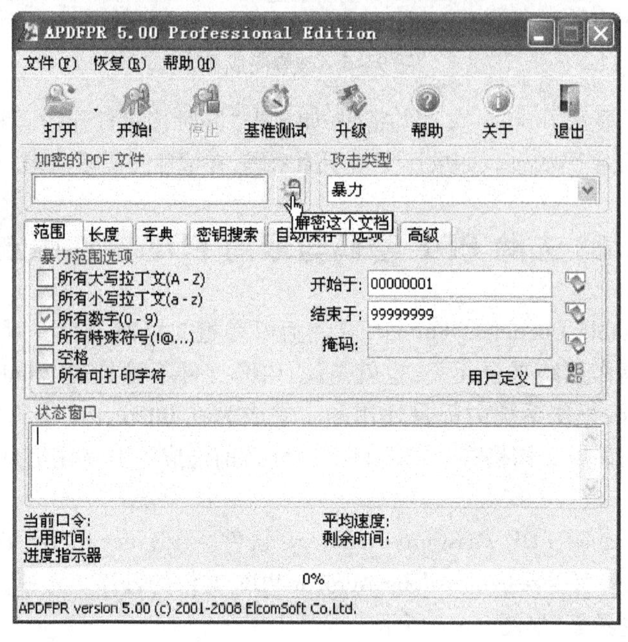

图 9-8　设置破解参数

点击“解密这个文档”或“打开”按钮，弹出如图 9-9 界面。

图 9-9　选择要破解文件

选中要破解的文件,点击“打开”按钮。出现如图 9-10 所示界面。

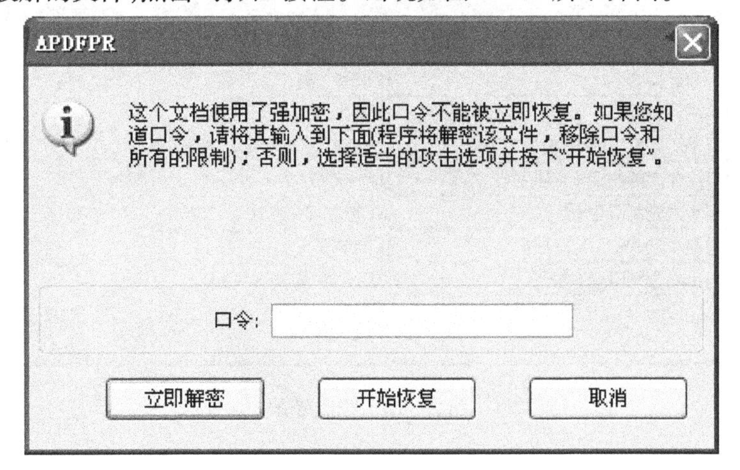

图 9-10　强加密口令输入

在这个界面,如知道密码可以在“口令”中输入正确口令,点击“立即解密”可以另存为一个没有口令和限制的 PDF 文件,如不知道口令,点击“开始恢复”按钮,出现如图 9-11 所示界面。

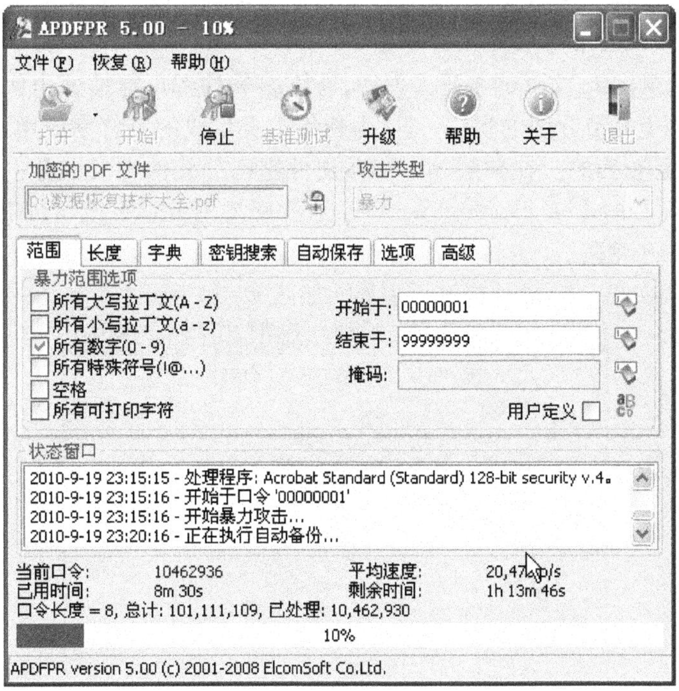

图 9-11　破解过程

在这个界面可以看到破解口令的过程和进度。当找到口令后出现如图 9-12 所示界面。

在这个界面可以看到文件的属主口令为“12345678”,用户口令为“17665897”。根据需要,可以点击“保存”保存下破解的口令,也可以点击“立即解密”消除文档的口令。点

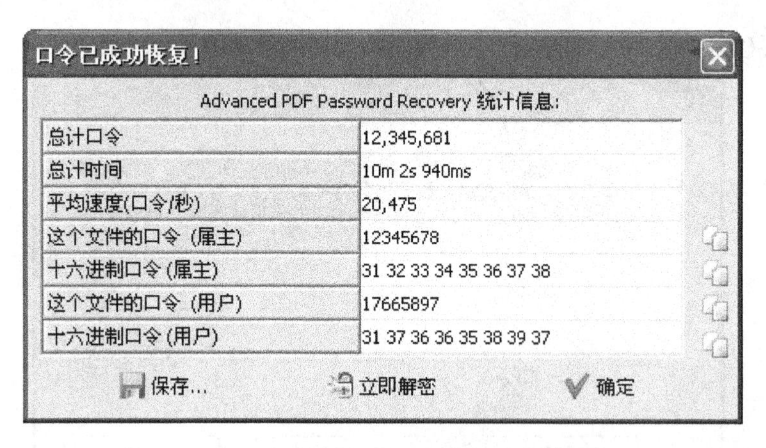

图 9-12　完成破解

击确定后退回主界面。

9.3　破解压缩文件密码

压缩软件是利用算法将文件有损或无损地处理,以达到保留最多文件信息,而令文件体积变小的应用软件。压缩软件一般同时具有解压缩的功能。现在我国最常用的加密软件是 WinRAR 和 WinZip 等软件。

WinRAR 或 WinZip 文件的密码丢失后,有许多软件都可能搜索出解压缩的口令,这些软件中大多同上几节介绍的软件一样,由软件本身生成的字符串或用户设定好的字符串去试,看哪个是正确的。在破解 WinRAR 文件密码的软件中大部分也是这种方式,在本节我们介绍 advanced rar password recovery 这款修复 WinRAR 或 WinZip 压缩文件的软件来破解 WinRAR 密码。

Advanced RAR Repair 软件打开后主界面如图 9-13 所示。

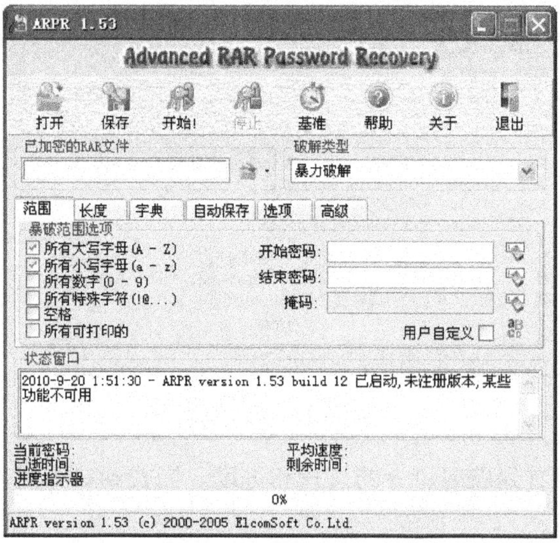

图 9-13　软件主界面

在这个界面可以点击“暴力破解”方式，因为密码是8位数字，所以选择“所有数字(0－9)”，不用所有大写字母和所有小写字母，“开始密码”填“00000001”，“结束密码”填“99999999”。如图9－14所示。

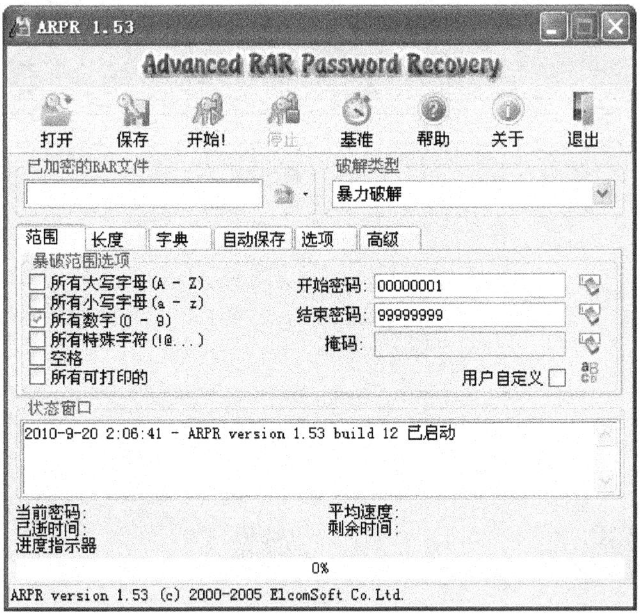

图9－14　设置破解参数

在这里要注意的是同上节不同，这个软件还要点击“长度”标签，设置这个标签中的参数。在这个界面中跟据密码是8个数字，把“最小密码长度”和“最大密码长度”高为“8字符”，如图9－15所示。

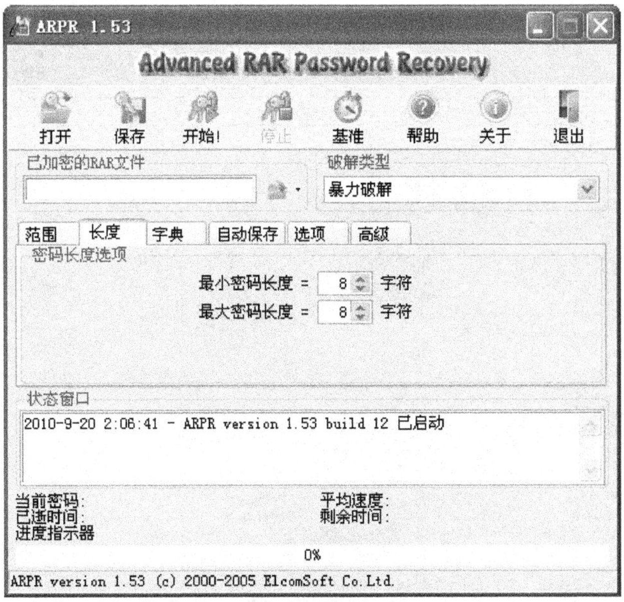

图9－15　设置字符长度

点击“打开”定位要破解的文件。在“已加密的 RAR 文件”中可以看到文件的路径，如图 9－16 所示。

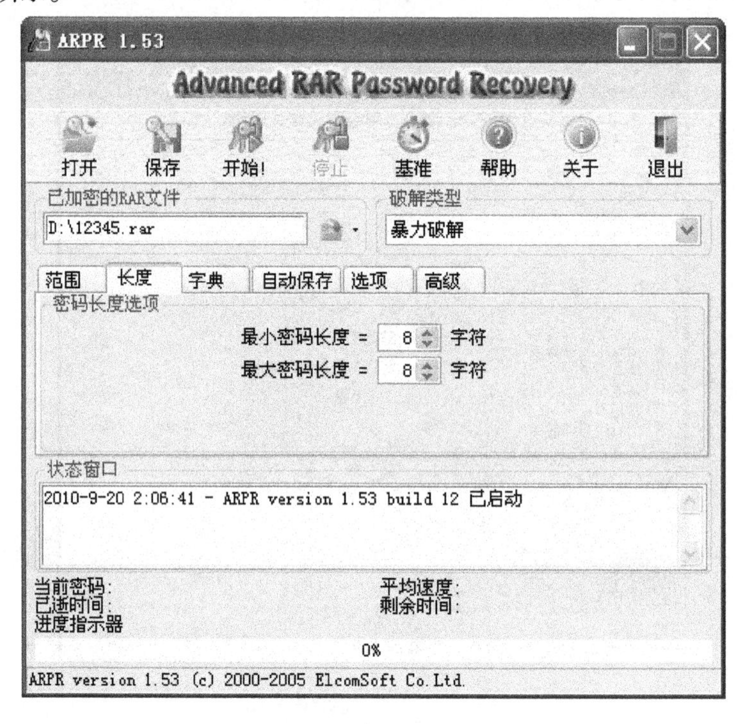

图 9－16　定位要破解的文件

点击“开始”，可以看到程序开始破解密码，如图 9－17 所示。

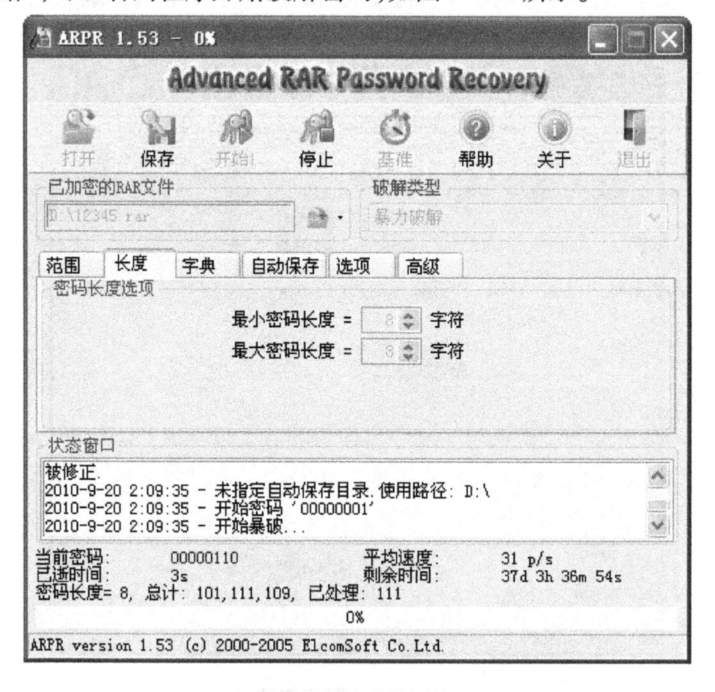

图 9－17　破解过程

破解成功后会弹出如图 9－18 所示界面，

密码已成功恢复！

Advanced RAR Password Recovery统计：

总计密码	5,679
总计时间	2m 54s 911ms
平均速度（密码/秒）	32
该文件密码	12345678
16进制密码	31 32 33 34 35 36 37 38

保存... 确定

图 9－18　完成破解

记录下密码后，点击“确定”，返回主菜单，完成破解。

用 Advanced Archive Password Recovery 软件可以破解大多常用压缩软件压缩的文件包的密码，界面同本软件基本相同。

9.4　清除 Windows 操作系统管理员密码

Windows 操作系统是现在使用最多的操作系统，本节以 Windows XP 为例介绍 Windows 登录密码的破解。在这节使用 Active@ Password Changer 软件来清除系统密码。在破解前，因为用户不能使用操作系统，所以要准备一个启动盘，破解软件做在启动盘中更便于使用。

在计算机启动前，可以在 BIOS 中设置计算机启动时访问驱动器的顺序，把启动盘用的驱动器放在靠前的位置，也可以启动“boot menu”界面选择用哪个驱动器启动，如图 9－19 所示。

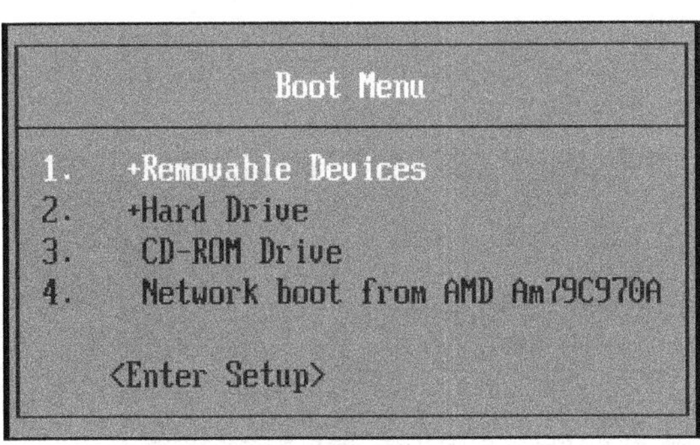

图 9－19　选择从哪个盘启动

在 DOS 界面下，运行程序，出现如图 9－20 所示界面。

在如图 9－20 所示界面，当用户不能确定管理员密码所在文件“SAM”在哪个分区或磁盘中时，可以选择“2”，软件将会在所有分区上搜索“SAM”文件。这里确定“SAM”文件在 C 盘上，所以按键盘上的“1”键，选择“Choose Logical Drive”选项。按回车键后出现如图 9－21 所示界面。

因为系统所在分区是 NTFS 格式在如图 9－21 所示界面，按键盘上的“0”选择系统所

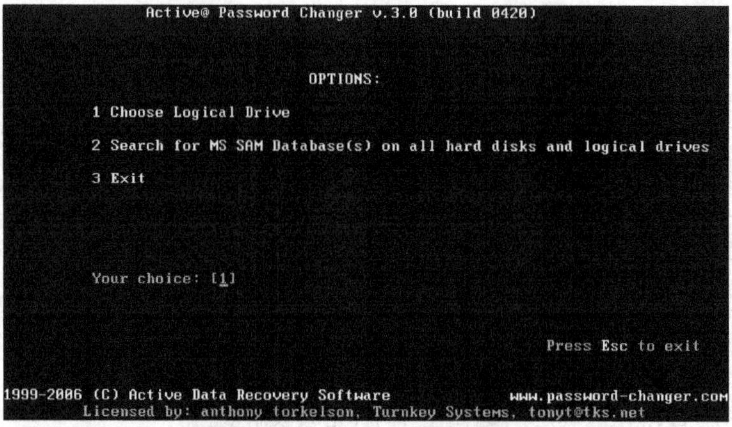

Active@ Password Changer v.3.0 (build 0420)
OPTIONS:
1 Choose Logical Drive
2 Search for MS SAM Database(s) on all hard disks and logical drives
3 Exit
Your choice: [1]
Press Esc to exit
1999-2006 (C) Active Data Recovery Software
www.password-changer.com
Licensed by: anthony torkelson, Turnkey Systems, tonyt@tks.net

图 9-20　选择是否搜索"SAM"文件

Active@ Password Changer v.3.0 (build 0420)
Logical drives list:
No|HDD|Partition| Type | Disk Label| Size (Mb)
0 (0) (0) NTFS 10291
1 (0) (1) FAT32 ?í┬???????? 5067
Your choice (0..1 or All)[A]: [0]
Press Esc to exit
1999-2006 (C) Active Data Recovery Software
www.password-changer.com
Licensed by: anthony torkelson, Turnkey Systems, tonyt@tks.net

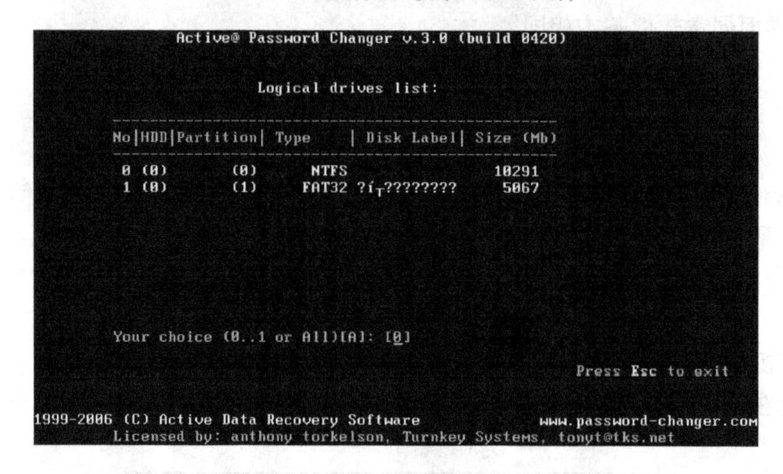

图 9-21　选择"SAM"文件所在磁盘

在分区。按回车键,出现如图 9-22 所示界面。

Active@ Password Changer v.3.0 (build 0420)
MS SAM Databases at disk(0)partition(0)Label<>, FS:NTFS
No| MS SAM Database Path
0 \WINDOWS\SYSTEM32\CONFIG\sam
There is one MS SAM database detected.
Press Enter to continue...
Press Esc to exit
1999-2006 (C) Active Data Recovery Software
www.password-changer.com
Licensed by: anthony torkelson, Turnkey Systems, tonyt@tks.net

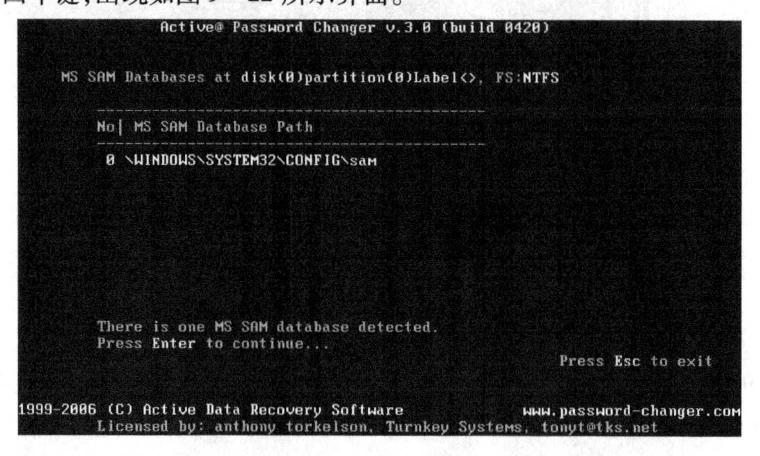

图 9-22　选择"SAM"文件

程序自动搜索到存储登录密码的"SAM"文件,如有多系统,要选择要破解的操作系统所用的"SAM"文件，按回车键，出现如图 9－23 所示界面。

```
Active@ Password Changer v.3.0 (build 0420)

USER LIST
MS SAM path: \WINDOWS\SYSTEM32\CONFIG\sam                Total users: 0004
at disk(0)partition(0)Label<>, FS:NTFS

No| RID |User Name              | Description

0 000001f4 Administrator
1 000001f5 Guest
2 000003e8 HelpAssistant
3 000003ea SUPPORT_388945a0

Your choice: [0]
Press Esc to exit or PgUp/PgDown to scroll User List
1999-2006 (C) Active Data Recovery Software          www.password-changer.com
Licensed by: anthony torkelson, Turnkey Systems, tonyt@tks.net
```

图 9－23　选择要破解密码的用户

在如图 9－23 所示界面选择要破解密码的用户，如要破解"Administrator"用户，按键盘"0"键，按回车，会出现如图 9－24 所示界面。

```
Active@ Password Changer v.3.0 (build 0420)

User's Account parameters:

MS SAM Database:(0)(0)<>\WINDOWS\SYSTEM32\CONFIG\sam
Administrator's name is "Administrator" (RID=0x000001F4)

Full Name :""
Existing: Change to:
[ ]       [ ]    User must change password at next logon
[X]       [X]    Password never expires
[ ]       [ ]    Account is disabled
[ ]       [ ]    Account is locked out
          [X]    Clear this User's Password

Press Y to save changes and exit or Esc to exit without saving
1999-2006 (C) Active Data Recovery Software          www.password-changer.com
Licensed by: anthony torkelson, Turnkey Systems, tonyt@tks.net
```

图 9－24　设置破解参数

跟据需要选定选项，要注意"Clear this User's Password"选项必须选上，只有这个选项选中，才能清空用户密码。按键盘的"Y"键，出现如图 9－25 所示界面。

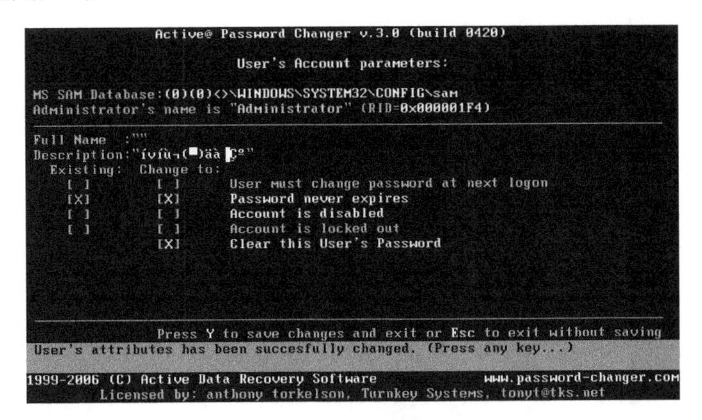

图 9－25　破解过程

当看到“User's attributes has been succesfully changed.(Press any key…)”提示后，按键盘任意键，返回上个界面，如图9-26所示。

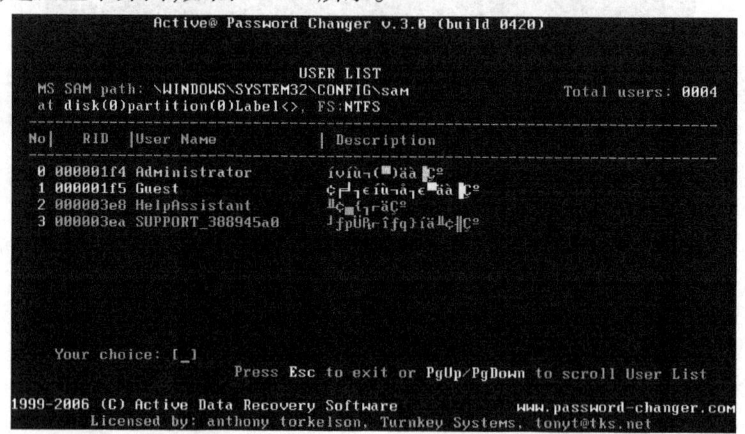

图9-26　破解完成

这时就可以重新启动计算机，进入Windows XP操作系统，会发现不用密码也可以进入操作系统了。

第10章　数据安全与数据备份

10.1　Windows 文件保护机制

从 Windows 2000 开始,微软引入了"Windows 文件保护"(Windows File Protection)功能。WFP 在后台自动运行,可以防止重要的系统文件被替换,大大提高了系统的稳定性。Windows 2000 之后版本的 Windows 操作系统中,维护着一个列表,列表中记录着被系统保护的文件。Windows 忽略任何替换或修改这些文件的请求,同时显示上面的信息。通过翻阅 windows2000 DDK 文档,我们可以发现更多有关文件保护的信息。WFP 被设计用来保护 Windows 文件夹的内容。WFP 保护特定的文件类型,比如 SYS、EXE、DLL、OCX、FON 和 TTF,而不是阻止对整个文件夹的任何修改。注册表键值决定 WFP 保护的文件类型。

在计算机上安装新软件时,系统文件和设备驱动程序文件有时会被未经过签名的或不兼容的版本覆盖,会导致系统不稳定。随 Windows XP 一起提供的系统文件和设备驱动程序文件都有 Microsoft 数字签名,这表明这些文件都是原始的未更改过的系统文件,或者它们已被 Microsoft 同意可以用于 Windows。

当一个应用程序试图替换一个受保护的文件(包括 sys、dll、ocx、ttf、fon、exe 等类型),WFP 检查替换文件的数字签名,以确定此文件是否是来自微软和是否正确的版本。如果这两个条件都符合,则允许替换。正常情况下,允许替换系统文件的文件种类包括 Windows 的服务包、补丁和操作系统升级程序。系统文件还可以由 Windows 更新程序或 Windows 设备管理器/类安装程序替换。如果这两个条件没有同时满足,受保护文件将被新文件替换,Windows 文件保护会自动调用 DLLCache 文件夹或 Windows 中存储的备份文件替换新文件,如果 Windows 文件保护无法定位相应的文件,系统就会提示用户输入该位置或插入安装光盘。

Windows 文件保护并不仅仅通过拒绝修改来保护文件,它还可以拒绝删除。如当我们打开\WINDOWS\SYSTEM32 文件夹并将 CMD. EXE 文件重命名为 CMD. OLD 时,一个消息将提示你如果改变这个文件的扩展名可能会导致这个文件不可用。点击 Yes 按钮确认这个警告。现在,等几分钟后按 F5 键以刷新文件系统的视图,可以看到,文件夹里又重新生成了一个 CALC. EXE 文件。

事实上如果 Windows 安装程序需要安装一个受保护的文件,它不是直接去安装这个文件,而是把这个文件交给 WFP,然后由 WFP 判断是否允许安装。

10.1.1　通过文件检查器修改文件保护机制

Windows 的文件保护机制是自动进行的,事实上,我们完全可以借助于系统文件检查器(System File Checker,简写为 SFC)对文件保护机制进行自行控制。

SFC 是由 winlogon 执行的,保护的文件列表在 sfc_files. dll 里。为了保护文件,winlogon 必须打开文件所在的目录,监控目录下的文件变化。如果被保护的文件被修改时会跳出来做校验。所以即使被保护的文件不存在,winlogin 也要创建一个空目录监控着,一但文件被安装时立马生效,并且拷贝一个副本到 dllcache 中。

SFC 对应的应用程序名为 sfc. exe,可以在\Windows\system32\下找到它。SFC 一旦发现某个受保护的系统文件被替换或移动,SFC 将从\Windows\System32\DLLCache\文件夹中自动恢复相应的文件(安装了 SP2 的 Windows XP,其 DLLCache 文件夹中有 2169 个重要文件,占用 364. 5MB 之多)。SFC 有很多的参数,利用这些参数,可以更好地控制文件保护。SFC 的格式为:

SFC [/SCANNOW] [/SCANONCE] [/SCANBOOT] [/REVERT][/PURGECACHE] [/CACHESIZE = x]

/SCANNOW 选项通知 SFC 立即扫描所有受保护的系统文件。如果在扫描过程中发现一个错误的文件版本,这个错误的版本将被替换为微软正确的版本。当然,这意味着你可能必须有 Windows 安装光盘,最新的服务包或者升级补丁。

/SCANONCE 参数通知 WFP 在系统下次启动的时候扫描受保护的系统文件。在扫描过程中,任何错误的文件将被正确的版本替换。正如这个参数名的意思,这个扫描只进行一次。之后的系统启动将恢复正常,SFC 不再运行。

/SCANBOOT 参数和/SCANONCE 选项类似。区别在于 SCANONCE 只在 Windows 下次启动时扫描受保护的文件,而 SCANBOOT 参数则在 Windows 每次启动时都扫描系统文件。如果需要,这两个参数将替换错误的系统文件,这可能需要你提供正确文件版本的拷贝。

/REVERT 选项用来关闭 SFC,假设使用 SCANBOOT 选项在每次系统启动的时候扫描所要保护的文件。正如你所能想到的,这确实会增加计算机启动的总时间。当想关闭 SFC 时,只需要简单地使用 SFC /REVERT,就可以在启动的时候关闭 SFC。

/PURGECACHE 选项需要谨慎使用。前面介绍过 Windows 使用一个缓存文件夹来保存各类系统文件正确版本的备份。如果运行 SFC /PURGECACHE 命令,那么这个文件缓存将被清空,那些备份文件将被删除。这个命令还会导致 Windows 开始扫描各类受保护文件,并在扫描的同时重建这个文件缓存。这时系统可能会提示放入 Windows 安装 CD 或系统文件升级的拷贝。

最后一个 SFC 命令选项是/CACHESIZE = x。这个选项是用来改变文件缓存的大小的。在使用 CACHESIZE 选项时,必须键入命令 SFC /CACHESIZE = x,这个 x 是指你想分配给文件缓存的兆字节数。在指定了新的文件缓存大小后,你必须重启系统并运行 SFC /PURGECACHE 命令。

10.1.2 通过注册表修改文件保护机制

修改注册表键值也可以控制 WFP 的行为,比如指定文件缓存或者安装文件的位置等。

为了访问 SFC 的注册表键,在 Run 命令中键入 REGEDIT 命令。这将打开注册表编辑器，浏览注册表树找到下面这个键：

HKEY_LOCAL_MACHINE\SOFTWARE\Microsoft\Windows NT\CurrentVersion\WinLogon

通常地，注册表中 WinLogon 键一般用来控制各种不同的启动选项。虽然许多 SFC 的选项都可控制 SFC 是否在启动的时候运行，但微软已经将 SFC 相关的注册表键放在这个部分。

SFCDisabled 这个注册表键控制 SFC 是激活的还是无效的。实际上你只需通过改变 DWORD 的值，就可以得到四个不同的选项。缺省的 DWORD 值是 0。这个设置激活 SFC。通常你不需要改变这个值。如果将内核调试器挂起，最好关闭 SFC。当正在使用一个内核调试器，可以将注册表键的 DWORD 值修改为 1，这会关闭 SFC 并且会在以后的每次启动时都提示是否再次激活 SFC。也可以通过将 DWORD 值设为 2 来关闭 SFC。这个选项只是在下次启动时关闭 SFC。没有再激活 SFC 的选项，因为 SFC 将在这之后启动时自动激活。

SFCScan 在这之前，我们了解了 SFC 的 SCANONCE，SCANBOOT，和 REVERT 选项。使用这些选项，实际上 SFC 是在修改 SFCScan 注册表键。我们可以通过改变它的 DWORD 赋值来修改这个键。默认的值是 0。这个值的意思是不需要在启动时扫描受保护文件。这个设置相当于运行 SFC /REVERT 命令。改变 DWORD 值为 1，意思是在每次启动时都扫描受保护文件。设置 SFCScan 的值为 1 相当于运行 SFC /SCANBOOT 命令。最后，设 DWORD 值为 2 就是告诉 SFC 在下次启动时扫描受保护文件，但并非以后的所有启动。这相当于运行 SFC /SCANONCE 命令。

SFCQuota 注册表键用来控制 SFC 文件缓存的大小。相当于 SFC /CACHESIZE = x 命令。

SFCDllCacheDir Windows 将 DLLCACHE 文件夹作为存储系统文件备份的地方。通常的，这个文件夹位于\WINDOWS\SYSTEM32 目录下。不过通过修改 SFCDllCacheDir 注册表键，你可以修改文件缓存的位置。需要注意的一点是你必须指定一个已经存在于本地硬盘驱动器上的地址。在 Windows 2000 里，你可以指定一个网络共享作为 DLLCACHE 的路径，但在 Windows XP 中没有这个选项。

SFCShowProgress 另一个与 SFC 相关的注册表键是 SFCShowProgress 键。这个注册表键允许你设置它的 DWORD 值为 0，或 1。缺省值是 0，它将禁止显示 SFC 的进程情况。设值为 1 就可以让 SFC 显示进展情况。

我们还可以通过修改注册表，向 Windows 指明一个存有 Windows 安装 CD 或者有效源文件的拷贝作为源文件目录，而无需经常向光驱中插入 Windows 安装 CD。

这个注册表键在注册表的另一部分。必须找到下面这个键：

HKEY_LOCAL_MACHINE\Software\Microsoft\Windows\CurrentVersion\Setup

通过使用一个驱动器符号或者路径或者一个文件目录地址，可以指定 Windows 系统文件的位置。

使用这个命令的前提是必须将文件放在名为 I386 的目录中。例如，如果 Windows 系统文件位于一个名为 C:\I386 的目录中，那么只需在注册表中指定路径为 C:\，因为 Windows 假定 I386 这个目录是存在的。同样的，如果打算使用一个共享，I386 文件夹必须存在于共享目录下。例如,如果打算共享的目录名为 FILES,就需要将 I386 文件夹放在 FILES 目录下。然后可以告诉 Windows 在\\[server_name](根据不同服务器服务器名各不相同)\FILES 目录下寻找共享文件。Windows 将在\\[server_name]\FILES\I386 目录中寻找系统文件。

在操作前要注意修改注册表是比较危险的,一个错误的修改,可能会导致 Windows 的崩溃或者应用程序不能正常运行,所以应当先对注册表做一个完整的备份。如果因注册表错误导致系统崩溃,可以使用"WinPE"等软件启动计算机后恢复注册表,也可以在 DOS 下通过 regedit filename 命令来恢复,其中"filename"是注册表备份文件的路径和全名,如果在路径或文件名中有空格,要在完整路径上加双引号,如 regedit "E:\U Online\regedit. reg"。

10.1.3 通过组策略修改文件保护机制

自定义 Windows 文件保护的运作,最简单的办法就是配置组策略(组策略只有 Windows 2000 和 Windows XP Professional 有,Windows XP Home 没有)。在运行中输入"gpedit. msc"然后回车,可以打开组策略编辑器。依次展开 Computer Configuration-Administrative Templates-System(计算机配置—管理模板—系统),然后选择 Windows File Protection(Windows 文件保护)文件夹如图 10-1 所示。双击每一项就可以分别进行设置。

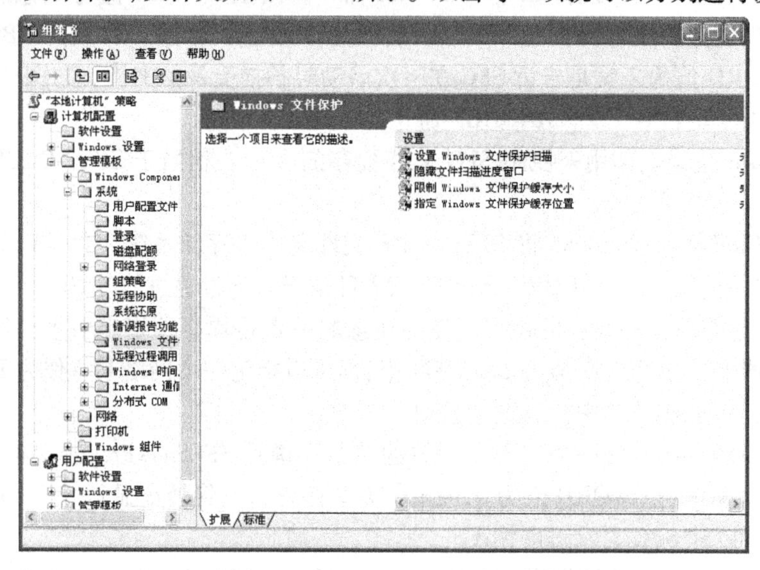

图 10-1 组策略界面

如可在右侧窗格中双击"设置 Windows 文件保护扫描"项,如图 10-2 所示。

如图 10-2 所示,将其设置为"已启用",并设置扫描频率,如"启动期间扫描",这样只要 Windows 启动就会扫描保护文件,这样系统会稳定得多,但其缺点是启动时间会适当拖长。或双击"限制 Windows 文件保护缓存大小"项,在图 10-3 窗口中进行设置,注意最小值应当大于 50MB,如果需要指明缓存大小不受限制,请选择"4294967295"作为磁盘空间最大量。

通过组策略方式可以修改文件保护机制的选项很少,但操作简单。

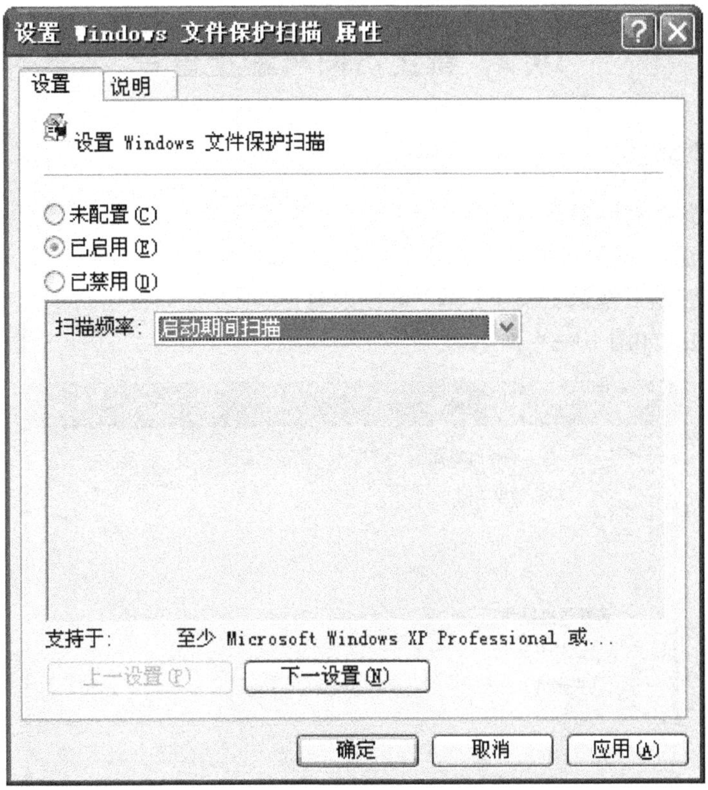

设置 Windows 文件保护扫描 属性

设置　说明

设置 Windows 文件保护扫描

○未配置(C)
◉已启用(E)
○已禁用(D)

扫描频率：启动期间扫描

支持于：　至少 Microsoft Windows XP Professional 或...

上一设置(P)　下一设置(N)

确定　取消　应用(A)

图 10－2　设置 Windows 文件保护扫描

限制 Windows 文件保护缓存大小 属性

设置　说明

限制 Windows 文件保护缓存大小

○未配置(C)
◉已启用(E)
○已禁用(D)

要指明缓存大小不受限制，选择
最大值，4294967295。
缓存大小(以 MB 计) 50

支持于：　至少 Microsoft Windows XP Professional 或...

上一设置(P)　下一设置(N)

确定　取消　应用(A)

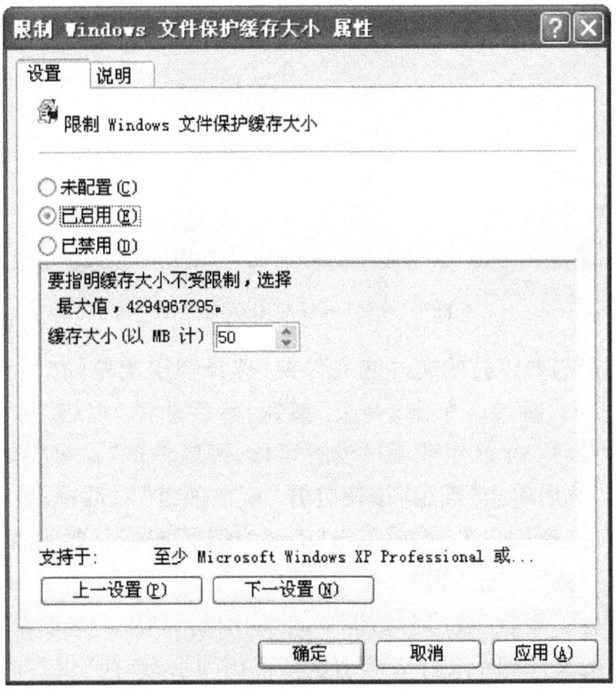

图 10－3　设置 Windows 文件保护缓存大小

10.2 禁止访问与禁止查看

10.2.1 禁止访问

为文件和文件夹设置审核：

在组策略窗口中，逐级展开右侧窗口中的“计算机配置→Windows 设置→安全设置→本地策略”分支，然后在该分支下选择“审核策略”选项。在右侧窗口中用鼠标双击“审核对象访问”选项。如图 10－4 所示。

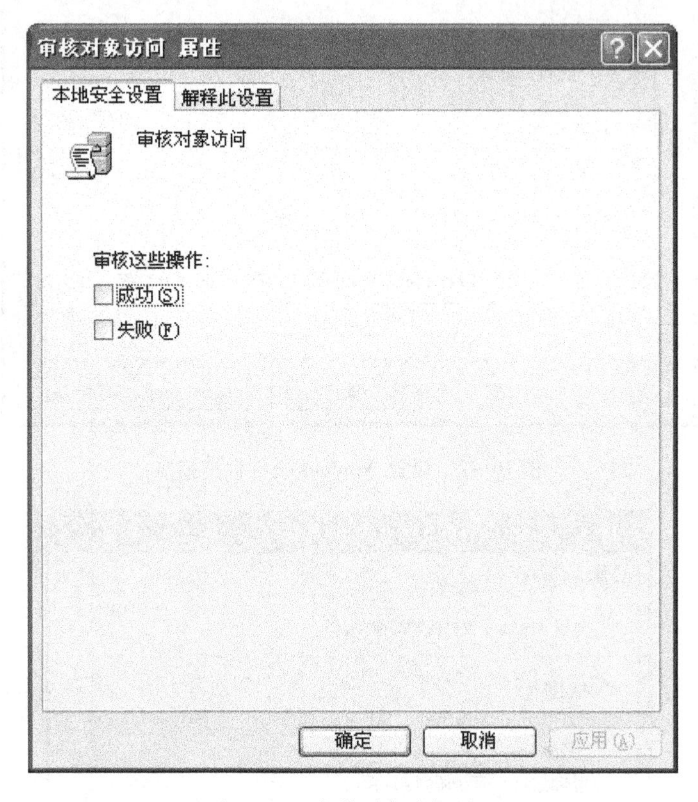

图 10－4 审核对象访问界面

用鼠标右键单击想要审核的文件或文件夹，选择弹出菜单的“属性”命令，接着在弹出的窗口中选择“安全”标签。单击“高级”按钮，然后选择“审核”标签。根据具体情况选择你的操作。倘若对一个新组或用户设置审核，可以单击“添加”按钮，并且在“名称”框中键入新用户名，然后单击“确定”按钮打开“审核项目”对话框；要查看或更改原有的组或用户审核，可以选择用户名，然后单击“查看/编辑”按钮。要删除原有的组或用户审核，可以选择用户名，然后单击“删除”按钮即可。

如有必要的话，在“审核项目”对话框中的“应用到”列表中选取希望审核的地方。如果想禁止目录树中的文件和子文件夹继承这些审核项目，选择“仅对此容器内的对象和/或容器应用这些审核项”复选框。

要注意的是，必须是管理员组成员或在组策略中被授权有“管理审核和安全日志”权限的用户可以审核文件或文件夹。在 Windows XP 审核文件、文件夹之前，必须启用组策略中“审核策略”的“审核对象访问”。否则，当设置完文件、文件夹审核时会返回一个错误消息，并且文件、文件夹都没有被审核。

10.2.2 禁止查看重要数据分区

Windows Server 2008 服务器系统中的某个分区中可能保存了一些重要数据信息，这些多半是不希望让其他用户知道的。其实，我们根本不需要寻求专业工具来保护重要数据分区，只要巧妙地利用 Windows Server 2008 系统的组策略功能，就能很好地保护重要数据分区不被他人随意访问；例如，要保护 D 盘分区中的数据内容不被他人访问时，我们可以按照如下步骤来设置系统组策略参数：

首先在 Windows Server 系统运行对话框中执行“Gpedit. msc”命令，进入服务器系统的组策略编辑窗口，依次展开该组策略编辑窗口左侧显示区域中的“本地计算机策略”/“用户配置”/“管理模板”/“Windows 组件”/“Windows 资源管理器”“组策略”选项；如图 10－5 所示。

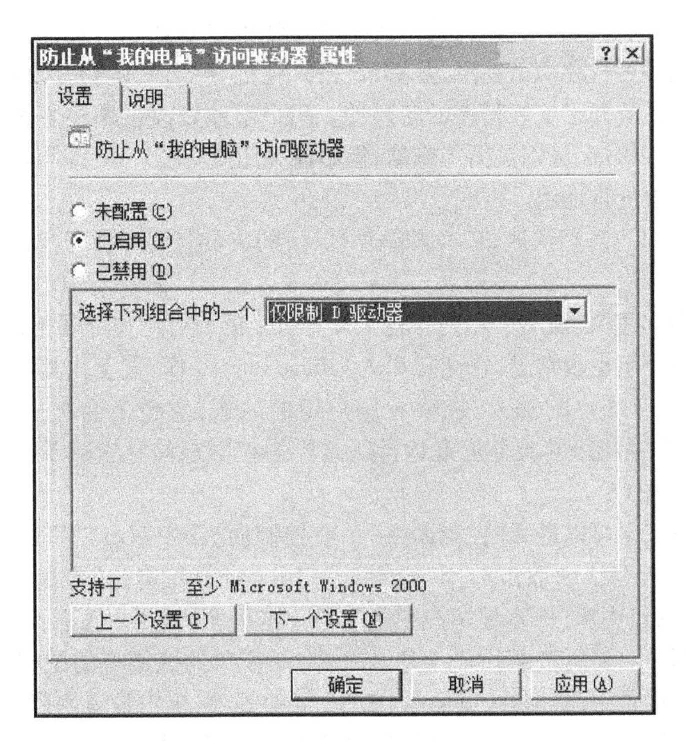

图 10－5　防止从“我的电脑”访问驱动器属性界面

其次在对应“Windows 资源管理器”组策略选项的右侧显示区域中，用鼠标双击防止从“我的电脑”访问“驱动器”选项，在其后弹出的目标组策略属性设置窗口中，会看到“未配置”、“已启用”、“已禁用”这几个选项；检查其中的“已启用”选项是否已经处于选中状态，要是发现该选项还没有被选中，则应该及时将它重新选中；之后，从驱动器下拉列表中选中驱动器 D，再单击“确定”按钮就可以了。要是想将所有的驱动器都关闭时，则可以从驱动器下拉列表中选中“限制所有驱动器”选项。

10.3 设置用户权限

Windows 操作系统中最常用的用户权限主要有管理员权限、高级用户权限、普通用户权限、来宾用户权限、所有用户权限这几种。其中对应的用户组为:

Administrators:管理员组。默认情况下,Administrators 中的用户对计算机/域有不受限制的完全访问权。分配给该组的默认权限允许对整个系统进行完全控制。所以,只有受信任的人员才可成为该组的成员。

Power Users:高级用户组。Power Users 可以执行除了为 Administrators 组保留的任务外的其他任何操作系统任务。分配给 Power Users 组的默认权限允许 Power Users 组的成员修改整个计算机的设置。但 Power Users 不具有将自己添加到 Administrators 组的权限。在权限设置中,这个组的权限仅次于 Administrators。

Users:普通用户组。这个组的用户无法进行有意或无意的改动。因此,用户可以运行经过验证的应用程序,但不可以运行大多数旧版应用程序。Users 组是最安全的组,因为分配给该组的默认权限不允许成员修改操作系统的设置或用户资料。Users 组提供了一个最安全的程序运行环境。在经过 NTFS 格式化的卷上,默认安全设置旨在禁止该组的成员危及操作系统和已安装程序的完整性。用户不能修改系统注册表设置、操作系统文件或程序文件。Users 可以关闭工作站,但不能关闭服务器。Users 可以创建本地组,但只能修改自己创建的本地组。

Guests:来宾组。按默认值,来宾跟普通 Users 的成员有同等访问权,但来宾账户的限制更多。

Everyone:顾名思义,所有的用户。这个计算机上的所有用户都属于这个组。

其实还有一个组也很常见,它拥有和 Administrators 一样、甚至比其还高的权限,但是这个组不允许任何用户的加入,在察看用户组的时候,它也不会被显示出来,它就是 System组。系统和系统级的服务正常运行所需要的权限都是靠它赋予的,System 组只有一个用户 System 用户。

要设置用户权限可以进入"控制面板","在控制面板"中双击"管理工具"打中开"管理工具",在"管理工具"中双击"计算机管理"打开"计算机管理"控制台,在"计算机管理"控制台左面窗口中双击"本地用户和组",再单击下面的"用户",右面窗口即显示此计算机上的所有用户。要更改某用户信息,右击右面窗口的该用户的图标,即弹出快捷菜单,该菜单包括:设置密码、删除、重命名、属性、帮助等项,单击设置密码、删除、重命名等项可进行相应的操作。单击属性弹出属性对话框,"常规"选项卡可对用户密码安全,账户的停锁等进行设置,"隶属于"选项卡可改变用户组,方法如下:先选中下面列表框中的用户,单击"删除"按钮,如此重复删除列表中的所有用户,单击"添加"按钮,弹出"选择组"对话柜,单击"高级"按钮,单击"立即查找"按钮,下面列表框中列出所有的用户组,Administrators 组为管理员组(其成员拥有所有权限),Power Users 组为超级用户组(其成员拥有除计算机管理以外的所有权限,可安装程序),User 组为一般用户组(其成员只执行程序,不能安装和删程序)。根据需要选择用户组后,单击"确定"、单击"确定",单击"确定"关闭"属性"对话框即将该用户改为新的用户组,其拥有新用户组的权限。重启计算机后更改生效。

10.4　使用第三方工具软件进行文档加密

现在可以对文档文件加密的工具有许多,我们这里介绍一个美国的加密软件 **PGP**。

PGP 是英文 **Pretty Good Privacy**(更好的保护隐私)的简称,是一个基于 RSA 公钥和私钥及 AES 等加密算法的加密软件系列。常用的版本是 **PGP Desktop Professional**(**PGP** 专业桌面版),它包含邮件加密与身份确认,资料公钥和私钥加密,硬盘及移动盘全盘密码保护,网络共享资料加密,它的源代码是公开的。由于赛门铁克公司的收购影响,PGP 从 10.0.2 以后,不再单独放出 PGP 版本的独立安装包形式,将会以安全插件等的形式集成于诺顿等赛门铁克公司的安全产品里。

PGP 密钥的创建:PGP 软件的功能非常多,且有些配置起来还比较复杂,在此仅介绍与本章主题有关的文件加密和数字签名方面的应用。用 PGP 软件进行文件加密和数字签名,实际上就是由 PGP 软件本身为用户颁发包括公、私钥密钥对的证书。所以要使用这款软件首先要做的当然就是密钥的生成了。具体方法如下。

打开安装好的 PGP 软件,界面如图 10-6 所示。

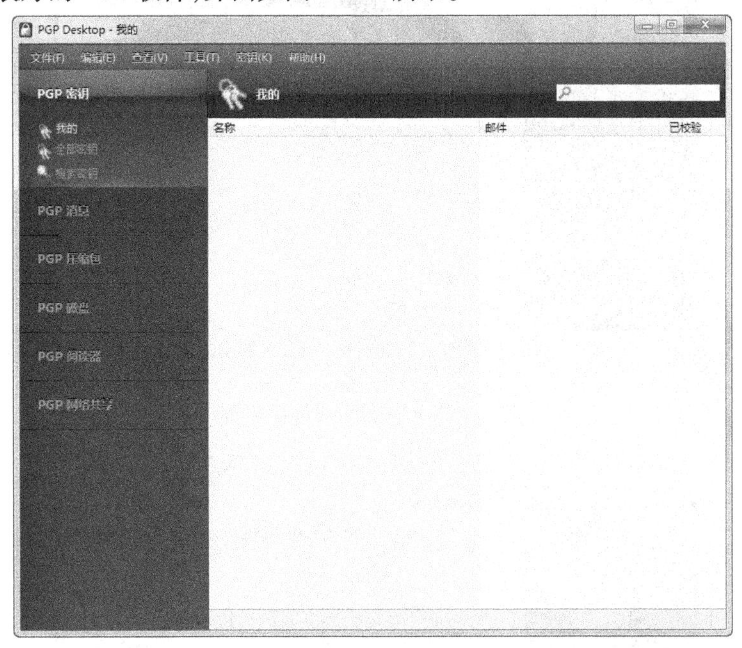

图 10-6　PGP 软件主界面

单击"PGP 密钥"后,选择【文件】|【新建 PGP 密钥】菜单命令,或者按 Ctrl + N 组合键,都可打开如图 10-7 所示的"密钥生成向导"对话框。

直接单击"下一步"按钮,打开如图 10-8 所示的"名称及电子邮件分配"对话框。在此要为创建的密钥指定一个密钥名称和对应的邮箱地址。在此仅以局域网内部使用为例进行介绍。其他也可以用一个密钥对对应多个邮箱,只需单击"更多"按钮,如图 10-9 所示在添加的"其他地址"文本框中输入其他的邮箱地址即可。

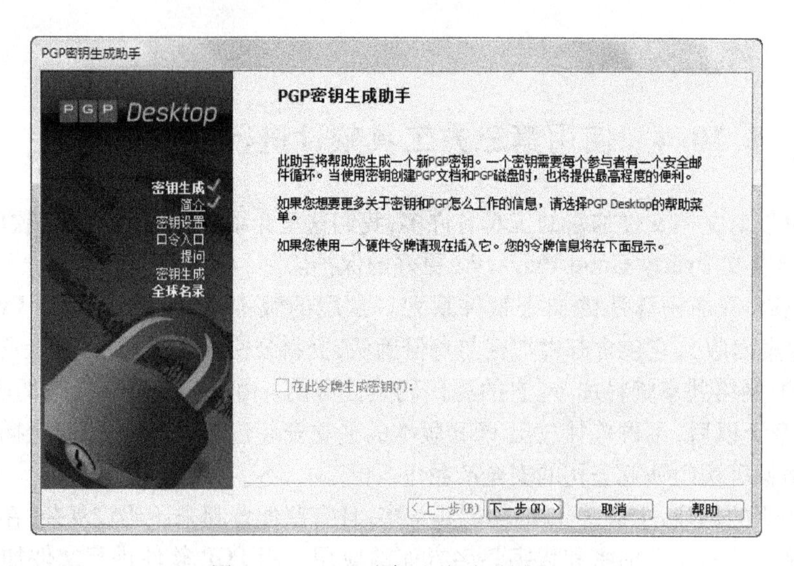

图 10-7　PGP 密钥生成助手界面一

图 10-8　PGP 密钥生成助手界面二

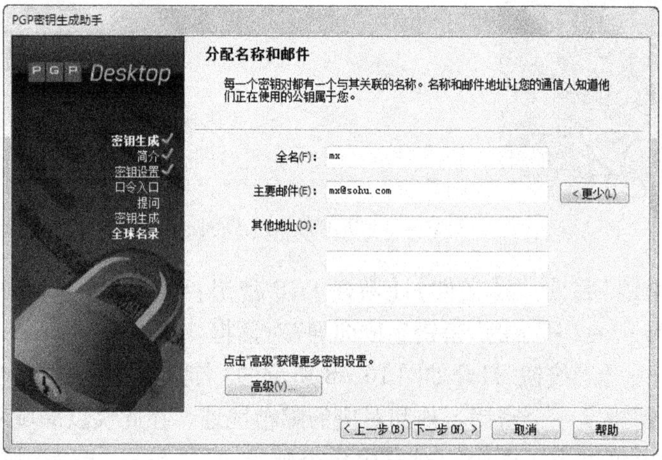

图 10-9　PGP 密钥生成助手界面三

单击“高级”按钮，打开如图 10－10 所示的“高级密钥设置”对话框。在这里就可以对密钥对进行更详细的配置。如密钥类型、签名密钥大小、加密密钥大小、密钥到期时间、支持的密码和哈希算法类型、压缩类型。

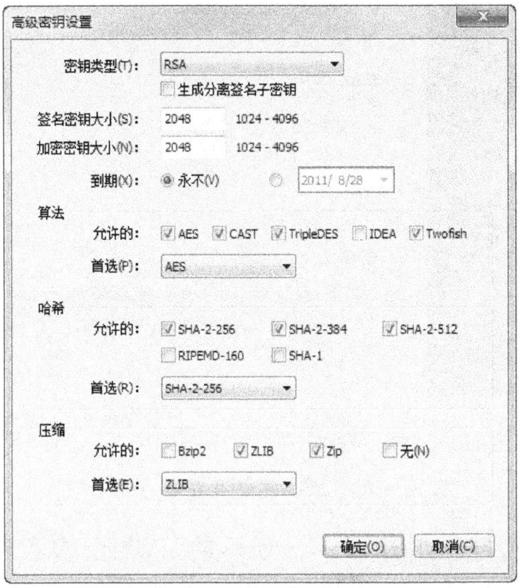

高级密钥设置

密钥类型(T): RSA
生成分离签名子密钥
签名密钥大小(S): 2048 1024 - 4096
加密密钥大小(N): 2048 1024 - 4096
到期(X): 永不(V) 2011/ 8/28
算法
允许的: AES CAST TripleDES IDEA Twofish
首选(P): AES
哈希
允许的: SHA-2-256 SHA-2-384 SHA-2-512 RIPEMD-160 SHA-1
首选(R): SHA-2-256
压缩
允许的: Bzip2 ZLIB Zip 无(N)
首选(E): ZLIB
确定(O) 取消(C)

图 10－10　高级密钥设置

密钥配置好后单击“确定”按钮返回到如图 10－9 所示的对话框。单击“下一步”按钮，打开如图 10－11 所示的“创建口令”对话框。在这里要为密钥对中的私钥配置保护密码，最少需要 8 位，而且建议包括非字母类字符，以增加密码的复杂性。首先在“输入口令”文本框中输入，然后在下面的“重输入口令”文本框中重复输入上述输入的密码。程序默认不明文显示所输入的密码，而仅以密码强度条显示。如果选择“显示键入”复选框，则在输入密码的同时会在文本框中以明文显示。

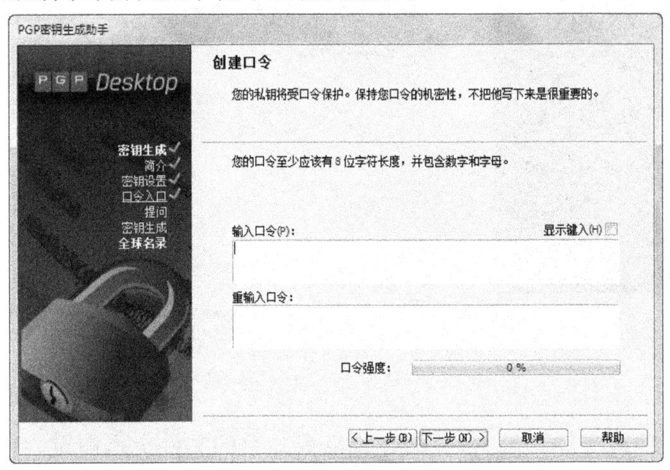

图 10－11　PGP 密钥生成助手界面四

单击“下一步”按钮，打开如图 10－12 所示的“密钥生成进度”对话框。在这个对话框显示密钥生成的进程，完成后会在“密钥生成步骤”栏中显示“恭喜”提示。

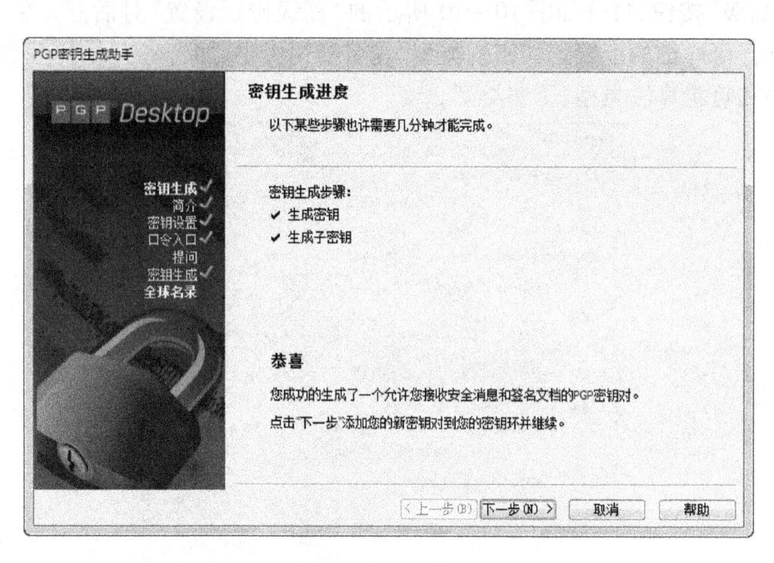

图 10－12　PGP 密钥生成助手界面五

单击“下一步”按钮,打开如图 10－13 所示的“PGP 全球名录助手”对话框。提示用户,如果把自己的密钥加入到 PGP 公开的全球名录中,则所得到的密钥将可以在全球的 PGP 用户中都有效。如果有某些方面的业务需求的话,可以单击“下一步”按钮继续进行,否则单击“跳过”按钮跳过,没必要进行。此时,就完成了一个用户的密钥创建了,创建的 PGP 密钥将在所示的界面窗口中显示,如图 10－14 所示。

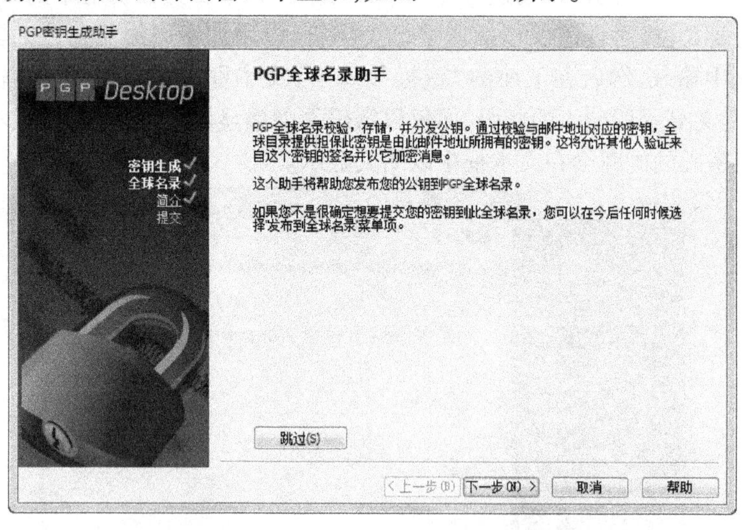

图 10－13　PGP 密钥生成助手界面六

对文档等文件或文件夹加密,直接在你需要加密的文件上点右键,会看到一个叫 PGP Desktop 的菜单组,进入该菜单组,选“添加’% 文件名% ’到新 PGP 压缩包……”(图 10－15)可为如图 10－15 所示。

将出现 PGP 压缩包助手,如图 10－16 所示。

点击“下一步”,后出现“加密”界面,选择加密方式,如图 10－17 所示。

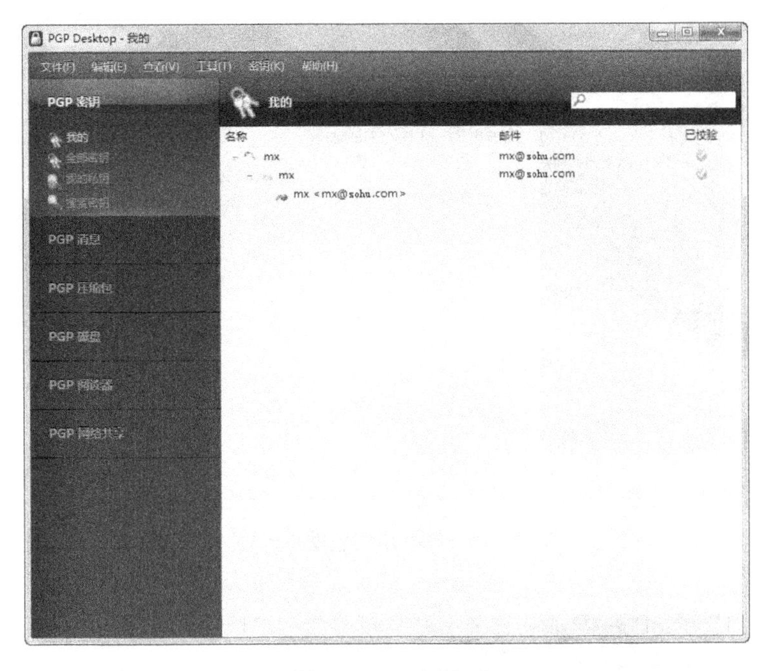

图 10－14　主界面

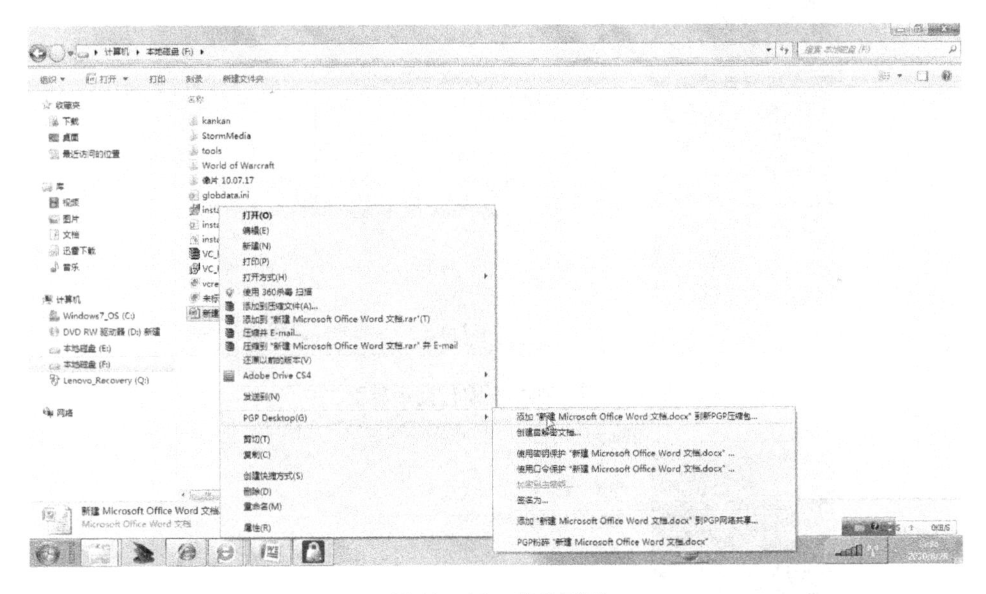

图 10－15　磁盘界面

可选择“口令”模式，这种模式，在解密时只要正确输入密码就可以解开加密文件了，选择“收件人密钥”，只要把加密后把文件，通过作为电子邮件的附件发送给对应的接收方就可以了，接收方不用手动输入密码就可以解开加密文件。而“PGP 自解密文档”，可在没有安装“PGP”软件的计算机上解密加密文件。这里我们选择“口令”模式，点击“下一步”，出现“创建一个口令”界面如图 10－18 所示。

在“口令”框中输入密码，在“确认”框中重复输入密码，后点击“下一步”，出现“签名并保存”界面，如图 10－19 所示。

图 10－16　PGP 压缩包助手界面一

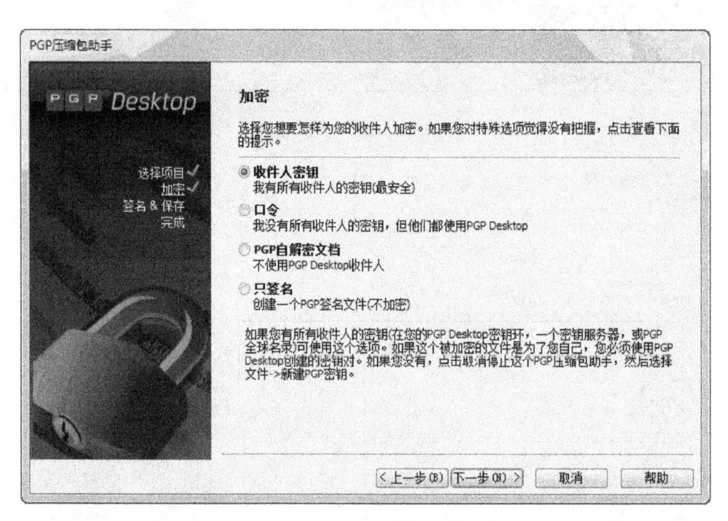

图 10－17　PGP 压缩包助手界面二

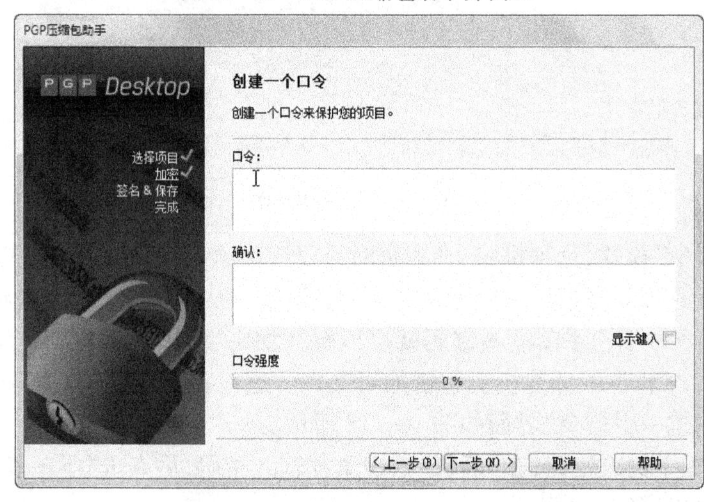

图 10－18　PGP 压缩包助手界面三

图 10－19　PGP 压缩包助手界面四

选择一个签名密钥，如不签名，选择“无”，在“保存位置”选项中，输入加密后的文件的保存路径，点击“下一步”，出现“已完成”界面，如图 10－20 所示。

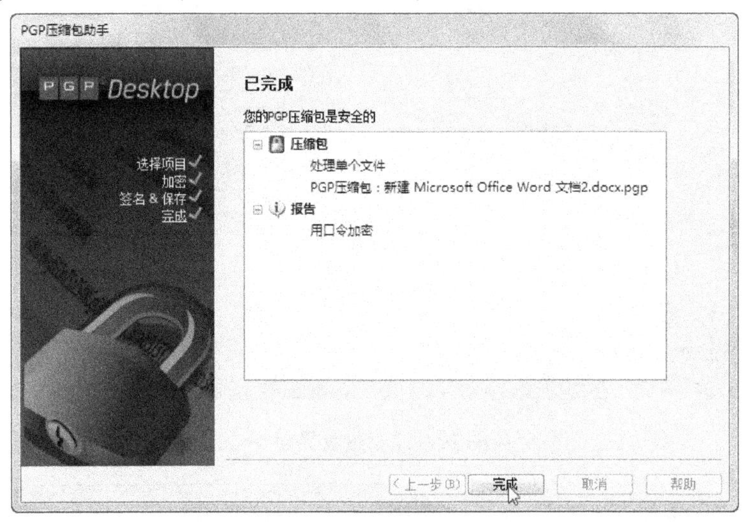

图 10－20　PGP 压缩包助手界面五

确认无误后，点击“完成”后，加密结束。如图 10－21 所示产生了一个加密后的文件。

解密时，在加密后的文件上点击鼠标右键，选择“PGP Desktop”，点选“解密 & 校验‘% 文件名% ’”，如图 10－22 所示。出现“PGP 输入口令”界面，如图 10－23 所示。在“输入解密的口令”框中输入加密时所用的密码。点击“确定”。出现“输入输出文件名”界面，如图 10－24 所示。

可在“文件名”框中输入解密后文件的名称，如不想重命名，可使用默认名，选择好输出路径后，点击保存。文件解密结束。在输出路径所对应的位置，就可以找到解密后的文件了，如图 10－25 所示。

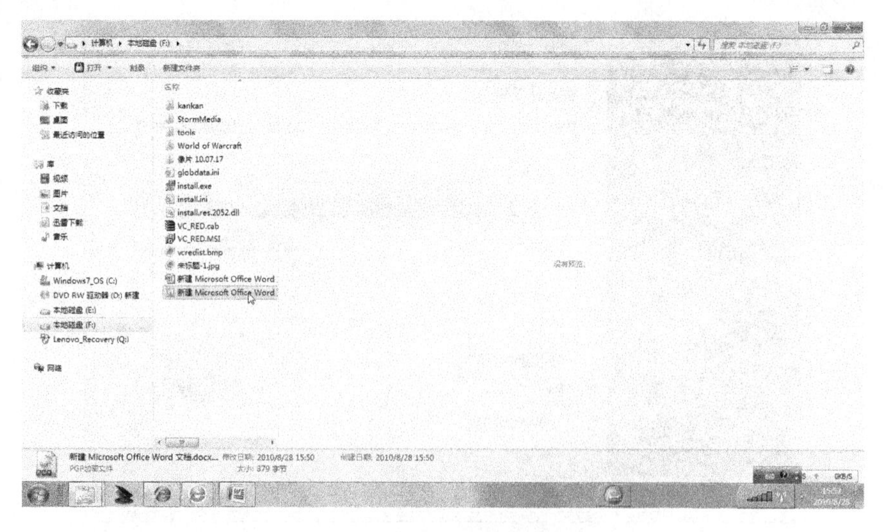

图 10－21　磁盘界面

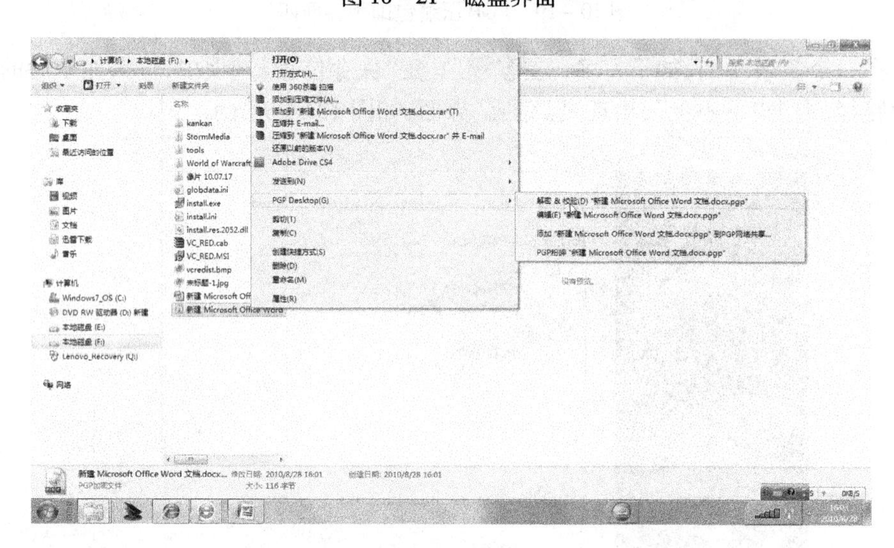

图 10－22　磁盘界面

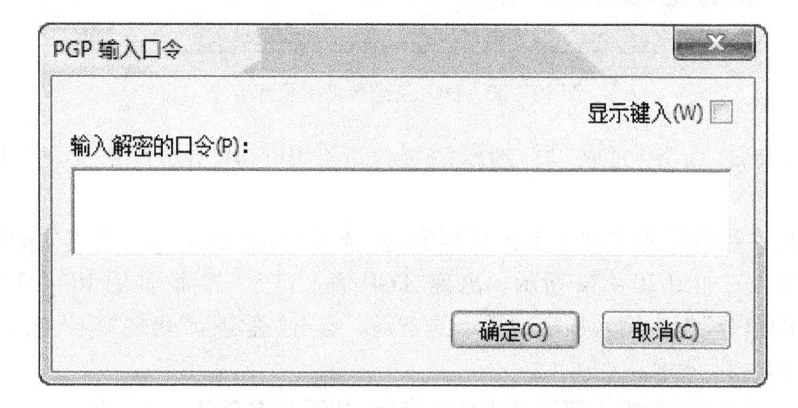

图 10－23　输入口令界面

图 10－24　解密文件

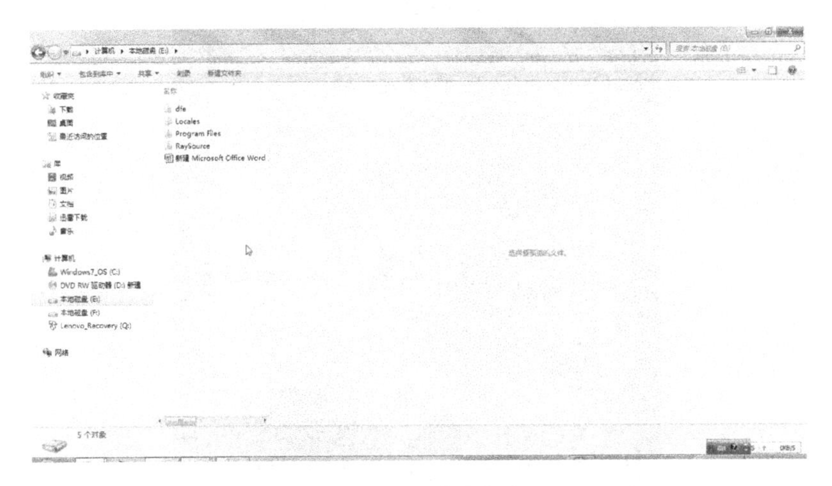

图 10－25　完成解密

10.5　数据删除安全

不管使用什么文件系统，当用户删除文件时，Windows 没有真正地从磁盘中彻底消除数据。实际上，操作系统只是将文件的目录入口和关于文件原始位置的信息移动到回收站或删除，但文件的数据还是保存下来了。在 FAT 和 FAT32 下，Windows 会标记文件簇的 FAT 入口来指明它们可以再使用，然后通过把文件名的第一个字符改成特殊的标记字符，使这个文件的目录入口标记为删除。在 NTFS 下，这个过程也很相似；文件的 MFT 入口、目录入口、数据簇会被标记成可用。但是，文件的数据仍然被保留下来。

数据存储在硬盘中是按簇来存放的，然后再有相应的数据来记录每个数据簇的入口号，这样就像一条链子一样，只要能找到数据链的第一节，就可以找到所有的数据。而在文件删除时，其实只是在文件分配表中将被删除的文件所对应的簇的可用状态由原先的

"已使用"设置为"可使用"状态。而簇中的数据并没有消除。一些数据恢复软件(例如EasyRecovery)就是利用了这个特点,直接从一个簇一个簇地将没有动的数据恢复回来。假如某个簇被新数据覆盖后,那就无法成功找回了。

彻底删除某个文件,通常情况下,就是在删除数据后,再向数据所在的位置写入新的数据。这种方法我们可以手工操作,但操作起来太复杂。根据这个原理,现在有很多专门用来彻底删除数据的软件。如果能对簇多次复写,打乱磁介质磁性,就更加安全了。

10.5.1 使用彻底删除文件

Clean Disk Security 有两种功能:第一种功能是"清理硬盘中未使用空间",让被删除的文件不会有被恢复的机会,这个清理的动作对存在的文件没有任何影响;第二种功能是fully erase 存在的文件,这个功能就是结合了删除及清理文件的动作,直接将文件彻底删除。

打开软件 Clean Disk Security 后,如图 10-26 所示。

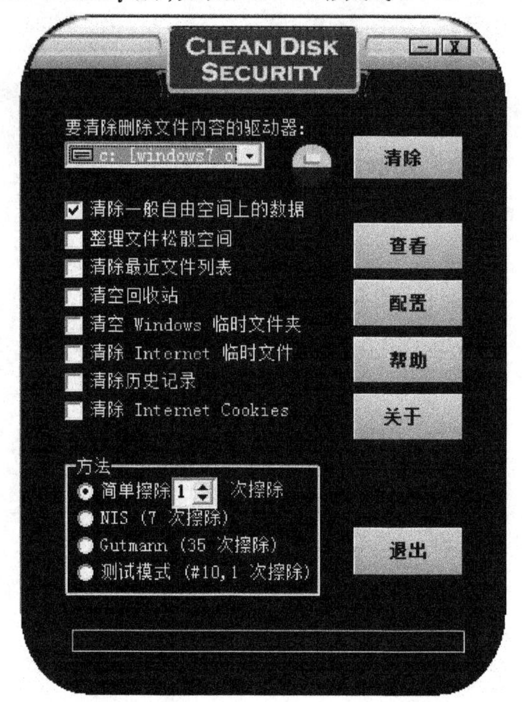

图 10-26 软件主界面

可以看到,可以选择对哪个分区操作,选择好后,可以默认选择"清除一般自由空间上的数据",还可以选择其他选项中的一项或几项。

在"方法"中,简单擦除可选择 1~6 次,NIS 方式为 7 次擦除,Gutmann 方式进行 15 次擦除,测试模式进行 101 次擦除。选择好后,点击"消除"就可以了。

10.5.2 使用 WinHex 彻底删除文件或填充区域

具体来说,WinHex 是一款以通用的 16 进制编辑器为核心,专门用来对付计算机取证、数据恢复、低级数据处理、处理各种日常紧急情况的高级工具。

1. 彻底删除整个分区文件

打开 WinHex 主界面后,点击 Winhex 的“工具”菜单→打开磁盘,如图 10－27 所示。

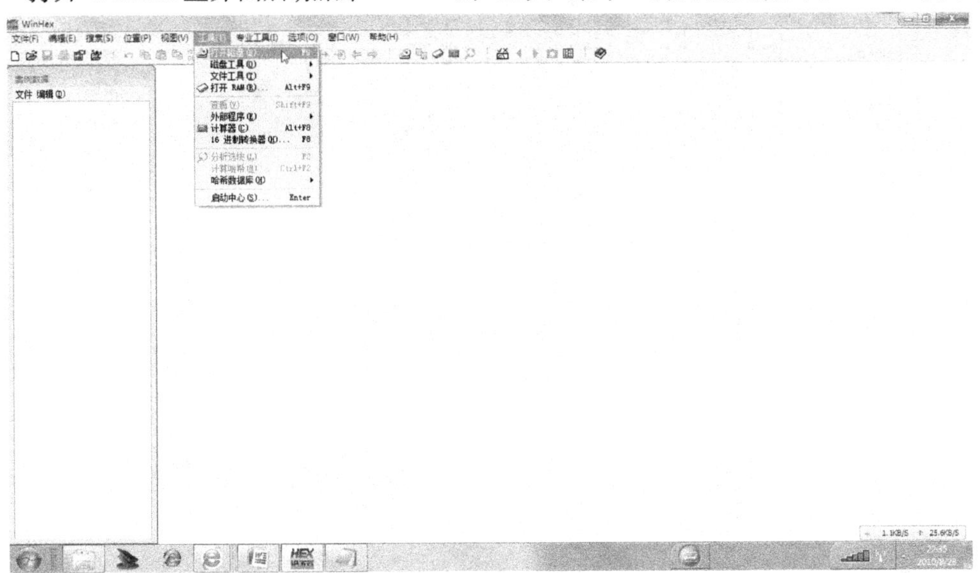

图 10－27　WinHex 主界面

打开“编辑磁盘”界面,如图 10－28 所示。

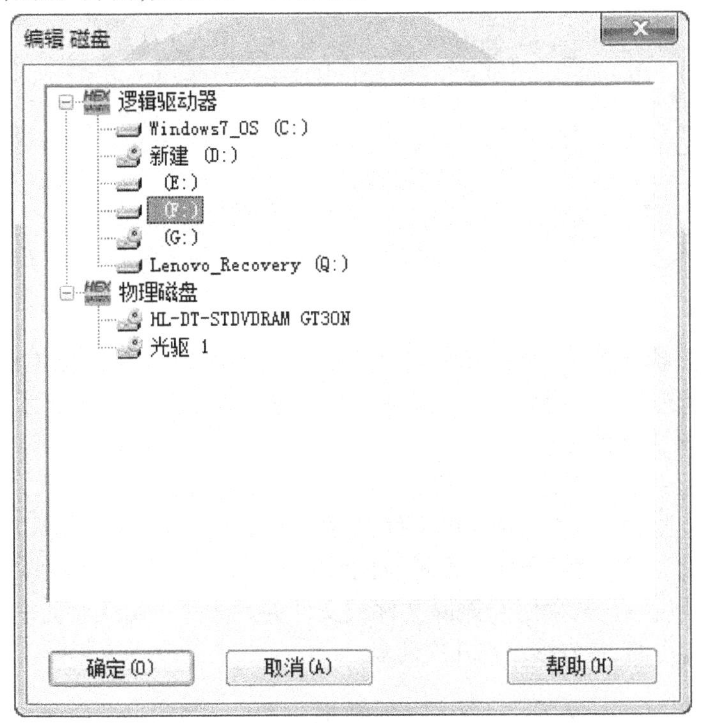

图 10－28　选择磁盘

选择一个逻辑分区或者一个物理的磁盘并选择“确定”打开。打开界面见图 10－29。点击“编辑”→“填入磁盘扇区”→四个单选框中可以随便选择一个,默认选择第一个

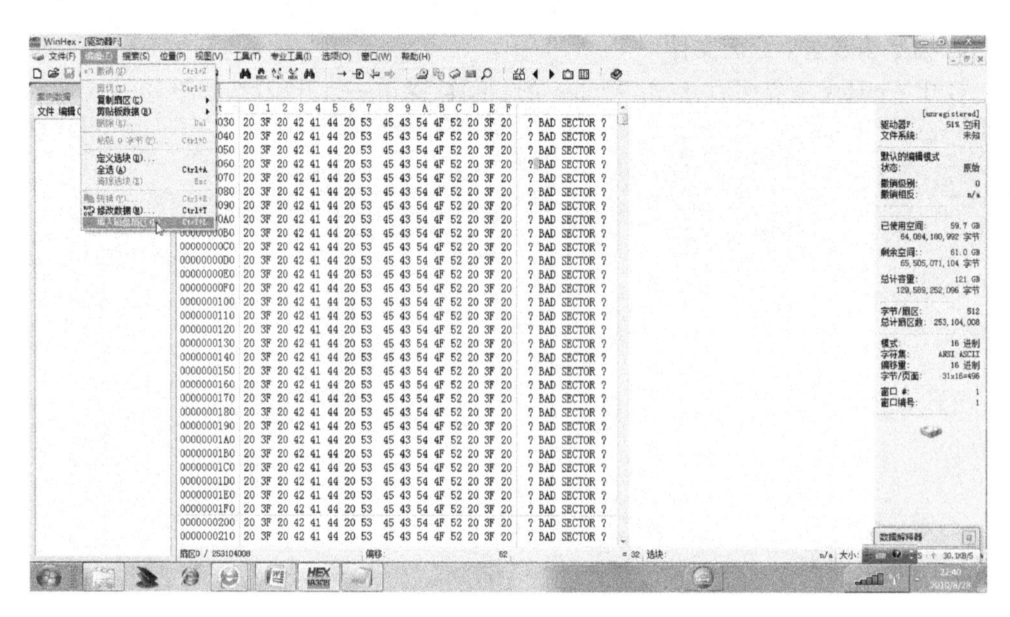

图 10-29　打开磁盘

“用 16 进制填充”，也即是使用下列 16 进制值填充的意思。默认把所有磁道 00。如图 10-30所示。

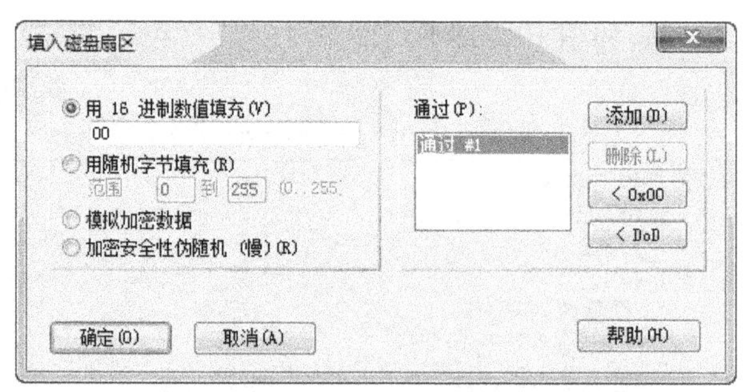

图 10-30　填充数据

点击“确定”执行填充，如图 10-31 所示。可以看到填充过的磁道已经被写 0 了。这一步相当于清理分区，会删除整个分区里面的文件。分区要重格式化才能使用。

2. 彻底删除文件夹文件

点击“工具”→文件工具→安全擦除，如图 10-32 所示。

在文件浏览器中点选需要删除的文件，如图 10-33 所示。

点击“删除”，打开“安全擦除”界面，如图 10-34 所示。

确定各选项后，点击“确定”，删除文件或文件夹。会弹出确认对话框，点击“确定”，完成删除。如有可能，最好多填充几次硬盘。

10.5.3　使用 Absolute Security 擦除数据文件

Absolute Security，加密套装软件。同时具备“碎纸机”一样的销毁功能，可以让某些文件在硬盘上彻底消失。

打开 Absolute Security 软件后，打开主界面，点选“Wipe”如图 10-35 所示。

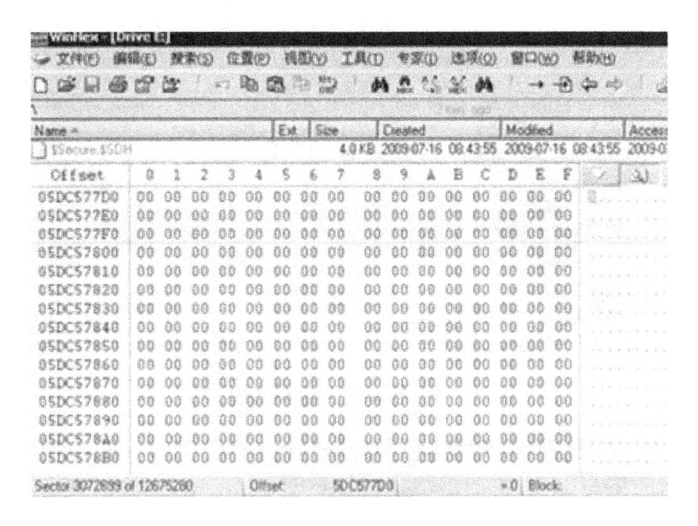

图 10－31　填充数据后

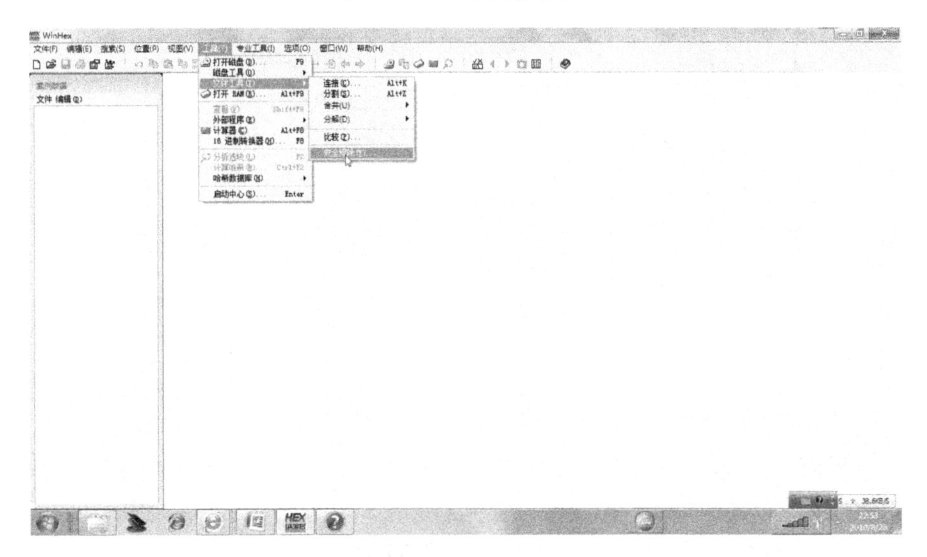

图 10－32　软件主界面

图 10－33　选择文件

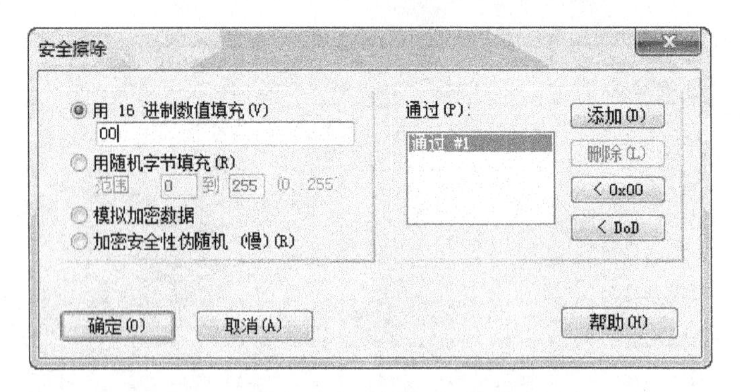

图 10-34　填充数据参数

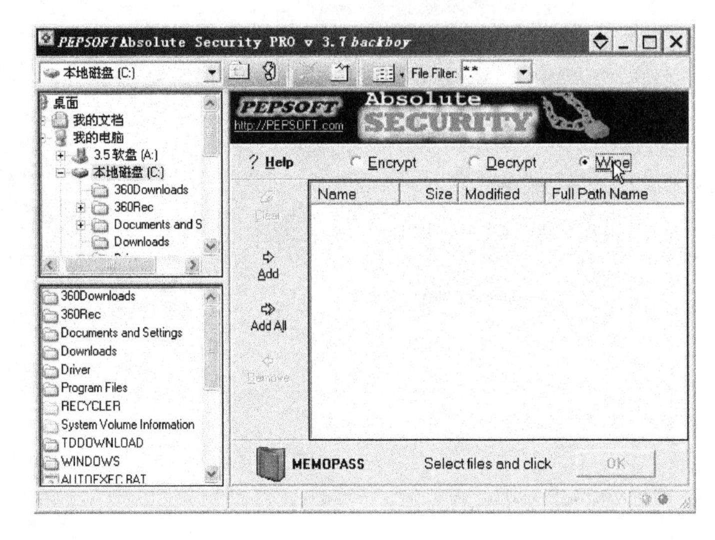

图 10-35　软件主界面

在这个界面，可以在左侧的第一栏或第二栏选择磁盘分区，在第二栏或第三栏选择需要“粉碎”的文件，后点击“Add”把文件添加到右侧的栏中，如图 10-36 所示。

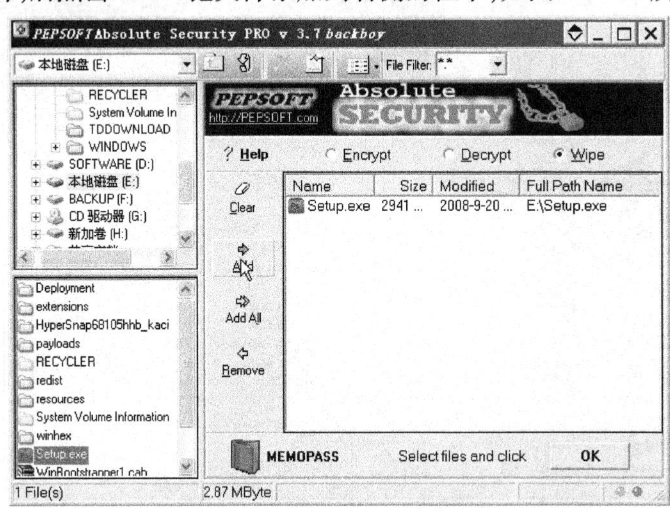

图 10-36　选择要删除文件

当我们选择一个文件夹时，软件会自动选择出这个文件夹包括其子文件夹中的文件，添加到右侧栏中，当删除后会留下空文件夹。确认后点击“OK”。弹出“DELETE THE FILES?”对话框，如图 10－37 所示。

在“Number of lter ation：”选项中选择对文件做几次覆写操作，可选范围为“1～7”，默认值为“3”。选择后点击“YES”按钮，弹出“Information”对话框，如图 10－38 所示。

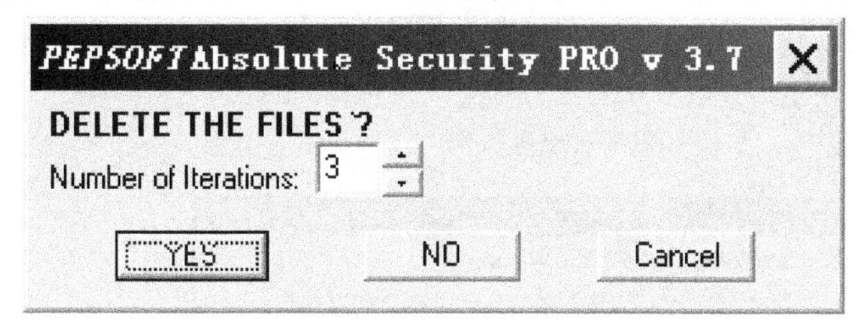

图 10－37　设置删除次数

图 10－38　完成提示

确认删除的文件数目后，点击“OK”按钮。整个删除过程结束。

10.5.4　使用 Paragon Disk Wiper 彻底擦除磁盘

Paragon Disk Wiper 是一款文件彻底删除工具。它可以快速有效的删除整个硬盘，某个分区，或者部分文件，而且删除的内容不会被文件恢复工具所恢复。

打开 Paragon Disk Wiper 软件，主界面如图 10－39 所示。

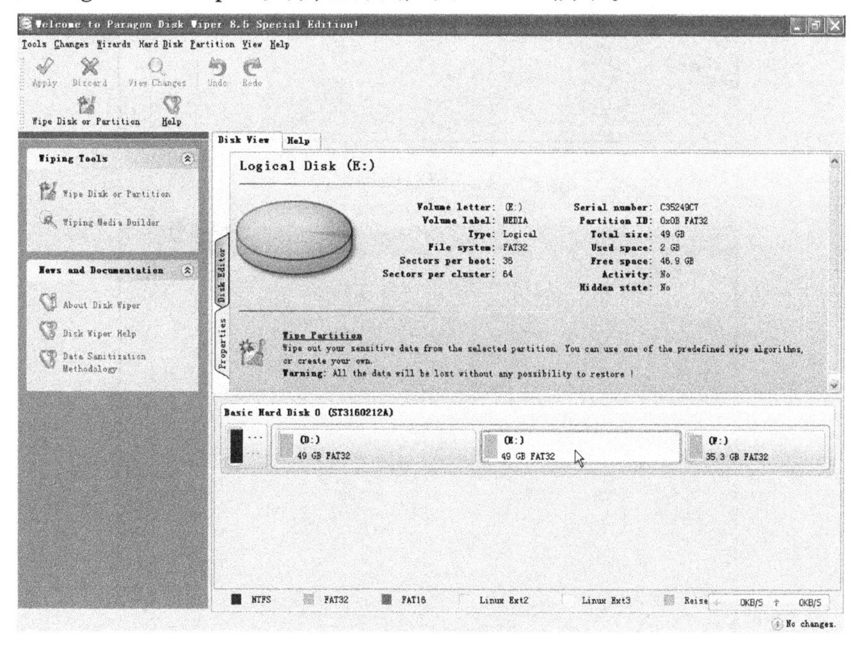

图 10－39　软件主界面

鼠标右键点击需要彻底删除数据的分区，可看到弹出的菜单，如图 10－40 所示。

鼠标左键点击“Wipe Patition..”选项，弹出“Wipe Wizard”界面，如图 10－41 所示。

点击“Next”，出现“Wipe Mode”界面，如图 10－42 所示。

该界面中有两个选项：“Wipe out all the data”选择了这个选项，软件会彻底删除所选

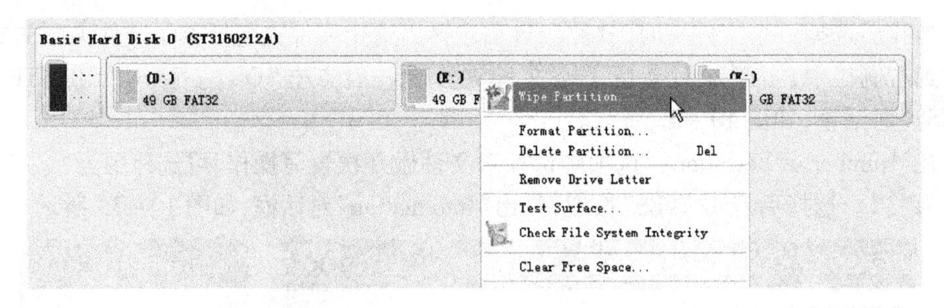

图 10－40 对磁盘操作

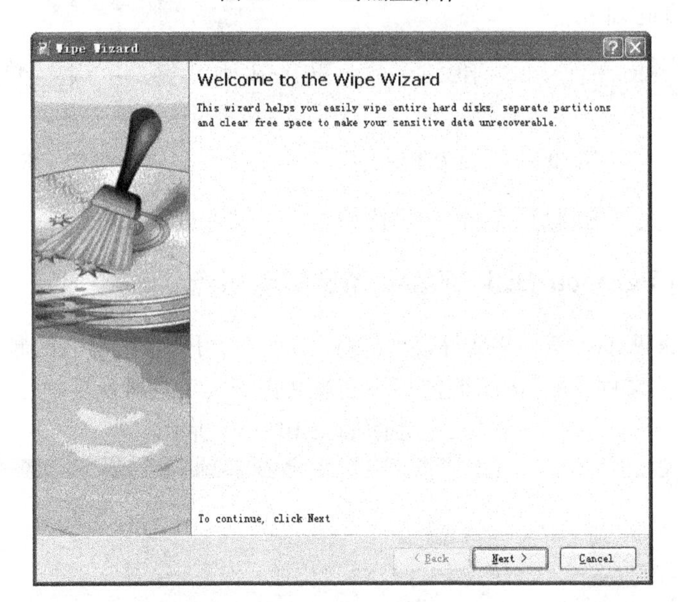

图 10－41 消除向导界面一

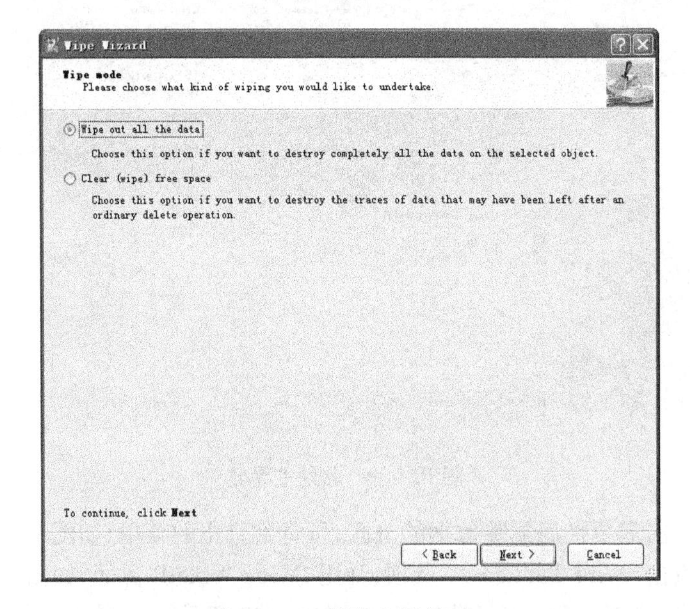

图 10－42 消除向导界面二

分区的所有数据;“Clear(Wipe)free space”选择该选项,可以彻底删除以前用普通方法删除过的数据。选择“Wipe out all the data”或“Clear(Wipe)free space”后点击“Next”,都会弹出“Wipe method”界面,如图 10 - 43 所示。

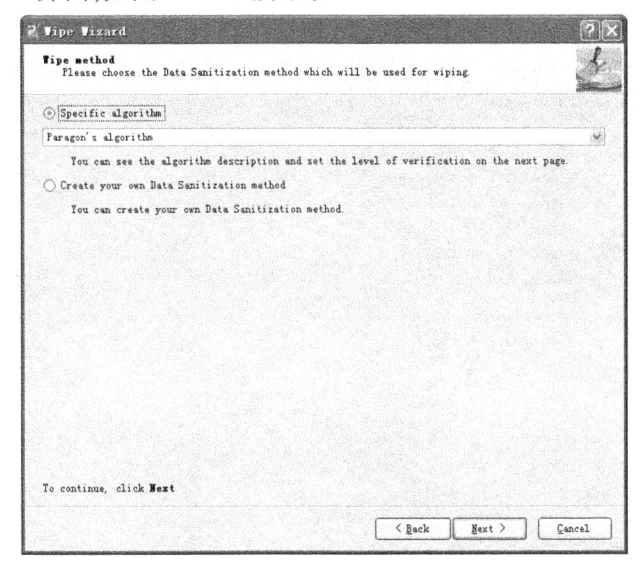

图 10 - 43　消除向导界面三

在该界面中有“Specific algorithm”和“Create your own Data Sanitization method”两个选项。在“Specific algorithm”选项中可以选择删除所用的具体算法;在选择选项“Create your own Data Sanitization method”后可以自己创建一种删除算法。当选择“Specific algorithm”并使用默认的“Paragon's algorithm”后,点击“Next”,弹出“Wipe method info”界面,如图 10 - 44所示。

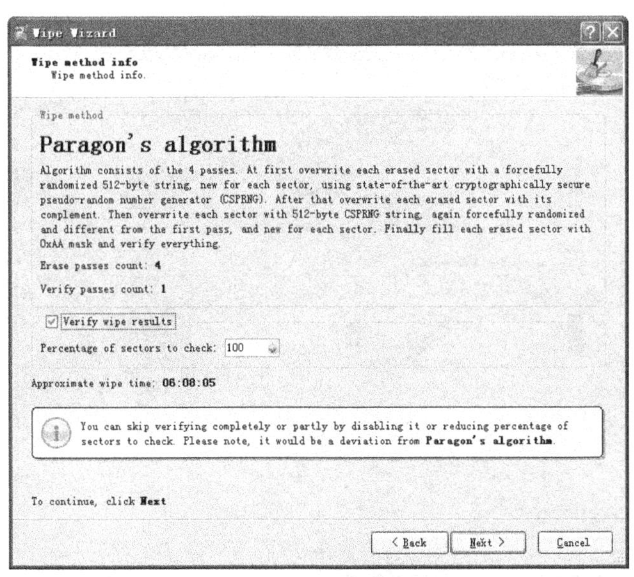

图 10 - 44　消除向导界面四

在“Wipe method info”界面的“Wipe method”文本框中是“Paragon's algorithm”算法的

介绍。如选择了“Verify wipe results”。可以设置所要检查的删除后扇区的百分比，默认值为“100”，表示100%。点击“Next”，弹出“Revise your changes”界面，如图10－46所示。

如在“Wipe method”界面选择“Create your own Data Sanitization method”选项后，点击“Next”，弹出“Custom Wipe method”界面，如图10－45所示。

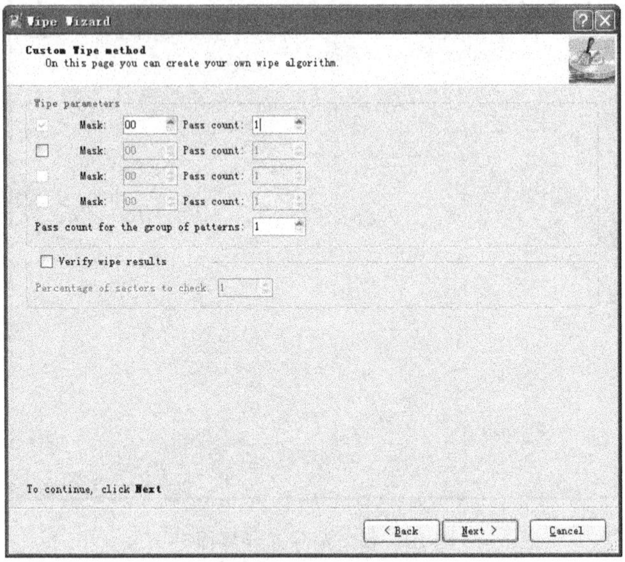

图10－45　消除向导界面五

在该界面中可以设置“Mask”（用什么数值覆盖数据），“Pass count”（用选定数值覆盖几次）的值。当选择了“Verify wipe results”选项后，还可以设置“Percentage of sectors to check”（要检查的扇区的百分比）的值。点击“Next”，弹出“Revise your changes”，如图10－46所示。

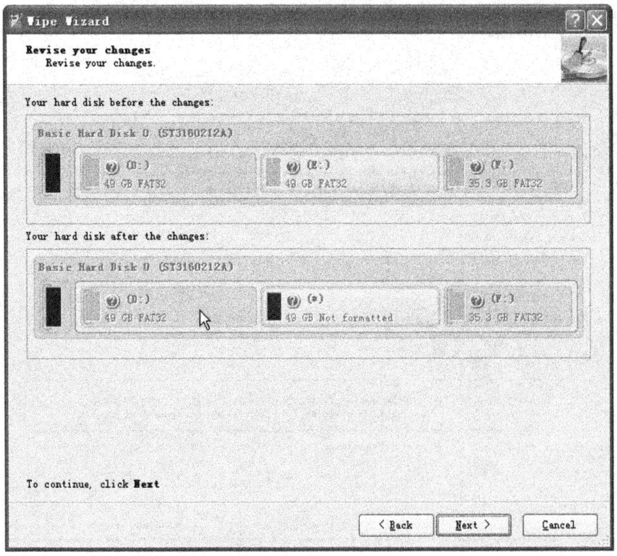

图10－46　消除向导界面六

在该界面可以确认删除前和删除后磁盘的变化。如没有问题点击“Next”，弹出“Completing the Wipe Wizard”界面，如图 10－47 所示。

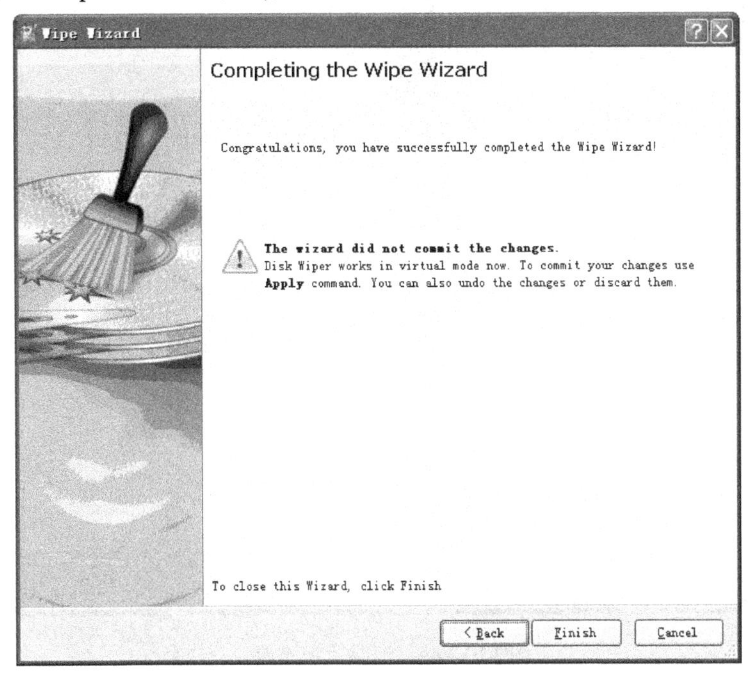

图 10－47　消除向导界面七

点击“Finish”完成对分区中数据删除的设置。回到主界面，如图 10－48 所示。

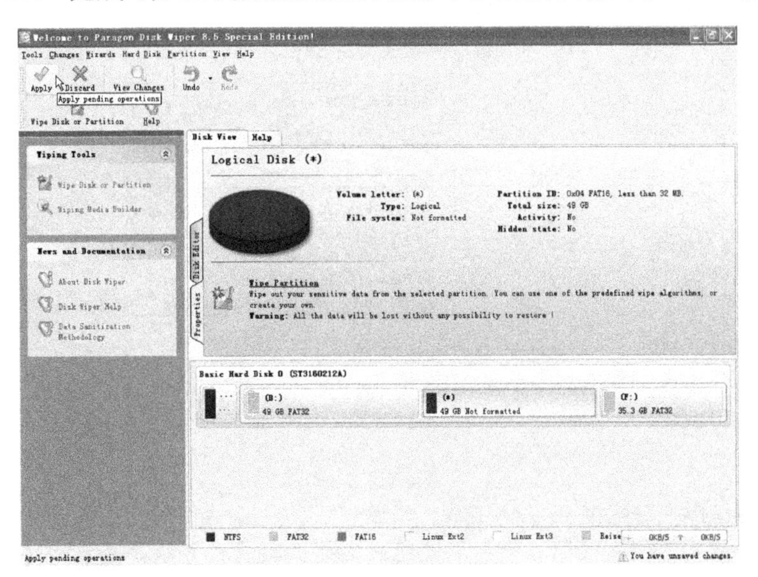

图 10－48　软件主界面

在主界面，代表该分区的图示上，点击鼠标右键，选择“Format Partition. . ”选项，格式化该分区，点击“Apply”执行所有操作。弹出“Overall progress”界面，如图 10－49 所示。

完成后，弹出如图 10－50 所示界面。点击“Close”完成对分区的操作。

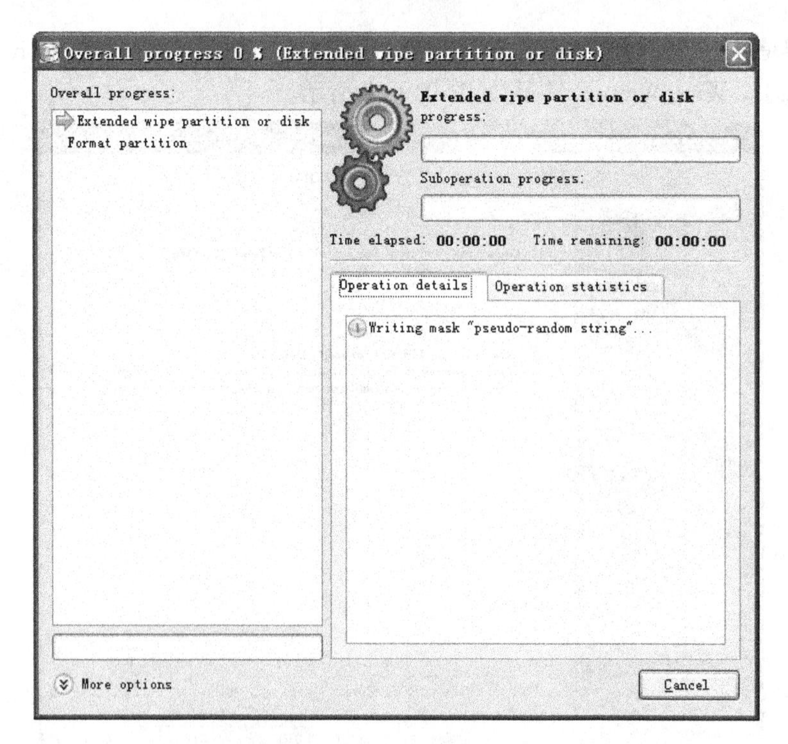

图 10－49　消除过程界面

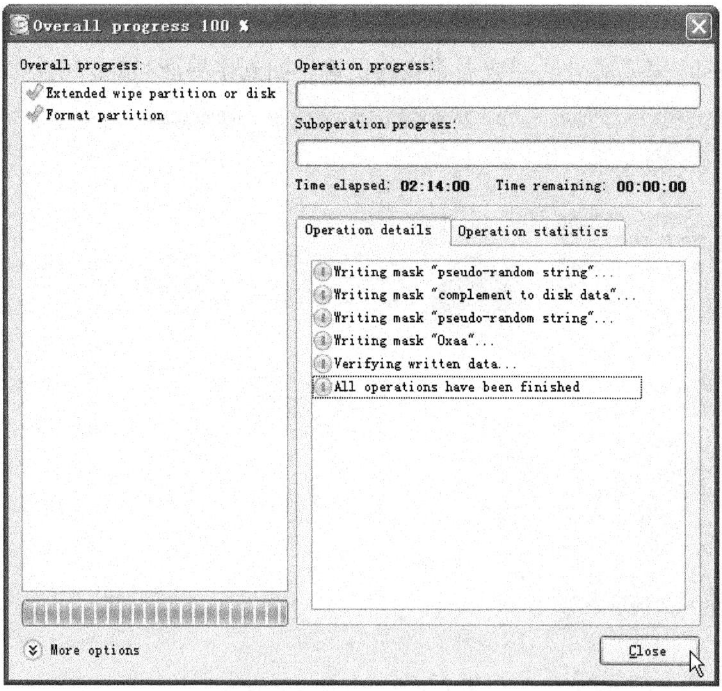

图 10－50　完成

10.6 使用 Symantec Ghost 备份分区

10.6.1 准备工作

(1) Ghost 是著名的备份工具,在 DOS 下运行,因此需准备 DOS 启动盘一张(如98 启动盘),或使用 winPE 系统盘。

(2)下载 ghost 程序,大小 1.362KB,各大软件站均有免费下载,推荐下载后将它复制到一张空白软盘上,如果你的硬盘上有 FAT32 或 FAT 文件系统格式的分区,也可把它放在该分区的根目录,便于 DOS 下读取这个命令。

(3)为了减小备份文件的体积,建议禁用系统还原、休眠,清理临时文件和垃圾文件,将虚拟内存设置到非系统区。

10.6.2 用 Ghost 分区的备份分区

使用 Ghost 进行系统备份,有整个硬盘和分区硬盘两种方式。下面以备份 C 盘为例,强烈建议在 C 盘新装(重装)系统后,都要用 Ghost 备份一下,以防不测,以便恢复时可在 10min 后还你一个全新系统! ghost8.0 支持 FAT、FAT32 和 NTFS 文件系统。

将软驱设为第一启动盘,扦入 DOS 启动盘重启电脑进入 DOS。

启动进入 DOS 后,取出 DOS 启动软盘,再插入含有 ghost.exe 的软盘。在提示符“A:\>_”下输入“ghost”后回车,即可开启 ghost 程序,显示如图 10-51 所示。

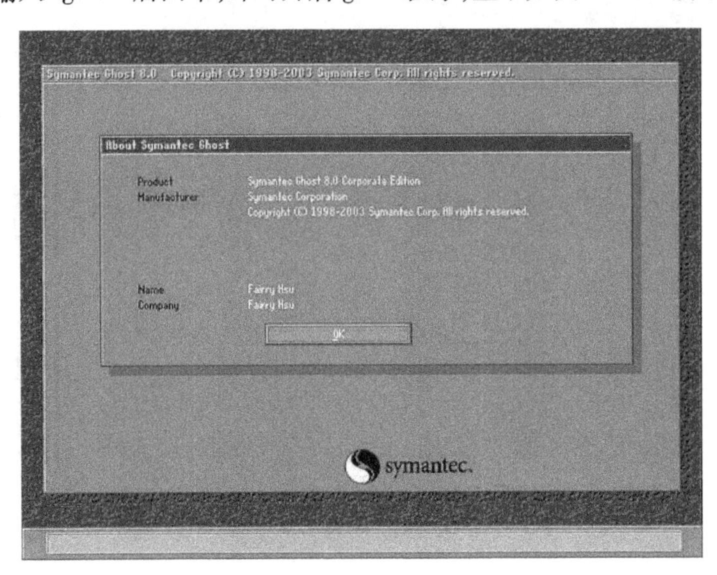

图 10-51 信息提示

图中显示程序信息,直接按回车键后,显示主程序界面,如图 10-52 所示。

主程序有四个可用选项: Quit(退出)、Help(帮助)、Options(选项)和 Local(本地)。在菜单中点击 Local(本地)项,在右面弹出的菜单中有 3 个子项,其中 Disk 表示备份整个硬盘(即硬盘克隆)、Partition 表示备份硬盘的单个分区、Check 表示检查硬盘或备份的文

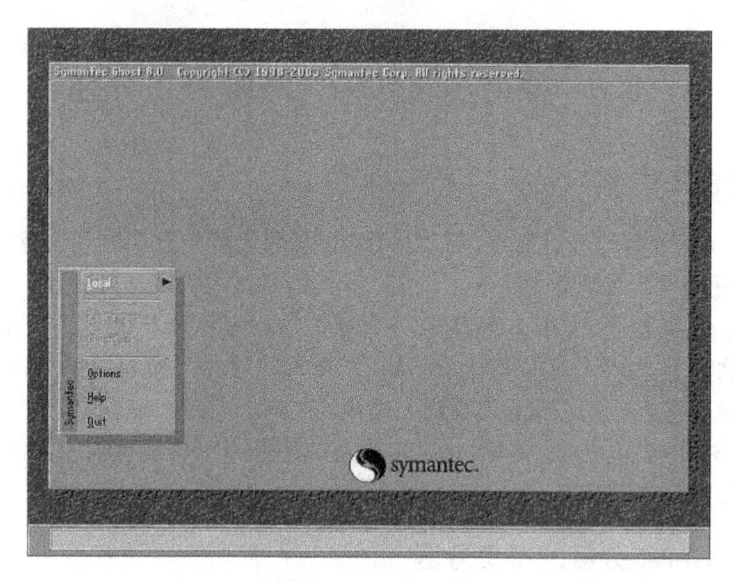

图 10 - 52 软件主界面

件,查看是否可能因分区、硬盘被破坏等造成备份或还原失败。我这里要对本地磁盘进行操作,应选 Local;当前默认选中"Local"(字体变白色),按向右方向键展开子菜单,用向上或向下方向键选择,依次选择 Local(本地)→Partition(分区)→To Image(产生镜像)(这步一定不要选错)如图 10 - 53 所示。

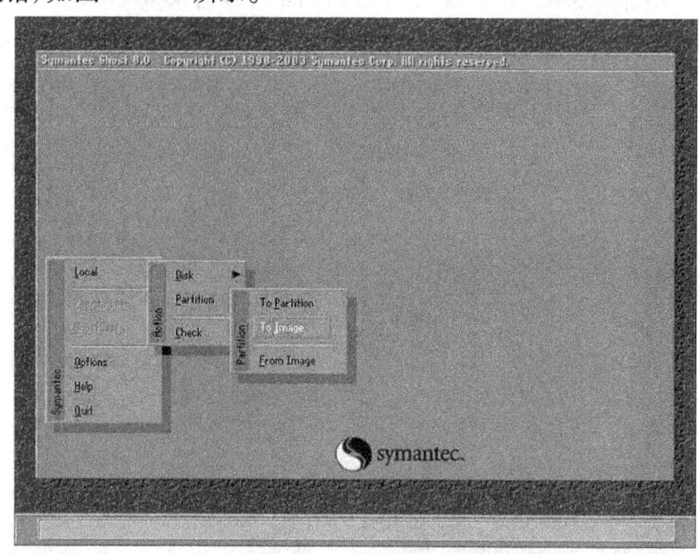

图 10 - 53 选择克隆模式

确定"To Image"被选中(字体变白色),然后回车,显示如图 10 - 54 所示。

弹出硬盘选择窗口,因为我这里只有一个硬盘,所以不用选择了,直接按回车键后,显示如图 10 - 55 所示。

选择备份存放的分区、目录路径及输入备份文件名称。上图中有五个框: 最上边框(Look jn)选择分区;第二个(最大的)选择目录;第三个(File narne)输入影像文件名称,注意影像文件的名称带有 GHO 的后缀名;第四个(File of type)文件类型,默认为 GHO 不

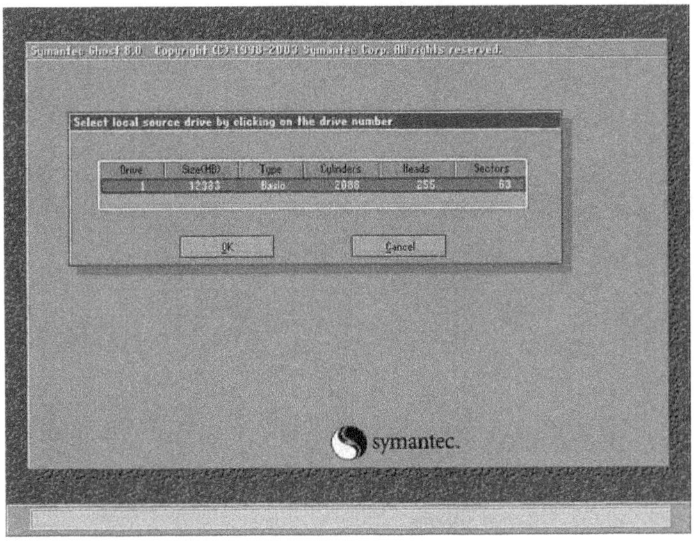

图 10-54　选择磁盘

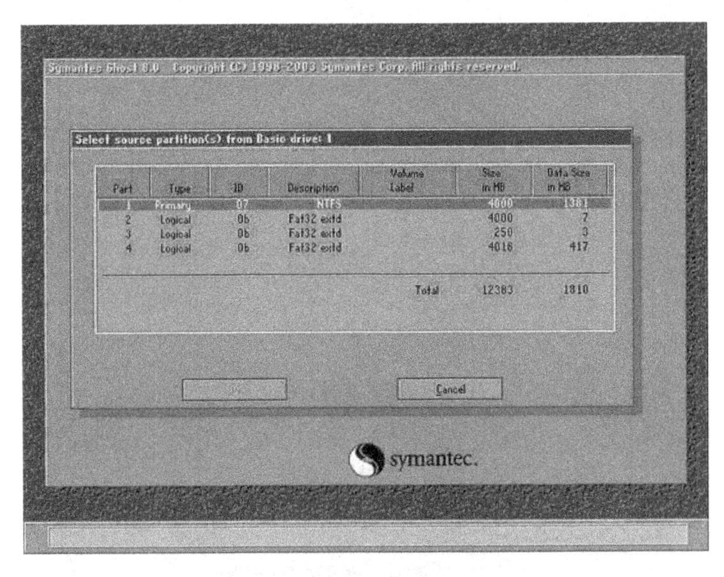

图 10-55　选择分区

用改。

这里首先选择存放影像文件的分区：按 Tab 键切换到最上边框(Look jn)(使它被白色线条显示，如图 10-56 所示。

按回车键确认选择，显示如图 10-57 所示。

弹出了分区列表，在列表中没有显示要备份的分区。注意：在列表中显示的分区盘符(C、D、E)与实际盘符会不相同，但盘符后跟着的 1:2(即第一个磁盘的第二个分区)与实际相同，选分区时留意了。要将影像文件存放在有足够空间的分区，我将用原系统的 F 盘，这里就用向下方向键选(E:1:4 口 FAT drive)第一个磁盘的第四个分区(使其字体变白色)，如图 10-58 所示。

选好分这后按回车键确认选择，显示如图 10-59 所示。

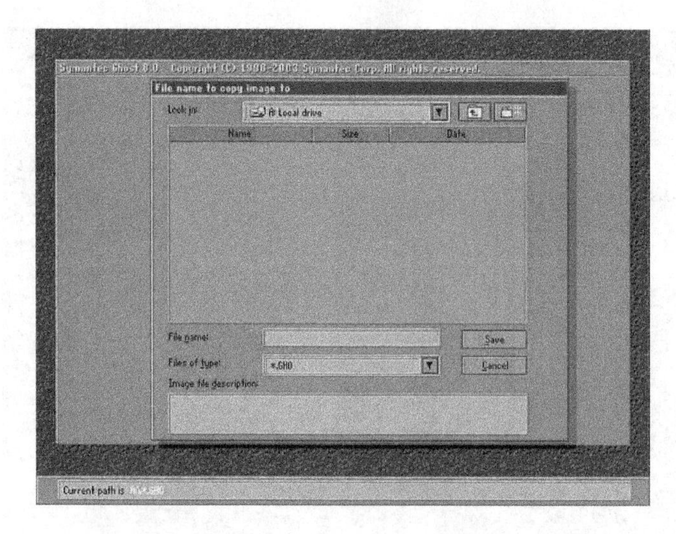

图 10 – 56　设置文件名主界面

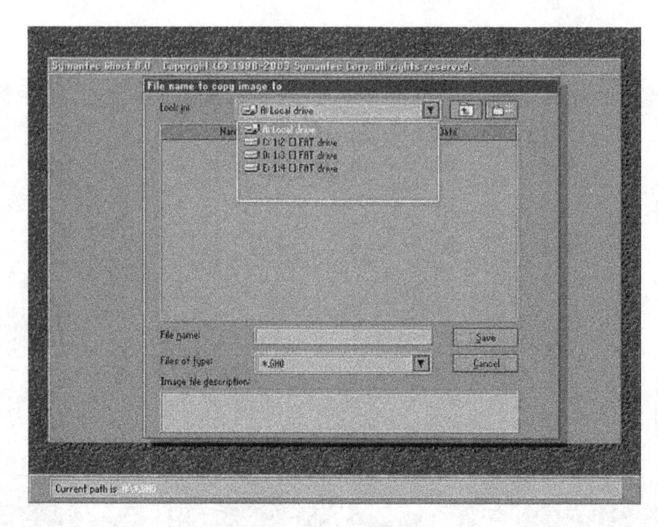

图 10 – 57　选择分区

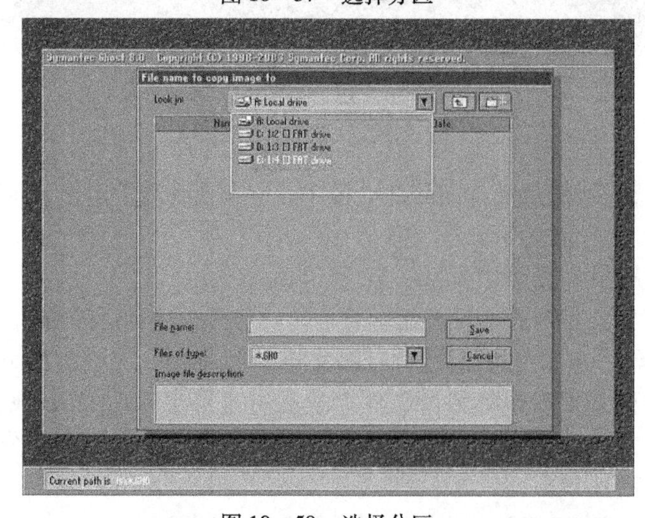

图 10 – 58　选择分区

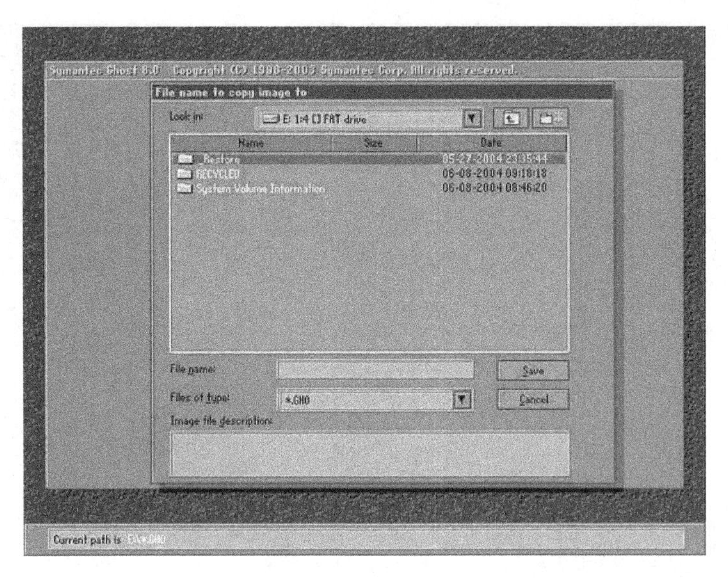

图 10-59　进入分区

确认选择分区后,第二个框(最大的)内即显示了该分区的目录,从显示的目录列表中可以进一步确认所选择的分区是否正确。如果要将影像文件存放在这个分区的目录内,可用向下方向键选择目录后回车确认即可。我这里要将影像文件放在根目录,所以不用选择目录,直接按 Tab 键切换到第三个框(File name),如图 10-60 所示。

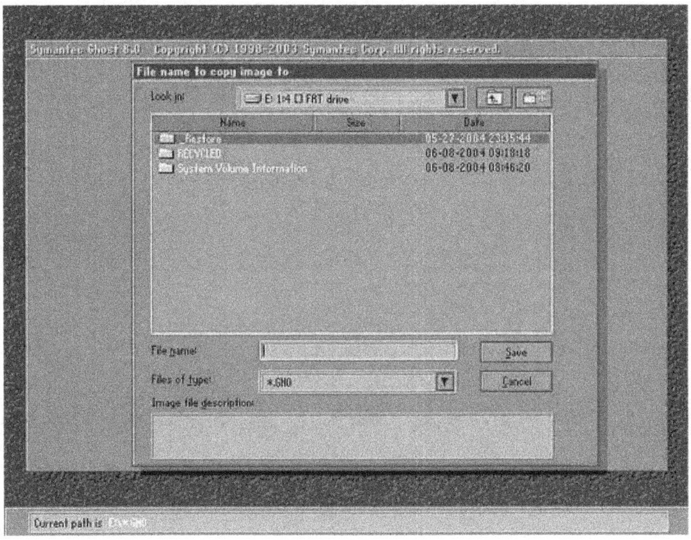

图 10-60　输入文件名

这里输入影像文件名称,我要备份 C 盘的 XP 系统,影像文件名称就输入 cxp. GHO,注意影像文件的名称带有 GHO 的后缀名,如图 10-61 所示。

输入影像文件名称后,下面两个框不用输入了,按回车键后准备开始备份,显示如图 10-62 所示。

接下来,程序询问是否压缩备份数据,并给出 3 个选择:No 表示不压缩,Fast 表示压缩比例小而执行备份速度较快(推荐),High 就是压缩比例高但执行备份速度相当慢。如

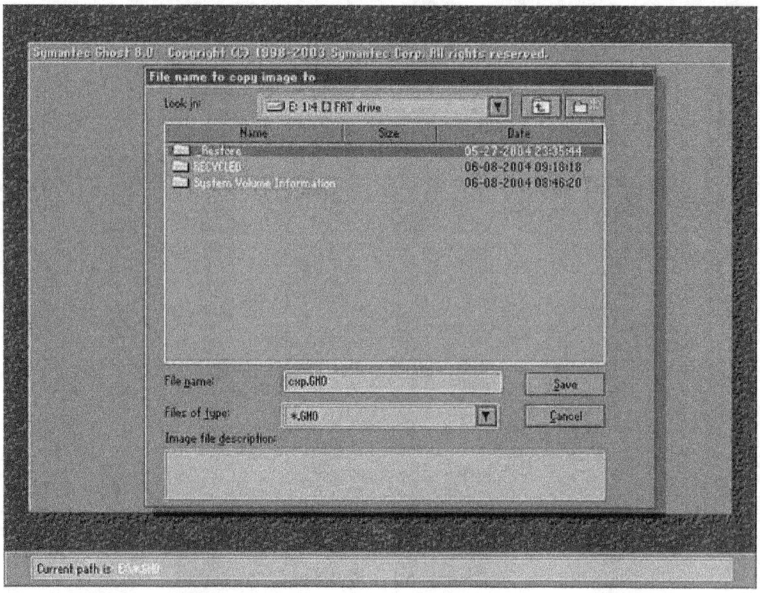

图 10－61　输入文件名完成

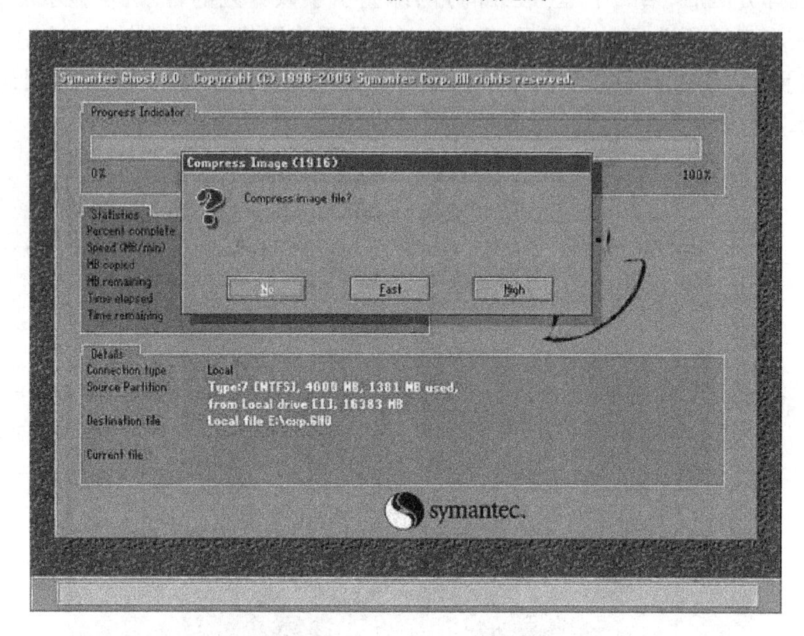

图 10－62　选择是否压缩

果不需要经常执行备份与恢复操作,可选 High 压缩比例高,所用时间为(3～5)min 但影像文件的大小可减小约 700MB。我这里用向右方向键选 High,如图 10－63 所示。

选择好压缩比后,按回车键后即开始进行备份,显示如图 10－64 所示。

整个备份过程一般需要 5 至十几分钟(时间长短与 C 盘数据多少,硬件速度等因素有关), 完成后显示如图 10－65 所示。

提示操作已经完成,按回车键后,退出到程序主画面,显示如图 10－66 所示。

要退出 Ghost 程序,用向下方向键选择 Quit, 按回车键后,问是否要退出 ghost 程序,

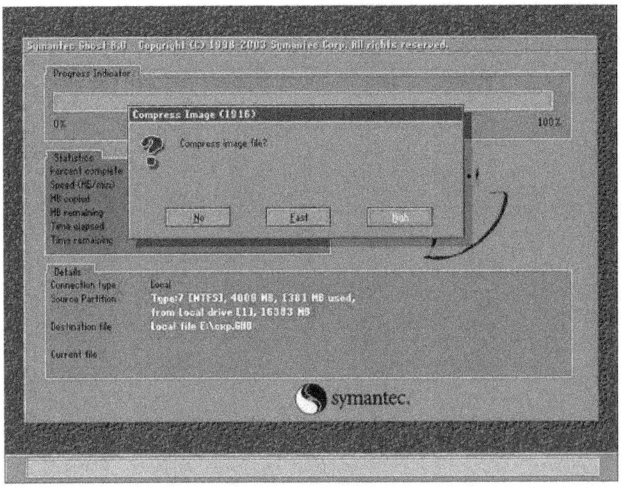

Symantec Ghost 8.0　Copyright (C) 1998-2003 Symantec Corp. All rights reserved.

Progress Indicator

0%　100%

Compress Image (1916)

Compress image file?

No　Fast　High

Statistics
Percent complete
Speed (MB/min)
MB copied
MB remaining
Time elapsed
Time remaining

Details
Connection type　Local
Source Partition　Type:7 [NTFS], 4000 MB, 1381 MB used,
from Local drive [1], 16383 MB
Destination file　Local file E:\cxp.GHO
Current file

symantec.

图 10－63　选择高压缩

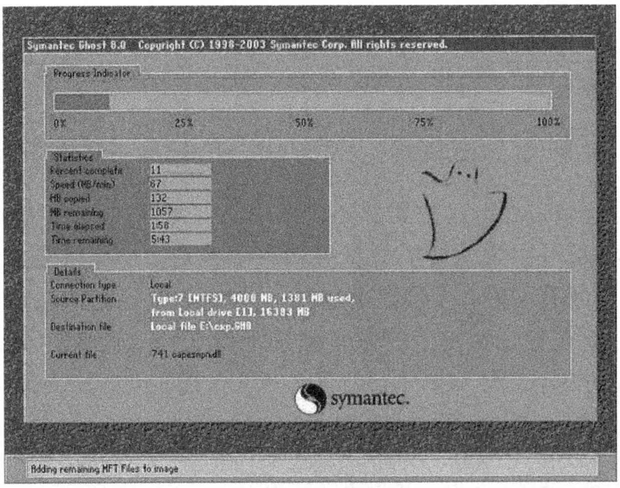

Symantec Ghost 8.0　Copyright (C) 1998-2003 Symantec Corp. All rights reserved.

Progress Indicator

0%　25%　50%　75%　100%

Statistics
Percent complete　11
Speed (MB/min)　67
MB copied　132
MB remaining　1057
Time elapsed　1:58
Time remaining　5:43

Details
Connection type　Local
Source Partition　Type:7 [NTFS], 4000 MB, 1381 MB used,
from Local drive [1], 16383 MB
Destination file　Local file E:\cxp.GHO
Current file　741 capesnpn.dll

symantec.

Adding remaining MFT Files to image

图 10－64　克隆过程

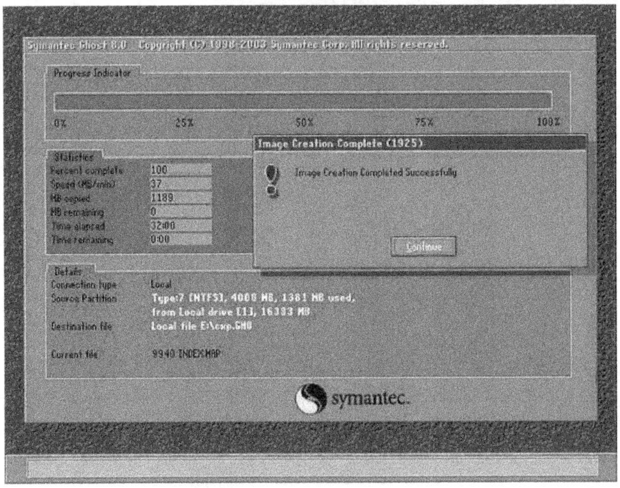

Symantec Ghost 8.0　Copyright (C) 1998-2003 Symantec Corp. All rights reserved.

Progress Indicator

0%　25%　50%　75%　100%

Image Creation Complete (1925)

Image Creation Completed Successfully

Continue

Statistics
Percent complete　100
Speed (MB/min)　37
MB copied　1189
MB remaining　0
Time elapsed　32:00
Time remaining　0:00

Details
Connection type　Local
Source Partition　Type:7 [NTFS], 4000 MB, 1381 MB used,
from Local drive [1], 16383 MB
Destination file　Local file E:\cxp.GHO
Current file　9940 INDEX.MAP

symantec.

图 10－65　完成克隆

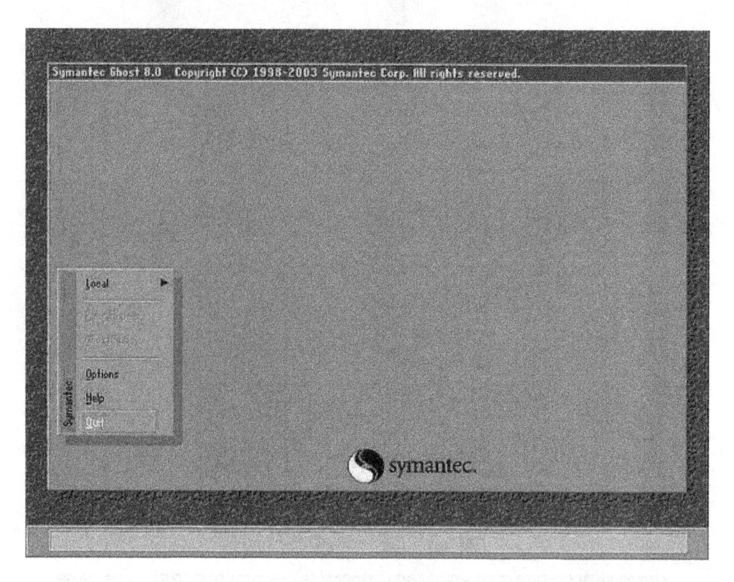

图 10－66 软件主界面

按回车键后即完全退出 ghost 程序。

10.6.2 用 Ghost 恢复分区备份

如果硬盘中已经备份的分区数据受到损坏，用一般数据修复方法不能修复，以及系统被破坏后不能启动，都可以用备份的数据进行完全的复原而无须重新安装程序或系统。当然，也可以将备份还原到另一个硬盘上。

这里介绍将存放在 E 盘根目录的原 C 盘的影像文件 cxp. GHO 恢复到 C 盘的过程。如果要恢复备份的分区，进入 DOS 下，运行 ghost. exe 启动进入主程序画面，如图 10－67 所示。

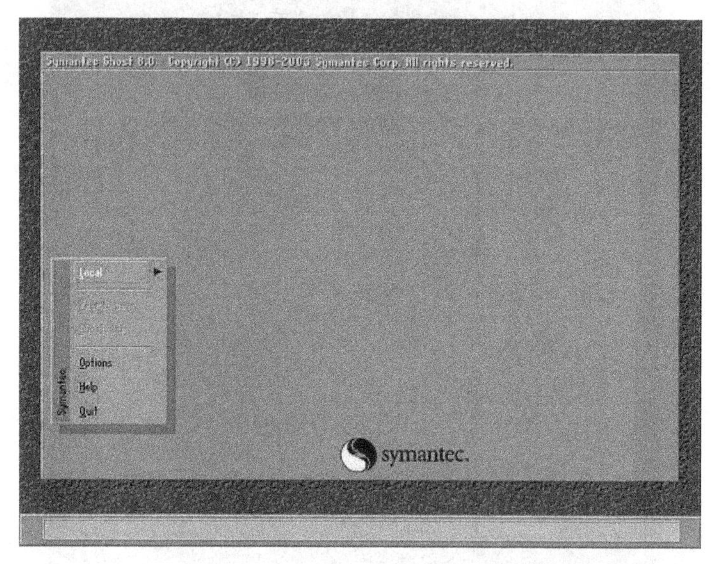

图 10－67 软件主界面

依次选择 Local(本地)→Partition(分区)→From Image(恢复镜像)(这步一定不要选错)如图 10－68 所示。

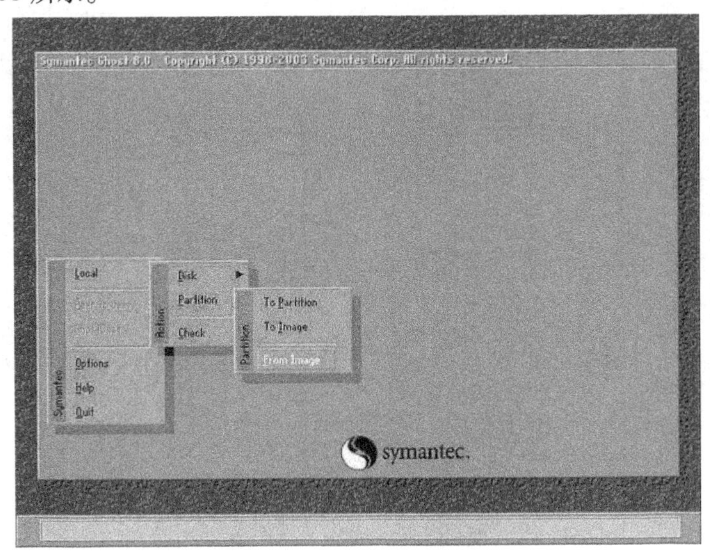

图 10－68　选择恢复操作

按回车键确认后,显示如图 10－69 所示。

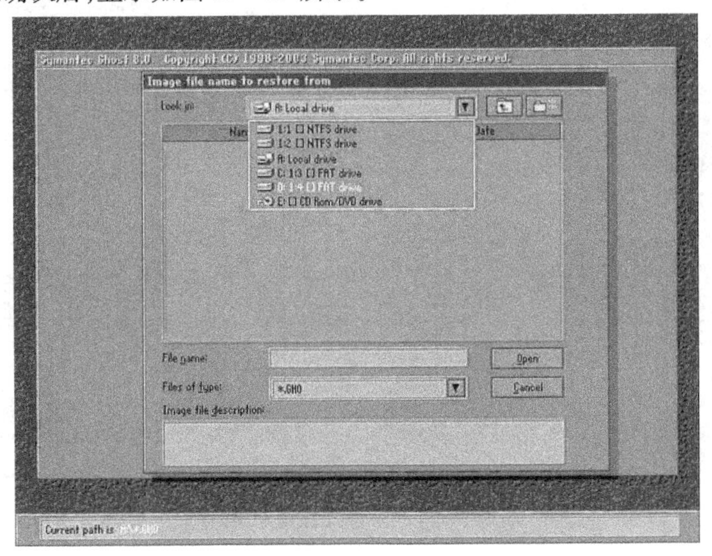

图 10－69　选择文件所在磁盘

选择镜像文件所在的分区,将影像文件 cxp. GHO 存放在 E 盘(第一个磁盘的第四个分区)根目录,所以这里选“E:1:4 □ FAT drive”,按回车键确认分区后,第二个框(最大的)内即显示了该分区的目录,用方向键选择镜像文件 cxp. GHO 后,输入镜像文件名一栏内的文件名即自动完成输入,按回车键确认后,显示如图 10－70 所示。

显示出选中的镜像文件备份时的备份信息(从第 1 个分区备份,该分区为 NTFS 格式,大小 4000M,已用空间 1381M)! 确认无误后,按回车键,显示如图 10－71 所示。

选择将镜像文件恢复到那个硬盘。我这里只有一个硬盘,不用选,直接按回车键,显

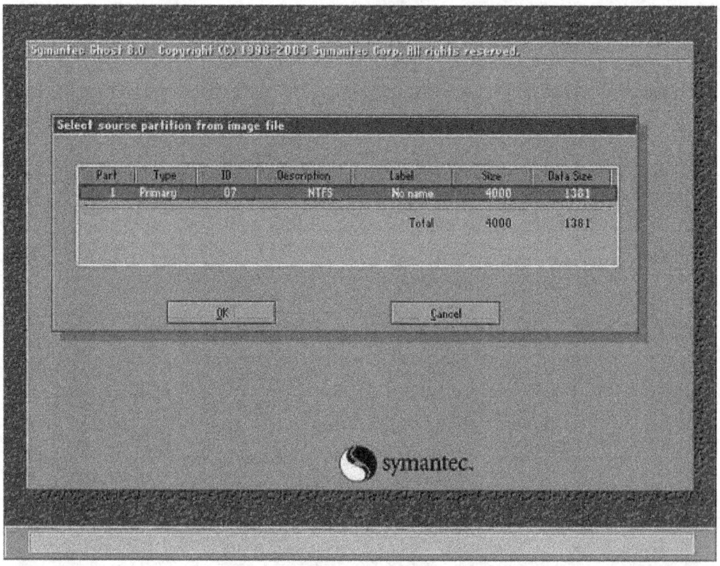

图 10 – 70　备份文件信息

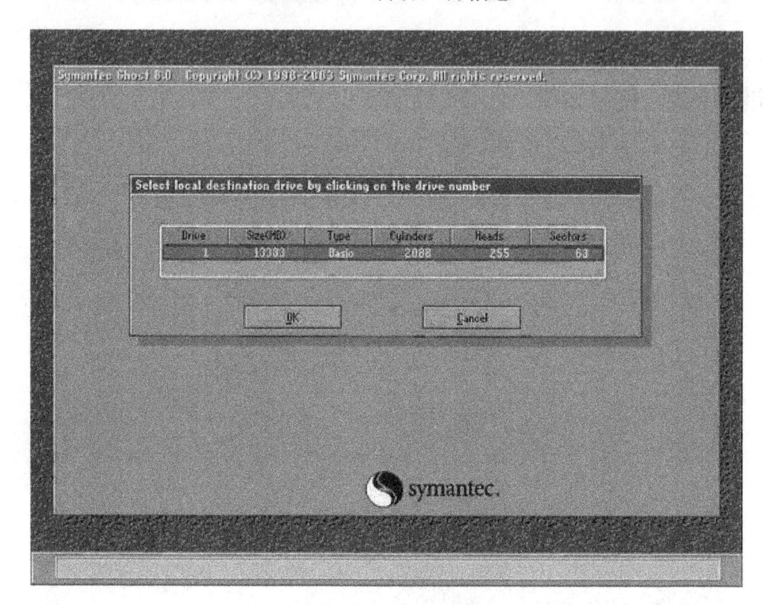

图 10 – 71　设置要恢复的磁盘

示如图 10 – 72 所示。

选择要恢复到的分区，这一步要特别小心。我要将镜像文件恢复到第一个分区，按回车键，显示如图 10 – 73 所示。

提示即将恢复，会覆盖选中分区破坏现有数据！选中“Yes”后，按回车键开始恢复，显示如图 10 – 74 所示。

正在将备份的镜像恢复，完成后显示如图 10 – 75 所示。

取出软盘，直接按回车键后，计算机将重新启动。恢复后的分区和原备份时的系统一模一样，而且磁盘碎片整理也免了。

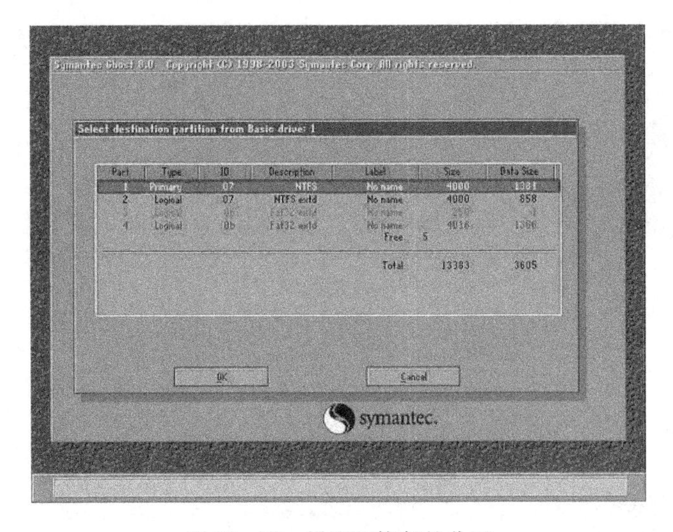

图 10－72　设置要恢复的分区

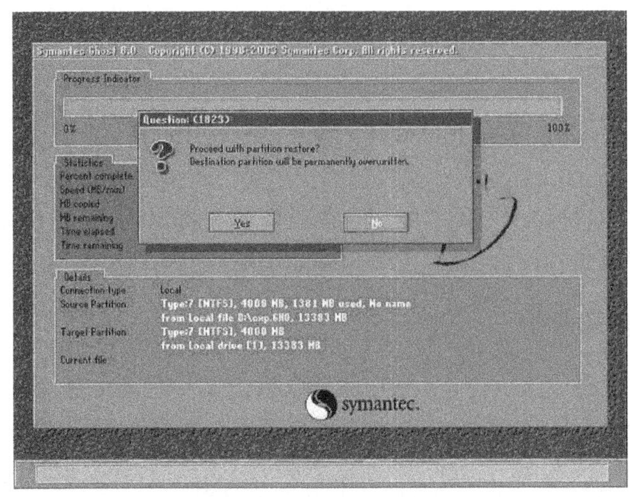

图 10－73　确认剧务操作

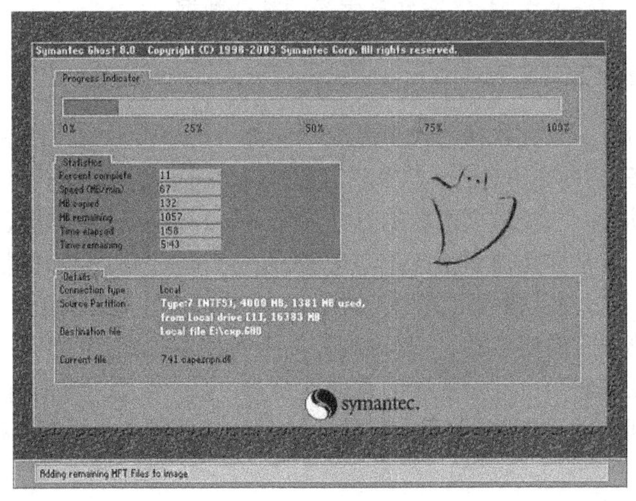

图 10－74　恢复过程

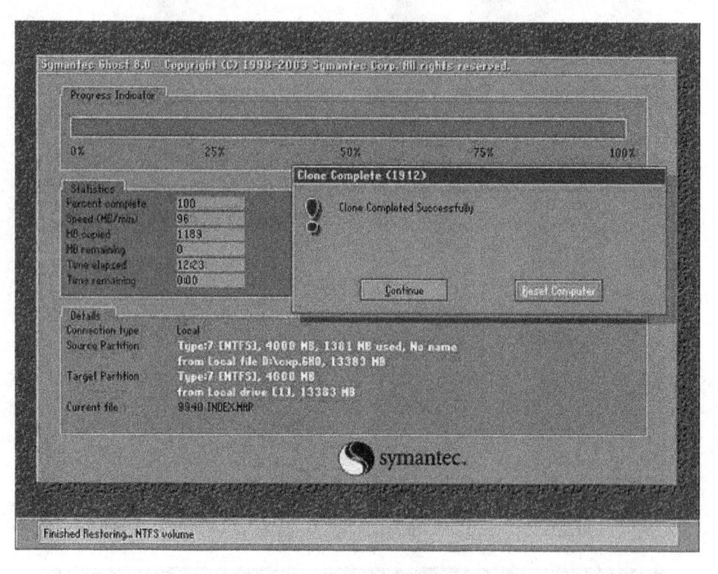

图 10-75　完成恢复

10.7　其他数据备份方法

随着备份技术的快速发展,网络数据存储设备的创新发展,备份方式也从传统的磁带方式发展到目前的磁盘到磁盘、虚拟磁带和磁盘到磁盘到磁带的多种方式。

10.7.1　快照/影像备份

传统备份实质上是收集文件,快照或是影像备份使用了新方法。首先在备份开始前生成数据卷的块级静态影像,然后将原始文件系统数据块传输到备份介质上。快照技术是一种数据差分备份技术,通过软件对主磁盘进行快速扫描,建立该时间备份数据点的逻辑快照,尽管快照卷在逻辑上和主卷拥有相同的容量,但它并不是主卷的完全拷贝,仅备份一段时间内修改更新的数据,需要共享主卷的部分数据。

10.7.2　在线备份技术

在线数据备份技术正在快速替代更多的传统备份技术,诸如磁带、磁盘备份。在线备份或基于网络的备份,使用 Internet 技术非常有效的方法。这类数据可以是文件、文件夹或是整个硬盘驱动器。这类重要的数据有规律地备份到远程服务器或是带有网络连接的计算机。在线备份常常称作热备份或是动态备份。这是一种针对数据执行的备份,即使数据正在被用户存取,并且数据可能处于更新状态,也能够正常的执行。但是企业也会顾虑到数据存储在第三方的安全性,这就对服务提供商提出了更高的要求。在线数据备份软件要保证数据在传输和存储过程中的数据安全;要保证经过一定安全级别的认证机制后数据才能恢复到本地;服务提供商在管理机制上也要保证企业数据的存储安全。

参考文献

[1] 微软. MSDN Library. 2001.
[2] 戴士剑,涂彦晖. 数据恢复技术(第二版). 北京:电子工业出版社,2005.
[3] 田园. 系统安装重装与数据恢复拯救. 北京:电子工业出版社. 2007.
[4] 周敬利,余胜生. 网络存储原理与技术. 北京:清华大学出版社. 2005.
[5] 诺顿. 帮助文档.

◆ 图书信息 ◆

无线局域网构建及应用(第2版)

ISBN 978-7-118-06431-5,麻信洛 李晓中 葛长涛 编著,定价:24元

流媒体技术入门与提高(第2版)

ISBN 978-7-118-06482-7,齐俊杰 胡 洁 麻信洛 编著,定价:35元

计算机维修技术与实例

ISBN 978-7-118-0733-3,马祥杰 王 艳 葛长涛 马红召 编著,定价:35元

数据恢复原理与实践

ISBN 978-7-118-07314-0,李晓中 乔 晗 马 鑫 常涛 编著,定价:38元

台式计算机使用与维修

ISBN 978-7-118-05106-3,麻信洛 葛长涛 卞文堂 马 鑫 编著,定价:28元

笔记本电脑使用与维修(第2版)

ISBN 978-7-118- 06522-0,廖 勇 齐瑛杰 刘 杰 潘祖烈 编著,定价:28元

投影机使用与维修

ISBN 978-7-118-05196-4,张志荣 程庆彪 周胜明 喻 佳 编著,定价:28元

静电复印机使用与维修

ISBN 978-7-118-05111-7,朱婷婷 赵 林 张 琪 李殿伟 编著,定价:29元

绘图仪使用与维修

ISBN 978-7-118-05196-4,徐建中 丁 晶 潘 英 丁 雪 编著,定价:18元

数码速印机使用与维修

ISBN 978-7-118-05185-8,张志荣 程庆彪 王少娟 喻 佳 编著,定价:18元

传真机使用与维修

ISBN 978-7-118-05207-7,姜浩伟 吴 俊 赵俊阁 傅子奇 编著,定价:33元

扫描仪使用与维修

ISBN 978-7-118-05201-5,潘 英 任瑞华 杨林静 傅子奇 编著,定价:20元

网上开店方法与技巧

ISBN 978-7-118-06821-4,赵军玉 霍玲玲 张晓华等 编著,定价:30元

数据通信基础

ISBN 978-7-118-05200-8,郑 岩 曲昭伟 程晓春 编著,定价:25元

无线通信与网络

ISBN 978-7-118-05457-6,赵 铭 任 鸿 柴志刚 张继军 编著,定价:29元

3G原理、系统与应用

ISBN 978-7-118-05714-0,战晓苏 张建伟 张英海 张少华 编著,定价:32元

移动终端与3G手机

ISBN 978-7-118-05286-2,高 强 徐宝民 编著,定价:36元

微机原理与接口技术

ISBN 978-7-118-06823-8,陈 宇 程 琤 王义琴 张海军 编著,定价:32元

单片机原理与应用系统开发

ISBN 978-7-118-07125-2,温欣玲 张 臻 华红艳 王春彦 编著,定价:28元